普通高等教育"十二五"规划教材

电子信息科学与工程类专业规划教材

单片机应用系统设计技术

——基于 C51 的 Proteus 仿真（第 3 版）

张　齐　朱宁西　编著

U0282641

电子工业出版社
Publishing House of Electronics Industry
北京·**BEIJING**

内 容 简 介

本书系统地介绍 80C51 系列单片机及其应用系统的构成和设计方法，包括单片机系统电路基础、单片机应用系统的研制与开发环境、单片机软件和硬件基础、单片机内部资源应用与外部资源的扩展方法等。书中的示例多采用 C 语言作为编程教学语言，实用性较强。书中有阴影背景的程序，均配有与此程序相对应的 Proteus 格式的电路原理图。Keil μVision3 IDE 调试配合 Proteus 单片机仿真电路，解决了以往单片机课堂教学无法现场演示的问题。本书配套资源均可从华信教育资源网（www.hxedu.com.cn）免费下载。

本书既可作为高等学校非计算机专业本、专科计算机应用系统设计类课程的教材，也可作为从事单片机项目开发与应用工作的工程技术人员的参考书。

未经许可，不得以任何方式复制或抄袭本书之部分或全部内容。

版权所有，侵权必究。

图书在版编目（CIP）数据

单片机应用系统设计技术：基于 C51 的 Proteus 仿真 / 张齐，朱宁西编著. —3 版. —北京：电子工业出版社，2013.7

电子信息科学与工程类专业规划教材

ISBN 978-7-121-20479-1

Ⅰ. ①单…　Ⅱ. ①张…　②朱…　Ⅲ. ①单片微型计算机－高等学校－教材　Ⅳ. ①TP368.1

中国版本图书馆 CIP 数据核字（2013）第 106162 号

策划编辑：王羽佳
责任编辑：冉　哲
印　　刷：北京盛通商印快线网络科技有限公司
装　　订：北京盛通商印快线网络科技有限公司
出版发行：电子工业出版社
　　　　　北京市海淀区万寿路 173 信箱　　邮编：100036
开　　本：787×1092　1/16　印张：20　字数：577 千字
印　　次：2021 年 7 月第 11 次印刷
定　　价：39.90 元

凡所购买电子工业出版社图书有缺损问题，请向购买书店调换。若书店售缺，请与本社发行部联系，联系及邮购电话：（010）88254888。

质量投诉请发邮件至 zlts@phei.com.cn，盗版侵权举报请发邮件至 dbqq@phei.com.cn。

服务热线：（010）88258888。

前　言

单片机是微型计算机应用技术的一个重要分支，单片机应用系统在工业控制、生产自动化、机电一体化设备、电器、智能仪器仪表、家电、航空航天、通信导航、汽车电子、机器人等领域得到了广泛的应用。单片机开发技术已成为电子信息、电气、通信、自动化、机电一体化等相关专业的学生、技术人员必须掌握的技术。

各半导体公司推出的 1T 增强型 80C51 内核 Flash 单片机，指令代码完全兼容传统 80C51，性能提高 8～12 倍，赋予了 80C51 单片机新的生命力。基于此，本书以 80C51 为背景介绍单片机软硬件构成及应用系统设计。

Keil C51 高级语言和 ISP 技术在 Flash 单片机中的广泛应用，使得熟练掌握 80C51 的技术人员不再使用单片机仿真器之类的开发工具，但对于没有任何单片机开发经验的初学者，在学习之初有一定难度。

Proteus 是英国 Labcenter Electronics 公司开发的电路分析与实物仿真软件。它运行于 Windows 操作系统上，实现了单片机仿真与 SPICE 电路仿真相结合。具有模拟电路仿真、数字电路仿真、单片机及外围电路组成的系统的仿真、RS-232 动态仿真、I^2C 调试器、SPI 调试器、键盘和 LCD 系统仿真等功能；提供了多种虚拟仪器，如示波器、逻辑分析仪、信号发生器等，便于调试；支持主流单片机系统的仿真。由于 Proteus VSM 支持第三方集成开发环境 IDE，两者联调可以提高开发效率，降低开发成本，尤其适合于单片机教学，实际上 Proteus 软件工具也提供了从仿真到构成实际硬件系统的全部解决方案。本书第 3 章开发环境重点介绍 Keil C51 的集成开发环境——μVision3 IDE 和 Proteus VSM 软件工具的使用方法。

本书第 1 版于 2004 年出版，第 2 版于 2008 年底出版，至今已 8 年有余，在此期间，单片机的芯片技术、开发技术等发展迅速，许多读者和老师也以各种方式对本书提出了宝贵意见，正因为如此，使笔者更加感到责任重大，决心对本书再次修订。

第 3 版修订的内容主要有：

对全书的图、例题和练习做了部分调整，使之更适合教学要求。

在第 7 章中，7.3 节介绍 SST39SF040，其具有完整的三总线引脚，可直接配置到微处理器内存空间；7.6 节增加了点阵式液晶显示模块 LM12864 的介绍及使用方法；7.10 节介绍虚拟串口及串口仿真元件的使用方法。

第 8 章以电梯控制器作为单片机应用系统设计实例进行介绍，并给出仿真实例。

第 9 章介绍 80C51 系列单片机的多任务实时操作系统 RTX-51，结合一个 Proteus 仿真电路的具体实例——交通信号灯控制器，阐述实时多任务操作系统 RTX-51 的应用。

本书的配套教材《单片机应用系统设计技术——仿真实验、题库、题解（第 3 版）》同步修订出版，供读者选用。

为了方便教师备课和读者学习，本书除提供 PPT 格式教学课件外，对于书中有阴影背景的程序，均配有与其相对应的 Proteus 格式的单片机仿真电路原理图、相应源程序及工程文件，请登录华信教育资源网 www.hxedu.com.cn 注册后免费下载。文件下载后，单击 PPT 课件中的 CAI 图标，即可打开相应的仿真电路。

本次修订工作由张齐和朱宁西共同完成。在成书过程中，岳亚涛、李蕾、武佳斌、何毅坤、张泽斌、胡恩慈、刘群、李攀登、曾令华、胡佳、张英彬、许志坚、王永光对本书的修订做了大量的工作，作者谨向他们表示衷心的感谢。本书修订又一次得到电子工业出版社的大力支持和帮助，编辑和工作人员们做了大量而细致的工作，在此对他们致以诚挚的谢意。

由于作者水平有限，修订后的教材一定还有不完善之处，书中误漏在所难免，殷切地期望读者给予批评指正。

编著者

2013 年 7 月

目 录

第1章 单片机概论

单片机即一块芯片上的计算机，以单片机为核心组成的硬件电路称为单片机系统，嵌入了应用软件的单片机系统则称为单片机应用系统。

1.1 微处理器、微型计算机与单片机

典型的微型计算机包括运算器、控制器、存储器、输入/输出接口4个基本组成部分。如果把运算器与控制器封装在一小块芯片上，则称该芯片为微处理器（MPU，Micro Processing Unit）或称中央处理器（CPU，Central Processing Unit）。如果将它与大规模集成电路制成的存储器，输入/输出接口电路在印制电路板上用总线连接起来，就构成了微型计算机。显然，单硅片的中央处理器是微型计算机区别于大、中、小型计算机的主要结构特征。一个只集成了中央处理器的集成电路（IC，Integrate Circuit）封装，只是微型计算机的一个组成部分。

如果在一块芯片上，集成了一台微型计算机的4个基本组成部分，这种芯片就被称为单片微型计算机（Single Chip Microcomputer），简称单片机。也就是说，单片机是一块芯片上的微型计算机。以单片机为核心的硬件电路称为单片机系统，单片机系统属于嵌入式系统的应用范畴。嵌入式系统一般指嵌入到对象体系中并实现对象体系智能化控制的计算机，它包括硬件和软件两部分：硬件部分包括中央处理器、存储器、外设器件、I/O（输入/输出）端口和图形控制器等；软件部分包括操作系统软件（OS）（要求实时和多任务操作）和应用程序软件，有时设计人员把这两种软件组合在一起。应用程序控制着系统的运作和行为，而操作系统控制着应用程序与硬件的交互作用。

为了进一步突出单片机在嵌入式系统中的主导地位，许多半导体公司在单片机内部还集成了许多外围功能电路和外设接口，如中断、定时器/计数器、串行通信、模数转换器（ADC）、脉冲宽度调制（PWM）等单元。这些单元突出了单片机的控制特性。一般来说，单片机利用大规模集成电路技术把中央处理器和数据存储器（RAM）、程序存储器（ROM）及其他 I/O 通信口集成在一块芯片上，构成一个最小的计算机系统。而现代的单片机则配置了中断单元、定时单元及 A/D 转换等更复杂、更完善的电路，使得单片机的功能越来越强大，应用更广泛。国外目前习惯称单片机为微控制器（MCU，Micro Control Unit），本书仍然沿用单片机一词。

20 世纪，微电子、IC 集成电路行业发展迅速，其中单片机行业的发展最引人注目。单片机功能强大、价格便宜、使用灵活，在计算机应用领域中发挥着极其重要的作用。从 Intel 公司于 1971 年生产的第一片单片机 Intel-4004 开始，单片机就开创了电子应用的智能化新时代。单片机以其高性价比和灵活性，牢固树立了其在嵌入式系统中的"霸主"地位。在 PC 以 286、386、486、Pentium 高速更新换代的同时，单片机却"始终如一"地保持着其旺盛的生命力。例如，80C51 系列单片机已有 20 多年的生命期，如今仍保持着上升的趋势，就充分证明了这一点。

尽管单片机主要是为控制目的而设计的，但它仍然具备微型计算机（如 PC）的全部特征。因此，单片机的功能部件和工作原理与微型计算机也是基本相同的，我们可以通过参照微型计算机的基本组成和工作原理逐步接近单片机。

图 1.1 所示为一台微型计算机的基本结构。由图 1.1 可知，一台微型计算机是由运算器、控制器、

存储器、输入设备和输出设备 5 部分组成的。虽然微型计算机技术得到了最充分的发展，但是微型计算机在体系结构上仍属于经典的计算机结构。这种结构是由计算机的开拓者数学家约翰·冯·诺依曼最先提出的，所以称为冯·诺依曼计算机体系结构。迄今为止，计算机的发展已经历了 4 代，仍尚未冲出冯·诺依曼体系，当前市场上常见的大多数型号的单片机也还遵循着冯·诺依曼体系的设计思路。

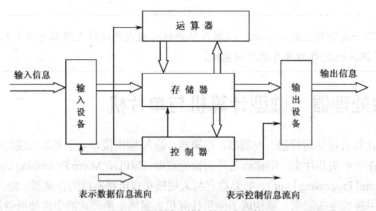

图 1.1　微型计算机的基本结构

　　下面分析微型计算机各部分的作用和微型计算机的工作原理。如果要使微型计算机按照需要解决某个具体问题，并不是把这个问题直接让微型计算机去解决，而是要用微型计算机可以"理解"的语言，如 C、Pascal、BASIC 或 PL/M 语言，编写出一系列解决这个问题的步骤，并输入到计算机中，命令它按照这些步骤顺序执行，从而使问题得以解决。编写解决问题的步骤，就是人们常说的编写程序（也叫程序设计或软件开发）。计算机是严格按照程序对各种数据或输入信息进行自动加工处理的，因此必须预先把程序和数据用输入设备送入微型计算机内部的存储器中，处理完成后还要把结果用输出设备输送出来，由运算器完成程序中规定的各种算术和逻辑运算操作，而为了使微型计算机的各部件有条不紊地工作，必须由控制器理解程序的意图，并指挥各部件协调完成规定的任务。

1.2　单片机的结构与组成

　　单片机的一般结构可用图 1.2 所示的方框图描述。图 1.2 与图 1.1 的对应关系是：CPU 包含了控制器和运算器；ROM 和 RAM 对应存储器，ROM 存放程序，RAM 存放数据；I/O 对应输入设备和输出设备。单片机通过总线实现 CPU、ROM、RAM、I/O 各模块之间的信息传递。其实，具体到某一种型号的单片机，其芯片内部集成的程序存储器 ROM 和数据存储器 RAM 可大可小，输入和输出端口（I/O）可多可少，但 CPU 只有一个。

　　首先介绍单片机内部各部分的功能。

　　中央处理器（CPU）：是单片机的核心单元，通常由算术逻辑运算部件 ALU 和控制部件构成。CPU 就像人的大脑一样，决定了单片机的运算能力和处理速度。

　　程序存储器（ROM）：用来存放用户程序，可分为 EPROM、Mask ROM、OTP ROM 和 Flash

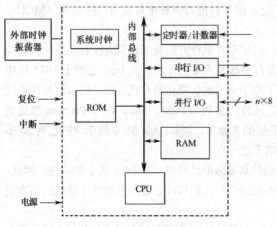

图 1.2　单片机的内部基本组成

ROM 等。EPROM 型存储器编程（把程序代码通过一种算法写入程序存储器的操作）后，其内容可用紫外线擦除，用户可反复使用，故特别适用于开发过程，但 EPROM 型单片机价格很高。Mask ROM 型存储器的单片机价格最低，适用于大批量生产。由于 Mask ROM 型单片机的代码只能由生产厂商在制造芯片时写入，故用户更改程序代码十分不便，在产品未成熟时选用此类型单片机风险较高。OTP ROM 型（一次可编程）单片机价格介于 EPROM 和 Mask ROM 型单片机之间，它允许用户自己对其编程，但只能写入一次。OTP ROM 型单片机生产多少完全可以由用户自己掌握，不存在 Mask ROM 型有最小起订量和掩模费的问题。另外，该类单片机价格已同掩模型十分接近，故特别受中小批量客户的欢迎。Flash ROM 型单片机可采用电擦除的方法修改其内容，允许用户使用编程工具或在系统中快速修改程序代码（In-System-Programmable），且可反复使用，故一推出就受到广大用户的欢迎。Flash ROM 型单片机既可用于开发过程，也可用于批量生产，随着制造工艺的改进，价格不断下降，使用越来越普遍，已成为现代单片机的发展趋势。

随机存储器（RAM）：用来存放程序运行时的工作变量和数据。由于 RAM 的制作工艺复杂，价格比 ROM 高得多，所以单片机内部 RAM 非常宝贵，通常仅有几十到几百 B。RAM 的内容是易失性（也有称为易挥发性）的，掉电后会丢失。最近出现了 E^2PROM 或 Flash ROM 型数据存储器，方便用户存放不经常改变的数据及其他重要信息。单片机通常还有特殊寄存器和通用寄存器，也属于 RAM 空间，但它们在单片机中存取数据速度很快，特殊寄存器还用于充分发挥单片机各种资源的功效，但这部分存储器占用存储空间更小。

并行输入/输出（I/O）端口：通常为独立的双向 I/O 口，既可以用做输入方式，又可以用做输出方式，通过软件编程设定。现代单片机的 I/O 口也有不同的功能，有的内部具有上拉或下拉电阻，有的是漏极开路输出，有的能提供足够的电流直接驱动外部设备。I/O 是单片机的重要资源，也是衡量单片机功能的重要指标之一。

串口输入/输出口：用于单片机和串行设备或其他单片机的通信。串行通信有同步和异步之分，可以用硬件或通用串行收发器件实现。不同的单片机可能提供不同标准的串行通信接口，如 UART、SPI、I^2C、MicroWire 等。

定时器/计数器（T/C）：用于单片机内部精确定时或对外部事件（输入信号如脉冲）进行计数，通常单片机内部有多个定时器/计数器。

系统时钟：通常需要外接石英晶体或其他振荡源提供时钟信号输入，也有的使用内部 RC 振荡器。系统时钟相当于 PC 中的主频。

以上只是单片机的基本构成，现代的单片机又加入了许多新的功能部件，如模数转换器（ADC）、数模转换器（DAC）、温度传感器、液晶（LCD）驱动电路、电压监控、看门狗（WDT）电路、低电压检测（LVD）电路等。此时的单片机才属于真正的单片化，内部的 ROM 和 RAM 的容量也越来越大，ROM 寻址空间可达几百 KB，RAM 寻址空间可达几十 KB。可以说，单片机发展到了一个全新的阶段，应用领域也更为广泛，许多家用电器均走向利用单片机控制的智能化发展道路。

1.3　单片机的分类和指标

单片机从用途上可分为专用型单片机和通用型单片机两大类。专用型单片机是为某种专门用途而设计的，如 DVD 控制器和数码摄像机控制器芯片等。在用量不大的情况下，设计和制造这样的专用芯片成本很高，而且设计和制造的周期也很长。我们通常所用的都是通用型单片机，通用型单片机把所有资源（如 ROM、I/O 等）全部提供给用户使用。当今通用型单片机的生产厂家已不下几十家，种类有几百种之多。下面就从单片机的几个重要指标进行介绍。

位数：是单片机能够一次处理的数据的宽度，有 1 位机（如 PD7502）、4 位机（如 MSM64155A）、8 位机（如 MCS-51）、16 位机（如 MCS-96）、32 位机（如 ARM 内核单片机）。

存储器：包括程序存储器和数据存储器，程序存储器空间较大，字节数一般从几 KB 到几百 KB（1KB=2^{10}B=1024B），另外还有不同的类型，如 ROM、EPROM、E^2PROM、Flash ROM 和 OTP ROM（详细解释参看 2.3.2 节）型。数据存储器的字节数则通常为几十到几十 KB。程序存储器的编程方式也是用户选择的一个重要因素，有的是串行编程，有的是并行编程，新一代的单片机有的还具有在系统编程（ISP，In-System-Programmable）或在应用再编程（IAP，In-Application re-Programmable）功能，有的还有专用的 ISP 编程接口 JTAG 口。

I/O 口：即输入/输出口，一般有几个到几十个，用户可以根据自己的需要进行选择。

速度：指的是 CPU 的处理速度，以每秒执行多少条指令衡量，常用单位是 MIPS（百万条指令每秒），目前最快的单片机可达到 100MIPS。单片机的速度通常是与系统时钟（相当于 PC 的主频）相联系的，但并不是频率高的处理速度就一定快。对于同一种型号的单片机来说，采用频率高的时钟一般比频率低的速度要快。

工作电压：通常工作电压是 5V，范围是±5%或±10%，也有 3V/3.3V 电压的产品，更低的可在 1.5V 工作。现代单片机又出现了宽电压范围型，即在 2.5～6.5V 内都可以正常工作。

功耗：低功耗是现代单片机所追求的一个目标，目前低功耗单片机的静态电流可以低至μA（微安，10^{-6}A）或 nA（纳安，10^{-9}A）级。有的单片机还具有等待、关断、睡眠等多种工作模式，以此来降低功耗。

温度：单片机根据工作温度可分为民用级（商业级）、工业级和军用级 3 种。民用级的温度范围是 0℃～70℃，工业级是–40℃～85℃，军用级是–55℃～125℃（不同厂家的划分标准可能不同）。

附加功能：有的单片机有更多的功能，用户可根据自己的需要选择最适合自己的产品。例如，有的单片机内部有 A/D 转换、D/A 转换、串口、LCD 驱动等，使用这种单片机可以减少外部器件，提高系统的可靠性。

1.4　常用的单片机系列

1. MCS-51 系列及与之兼容的 80C51 系列单片机

由于历史的原因，Intel 公司的 MCS-51 及与之兼容的 80C51 系列单片机（以下统称 80C51 系列单片机）是国内应用最为广泛的单片机，也是最多被电子设计工程师掌握的单片机。市场上关于单片机的书籍资料有很大一部分是基于 80C51 系列的，各种 80C51 系列单片机的开发工具如汇编器、编译器、仿真器和编程器等也很容易找到。另外，除了 Intel 公司外，还有 Atmel、Winbond、Philips、TEMIC、ISSI 和 LG 等公司都生产兼容 80C51 的产品。因此用户在采购时具有广泛的选择余地，而且由于激烈的竞争关系，各兼容生产厂家不断推出性价比更高的产品，选用该系列的用户就能获得更大的价值。大量熟练的用户群、充足的支持工具、充沛的货源，是 80C51 兼容系列单片机的市场优势。所以自从 80C51 系列单片机推出以来，虽然其他的公司也推出了许多新的单片机系列，但是 80C51 系列单片机及其兼容产品仍然占据了国内市场的很大份额。

2. TI 公司的超低功耗 Flash 型 MSP430 系列单片机

关于超低功耗单片机，有业界最佳"绿色微控制器（Green MCUs）"称号的 TI 公司的 MSP430 Flash 系列单片机，是目前业界所有内部集成闪速存储器（Flash ROM）产品中功耗最低的，消耗功率仅为其他闪速微控制器（Flash MCUs）的 1/5。在 3V 工作电压下其耗电电流低于 350μA/MHz，待机模式仅为 1.5μA/MHz，具有 5 种节能模式。该系列产品的工作温度范围为–40℃～85℃，可满足工业应用要求。MSP430 微控制器可广泛地应用于煤气表、水表、电子电度表、医疗仪器、火警智能探头、通信产品、家庭自动化产品、便携式监视器及其他低耗能产品。由于 MSP430 微控制器的功耗极低，可设计出只需一块电池就可以使用长达 10 年的仪表应用产品。MSP430 Flash 系列的确是不可多得的高性价比单片机。

3. OKI 低电压、低功耗单片机

OKI 公司的高性价比 4 位机 MSM64K 系列也是低功耗低电压的微控制器，其工作电压可低至 1.25V，使用 32kHz 的工作频率，典型工作电流可低至 3～5μA，HALT（关断）模式下小于 1μA，而其功能却并不逊色，片内集成了 LCD（液晶显示器）驱动器，可方便地与液晶显示器接口，具有片内掩模（Mask）的程序存储器，有些型号还带有串口、RC 振荡器、看门狗、ADC（模数转换器）、PWM（脉宽调制）等，几乎不需要外扩芯片即可满足应用，工作温度范围可达-40℃～85℃，提供 PGA 封装和裸片。该系列微控制器应用广泛，适用于使用 LCD 显示、电池供电的设备，如掌上游戏机、便携式仪表（体温计、湿度计）、智能探头、定时器（时钟）等低成本、低功耗的产品。

4. ST 公司的 ST62 系列单片机

美国 ST 微电子公司是一家独立的全球性公司，专门从事应用于半导体集成电路的设计、生产、制造和销售，以及生产各种微电子应用中的分立器件。应用领域涉及电子通信系统、计算机系统、消费类产品、汽车应用、工业自动化和控制系统等。ST 公司可提供满足各种场合的单片机或微控制器，其中，ST62 系列 8 位单片机以其简单、灵活、低价格等特点，特别适用于汽车、工业、消费领域的嵌入式微控制系统。ST62 系列提供多种不同规格的单片机以满足各种需要，存储器从 1KB 到 8KB，有 ROM、OTP、EPROM、E^{2}PROM、Flash E^{2}PROM，I/O 口从 9 个到 22 个，引脚从 16 个到 42 个，还有 ADC、LCD 驱动、看门狗、定时器、串行口、电压监控等部件。ST62 单片机采用独特的制造工艺和技术，大大提高了抗干扰能力，能适应于各种恶劣环境。

5. AD 公司的带 A/D 与 D/A 转换器的单片机

ADμC812 是 AD 公司推出的全集成 12 位数据采集系统，片内集成了 8 路 12 位高性能的自校准 ADC、2 路 12 位 DAC 和与 80C51 指令兼容的 8 位 MCU。AD 公司最近又推出了 16 位和 24 位 ADC 的 ADμC816 和 ADμC824，其他性能特性与 ADμC812 基本相同。

ADμC812 MCU 包括 8KB 的 Flash 程序存储器、640B 的 Flash 数据存储器、256B 的 RAM 和与 80C51 兼容的内核，并且具有看门狗定时器、电源监视器及 ADC DMA 功能，32 个可编程 I/O 口、I^{2}C/SPI 兼容和标准 UART 串行通信接口。芯片具有正常、空闲和掉电 3 种工作模式，非常适合低功耗应用的电源管理方案，如智能传感器、电池供电系统（可移动 PC、手持仪器、终端）、瞬时捕捉系统、DAS 和通信系统等。

6. 基于 ARM 核的 32 位单片机

ARM（Advanced RISC Machine）是一种通用的 32 位 RISC 处理器。这里的 32 位是指处理器的外部数据总线是 32 位的，与 8 位和 16 位的相同主频处理器相比，其性能更强大。ARM 是一种功耗很低的高性能处理器，如 ARM7TDMI 具有每瓦产生 690MIPS（百万条指令每秒）的能力，已被证明在工业界处于领先水平。ARM 公司并不生产芯片，而是将 ARM 的技术授权其他公司生产。ARM 本质上并不是一种芯片，而是一种芯片结构技术，不涉及芯片生产工艺。授权生产 ARM 结构芯片的公司采用不同的半导体技术，面对不同的应用进行扩展和集成，标有不同的系列号。目前，可以提供含 ARM 核 CPU 芯片的著名半导体公司有：英特尔、德州仪器、三星半导体、摩托罗拉、飞利浦半导体、意法

半导体、亿恒半导体、科胜讯、ADI 公司、安捷伦、高通公司、Atmel、Intersil、Alcatel、Altera、Cirrus Logic、Linkup、Parthus、LSI Logic、Micronas、Silicon Wave、Virata、Portalplayer inc.、NetSilicon、Parthus。ARM 的应用范围非常广泛，如嵌入式控制——汽车、电子设备、保安设备、大容量存储器、调制解调器、打印机，数字消费产品——数码相机、数字式电视机、游戏机、GPS、机顶盒，便携式产品——手提式计算机、移动电话、PDA、灵巧电话。

1.5　单片机的特点

单片机除了具备体积小、价格低、性能强大、速度快、用途广、灵活性强、可靠性高等优点外，它与通用微型计算机相比，在硬件结构和指令设置上还具有以下独特之处。

① 存储器 ROM 和 RAM 是严格分工的。ROM 用做程序存储器，只存放程序、常数和数据表格，而 RAM 用做数据存储器，存放临时数据和变量。这样的设计方案使单片机更适用于实时控制（也称为现场控制或过程控制）系统。配置较大程序存储空间的 ROM，将已调试好的程序固化（即对 ROM 编程，也称烧录或烧写），这样不仅掉电时程序不丢失，还避免了程序被破坏，从而确保了程序的安全性。实时控制仅需容量较小的 RAM，用于存放少量随机数据，这样有利于提高单片机的操作速度。

② 采用面向控制的指令系统。在实时控制方面，尤其是在位操作方面，单片机有着不俗的表现。

③ 输入/输出（I/O）端口引脚通常设计有多种功能。在设计时，究竟使用多功能引脚的哪种功能，可以由用户编程确定。

④ 品种规格的系列化。属于同一个产品系列、不同型号的单片机，通常具有相同的内核、相同或兼容的指令系统，其主要的差别仅在于片内配置了一些不同种类或不同数量的功能部件，以适用不同的被控对象。

⑤ 单片机的硬件功能具有广泛的通用性。同一种单片机可以用在不同的控制系统中，只是其中所配置的软件不同而已。换言之，给单片机固化上不同的软件，便可形成用途不同的专用智能芯片，有时将这种芯片称为固件（Firmware）。

1.6　单片机应用系统

单片机应用系统是以单片机为核心构成的智能化产品。其智能化体现为以单片机为核心构成的微型计算机系统，它保证了产品的智能化处理与智能化控制能力。单片机智能化产品包括智能仪表、可编程序控制器、空调控制器、全自动洗衣机控制器、DVD 控制器、数据采集系统、金融 POS 机、移动电话机芯等。在这些单片机智能化产品中，以单片机为核心组成的硬件电路统称为单片机系统。

为了实现产品的智能化处理与智能化控制，还要嵌入相应的控制程序，称为单片机应用软件。

嵌入了应用软件的单片机系统称为单片机应用系统。

单片机是单片机系统中的一个器件，单片机系统是构成某一单片机应用系统的全部硬件电路，单片机应用系统是单片机系统和应用软件相结合的产物。

1.7　单片机的应用领域

单片机由于其体积小、功耗低、价格低廉，且具有逻辑判断、定时计数、程序控制等多种功能，广泛应用于仪器仪表、家用电器、医用设备、航空航天、专用设备的智能化管理及过程控制等领域。下面简单介绍一些典型的应用。

1. 单片机在智能仪表中的应用

单片机具有体积小、功耗低、控制功能强、扩展灵活、微型化和使用方便等优点，被广泛应用于仪器仪表中，结合不同类型的传感器，可实现诸如电压、功率、频率、湿度、温度、流量、速度、厚度、角度、长度、硬度、压力等物理量的测量。采用单片机控制使得仪器仪表数字化、智能化、微型化，且功能比起采用电子或数字电路更加强大，提高了其性能价格比，如精密的测量设备（功率计、示波器、各种分析仪）。

2. 单片机在机电一体化中的应用

机电一体化是机械工业发展的方向。机电一体化产品是指集机械技术、微电子技术、计算机技术、传感器技术于一体，具有智能化特征的机电产品，如微机控制的车床、钻床等。单片机作为产品中的控制器，能充分发挥了它体积小、可靠性高、功能强等的优点，可大大提高机器的自动化、智能化程度。可编程顺序控制器也是一个典型的机电控制器，其核心通常就是由一个单片机构成的。

3. 单片机在实时控制中的应用

单片机广泛地应用于各种实时控制系统中。例如，在工业测控、航空航天、尖端武器等各种实时控制系统中，都可以使用单片机作为控制器。单片机的实时数据处理能力和控制功能，能使系统保持在最佳工作状态，提高了系统的工作效率和产品质量。再如机器人，每个关节或动作部位都是一个单片机实时控制系统。

4. 单片机在分布式多机系统中的应用

在比较复杂的系统中，常采用分布式多机系统。多机系统一般由若干台功能各异的单片机应用系统组成，各自完成特定的任务，它们通过串行通信相互联系、协调工作。单片机在这种系统中往往作为一个终端机，安装在系统的某些节点上，对现场信息进行实时测量和控制。单片机的高可靠性和强抗干扰能力，使它可以被置于恶劣环境的前端工作。

5. 消费类电子产品控制

这类应用主要反映在家电领域，如洗衣机、空调、汽车电子与保安系统、电视机、录像机、DVD机、音响设备、电子秤、IC 卡、手机、BP 机等。在这些设备中使用单片机机芯之后，其控制功能和性能大大提高，并实现了智能化、最优化控制。

6. 终端及外部设备控制

在计算机网络终端设备（如银行终端、商业 POS 机、复印机等）和计算机外部设备（如打印机、绘图仪、传真机、键盘和通信终端等）中使用单片机，使其具有计算、存储、显示、输入等功能，并具有和计算机连接的接口，使计算机的能力及应用范围大大提高，可以更好地发挥计算机的性能。

可以毫不夸张地说：凡是能想到的地方，单片机都可以用得上。全世界单片机的年产量数以亿计，应用范围之广，花样之多，一时难以详述。单片机应用的意义不仅限于它的广阔应用范围和所带来的经济效益，更重要的还在于从根本上改变了传统的控制系统设计思想和设计方法。从前，必须由模拟电路或数字电路实现的大部分控制功能，现在可以使用单片机通过软件方法实现。这种以软件取代硬件并能提高系统性能的控制技术称为微控制技术。微控制技术标识着一种全新概念，随着单片机应用的推广普及，微控制技术必将不断发展和日趋完善，而单片机的应用必将更加深入、更加广泛。

单片机与常用的 TTL、CMOS 数字集成电路相比，掌握起来不太容易，问题在于单片机具有智能化功能，不仅要学习其硬件的使用方法还要学习其软件的使用方法，而软件设计需要有一定的创造性。

这虽然给学习者带来一定难度，但这也正是它的迷人之处。一个普通的消毒碗柜配上装有专用软件的单片机，虽然成本增加了 10 多元，但市场售价可高出 300 多元。理由何在？原因在于它的技术含量高，其中的软件凝聚着开发者的聪明和智慧。

由此可见，单片机技术无疑将是 21 世纪最为活跃的新一代电子应用技术。随着微控制技术（以软件代替硬件的高性能控制技术）的发展，单片机的应用必将导致传统控制技术发生巨大变革。换言之，单片机的应用是对传统控制技术的一场革命。因此，学习单片机的原理，掌握单片机应用系统设计技术，具有划时代的意义。

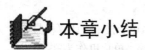 ## 本章小结

如果在一块芯片中包含了微型计算机的 4 个基本组成部分：运算器、控制器、存储器和输入/输出接口，就称此芯片为单片机。为了增加单片机的控制特性，许多半导体公司在单片机内部又增加了许多新的功能部件，如模数转换器（ADC）、数模转换器（DAC）、温度传感器、液晶（LCD）驱动电路、电压监控、看门狗（WDT）电路、低电压检测（LVD）电路等，使得单片机更接近"单片化"。

从用途上单片机可分为专用型单片机和通用型单片机两大类，本书以通用型单片机为背景介绍。从数据总线的宽度上单片机可分为 1 位机、4 位机、8 位机、16 位机、32 位机。通用型单片机中由于 8 位机的生产厂家最多，故其性价比最高。

以单片机为核心的全部硬件电路称为单片机系统，为了使单片机系统具有智能化处理与智能化控制的能力，还要嵌入单片机应用软件。嵌入了应用软件的单片机系统称为单片机应用系统。

单片机由于其体积小、功耗低、价格低廉，且具有逻辑判断、定时计数、程序控制等多种功能，被广泛应用于仪器仪表、家用电器、医用设备、航空航天、专用设备的智能化管理及过程控制等领域。

 ## 习题 1

1. 简述微型计算机的基本组成。
2. 简述单片机的基本含义及应用领域。
3. 单片机的主要特点是什么？
4. 单片机的分类及主要指标是什么？
5. 简述微型计算机与单片机的异同。
6. 简述单片机、单片机系统、单片机应用系统之间的异同。

第2章 单片机系统电路基础

计算机是微电子学与计算数学相结合的产物。微电子学的基本元器件及其集成电路构成了计算机的硬件基础，而计算数学的计算方法与数据结构则形成了计算机的软件基础。本章简要地阐述最主要的数学知识及计算机中最基本的单元电路。本章的内容是必要的入门知识，是以后各章的基础。对于已掌握这些知识的读者，本章将起到复习和系统化的作用。

2.1 数制与编码

数制是人们利用符号进行计数的科学方法。数制有很多种，在单片机中常使用的有二进制、十进制和十六进制。

数制所使用的数码的个数称为基，数制每位所具有的值称为权。

2.1.1 进位计数制

1．十进制计数制

十进制的基为 10，即它所使用的数码为 0～9，共 10 个数字。十进制各位的权是以 10 为底的幂，每位因所处位置不同，其值是不同的，每位数是其右边相邻那位数的 10 倍。

计数规律：逢 10 进 1。

任意一个十进制数 $(S)_{10}$，可以表示为：

$$(S)_{10} = k_{n-1}10^{n-1} + k_{n-2}10^{n-2} + \cdots + k_0 10^0 + k_{-1}10^{-1} + k_{-2}10^{-2} + \cdots + k_{-m-1}10^{-m-1}$$

式中，k_i 为 0～9 中的任意一个数字；m、n 为正整数；10 为十进制的基数。

【例 2.1】 $(2001.9)_{10} = 2 \times 10^3 + 0 \times 10^2 + 0 \times 10^1 + 1 \times 10^0 + 9 \times 10^{-1}$

十进制数在书写中通常可省去下标，如 2001.9 即表示 $(2001.9)_{10}$。

十进制是日常生活中常用的数制，人机交互常采用十进制数。

2．二进制计数制

二进制的基为 2，即它所使用的数码为 0、1，共两个数字。二进制各位的权是以 2 为底的幂，每位因所处位置不同，其值是不同的，每位数是其右边相邻那位数的 2 倍。

计数规律：逢 2 进 1。

任意一个二进制数 $(S)_2$，可以表示为：

$$(S)_2 = k_{n-1}2^{n-1} + k_{n-2}2^{n-2} + \cdots + k_0 2^0 + k_{-1}2^{-1} + k_{-2}2^{-2} + \cdots + k_{-m-1}2^{-m-1}$$

式中，k_i 只能取 0 或 1；m、n 为正整数；2 为二进制的基数。

【例 2.2】 $(1101.101)_2 = 1 \times 2^3 + 1 \times 2^2 + 0 \times 2^1 + 1 \times 2^0 + 1 \times 2^{-1} + 0 \times 2^{-2} + 1 \times 2^{-3}$

二进制数只有 2 个数码，即 0 和 1，在电子计算机中容易实现。例如，可以用高电平表示 1，低电平表示 0，或者晶体管截止时的输出表示 1，导通时的输出表示 0 等。所以，采用二进制数就可以利用电路进行计数工作。二进制数的运算规则类似于十进制数，加法为逢 2 进 1，减法为借 1 为 2。利用加法和减法就可以进行乘法、除法及其他数值运算。

由于二进制数位数太长，不易记忆和书写，所以人们又提出了十六进制数的书写形式。

3. 十六进制计数制

十六进制的基为 16，即它所使用的数码为 0～9 和 A～F，共 16 个数字。十六进制各位的权是以 16 为底的幂，每位因所处位置不同，其值是不同的，每位数是其右边相邻那位数的 16 倍。

计数规律：逢 16 进 1。

任意一个十六进制数 $(S)_{16}$，可以表示为：

$$(S)_{16}=k_{n-1}16^{n-1}+k_{n-2}16^{n-2}+\cdots+k_0 16^0+k_{-1}16^{-1}+k_{-2}16^{-2}+\cdots+k_{-m-1}16^{-m-1}$$

式中，k_i 可取 0，1，2，…，9，A，B，C，D，E，F 这 16 个数码和字母之一，用 A～F 表示 10～15；m、n 为正整数；16 为十六进制的基数。

【例 2.3】 $(8AE6)_{16}=8\times16^3+A\times16^2+E\times16^1+6\times16^0$

十六进制数在书写中可使用另一种表示方式，如 $(8AE6)_{16}$ 可表示为 8AE6H。

2.1.2 进位计数制的相互转换

人们习惯使用的是十进制数，计算机采用的是二进制数，人们书写时又多采用十六进制数，因此，必然产生各种进位计数制之间的相互转换问题。

1. 十进制数转换成十六进制数

一个十进制整数转换成十六进制整数时，按除 16 取余的方法进行。

【例 2.4】 $(725)_{10}=(?)_{16}$

```
16 |7  2  5        余数 5
16 |4  5           余数 13，即十六进制数 D
   16 |2           余数 2
```

转换结果，可得 $(725)_{10}=(2D5)_{16}$。

一个十进制小数转换成十六进制小数时，可按乘 16 取整的方法进行。

【例 2.5】 $(0.7875)_{10}=(?)_{16}$

```
              0.7875
   ×             16
            12.6          取整数 12，即十六进制数 C
              0.6
   ×            16
              9.6          取整数 9
              0.6
   ×           1 6
              9.6          取整数 9
```

转换结果，可得 $(0.7875)_{10}=(0.C99)_{16}$。

注意：小数转换不一定能算尽，只需算到一定精度的位数即可，因此可能会产生一些误差，但当位数较多时，这个误差就很小了。

如果一个十进制数既有整数部分又有小数部分，可将整数部分和小数部分分别进行十六进制数的等值转换，然后合并即可得到结果。

2. 十六进制数转换成十进制数

十六进制数转换成等值的十进制数时，可用按权相加的方法进行。

【例 2.6】

$$(1C4.68)_{16} = 1\times16^2+C\times16^1+4\times16^0+6\times16^{-1}+8\times16^{-2}$$
$$= 256+192+4+0.375+0.03125$$
$$=(452.40625)_{10}$$

3．十六进制数与二进制数的转换

一位十六进制数表示的数值恰好相当于 4 位二进制数能表示的数值，因此彼此之间的转换极为方便，只要从小数点开始分别向左、右展开即可。

【例 2.7】

$$(3AB4)_{16}=(0011\ 1010\ 1011\ 0100)_2$$
$$(1111\ 1101.0100\ 1111)_2=(FD.4F)_{16}$$

可见，用十六进制数书写要比用二进制数书写简短，而且用十六进制数表示的数据信息很容易转换成用二进制数表示。这就是普遍使用十六进制数的原因。

当十进制数转换成二进制数时，可采用十六进制数作为中间过渡。

2.1.3　数码和字符的代码表示

1．三个术语

数码：代表一个确切的数字，如二进制数、八进制数等。

代码：特定的二进制数码组，是不同信息的代号，不一定有数的意义。

编码：n 位二进制数可以组合成 2^n 个不同的信息，给每个信息规定一个具体码组，这个过程叫做编码。

2．二进制码

自然码：有权码，每位代码都有固定权值，结构形式与二进制数完全相同。

循环码：无权码，每位代码无固定权值，任何相邻的两个码组中，仅有一位代码不同。

自然二进制码和循环二进制码如表 2.1 所示。

表 2.1　两种 4 位二进制编码

十进制数	自然二进制码	循环二进制码	十进制数	自然二进制码	循环二进制码
0	0000	0000	8	1000	1100
1	0001	0001	9	1001	1101
2	0010	0011	10	1010	1111
3	0011	0010	11	1011	1110
4	0100	0110	12	1100	1010
5	0101	0111	13	1101	1011
6	0110	0101	14	1110	1001
7	0111	0100	15	1111	1000

3．二–十进制码（BCD 码）

BCD 码用二进制代码对十进制数进行编码，它既具有二进制码的形式（4 位二进制码），又有十进制数的特点（每 4 位二进制码是 1 位十进制数）。BCD 码有多种形式，单片机系统软件中常常用到 8421BCD 码，其编码值与字符 0～9 的低 4 位码相同，易于实现人机交互。

【例2.8】

$(1999)_{10} = (0001\ 1001\ 1001\ 1001)_{BCD}$

$(0110\ 1000\ 0100\ 0000)_{BCD} = (6840)_{10}$

4．字母与字符的编码

由于计算机中采用二进制数码表示，因此，计算机中的字母、字符等都要用特定的二进制码表示。字母与字符用二进制码表示的方法很多，目前在计算机中普遍采用的是 ASCII 码（American Standard Code for Information Interchange，美国标准信息交换码）。它采用 8 位二进制编码，可以表示 256 个字符，其中包括数码 0～9、英文字母，以及可打印和不可打印的字符。ASCII 码 0～127（或十六进制数 0～7F）表示的字符如表 2.2 所示。

表2.2　ASCII 码字符表

字　符	ASCII 码		字　　符	ASCII 码		字　符	ASCII 码		字　　符	ASCII 码	
NUL	0	0	Space	32	20	@	64	40	、	96	60
SOH	1	1	!	33	21	A	65	41	a	97	61
STX	2	2	"	34	22	B	66	42	b	98	62
ETX	3	3	#	35	23	C	67	43	c	99	63
EOT	4	4	$	36	24	D	68	44	d	100	64
ENQ	5	5	%	37	25	E	69	45	e	101	65
ACK	6	6	&	38	26	F	70	46	f	102	66
BEL	7	7	'	39	27	G	71	47	g	103	67
BS	8	8	(	40	28	H	72	48	h	104	68
HT	9	9	)	41	29	I	73	49	i	105	69
LF	10	A	*	42	2A	J	74	4A	j	106	6A
VT	11	B	+	43	2B	K	75	4B	k	107	6B
FF	12	C	,	44	2C	L	76	4C	l	108	6C
CR	13	D	–	45	2D	M	77	4D	m	109	6D
SO	14	E	.	46	2E	N	78	4E	n	110	6E
SI	15	F	/	47	2F	O	79	4F	o	111	6F
DLE	16	10	0	48	30	P	80	50	p	112	70
DC1	17	11	1	49	31	Q	81	51	q	113	71
DC2	18	12	2	50	32	R	82	52	r	114	72
DC3	19	13	3	51	33	S	83	53	s	115	73
DC4	20	14	4	52	34	T	84	54	t	116	74
NAK	21	15	5	53	35	U	85	55	u	117	75
SYN	22	16	6	54	36	V	86	56	v	118	76
ETB	23	17	7	55	37	W	87	57	w	119	77
CAN	24	18	8	56	38	X	88	58	x	120	78
EM	25	19	9	57	39	Y	89	59	y	121	79
SUB	26	1A	:	58	3A	Z	90	5A	z	122	7A
ESC	27	1B	;	59	3B	[	91	5B	{	123	7B
FS	28	1C	<	60	3C	\	92	5C	┆	124	7C
GS	29	1D	=	61	3D	]	93	5D	}	125	7D
RS	30	1E	>	62	3E	^	94	5E	~	126	7E
US	31	1F	?	63	3F	_	95	5F	del	127	7F

2.2　单片机系统常用数字集成电路

无论多么复杂的单片机系统，都是由单片机和若干基本电路单元组成的。本节对单片机系统中最常见的基本电路进行简单介绍，这些电路是组成单片机的硬件基础。对于这些器件的详细分析和计算，请读者参考有关的数字电路教材。

2.2.1　常用的逻辑门电路

最基本的门电路是与门、或门、非门，把它们适当连接可以实现任意复杂的逻辑功能。用小规模集成电路构成复杂逻辑电路时，最常用的门电路是与门（AND）、或门（OR）、非门（INV BUFF）、恒等门（BUFF）、与非门（NAND）、或非门（NOR）、异或门（XOR）。主要是因为这 7 种电路既可以完成基本逻辑功能，又具有较强的负载驱动能力，便于完成复杂而又实用的逻辑电路设计。

1．与门

与门是一个能够实现逻辑乘运算的、多端输入、单端输出的逻辑电路。图 2.1 所示为一个二输入的与门的逻辑符号，其逻辑函数式是：$F = A \cdot B$（或 AB）。该电路输入与输出之间的逻辑运算关系可用真值表表示，如表 2.3 所示。其记忆口诀为：有 0 出 0，全 1 才 1。

图 2.1　二输入与门逻辑符号

表 2.3　二输入与运算真值表

输　　入		输　　出
A	B	F
0	0	0
0	1	0
1	0	0
1	1	1

2．或门

或门是一个能够实现逻辑加运算的多端输入、单端输出的逻辑电路。图 2.2 所示为一个二输入的或门的逻辑符号，其逻辑函数式是：$F = A + B$。该电路输入与输出之间的逻辑运算关系可用真值表表示，如表 2.4 所示。其记忆口诀为：有 1 出 1，全 0 才 0。

图 2.2　二输入或门逻辑符号

表 2.4　二输入或运算真值表

输　　入		输　　出
A	B	F
0	0	0
0	1	1
1	0	1
1	1	1

3．非门

实现非逻辑功能的电路称为非门，有时又叫反相缓冲器。非门只有一个输入端和一个输出端。图 2.3 所示为一个非门的逻辑符号，其逻辑函数式是：$F = \overline{A}$。该电路输入与输出间的逻辑运算关系可用真值表表示，如表 2.5 所示。

图 2.3　非门逻辑符号

表 2.5　非运算真值表

输　入	输　出
A	F
0	1
1	0

4．恒等门

实现恒等逻辑功能的电路称为恒等门，有时又叫同相缓冲器。恒等门只有一个输入端和一个输出端。图 2.4 所示为恒等门的逻辑符号，其逻辑函数式是：$F = A$。该电路输入与输出间的逻辑运算关系可用真值表表示，如表 2.6 所示。同相缓冲器和反相缓冲器在数字系统中用于增强信号的驱动能力。

表 2.6　恒等运算真值表

输　入	输　出
A	F
0	0
1	1

图 2.4　恒等门逻辑符号

5．与非门

与和非的复合运算称为与非运算。图 2.5 所示为一个二输入的与非门的逻辑符号，其逻辑函数式是：$F = \overline{AB}$。该电路输入与输出间的逻辑运算关系可用真值表表示，如表 2.7 所示。其记忆口诀为：有 0 出 1，全 1 才 0。

表 2.7　与非运算真值表

输　入		输　出
A	B	F
0	0	1
0	1	1
1	0	1
1	1	0

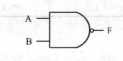

图 2.5　二输入与非门逻辑符号

6．或非门

或和非的复合运算称为或非运算。图 2.6 所示为一个二输入的或非门的逻辑符号，其逻辑函数式是：$F = \overline{A + B}$。该电路输入与输出间的逻辑运算关系可用真值表表示，如表 2.8 所示。其记忆口诀为：有 1 出 0，全 0 才 1。

表 2.8　或非运算真值表

输　入		输　出
A	B	F
0	0	1
0	1	0
1	0	0
1	1	0

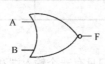

图 2.6　二输入或非门逻辑符号

7. 异或门

异或逻辑也是一种广泛应用的复合逻辑。图 2.7 所示为异或门逻辑符号，其逻辑函数式是：$F = A\bar{B} + \bar{A}B$ 或 $F = A \oplus B$。该电路输入与输出间的逻辑关系可用真值表表示，如表 2.9 所示。其记忆口诀为：相同出 0，相异出 1。

表 2.9　异或运算真值表

输　　入		输　　出
A	B	F
0	0	0
0	1	1
1	0	1
1	1	0

图 2.7　二输入异或门逻辑符号

逻辑门电路是单片机外围电路运算、控制功能所必需的电路。在单片机系统中经常使用集成逻辑电路（常称为集成电路）。一片集成逻辑门电路中通常含有若干个逻辑门电路，如 7400 为 4 重二输入与非门，即 7400 内部有 4 个二输入的与非门，其外部引线如图 2.8 所示（注意：图中只画出了第 2 个，其余 3 个未画出）。

高速 CMOS74HC 逻辑系列集成电路具有低功耗、宽工作电压、强抗干扰的特性，是单片机外围通用集成电路的首选系列。常用的逻辑门基本上都有相应的 HC 型号。表 2.10 所示为单片机系统中部分常用 HC 型号的逻辑门电路。随着单片机内部功能的不断增强和硬件软件化，外部所用的逻辑门电路将越来越少。

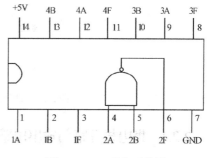

图 2.8　7400 外部引线图

表 2.10　单片机系统中常用的门电路

功　　能	型　　号	说　　明
与非门	74HC00	4 重二输入
	74HC10	3 重三输入
	74HC20	2 重四输入
	74HC30	1 重八输入
或非门	74HC02	4 重二输入
	74HC27	3 重三输入
与门	74HC08	4 重二输入
	74HC11	3 重三输入
或门	74HC32	4 重二输入
反相缓冲器	74HC04	6 重反相器

8. 门电路的国标符号与国际流行符号

常用门电路国标符号与国际流行符号对照如图 2.9 所示，本书以国标符号为主。

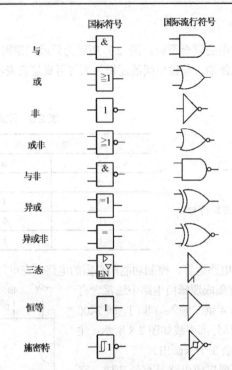

图 2.9　常用门电路国标符号与国际流行符号对照图

2.2.2　集电极开路门输出电路

　　TTL 门电路中，因为输出级采用了推拉式电路，无论输出高电平还是低电平，它的输出电阻都很低，从而有效地降低了输出级的静态功耗并提高了驱动负载的能力。这种形式的电路称为推拉式（Push-pull）电路或图腾柱（Totem-pole）输出电路。但推拉式输出结构有其局限性：首先，它们的输出端不能并联使用，因为若一个门输出高电平而另一个门输出低电平，则并联后将有很大的负载电流同时流过这两个门的输出级，可能使门损坏；其次，无法满足对不同输出高低电平的需要；第三，不能满足驱动较大电流、较高电压负载的要求。克服上述局限的方法就是，门电路的输出级采用集电极开路的三极管结构，制成集电极开路门电路（Open Collector Gate，OC 门）。OC 与非门的逻辑符号如图 2.10 所示。

　　由于 OC 门的输出端是开路的，即悬空的，故 OC 门在应用时输出端需要外接一个上拉负载电阻到电源。通过选择合适的电阻和电源电压，既可以保证输出的高、低电平合乎要求，又可使输出端三极管的负载电流不会过大。

　　OC 门在单片机系统中主要有两个作用：线与和作为驱动器。几个 OC 门的输出端连在一起，输出可以实现与的功能（F=F1F2···Fn），简称线与，如图 2.11 所示。

　　OC 门在单片机系统中，还常常作为控制执行机构。利用 OC 门可以控制一些较大电流的执行机构，用 OC（见图 2.12）门和晶体管控制电动机的电路如图 2.12 所示。74LS06 是集电极开路反相器，由它控制晶体管的基极。由晶体管的集电极驱动继电器线圈，电动机的启动和停止由继电器的触点接通和断开决定。当 OC 门反相器的输入 C 为 1 时，其输出为 0，这时晶体管 VT 处于饱和导通状态，继电器闭合，电动机处于运转状态。当 OC 门反相器的输入 C 为 0 时，其输出为 1，这时晶体管 VT 处于截止状态，继电器断开，电动机处于停止状态。在线圈两端并联二极管的作用是限制线圈两端产生高电压。此外，还可以用 OC 门直接驱动发光二极管和指示灯等显示器件，电路如图 2.13 所示。表 2.11 所示为单片机系统中常用的 OC 门电路。

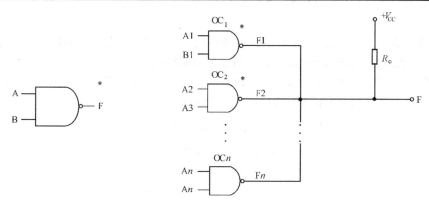

图 2.10　OC 与非门逻辑符号　　　　　　　　图 2.11　多个 OC 门输出线与

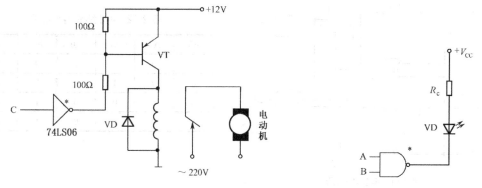

图 2.12　OC 门和晶体管控制电动机电路　　　　图 2.13　OC 与非门驱动发光二极管

表 2.11　单片机系统中常用的 OC 门电路

功　能	型　号	说　明
与非门	7401	4 重二输入
	7412	3 重三输入
	7422	2 重四输入
或非门	7433	4 重二输入
与门	7409	4 重二输入
	7416	6 重反相器
恒等门	7407	6 重恒等门
	7417	6 重恒等门
反相器	7405	6 重反相器
	7406	6 重反相器

2.2.3　常用组合逻辑电路

1. 编码器（ENC）

在逻辑电路中用二进制数表示事物的状态或数，简称代码。为了区分一系列不同事物，通常将其中的每个事物用一个二值代码表示。设计者规定用什么形式的代码表示事物或数，称为编码。一般来说，编码只是将每个事物或数用特殊的符号表示，不需要有特殊的规则。实现编码的组合逻辑电路称为编码器。目前，经常使用的编码器有普通编码器和优先编码器两类。

（1）普通编码器

在普通编码器中，任何时刻只允许输入一个编码信号，否则输出将发生混乱。下面以 2 位普通编码器为例，分析普通编码器的工作原理。图 2.14 所示为 4-2 编码器。

4-2 编码器将计算机看做配有的 4 个外部设备：声卡（A0）、硬盘驱动器（A1）、鼠标（A2）、网卡（A3）作为输入信号，B0、B1 作为编码输出。逻辑表达式为：

$$B0 = \overline{A2A0}(A3 \oplus A1)$$

$$B1 = \overline{A1A0}(A3 \oplus A2)$$

其真值表如表 2.12 所示。

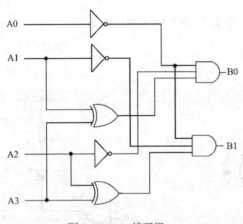

图 2.14　4-2 编码器

表 2.12　4-2 编码器真值表

A3	A2	A1	A0	B1	B0
0	0	0	1	0	0
0	0	1	0	0	1
0	1	0	0	1	0
1	0	0	0	1	1

普通编码器某一时刻只允许输入一个编码信号，如 A1（A1＝1）向 CPU 请求传送数据，CPU 根据接收的编码 B1B0＝01，启动硬盘驱动器，开始传送数据。

由此可以看出，普通编码器是多输入、多输出的组合逻辑电路：有多个输入端 N（1 为有信号，0 为无信号，或相反），多个输出端 n，两者关系满足 $2^n = N$。某一输入与它的编码输出是唯一对应的关系。

（2）优先编码器

在优先编码器电路中，允许同时输入两个以上的信号。不过在设计优先编码器时需要将所有的输入信号按优先顺序排队，当几个输入信号同时出现时，只对其中优先权最高的一个进行编码。

优先编码器电路由优先排队电路和普通编码器组成。例如，图 2.15 所示电路规定：A3 优先权最高，A0 优先权最低。优先排队电路的逻辑表达式为：

$$A = A0\ \overline{A1}\ \overline{A2}\ \overline{A3}$$

$$B = A1\ \overline{A2}\ \overline{A3}$$

$$C = A2\ \overline{A3}$$

$$D = A3$$

当 A0＝1 有信号，且 A1＝A2＝A3＝0 无信号时，B1B0＝00 有编码输出；当 A1＝1 有信号，且 A0＝x（无论是 0 还是 1 均无所谓），A2＝A3＝0 无信号时，B1B0＝01 有编码输出；其余类推。真值表如表 2.13 所示。A3 的优先权最高。

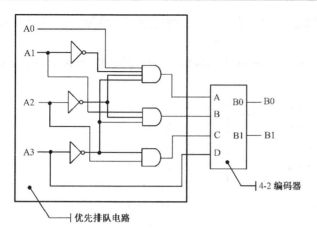

图 2.15　4-2 优先编码器电路

表 2.13　4-2 优先编码器真值表

A3	A2	A1	A0	B1	B0
0	0	0	1	0	0
0	0	1	x	0	1
0	1	x	x	1	0
1	x	x	x	1	1

常用的优先编码器电路如表 2.14 所示。

表 2.14　单片机系统中常用的优先编码器电路

功　能	型　号	说　明
10-4 优先编码器	74HC147	十进制–二进制编码器
8-3 优先编码器	74HC148	八进制–二进制编码器
3 状态 8-3 优先编码器	74LS348	八进制–二进制编码器，三态输出，可接单片机数据总线

2. 译码器（DEC）

译码器是编码器的逆过程，编码器和译码器成对存在。译码器的逻辑功能是将每个输入的二进制编码译成对应的高、低电平输出。译码器也是多输入、多输出的组合逻辑电路，多个输入端数为 N，则输出端数为 $n=2^N$。

图 2.16 所示是一个 2-4 译码器电路，如果编码输入 $N=2$，则译码输出 $n=4$。对于任意组输入编码，仅有与该编码相对应的一个输出端输出为 0，称为译中，其余所有输出都为 1，称为未译中。逻辑表达式为：

$$B0 = \overline{\overline{A0}\ \overline{A1}}$$
$$B1 = \overline{\overline{A0}A1}$$
$$B2 = \overline{A0\overline{A1}}$$
$$B3 = \overline{A0A1}$$

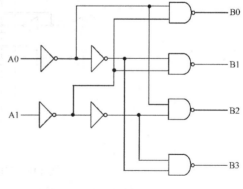

图 2.16　2-4 译码器电路

当编码输入 A0=0，A1=0 时，B0=0（有译码输出），B1=B2=B3=1（无译码输出），其余类推，真值表如表 2.15 所示。

表 2.15　2-4 译码器真值表

A0	A1	B0	B1	B2	B3
0	0	0	1	1	1
0	1	1	0	1	1
1	0	1	1	0	1
1	1	1	1	1	0

也可以对于任意组输入编码，仅有与该编码相对应的一个输出端输出为 1，称为译中，其余所有输出都为 0，称为未译中。

图 2.17 所示为一个 3-8 译码器电路，当 A2A1A0＝100 时，B4 译中，有译码输出；当 A2A1A0＝110 时，B6 译中，有译码输出。

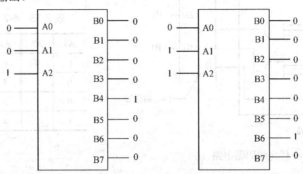

图 2.17　3-8 译码器电路

74HC138 译码器，由 3 个地址输入端 A1、A2、A3，3 个使能输入端 G1、G2、G3 和 8 个输出端组成，如图 2.18 所示。

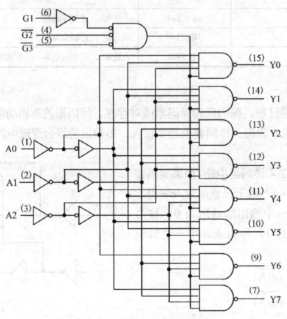

图 2.18　74HC138 译码器内部电路

74HC138 译码器输出逻辑表达式为：

$$Y0 = \overline{EN\overline{A0}\ \overline{A1}\ \overline{A2}} \qquad Y1 = \overline{EN A0 \overline{A1}\ \overline{A2}}$$

$$Y2 = \overline{EN \overline{A0} A1 \overline{A2}} \qquad Y3 = \overline{EN A0 A1 \overline{A2}}$$

$$Y4 = \overline{EN\overline{A0}\ \overline{A1} A2} \qquad Y5 = \overline{EN A0 \overline{A1} A2}$$

$$Y6 = \overline{EN\overline{A0} A1 A2} \qquad Y6 = \overline{EN A0 A1 A2}$$

使能输入逻辑表达式为：$EN = G1\overline{G2}\ \overline{G3}$。当 EN＝1 时译码器工作，3-8 译码器有输出（0 表示有译码输出，1 表示无译码输出）。单片机系统中常用的译码（驱动）器电路如表 2.16 所示。

表 2.16　单片机系统中常用的译码（驱动）器电路

功　能	型　号	说　明
2-4 译码器	74HC139	双重
3-8 译码器	74HC138	
4-16 译码器	74HC154	
BCD 十进制译码驱动器	74LS145	OC 门输出
7 段显示译码驱动器	74LS48	二-十进制

3．数据选择器和数据分配器

（1）数据选择器

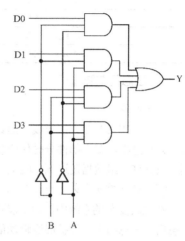

在数字系统的数据传输过程中，有时需要从多路输入数据中选中某一路输出，这时就要使用称为数据选择器（MUX）的逻辑电路。数据选择器也称多路选择器或多路开关，是多路输入、一路输出的组合逻辑器件。选择哪一路输入传送到输出端，由当时的控制信号决定。MUX 实现了多通道的数据传送。

下面以 4 选 1 数据选择器为例，说明其工作原理。

4 选 1 数据选择器是指，从 4 路输入信号中有选择性地选中某一路信号送到输出端的组合逻辑电路。逻辑电路图如图 2.19 所示。4 路输入信号是 D0、D1、D2 和 D3，地址选择端是 A 和 B，输出端是 Y。逻辑表达式为：

$$Y = \overline{A}\,\overline{B}D0 + A\overline{B}D1 + \overline{A}BD2 + ABD3$$

图 2.19　4 选 1 数据选择器逻辑电路

输入信号中的哪一路送到输出端，取决于 A 和 B 的状态：AB=00，Y=D0，信号 D0 送到输出端；AB=10，Y=D1，信号 D1 送到输出端；AB=01，Y=D2，信号 D2 送到输出端；AB=11，Y=D3，信号 D3 送到输出端。

（2）数据分配器

数据分配器也称多路分配器，是一路输入、多路输出的组合逻辑器件。一路输入信号传送到哪一路输出端，由当时的控制信号决定。数据分配器与数据选择器的用途相反，它们配合使用，实现多通道的数据传送。1-4 数据分配器是指 1 路输入、4 路输出的组合逻辑电路，逻辑电路图如图 2.20 所示。

译码器也可以作为数据分配器使用，只要将译码器的使能端连接数据输入端即可实现数据分配器的功能，如图 2.21 所示。

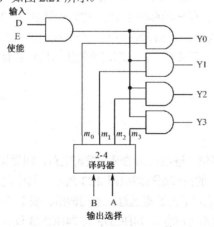

图 2.20　1-4 数据分配器逻辑电路图

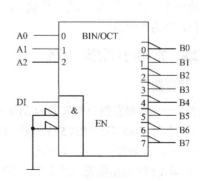

图 2.21　用 3-8 译码器实现 1-8 数据分配器

单片机系统中常用的数据选择器和数据分配器，如表 2.17 所示。

表 2.17　单片机系统中常用数据选择器和数据分配器

功　　能	型　　号	说　　明
16-1 数据选择器	74HC150	
8-1 数据选择器	74HC151	有反相输出
8-1 数据选择器	74HC152	
4-1 数据选择器	74HC153	双重 4 选 1
2-1 数据选择器	74HC257	三态输出
2-4 数据分配器	74HC155	
2-4 数据分配器	74LS156	OC 门输出

4．三态门与传输门

（1）总线

总线（BUS）是一组导线，是数据传送的公共通路。在总线结构的计算机中，多个部件挂在总线上，共享总线，多个部件分时使用总线，进行部件间的数据传送。所谓分时使用总线，就是在某一时刻，只允许一组数据发送到总线上，使相应的部件接收总线上的数据。

（2）特殊控制开关——三态门

在比较复杂的系统中，为了能在一条传输线上传送不同部件的信号，研制的相应的逻辑器件称为三态门。三态门是一种扩展逻辑功能的输出级，也是一种控制开关。三态门中恒等门和非门的逻辑符号如图 2.22 所示，真值表如表 2.18 所示。

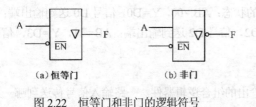

（a）恒等门　　　　　　（b）非门

图 2.22　恒等门和非门的逻辑符号

表 2.18　恒等门和非门真值表

恒　等　门			非　门		
$\overline{EN}$	A	F	$\overline{EN}$	A	F
0	0	0	0	0	1
0	1	1	0	1	0
1	x	高阻	1	x	高阻

三态门结构是由普通逻辑门增加了一个控制信号构成的。图 2.22（a）所示为由恒等门和控制开关（$\overline{EN}$ 为控制信号）组成的三态恒等门。在 $\overline{EN}=0$ 时，开关接通，三态门传输信号，输出等于输入，称为工作状态；在 $\overline{EN}=1$ 时，开关断开，三态门不能传输信号且有很高的输出阻抗，称为高阻态。图 2.22（b）所示为由非门和控制开关（$\overline{EN}$ 为控制信号）组成的三态非门。在 $\overline{EN}=0$ 时，开关接通，三态门传输信号，输出等于输入的非，称为工作状态；在 $\overline{EN}=1$ 时，开关断开，三态门不能传输信号且有很高的输出阻抗，称为高阻态。

2.2.4　常用时序逻辑电路

1．锁存器

由若干个电平触发的 D 触发器构成的一次能存储多位二进制代码的时序逻辑电路，叫做锁存器。

8 位锁存器 74HC373/74HC573（图中只画出 4 位）的内部逻辑图如图 2.23 所示。其中使能端 G 加入 CP 信号，D 为数据信号。输出控制信号为 0 时，锁存器的数据通过三态门输出。表 2.19 所示为 74HC373/74HC573 的功能表。Q^n 为 1Q、2Q 等的初始状态（初态），74HC373 与 74HC573 仅仅是引脚排列位置不同，74HC573 的输入引脚和输出引脚分别排列在芯片两边，使用较 74HC373 方便。

锁存器的工作特点为数据信号有效滞后于时钟信号有效，这就意味着时钟信号先到，数据信号后到。

74HC373/74HC573 常作为单片机低 8 位地址总线锁存器。在单片机进行外部扩展时，74HC373/74HC573 可以作为外部 I/O 口扩展器件。

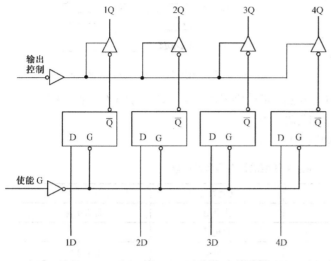

图 2.23 74HC373/74HC573 锁存器内部逻辑图

表 2.19 74HC373/74HC573 功能表

输 出 控 制	G	D	输　　出
0	1	1	1
		0	0
0	0	x	Q^n
1	x	x	高阻

2. 寄存器

由若干个正沿 D 触发器构成的一次能存储多位二进制代码的时序逻辑电路，叫做寄存器，也称为数据触发器。

8 位寄存器 74HC374/74HC574（图中只画出 4 位）的内部逻辑图如图 2.24 所示。由于它具有三态门控制输出，因而其输出适合于挂接在数据总线上。表 2.20 所示为 74HC374/74HC574 的功能表，图 2.25 所示为 74HC374/74HC574 寄存器时序图。

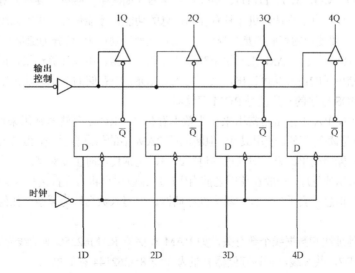

图 2.24 74HC374/74HC574 寄存器内部逻辑图

寄存器的工作特点为时钟信号有效滞后于数据信号有效，这就意味着数据信号先建立，时钟信号后建立，在 CP 上升沿时刻打入触发器。

表 2.20　74HC374/74HC574 功能表

输出控制	CP	D	输出
0	↑	1	1
0	↑	0	0
0	0	x	Q^n
1	x	x	高阻

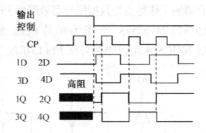

图 2.25　74HC374/74HC574 寄存器时序图

寄存器是计算机系统或其他数字系统中使用最多的时序逻辑构件，可以说是无处不在，无处不有。它用来保存一个字，这个字一般由 n 位二进制代码组成。

单片机系统中常用的锁存器和寄存器如表 2.21 所示。

表 2.21　单片机系统中常用的锁存器和寄存器

功　能	型　号	触发送数方式	备　注
双 D 型触发器	74HC74	上升沿	带清 0 端
4D 型锁存器	74HC75	高电平	
6D 型触发器	74HC174	上升沿	带清 0 端
8D 型触发器	74HC273	上升沿	带清 0 端
8D 型触发器	74HC574	上升沿	
8D 型锁存器	74HC573	高电平	

2.3　单片机系统中的常用存储器电路

存储器是用来存放数据的集成电路或介质，常见的存储器有半导体存储器（ROM、RAM）、光存储器（如 CD、VCD、MO、MD、DVD）、磁介质存储器（如磁带、磁盘、硬盘）等。存储器是计算机极为重要的组成部分，有了它计算机才具有存储信息的功能，才能使计算机可以脱离人的控制自动工作。单片机系统中主要使用的存储器是半导体存储器，从使用功能上，可分为随机存取存储器（RAM）和只读存储器（ROM）两类。RAM 主要用于存放各种现场数据、中间计算结果，以及主机与外设交换信息等，它的存储单元的内容既可读出，又可写入。ROM 中存储的信息只能读出，不能写入，如 PC 主板上的存放 BIOS 程序的芯片就是 ROM 存储器。

在单片机系统中，RAM 存储器常用来作为数据存储器，ROM 存储器常用来作为程序存储器。RAM 存储器的优点是读/写方便，使用灵活，但断电后 RAM 中的信息会丢失，为易失性存储器。ROM 中存放的数据一般不能用简单的方法对其内容进行改写，正常使用时主要对其进行读取操作，一般用于存放一些固定的数据或程序，一般在使用之前由生产厂家或用户将内容直接写入器件中。ROM 存储器的优点是在断电时信息不会丢失，为非易失性存储器。但写入数据较为复杂，如何写入数据通常与 ROM 的类型有关。

存储器容量与地址线和数据线个数有关，如 RAM 存储器 RAM62256 地址线为 A0～A14，共 15 线，数据线为 D0～D7，共 8 线，则该存储器容量为 $2^{15} \times 8 = 262144$ 存储单元。

另外，单片机系统中还经常采用串行接口的存储器，串行接口采用 2 线或 3 线进行数据传输，接口十分简单。详细见本书 7.9 节。

下面将分别简介 RAM 和 ROM 两大类存储器。

2.3.1　RAM 存储器

RAM 存储器是指断电时信息会丢失的存储器，但是这种存储器可以现场快速地修改信息，所以 RAM 存储器是可读/写存储器，一般都作为数据存储器使用，用来存放现场输入的数据，或者存放可以更改的运行程序和数据。根据其工作原理不同，可分为两类：基于触发器原理的静态读/写存储器（SRAM，Static RAM）和基于分布电容电荷存储原理的动态读写存储器（DRAM，Dynamic RAM）。前者相对读/写速度快，且大多数与相同的程序存储器 EPROM 引脚基本兼容，利于印制板电路设计，使用方便，但是集成度低，成本高，功耗大。后者集成度高，成本低，功耗相对较低，但是由于分布电容上的电荷会随时间而泄漏减少，为保持其内容，需要对其周期性地刷新（即对电容充电），这就需要增加一个刷新电路，附加额外的成本。

一般 SRAM 用于仅需要小于 64KB 数据存储器的小系统，如单片机系统，或作为大系统中的高速缓冲存储器，如 PC 的 CPU 中的 Cache；而 DRAM 常用于需要大于 64KB 的大系统，这样刷新电路的附加成本会被大容量的 DRAM 的低功耗、低成本等利益所补偿，大容量数据存储器采用 DRAM 是最经济的方案。

选择 SRAM 的另一个依据是当需要用电池作为后备电源进行数据保护时，应该采用 CMOS SRAM。这是因为 1978 年后推出的 CMOS SRAM 芯片都有低功耗工作方式，一般只要用 2V 电源电压且在功耗极低的情况下就可以保持芯片中的数据信息。虽然用电池作为后备电源也可以保护 DRAM 中的数据，但是由于 DRAM 需要连续地动态刷新保持数据不变，这就需要给整个存储器支持系统提供电功率，由此势必需要使用大容量的电池作为后备电源，因此在单片机系统中常采用 SRAM 作为数据存储器。

SRAM 的基本结构如图 2.26 所示。RAM 的结构大体由 3 部分组成：用于选择存储单元的地址译码器、由存储单元所构成的存储单元矩阵、控制数据流向的输入/输出电路（包括读/写控制电路、片选信号及输出缓冲器）。存储器和外部设备的数据交换是通过数据线进行的，为了节约数据线，一般采用读/写共享数据线的方式，其上的数据流向由读/写控制电路决定。在存储器电路中，通常把数据线上一次能传送的数据称为一个字，如 8 位数据线所传送的字含 8 位二进制信息，称字长为 8。

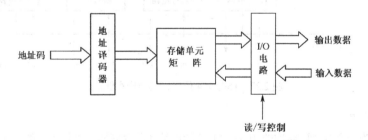

图 2.26　SRAM 的基本结构

每个存储元可存储 1 位二进制信息，存储元常排列成矩阵的形式，构成存储体。如一个 1024 字×1 位的存储芯片，常排列成 32×32 的矩阵形式，它表示有 1024 个可寻址的逻辑单元，可存储 1024 个字，由这样的 4 个存储芯片就可组成 1024 字×4 位的存储器。

为了能够对每个存储单元进行读/写操作，各单元必须有各自的单元地址。当输入一个地址码时，利用地址译码器就可以在存储矩阵中找到相应的存储单元。

读/写控制电路用于控制对存储单元的读或写操作。存储器所设置的片选信号，使得只有在该片选信号有效时，才可以进行读/写操作。输出缓冲器常采用漏极开路电路或三态输出电路，以便存储器的输出可以并联使用，从而扩充了存储单元。下面对各组成部分分别加以介绍。

1. 地址译码方式

地址译码有两种方式，一种是单译码方式，或称为字结构方式，适用于小容量存储器；另一种是双译码方式，或称为 X-Y 译码结构。译码结构中，把地址译码输出线称为字选线，简称字线。每个存储单元有两条传输数据的原码与反码的数据位线，简称位线。位线是存储体内的数据传输线，每列中各存储单元的位线是连通的，被选中单元的位线通过输入/输出电路可以与存储器的数据总线相连。

（1）单译码结构

图 2.27 所示为一种单译码结构的 16 字×4 位的存储器，共有 64 个存储单元，排列成 16 行×4 列的矩阵，每个小方块表示一个存储单元。电路设有 4 根地址线，可寻址 2^4=16 个地址逻辑单元。若把每个字的所有 4 位看成一个逻辑单元，使每个逻辑单元的 4 个存储单元具有相同的地址码，译码电路输出的这 16 根字线刚好可以选择 16 个逻辑单元，每选中一个地址，对应字线的 4 位存储单元同时被选中。选中的存储单元将与数据位线连通，即可按照要求实现读或写操作了。

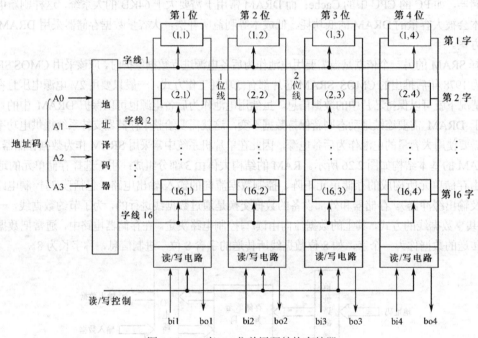

图 2.27　16 字×4 位单译码结构存储器

（2）双译码结构

图 2.28 所示为一个双译码结构的 16 字×1 位的地址译码存储器。视每个字的 1 位存储单元构成一个逻辑单元，图中每个小方块表示一个逻辑单元。16 个可寻址逻辑单元排列成 4×4 的矩阵，为减少地址译码电路的输出数量，采用双重译码结构，每个地址译码的输出线数为 2^2=4 根（单译码方式需 16 根地址输出线）。图中，A0、A1 是行地址码，A2、A3 是列地址码。行、列地址经译码后分别输出 4 根字线 X0～X3 和 Y0～Y3。X 字线控制矩阵中的每行是否与位线连通，一行中究竟哪个逻辑单元被选中是由 Y 字线控制的。被选中的单元将与数据线连通，以交换信息。

2. 读/写控制电路

在 RAM 结构中，读出和写入的数据线是公用的，为了控制电路中数据的流向，设立了专门的读/写控制电路。

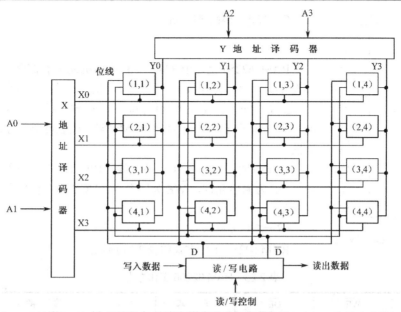

图 2.28　双译码结构地址译码存储器

图 2.29 所示为 1 位数据的读/写控制电路。门 G1、G2 是控制信号为高电平有效的三态门，I/O 线即为 RAM 的外接数据总线。在控制信号的作用下，它可以与存储单元的内部数据线 D 接通或断开。

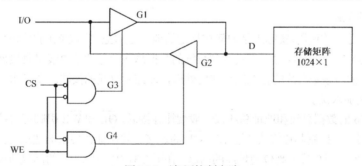

图 2.29　读/写控制电路

当片选信号 CS=0 有效时，读/写控制信号 WE 可以控制信号的流向。若 WE=1 时，外电路向存储器读取数据，门 G4 导通，输出高电平，门 G3 截止，对应输出给三态门 G1 的控制信号无效，G1 输出高阻状态，G2 开启，D 上的数据通过 G2 送到总线 I/O 上，实现读操作。当 WE=0 时，情况刚好和前面相反，这时 G1 开启，G2 输出高阻状态，数据只能由 I/O 送给 D，实现写操作。

单片机系统常用的 SRAM 主要技术特性如表 2.22 所示。

表 2.22　常用 SRAM 主要技术特性

参数 \ 型号	RAM 6116	RAM 6264	RAM 62256
容量(B)	2×1024	8×1024	32×1024
引脚数	24	28	28
维持电流(mA)	5	2	0.5
工作电流(mA)	35	40	8
存取时间(ns)	200	200	200（最大）
工作电压(V)	5	5	5

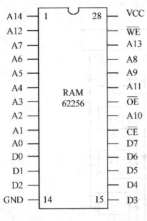

图 2.30　RAM 62256 引脚图

3. 静态 RAM 62256

（1）引脚图

RAM 62256 是一个 32KB 位静态随机读/写存储器芯片，其引脚包含地址线 15 条，数据线 8 条，一个片选端 $\overline{CE}$，一个写允许 $\overline{WE}$ 端和一个输出允许 $\overline{OE}$ 端。该芯片功耗极低，在未选中时仅 2.5μW，工作时也仅 40mW，很适合于用电池供电的 RAM 电路。图 2.30 所示为 RAM 62256 引脚图。

引脚说明：A0～A14 为地址线，D0～D7 为数据线，$\overline{CE}$ 为片选线；$\overline{OE}$ 为输出允许，$\overline{WE}$ 为写允许，VCC 为工作电源（5V），GND 为接地。

（2）工作方式表

RAM 62256 工作方式如表 2.23 所示。

表 2.23　RAM 62256 工作方式

$\overline{CE}$	$\overline{WE}$	$\overline{OE}$	方　式	功　能
0	0	1	写入	D0～D7 数据写入 62256
0	1	0	读出	读 62256 数据到 D0～D7
1	x	x	未选中	D0～D7 输出高阻态

（3）连接使用方法

用户对存储器芯片的使用，实际上是如何按规定的地址范围把它同 CPU 的系统总线正确的连接起来的问题。正常芯片的数据总线可以直接接到系统的数据总线上，地址总线可直接连接到系统总线的地址总线上，余下的问题是芯片的各控制端如何处理，即控制总线的接法。现以 RAM 62256 芯片与 CPU 总线连接为例加以说明。

在 RAM 62256 的数据总线和地址总线按一般规律连接后，$\overline{OE}$ 和 $\overline{WE}$ 引脚可直接与 $\overline{RD}$ 和 $\overline{WR}$ 相接，用总线的读/写信号控制芯片的读/写操作。$\overline{CE}$ 的连接必须保证在要求的地址范围内，片选信号低有效，这就存在如何处理总线的高位地址线的问题。在图 2.31 中，从 CPU 的高位地址线 A15 产生 $\overline{CE}$ 信号，因为 RAM 62256 的 $\overline{CE}$ 为低有效，所以对于图 2.31（a）所示的接法，当 A15＝0 时选中 RAM 62256，RAM 62256 的地址确定为 0000H～7FFFH，而对于图 2.31（b）所示接法，当 A15＝1 时选中 RAM 62256，RAM 62256 的地址确定为 8000H～FFFFH。

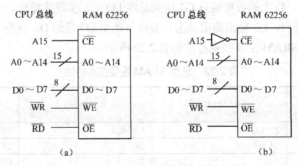

图 2.31　RAM 62256 的连接使用方法

RAM 62256 写入数据的过程是：

① 在芯片的 A0～A14 上加入要写入的单元的地址；

② 在 D0～D7 上加上要写入的数据；

③ 在 $\overline{CE}$ 上加上有效的低电平；

④ 在 $\overline{WE}$ 上加上有效的低电平；

⑤ 在 $\overline{OE}$ 上加上高电平。

这样就将数据写到了地址所选中的单元中。

RAM 62256 读出数据的过程是：

① 在芯片的 A0～A14 上加入要写入的单元的地址；

② 在 $\overline{CE}$ 上加上有效的低电平；

③ 在 $\overline{OE}$ 上加上低电平；

④ 使 $\overline{WE}$ 为高电平。

这样相应地址的数据便送到了 D0～D7 供读取。

2.3.2　ROM 存储器

前已述及，只读存储器（ROM）的特点是：其内容是预先写入的，而且一旦写入，使用时就只能读出不能改变，掉电时也不会丢失，ROM 器件还具有结构简单、信息度高、价格低、非易失性和可靠性高等特点。对 ROM 内容的设定（写入）称为编程。大多数单片机系统都需要某种形式的 ROM 存储器存储程序。ROM 的种类较多，按存储内容的写入（常称为编程）方式可分为固定 ROM、可编程的 PROM、可擦可编程的 EPROM 三类。可擦可编程的 EPROM 又分为 UV-EPROM（紫外线擦除可编程，人们常把 UV-EPROM 称为 EPROM）、E²PROM（电擦除可编程）、Flash E²PROM（闪速存储器）。

固定 ROM 又称 Mask ROM，需要存储的信息由 ROM 制造厂家写入，信息存储可靠性最高，当用量很大时，单片成本最低。

可编程 PROM 又称 OTP ROM，需要存储的信息由用户使用编程器写入，信息存储可靠性次之，单片成本较低，只能使用一次，目前已较少使用。

可擦可编程的 EPROM，存储的信息可由用户通过光或电的方法擦除，需要存储的信息由用户使用编程器写入，信息存储可靠性较低，单片成本较高。但由于其可反复使用，故得到大多数中小用户的青睐。

这一类存储器以闪速存储器 Flash E²PROM 系列发展最快。闪速存储器是 Intel 公司 20 世纪 90 年代初发明的一种高密度、非易失性的读/写半导体存储器，它既有 E²PROM 的特点，又有 RAM 的特点，因而是一种全新的存储结构。所谓的固态盘、U 盘、MP3、CF 卡等移动存储器都是以 Flash E²PROM 作为存储介质的。

1. ROM 的结构与工作原理

ROM 的结构与 RAM 十分相似，如图 2.32 所示，它由存储矩阵、地址译码器、输出缓冲器电路组成。地址译码器可以是单译码，也可以是双译码。

2. ROM 的点阵结构表示法

如图 2.33 所示，将存储器字线和位线画成相互垂直的一个阵列，每个交叉点对应一个存储元，交叉点上有黑点表示该存储单元存 1，无黑点表示该存储单元存 0，这就是存储器的点阵图表示方法。ROM 点阵结构表示法是一种新思路，它对后来其他可编程器件的发展起到了奠基作用。

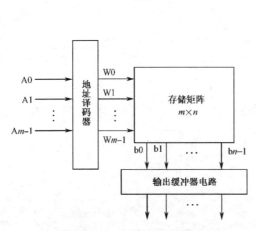

图 2.32　ROM 的结构框图

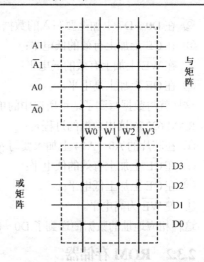

图 2.33　ROM 的点阵结构表示图

在图 2.33 中，如果把 ROM 看做组合逻辑电路，则地址码 A1A0 是输入变量，数据码 D3～D0 是输出变量，由图 2.33 可得输出函数表达式：

$$D3 = \overline{A1}A0 + A1A0$$
$$D2 = \overline{A1}\ \overline{A0} + \overline{A1}A0 + A1A0$$
$$D1 = \overline{A1}A0 + A1\overline{A0} + A1A0$$
$$D0 = \overline{A1}\ \overline{A0} + A1\overline{A0}$$

逻辑函数是与或表达式，每条字线对应输入变量的一个最小项。由此可列出逻辑函数真值表，如表 2.24 所示。

表 2.24　图 2.33 中 ROM 存储器的内容

地址（输入端）		数据（输出端）			
A1	A0	D3	D2	D1	D0
0	0	0	0	0	1
0	1	1	0	1	0
1	0	0	0	1	1
1	1	1	1	1	0

3．闪速存储器

闪速存储器（Flash E^{2}PROM）可以用来存放程序，但由于其读/写方便，也可以像 RAM 一样存放经常需要修改的数据，所以又称为 Flash Memory。与其他类型半导体存储器相比较，Flash E^{2}PROM 具有容量大、读/写方便、非易失性和低成本 4 个显著优点，在单片机控制系统和移动信息设备中得到了广泛的应用。随着市场对 Flash E^{2}PROM 需求的不断扩大，各大半导体厂商正不断推出功能更强、容量更大的 Flash E^{2}PROM 产品，技术也日趋成熟。

（1）引脚与接线

图 2.34 所示为 32KB Flash E^{2}PROM 芯片 AT29C256 外引脚及与 CPU 的接线方法。其中，A0～A14 为地址线，I/O0～I/O7 为数据线，$\overline{CE}$ 为片选线，$\overline{WE}$ 为写允许，$\overline{OE}$ 为输出允许，VCC 为工作电源（5V），GND 为接地。

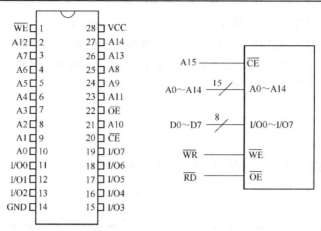

图 2.34　32KB Flash E^{2}PROM 芯片 AT29C256 外引脚及与 CPU 的接线方法

（2）闪速存储器的特点

① 低电压在线编程，使用方便，可多次擦写

现代的 Flash E^{2}PROM 存储器都只使用 5V 或 3V 单电源供电，而编程时所需的高压及时序均由片内的编程电路自动产生，外围电路少，编程就像装载普通 RAM 一样简单，而高压编程电流也只有几毫安，因此非常适合在应用系统中（尤其在低电压系统中）进行在线编程和修改，因而在智能化的工业控制和家电产品等方面都得到了很广泛的应用。其可重复擦写寿命也都在 10^5 次以上，能够满足许多场合的需要。

② 按块/按扇区擦除，按字节编程

Flash E^{2}PROM 产品，可以以小扇区为单位进行擦除（几十字节到几百字节为一个扇区），也可以全片快速擦除。而编程则是按字节进行的。

③ 完善的数据保护功能

Flash E^{2}PROM 具有以下 5 种软、硬件保护功能，保证片内数据不会意外丢失。

● 噪声滤波器：所有的控制线都有过滤电路，以消除任何小于 15ns 噪声脉冲。

● V_{CC} 感应器：一般 V_{CC} 跌至 3.8V 以下（对 3V 器件为 1.8V 以下）时，编程将被禁止。

● 上电延迟：V_{CC} 在上电后的 5ms 内，编程被禁。

● 三线控制：$\overline{OE}$、$\overline{CE}$ 及 $\overline{WE}$ 三条控制线只要一条不处于正确电平，编程将被禁止。

● 软件数据保护：所有对 Flash E^{2}PROM 的数据的改写都需要通过编程算法完成。

在单片机系统中主要采用大容量的 Flash E^{2}PROM，对 Flash E^{2}PROM 的访问通过分页面的方法来进行，详细的接线方法见第 7 章。

 本章小结

本章首先讨论数制和码制。在计算机中常用的数制有十进制、二进制和十六进制。二进制数在计算机中最容易实现，数字计算机中数据的存储和计算都使用二进制数。二进制数虽然简单，但书写和阅读非常不便，所以在计算机中常用十六进制数书写，而十进制则是人们日常生活中最常使用的数制，人机之间的对话常采用十进制数。

因为计算机的硬件只能存储二进制数 0 或 1，所以输入计算机的信息必须用二进制代码表示，这就是编码。常用的数字编码为 BCD 码，BCD 码是用 4 位二进制数给 1 位十进制数编码。常用的字符编码是 ASCII 码，ASCII 码是用 8 位二进制数给 1 个字符编码。

单片机系统中常采用数字集成逻辑门电路作为隔离、驱动和扩展接口。

存储器电路是单片机系统中的重要组成部分，单片机常采用 ROM 存储器作为程序存储器，RAM 存储器作为数据存储器，闪速存储器 Flash E^2PROM 可以用来存放程序，但由于其读/写方便，也可以像 RAM 一样存放经常需要修改的数据。

 # 习题 2

1. 将下列十进制数转化成等值的二进制数、八进制数和十六进制数，要求二进制数保留小数点后的 4 位有效数字。

    (1)$(17)_{10}$ (2)$(127)_{10}$ (3)$(49)_{10}$ (4)$(53)_{10}$
    (5)$(0.39)_{10}$ (6)$(25.7)_{10}$ (7)$(7.943)_{10}$ (8)$(79.43)_{10}$

2. 将下列二进制数转化成等值的十六进制数和十进制数。

    (1)$(10010111)_2$ (2)$(1101101)_2$ (3)$(101111)_2$ (4)$(111101)_2$
    (5)$(0.10011)_2$ (6)$(0.01011111)_2$ (7)$(11.001)_2$ (8)$(1.1001)_2$

3. 将下列十进制数转换成 8421BCD 码，误差小于 10^{-3}。

    (1)$(2004)_{10}$ (2)$(5308)_{10}$ (3)$(203)_{10}$ (4)$(85)_{10}$
    (5)$(65.312)_{10}$ (6)$(3.4146)_{10}$ (7)$(0.8475)_{10}$ (8)$(999.675)_{10}$

4. 写出：

    (1) 十进制数字 $(4590.38)_{10}$ 的 BCD 码 (2)$(100101010110.0100)_{BCD}$ 对应的十进制数

5. 请将下列十六进制数转换为 ASCII 码。

    (1) F   (2) A   (3) 0   (4) 7   (5) 8   (6) C   (7) 3   (8) 4

6. 写出下列字符串的 ASCII 码（用十六进制数表示）。

    (1) X=3+5   (2) China

7. 画出二输入与、或、非、与非和或非门的电路符号。

8. 写出三输入或门的真值表。

9. 六输入或门真值表中有多少种输入逻辑组合？

10. 表 2.25 所示是哪种逻辑门的真值表？写出它的表达式。

表 2.25 真值表

输　入		输　出
A	B	F
0	0	1
0	1	0
1	0	0
1	1	1

11. 为什么 OC 门在应用时输出端需外接一个上拉负载电阻到电源？不接上拉负载电阻到电源会出现什么现象？

12. OC 门在单片机系统中主要作用是什么？

13. 请列出优先编码器与普通编码器之间的区别。

14. 如图 2.35 所示是用两个 4-1 数据选择器组成的组合逻辑电路，试写出输出 Z 与输入 M、N、P、Q 之间的逻辑函式式。已知数据选择器的逻辑函数式为：

$$Y = [D0\overline{A1}\,\overline{A0} + D1\overline{A1}A0 + D2A1\overline{A0} + D3A1A0]S$$

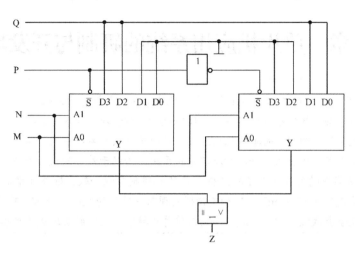

图 2.35　两个 4-1 数据选择器的组合逻辑电路

15. 什么是 RAM？什么是 ROM？试区分其性能和用途。

16. ROM 与 PROM 有何不同？

17. E^2PROM 与 EPROM 之间有什么区别？

18. 试简要叙述 Flash E^2PROM 的功能与特点。

第 3 章   单片机应用系统的研制与开发环境

目前大多数单片机系统本身不具备自开发能力，这一点与通用微机系统（PC）不同。PC 的软、硬件配备非常完备，操作系统对这些软、硬件进行高效管理，开发者只要专心于应用软件的设计，而无须特别关心硬件组织。而单片机系统往往是用于嵌入式系统中的，按照使用的要求设计硬件和软件，所有软件都属于应用软件，所以单片机系统需借助于外部的软、硬件环境进行产品的研制和开发。本章从实用的角度介绍了单片机化产品的研制步骤和软、硬件开发环境，着重介绍了 Keil C51 的集成开发环境 μVision3 IDE 和支持微处理芯片仿真的 Proteus VSM 软件。μVision3 IDE 和 Proteus VSM 联合调试使得"零"成本的桌面单片机数字实验室的实现成为可能。

3.1   单片机应用系统的研制步骤和方法

单片机的应用系统随其用途不同，硬件和软件均不相同。单片机最初的选型很重要，原则上是选择高性价比的单片机。硬件软件化是提供高系统性价比的有效方法，尽量减少硬件成本，多用软件实现相同的功能，这样也可以大大提高系统的可靠性。

虽然单片机的硬件选型不尽相同，软件编写也千差万别，但系统的研制步骤和方法是基本一致的，一般都分为总体设计、硬件电路的构思设计、软件的编制和仿真调试几个阶段。单片机应用系统的研制流程如图 3.1 所示。

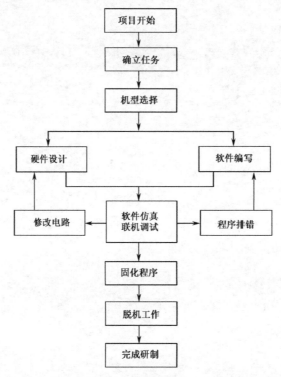

图 3.1   单片机应用系统的研制流程

3.1.1　总体设计

1. 确立功能特性指标

不管是工程控制系统还是智能仪器仪表，都必须首先分析和了解项目的总体要求、输入信号类型和数量、输出控制对象及数量、辅助外设种类及要求、使用环境及工作电源要求、产品成本、可靠性要求和可维护性、经济效益等因素，必要时可参考同类产品的技术资料，制定出可行的性能指标。

2. 单片机的选型

现在的单片机品种繁多，包括各种专用功能的单片机，给用户带来了许多好处，可以节约很多外接扩展器件。单片机的选型很重要，选择时需考虑其功能是否全部满足规定的要求。例如，控制速度、精度、控制端口的数量、驱动外设的能力、存储器的大小、软件编写的难易程度、开发工具的支持程度等。再如要驱动 LED 显示器，可选用多端口的单片机直接驱动，还可以利用少端口的单片机加扩展电路构成，这就要具体分析选用何种器件有利于降低成本、电路易于制作、软件便于编写等因素。如果要求驱动 LCD 显示器，也可选用具有直接驱动 LCD 的单片机，也可使用加外接驱动芯片的办法，这就要求在应用时具体问题具体分析。

此外，选择某种单片机还需考虑货源是否充足，是否便于批量生产，在考虑性价比的同时，需研究易于实现产品技术指标的因素。

3. 软件的编写和支持工具

单片机应用软件的设计与硬件的设计一样重要，没有控制软件的单片机是毫无用处的，它们紧密联系，相辅相成，并且硬件和软件具有一定的互换性，在应用系统中，有些功能既可以用硬件实现，也可以用软件完成。多利用硬件，可以提高研制速度、减少编写软件的工作量、争取时间、争取商机，但这样会增加产品的单位成本，对于以价格为竞争手段的产品不宜采用。相反，以软件代替硬件完成一些功能，最直观的优点是可以降低成本，提高可靠性，增加技术难度而给仿制者增加仿制难度；缺点是同时也增加了系统软件的复杂性，软件的编写工作量大，研制周期可能会加长，同时系统运行的速度可能也会降低等。因此在总体考虑时，必须综合分析以上因素，合理地制定某些功能硬件和软件的比例。

对于不同的单片机，甚至同一公司的单片机，它们的开发工具可能不同或不完全相同。这就要求在选择单片机时，需考虑开发工具的因素。原则上是以最少的开发投资满足某一项目的研制过程，最好使用现有的开发工具或增加少量的辅助器材就可达到目的。当然，开发工具是一次性投资，而形成产品却是长远的效益，这就需要平衡产品和开发工具的经济性和效益性。

3.1.2　硬件系统

根据总体设计中确立的功能特性要求，确定单片机的型号、所需外围扩展芯片、存储器、I/O 电路、驱动电路，可能还有 A/D 和 D/A 转换电路及其他模拟电路，设计出应用系统的电路原理图。

1. 程序存储器

随着微电子技术的发展，现在可用做程序存储器的类型相当多，各大半导体公司都推出了一系列程序存储器，如 EPROM、E^2PROM、Flash E^2PROM 和 OTP ROM 等。这些存储器各有特点，各有所长。E^2PROM 和 Flash E^2PROM 适合于多次擦写的场合，最适合开发调试阶段，当然它们的价格也比其他的稍高些。对于批量生产已成熟的应用系统最好选用 EPROM 和 OTP ROM，最主要的原因是它们的价格稍低，对降低产品的成本是相对有利的。

值得一提的是，现在的单片机普遍都带有程序存储器，容量也分为不同的等级，从几百 B 到几百

KB，这就为它们的应用提供了更为广阔的前景，而且这些单片机的价格也不高。同时，这些内置 ROM 的单片机基本上均可实现软、硬件的程序加密，为保护自己的知识产权提供了强有力的措施，所以这些单片机深得用户喜爱，可以说这类单片机正在逐渐成为市场上的主流产品。

2. 数据存储器

现在的单片机基本上都带有内部数据存储器（RAM），容量从几十 B 到几 KB。对于数据存储器容量的要求，各系统之间差别很大，要求也不尽相同，如 80C51/52 系列的单片机片内置有 128B 和 256B 的 RAM，这对于一般中小型应用系统（如实时控制系统和智能仪器仪表）已能满足要求。对于 RAM 的容量要求稍大一点，可采用如外扩芯片 8155 这样的芯片，8155 可同时扩充数量更多的 I/O 口线。如果是数据采集系统，对 RAM 容量要求较大的系统则需要采用更大容量的数据存储器，如果要求数据掉电保护，则需要采用 Flash E^{2}PROM 作为数据存储器。当然，外扩的 RAM 也以尽可能少的芯片为原则。

3. 单片机的系统总线

80C51 总共有 4 个 8 位 I/O 口，如果使用内置程序存储器的芯片，可用做 I/O 口线的就较多，一般均可满足要求。但如需外接 ROM 和 RAM，P0 口为标准的双向数据/地址总线口，P2 为高 8 位地址总线口，即使高 8 位的地址总线口没有完全使用，余下的 I/O 口也不能另为他用，否则编程将相当麻烦。这样 80C51 能作为 I/O 的端口只有 16 个。此外，中断、串行口和定时器/计数器口又要占用 P3 口的 6 个 I/O 口，剩下的也只有 P1 口，这 8 个 I/O 口就显得相当宝贵。

P0 和 P2 口作为数据和地址总线，一般可以驱动数个外接芯片（视外接芯片要求的驱动电流而异），也即 P0 和 P2 口的驱动能力还是有限的，如果外接的芯片过多，负载过重，系统将可能不能正常工作。此时必须加接缓冲驱动器，通常使用 74HC573 作为地址总线驱动器，使用 74HC245 双向驱动器作为数据总线驱动器。

4. I/O 接口

现在的单片机系列中普遍都有多种 I/O 口的型号，对 I/O 口的使用应从其功能和驱动能力上加以考虑。对于仅需增加少量 I/O 口的情况，最好选用价格低廉的 TTL 或 CMOS 电路扩展，这样也可以提高单片机口线的利用率。对于需扩展更多的 I/O 口，则可以选用标准的 I/O 口扩展芯片 8155、8255 等。这些芯片的接口电路简单，编程方便，使用灵活，价格适中。

5. A/D 转换器和 D/A 转换器

现在可使用的 A/D 转换器数量繁多、品种齐全，各种分辨率、精度及速度的芯片应有尽有，最著名的是美国 Analog 公司的一系列转换器，此外还有 Motorola 和 Maxim 等公司的产品，这就为使用提供了很多便利条件。还有一种趋势大家都已看到，即现在的各大单片机生产厂商都推出了内带 A/D 转换器的单片机，这样的芯片性价比一般都较高。由于 A/D 转换器或 D/A 转换器与单片机没有外部连线，所以工作就更可靠了，体积也更小了。对转换器的控制均可使用软件的方法实现，使用十分方便。如果能满足要求，建议首选这样的机型，而不要外挂转换器件。当然内置转换器的单片机，转换器一般都在 12 位以下，对那些有更高要求的应用系统，也只能外接转换器芯片。

3.1.3　软件系统

1. 系统资源

在单片机应用系统的开发中，软件的设计是最为复杂和困难的，在大部分情况下工作量都较大，特别是对那些控制系统比较复杂的情况。如果是机电一体化的设计人员，往往需要同时考虑单片机的软件和硬件资源分配。在考虑一个应用工程项目时就需要先分析该系统完成的任务，明确软件和硬件各自承担哪些工作。实际上这种情况很多，比如一些任务可以用软件完成，也可以用硬件完成，此时还需考虑采用软件或硬件的优势，一般均以最优的方案为首选，定义各输入/输出（I/O）的功能、数据的传输交换形式、与外部设备接口及它们的地址分配、程序存储器和数据存储器的使用区域、主程序和子程序使用的空间、显示（如有的话）等数据暂存区的选择、堆栈区的开辟等。

2. 程序结构

一个优秀的单片机程序设计人员，设计的软件程序结构是合理、紧凑和高效的。同一任务，有时用主程序完成是合理的，但有时用子程序执行效率会更高，占用 CPU 资源最少。对一些要求不高的中断任务或在单片机的速度足够高的情况下，则可以使用程序扫描查询，也可以用中断申请执行，这也要具体问题具体分析。对于多中断系统，当它们存在矛盾时，需区分轻重缓急、主要和次要，区别对待，并适当地给予不同的中断优先级别。

在单片机的软件设计中，任务可能很多，程序量很大，是否就意味着程序也按部就班地编写下去呢？答案是否定的，在这种情况下一般都需要把程序分成若干个功能独立的模块，这也是软件设计中常用的方法，即俗称的化整为零的方法。理论和实践都证明，这种方法是行之有效的。这样可以分阶段地对单个模块进行设计和调试，在一般情况下，单个模块利用仿真工具即可调试好，最后再将它们有机地联系起来，构成一个完整的控制程序，并对它们进行联合调试即可。

对于复杂的多任务实时控制系统，要处理的数据非常庞大，同时又要求对多个控制对象进行实时控制，要求对各控制对象的实时数据进行快速的处理和响应，这对系统的实时性、并行性提出了更高的要求。在这种情况下，一般要求采用实时任务操作系统，并要求这个系统具备优良的实时控制能力。

3. 数学模型

一个控制系统的研制，在明确了各部分需要完成的任务后，此时摆在设计人员面前的就是需要协调解决的问题了。这时设计人员必须进一步分析各输入、输出变量的数学关系，即建立数学模型。这个步骤对一般较复杂的控制系统是必不可少的，而且不同的控制系统，它们的数学模型也不尽相同。

在很多控制系统中，都需要对外部的数据进行采集取样、处理加工、补偿校正和控制输出。外部数据可能是数字量，也可能是模拟量。对于输入模拟量时，通过传感器件进行采样，由单片机进行分析处理后输出。输出的方式很多，可以显示、打印或终端控制。从模拟量的采样到输出的诸多环节中，信号都可能会失真，即产生非线性误差，这些都需要单片机进行补偿、校正和预加重，才能保证输出量达到所要求的误差范围。

现阶段 8 位单片机仍是主流。对于复杂参数的计算（例如非线性数据、对数、指数、三角函数、微积分运算）如果使用 PC（32 位）的软件编程相对简单，并且具有大量应用软件可以利用。但单片机要用汇编语言完成这样的运算，程序结构是很复杂的，程序编写也较困难，甚至难以建立数学模型，所以解决这个问题常用的方法多半采用查表法去实现。查表法即事先将测试和计算的数据按一定规律编制成表格，并存于存储器中，CPU 根据被测参数值和近似值查出最终所需的结果。查表法是一种行之有效的方法，它可以对输入参数进行补偿校正、计算和转换，程序编制简单，是将复杂的数值运算简化为简单的数据输出的好办法，常被设计人员采用。

值得一提的是，现行大多数的单片机都具有查表指令，这给软件设计提供了技术支持。

4. 程序流程

较复杂的控制系统一般都需要绘制一份程序流程图，可以说它是程序编写的纲领性文件，可以有效地指导程序的编写。当然，程序设计开始的流程图不可能尽善尽美，在编制过程中仍需进行修改和完善。认真地绘制程序流程图，可以起到事半功倍的效果。

流程图就是根据系统功能的要求及操作过程，列出主要的各功能模块。复杂程序流向多变，需要在初始化时设置各种标识，根据这些标识控制程序的流向。当系统中各功能模块的状态改变时，只需修改相应的标识即可，无须具体地管理状态变化对其他模块的影响。这些需要在绘制流程图时，清晰地标识出程序流程中各标识的功能。

5. 编写程序

上述的工作完成后，就可以开始编写程序了。程序编写时，首先需要对用到的参数进行定义，与标号的定义一样，使用的字符必须易于理解，可以使用英文单词和汉语拼音的缩写形式，这对今后自己的辨读和排错都是有好处的，然后初始化各特殊功能寄存器的状态，定义中断口的地址区，安排数据存储区，根据系统的具体情况估算中断、子程序的使用情况，预留出堆栈区和需要的数据缓存区，接下来就可以编写程序了。

过去单片机应用软件以汇编语言为主，因为它简洁、直观、紧凑，使设计人员乐于接受。而现在高级语言在单片机应用软件设计中发挥了越来越重要的角色，性能也越来越好，C 语言已成为现代单片机应用系统开发中较常用的高级语言。但不管使用何种语言，最终还是需要翻译成机器语言，调试正常后，通过烧录器固化到单片机或片外程序存储器中。至此，程序编写即告完成。

3.2　单片机应用系统开发的软、硬件环境

3.2.1　单片机应用系统开发的软、硬件环境构成

当用户目标系统设计完成后，还需要应用软件支持，用户目标系统才能成为一个满足用户要求的单片机应用系统。但该用户目标系统不具备自开发能力，需要借助于单片机仿真器（也称单片机开发系统）完成该项工作。一个典型的单片机系统开发环境组成如图 3.2 所示，单片机系统开发环境硬件由 PC、单片机仿真器、用户目标系统、编程器和数条连接电缆组成。软件由 PC 上的单片机集成开发环境软件和编程器软件构成，前者为单片机仿真器随机软件，后者为编程器随机软件。

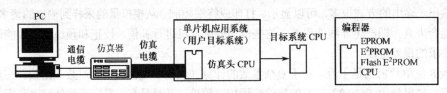

图 3.2　单片机系统开发环境组成

单片机仿真器也称单片机开发系统。单片机仿真器的工作步骤是：取下用户目标系统的单片机芯片（目标系统 CPU），把仿真器上的 CPU 仿真头插入用户目标系统 CPU 相应的位置，这样就将仿真器中的 CPU 和 ROM 出借给了目标系统；PC 通过仿真器和目标系统建立起一种透明的联系，程序员可以观察到程序的运行（实际上程序在仿真器中运行）和 CPU 内部的全部资源情况。也就是说，在开发环境中用户目标系统中的程序存储器是闲置的。我们调试的是仿真器中的程序，仿真器中的程序运行完全受仿真器的监控程序控制。仿真器的监控程序相当于 PC 的操作系统，该监控程序与 PC 上运行的集成开发环境相配合，使得我们可以修改和调试程序，并能观察程序的运行情况。

待程序调试完成后，将编程器通过通信电缆线连接到 PC，将调试好的程序通过编程器写入单片

机芯片（即写入单片机内部的程序存储器）或目标系统上的程序存储器，从用户目标系统上拔掉仿真头 CPU，即完成了单片机的仿真调试，然后换上写入程序的单片机芯片（目标系统 CPU），得到单片机应用系统的运行态如图 3.3 所示，也称为脱机运行。由于仿真器的功能差别很大，脱机运行有时和仿真运行并不完全一致，还需要返回仿真过程调试。上述过程有时可能要重复多次。

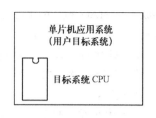

图 3.3　单片机应用系统的运行态

开发环境要求的各种配置如下。

① PC，目前市售的 PC 配置都能满足要求。

② 操作系统应使用 Windows 95/98/ME/NT/2000/XP 或更高版本。

③ 单片机仿真器及相应的配件，包括通信电缆、仿真电缆、电源等。

④ 在 PC 上运行的单片机仿真器集成开发环境软件。

⑤ 汇编或编译软件，将汇编语言或高级语言源程序翻译为浮动的目标代码。

⑥ 连接定位器软件，把多个浮动的目标代码在单片机程序空间做定位控制。

⑦ 编程器，一种把单片机运行文件写入 EPROM/E^{2}PROM/Flash E^{2}PROM/CPU 的工具。

单片机仿真器在开发环境中出借 CPU 和程序存储器给用户目标系统，调试完成后通过编程器把程序固化到程序存储器，插入目标系统，同时插入目标系统 CPU，即可得到单片机应用系统的运行态。

编程器的功能是把调试好的目标代码写入单片机的片内（外）程序存储器里面，把写好后的芯片插到用户目标板上进行脱机（脱离仿真器）运行，如未达到用户要求，则要重新返回仿真阶段查找软件或硬件的原因。这个过程可能要重复多遍。

3.2.2　单片机应用系统开发工具选择原则

在单片机应用系统研制中，仿真器是一个重要的辅助开发工具，因此，有必要选择一个好的仿真调试工具，满足做产品开发的用户对目标机仿真调试的要求，并且使用方便可靠。

选择仿真器要求如下：

● 全地址空间的仿真；

● 不占用任何用户目标系统的资源；

● 必须实现硬断点，并且具有灵活的断点管理功能；

● 硬件实现单步执行功能；

● 可跟踪用户程序执行；

● 可观察用户程序执行过程中的变量和表达式；

● 可中止用户程序的运行或用户程序复位；

● 系统硬件电路的诊断与检查；

● 支持汇编和高级语言源程序级调试。

3.2.3　使用 JTAG 界面单片机仿真开发环境

JTAG（Joint Test Action Group，联合测试行动小组）是一种国际标准测试协议（IEEE 1149.1 兼容），主要用于芯片内部测试。现在多数的高级器件都支持 JTAG 协议，如 DSP、FPGA 器件等。标准的 JTAG 接口有 4 线：TMS、TCK、TDI、TDO，分别为模式选择、时钟、数据输入和数据输出线。JTAG 最初是用来对芯片进行测试的，基本原理是在器件内部定义一个 TAP（Test Access Port，测试访问口），通过专用的 JTAG 测试工具对内部节点进行测试。JTAG 测试允许多个器件通过 JTAG 接口串联在一起，形成一个 JTAG 链，能实现对各个器件的分别测试。现在，JTAG 接口还常用于实现 ISP（In-System Programmable，在系统编程），对单片机内部的 Flash E²PROM 等器件进行编程。

JTAG 编程方式是在线编程，这种方式不需要编程器。传统生产流程中的先对芯片进行预编程、现装配的方式，因此而改变。简化的流程为先固定器件到电路板上，再用 JTAG 编程，从而大大加快了工程进度。

新一代的单片机芯片内部不仅集成了大容量的 Flash E²PROM，芯片还具有 JTAG 接口，可接 JTAG ICE 仿真器，PC 提供高级语言开发环境（Windows），支持 C 语言及汇编语言，不仅可以下载程序，还可以在系统调试程序，具有调试目标系统的所有功能，开发不同的单片机系统只需更换目标板。JTAG 仿真开发环境如图 3.4 所示。

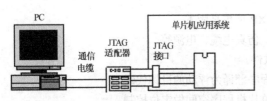

图 3.4　JTAG 单片机仿真开发环境

在 JTAG 单片机仿真开发环境中，JTAG 适配器提供了计算机通信口到单片机 JTAG 接口的透明转换，并且不出借 CPU 和程序存储器给应用系统，使得仿真更加贴近实际目标系统。单片机内部已集成了基于 JTAG 的协议调试和下载程序。

3.2.4　单片机的在线编程

通常进行单片机开发时，编程器是必不可少的。仿真、调试完的程序，需要借助编程器烧到单片机内部或外接的程序存储器中。普通的编程器价格从几百元到几千元不等，对于一般的单片机爱好者来说，这是一笔不小的开支。另外，在开发过程中，程序每改动一次就要拔下电路板上的芯片编程后再插上，也比较麻烦。

随着单片机技术的发展，出现了可以在线编程的单片机。这种在线编程目前有两种实现方法：在系统编程（ISP）和在应用编程（IAP）。ISP 一般通过单片机专用的串行编程接口对单片机内部的 Flash 存储器进行编程，而 IAP 技术是从结构上将 Flash 存储器映射为两个存储体，当运行一个存储体上的用户程序时，可对另一个存储体重新编程，之后将控制从一个存储体转向另一个。ISP 的实现一般需要很少的外部电路辅助，而 IAP 的实现更加灵活，通常可利用单片机的串行口接到计算机的 RS-232 口，通过专门设计的固件程序对内部存储器编程。例如，Atmel 公司的单片机 AT89S8252 提供了一个 SPI 串行接口，对内部程序存储器编程（ISP），而 SST 公司的单片机 SST89C54 内部包含了两块独立的存储区，通过预先编程在其中一块存储区中的程序就可以通过串行口与计算机相连，使用 PC 上专用的用户界面程序直接下载程序代码到单片机的另一块存储区中。

ISP 和 IAP 为单片机的实验和开发带来了很大的方便和灵活性，也为广大单片机爱好者带来了福音。利用 ISP 和 IAP，不需要编程器就可以进行单片机的实验和开发，单片机芯片可以直接焊接到电路板上，调试结束即为成品，甚至可以远程在线升级或改变单片机中的程序。

3.3　Keil C51 高级语言集成开发环境——μVision3 IDE

单片机系统的编程语言有汇编语言和高级语言两种。每种类型的单片机都有与其指令系统对应的汇编语言，优点是可直接操作硬件，可执行文件比较小，而且执行速度很快，缺点是软件的维护性和可移植性差。

单片机的高级语言包括：BASIC 语言、PL/M 语言和 C 语言。BASIC 语言主要应用在 MCS-51 系列单片机上，使用效果不是很理想，现在已经不再使用。PL/M 语言对硬件的控制能力和代码效率都很好，但局限于 Intel 公司的微处理器系列，可移植性差。

Keil C51 软件是目前开发 80C51 系列单片机最流行的软件工具，这从近年来各单片机仿真机厂商纷纷宣布全面支持 Keil C51 即可看出。Keil C51 提供了包括 C 语言编译器、宏汇编器、链接器、库管理和一个功能强大的仿真调试器等在内的完整开发方案，通过一个集成开发环境（μVision3 IDE）将这些部分组合在一起。掌握这一软件的使用对于使用 80C51 系列单片机的爱好者来说是十分必要的，即使不使用 C 语言而仅使用汇编语言编程，其方便易用的集成环境、强大的软件仿真调试工具也会让开发者事半功倍。

3.3.1　μVision3 IDE 主要特性

μVision3 IDE 基于 Windows 的开发平台，包含一个高效的编辑器、一个项目管理器和一个 MAKE 工具。μVision3 IDE 支持所有的 Keil C51 工具，包括 C 语言编译器、宏汇编器、链接器/定位器、目标代码到 HEX 的转换器。

μVision3 IDE 内嵌有多种符合当前工业标准的开发工具，可以完成工程建立、管理、编译连接、目标代码的生成、软件仿真、硬件仿真等完整的开发流程。尤其 C 语言编译工具在产生代码的准确性和效率方面达到了较高的水平，而且可以附加灵活的控制选项，在开发大型项目时非常理想。它的主要特性如下。

（1）集成开发环境

μVision3 IDE 包括一个工程管理器、一个功能丰富并有交互式错误提示的编辑器、选项设置、生成工具及在线帮助。可以使用 μVision3 IDE 创建源文件，并组成应用工程加以管理。μVision3 IDE 可以自动完成编译、汇编和链接程序的操作，使用户可以只专注开发工作的效果。

（2）C51 编译器和 A51 汇编器

由 μVision3 IDE 创建的源文件，可以被 C51 编译器或 A51 汇编器处理，生成可重定位的 object 文件，Keil C51 编译器遵照 ANSI C 语言标准，支持 C 语言的所有标准特性。另外，还增加了几个可以直接支持 80C51 结构的特性。Keil A51 宏汇编器支持 80C51 及其派生系列的所有指令集。

（3）LIB51 库管理器

LIB51 库管理器可以从由汇编器和编译器创建的目标文件建立目标库。这些库是按规定格式排列的目标模块，可在以后被链接器所使用。当链接器处理一个库时，仅使用库中程序使用的目标模块而不是全部加以引用。

（4）BL51 链接器/定位器

BL51 链接器使用从库中提取出来的目标模块和由编译器、汇编器生成的目标模块，创建一个绝对地址目标模块。绝对地址目标文件或模块包括不可重定位的代码和数据。所有的代码和数据都被固定在具体的存储器单元中。绝对地址目标文件可以用于：

● 编程 EPROM 或其他存储器设备；
● 由 μVision3 IDE 调试器对目标进行调试和模拟；
● 使用在线仿真器进行程序测试。

（5）μVision3 IDE 软件调试器

μVision3 IDE 软件调试器能十分理想地进行快速、可靠的程序调试。调试器包括一个高速模拟器，可以使用它模拟整个 80C51 系统，包括片上外围器件和外部硬件。当从器件数据库选择器件时，这个器件的属性会被自动配置。

（6）μVision3 IDE 硬件调试器

μVision3 IDE 调试器提供了几种在实际目标硬件上测试程序的方法。

安装 MON51 目标监控器到用户的目标系统，并通过 Monitor-51 接口下载程序。

使用高级 GDI 接口将 μVision3 IDE 调试器同第三方仿真器系统相连接，通过 μVision3 IDE 的人机交互环境完成仿真操作。

（7）RTX-51 实时操作系统

RTX-51 实时操作系统是针对 80C51 微控制器系列的一个多任务内核。RTX-51 实时内核简化了需要对实时事件进行反应的复杂应用的系统设计、编程和调试。这个内核完全集成在 C51 编译器中，使用非常简单。任务描述表和操作系统的一致性由 BL51 链接器/定位器自动进行控制。

3.3.2 μVision3 IDE 集成开发环境

安装完成后，用户可以双击桌面上的"μVision3"图标进入 IDE 环境，界面包括菜单栏、可以快速选择命令按钮的工具栏、一些源代码文件窗口、对话框、信息显示窗口，如图 3.5 所示。μVision3 IDE 允许同时打开、浏览多个源文件。

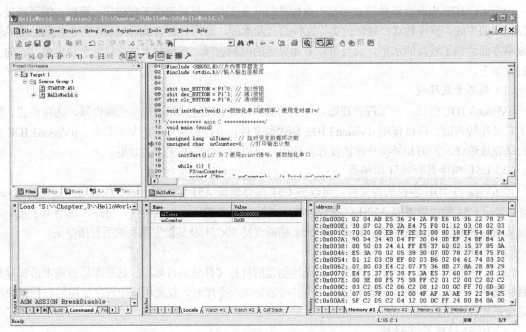

图 3.5 μVision3 IDE 界面

μVision3 IDE 提供下拉菜单和工具条按钮两种操作方式。下拉菜单提供多种选项，根据不同需要选用，工具条按钮实际上是下拉菜单中一些重要选项功能的快捷方式。表 3.1～表 3.7 所示为从 μVision3 IDE 的下拉菜单着手介绍它的具体功能。

表 3.1 File（文件）菜单和命令

File 菜单	工 具 栏	快 捷 键	描　　述
New		Ctrl+N	创建一个新的源文件或文本文件
Open		Ctrl+O	打开已有的文件
Close			关闭当前的文件
Save		Ctrl+S	保存当前的文件
			保存所有打开的源文件和文本文件

（续表）

File 菜单	工 具 栏	快 捷 键	描　述
Save as			保存并重新命名当前的文件
Device Database			维护 μVision3 器件数据库
License Management			产品使用许可证管理
Print Setup			设置打印机
Print	🖨	Ctrl+P	打印当前的文件
Print Preview			打印预览
1-x			打开最近使用的源文件或文本文件
Exit			退出 μVision3 IDE 并提示保存文件

表 3.2　Edit（编辑）菜单和编辑器命令

Edit 菜单	工 具 栏	快 捷 键	描　述
		Home	将光标移到行的开始处
		End	将光标移到行的结尾处
		Crtl+Home	将光标移到文件的开始处
		Ctrl+End	将光标移到文件的结尾处
		Ctrl+A	选中当前文件中的所有文字
Undo	↺	Ctrl+Z	撤销上一次操作
Redo	↻	Ctrl+Y	重做上一次撤销的命令
Cut	✂	Ctrl+X	将选中的文字剪切到剪贴板
Copy	📋	Ctrl+C	将选中的文字复制到剪贴板
Paste	📋	Ctrl+V	粘贴剪贴板的文字
Indent Selected Text	🔲		将选中的文字向右缩进一个制表符位
Unindent Selected Text	🔲		将选中的文字向左缩进一个制表符位
Toggle Bookmark	✎	Ctrl+F2	在当前行放置/删除书签
Goto Next Bookmark	✎	F2	将光标移到下一个书签
Goto Previous Bookmark	✎	Shift+F2	将光标移到上一个书签
Clear All Bookmarks	✎		清除当前文件中的所有书签
Find	🔍	Ctrl+F	在当前文件中查找文字
		F3	继续向前查找文字
		Shift+F3	继续向后查找文字
		Ctrl+F3	查找光标处选中的单词
Replace		Ctrl+H	替换特定的文字
Find in Files	🔍		在几个文件中查找文字

表 3.3　View（视图）菜单

View 菜单	工 具 栏	快 捷 键	描　述
Status Bar			显示或隐藏状态栏
File Toolbar			显示或隐藏文件工具栏
Build Toolbar			显示或隐藏编译工具栏
Debug Toolbar			显示或隐藏调试工具栏
Project Window	🪟		显示或隐藏工程窗口

（续表）

View 菜单	工 具 栏	快 捷 键	描 述
Output Window			显示或隐藏输出窗口
Source Browser			打开源文件浏览器
Disassembly Window			显示或隐藏反汇编窗口
Watch & Call Stack Window			显示或隐藏观察和堆栈窗口
Memory Window			显示或隐藏存储器窗口
Code Coverage Window			显示或隐藏代码覆盖窗口
Performance Analyzer Window			显示或隐藏性能分析窗口
Logic Analyzer Window			显示或隐藏逻辑分析仪窗口
Symbol Window			显示或隐藏符号变量窗口
Serial Window #1			显示或隐藏串行窗口 1
Serial Window #2			显示或隐藏串行窗口 2
Serial Window #3			显示或隐藏串行窗口 3
Toolbox			显示或隐藏工具箱
Periodic Window Update			在运行程序时，周期刷新调试窗口

表 3.4　Project（项目）菜单和命令

Project 菜单	工 具 栏	快 捷 键	描 述
New Project			创建一个新的工程
Import μVision1 Project			输入一个 μVision1 工程文件
Open Project			打开一个已有的工程
Close Project			关闭当前的工程
Components Environment Books			定义工具系列/包含文件/库文件的路径
Select Device for Target			从器件数据库选择一个目标 CPU
Remove			从工程中删去一个组或文件
Options		Alt+F7	设置对象 组或文件的工具选项
			设置当前目标的选项
Build Target		F7	转换修改过的文件并编译成应用
Rebuild Target			重新转换所有的源文件并编译成应用
Translate		Ctrl+F7	转换当前的文件
Stop Build			停止当前的编译进程
1-9			打开最近使用的工程文件

表 3.5　Debug（调试）菜单和命令

Debug 菜单	工 具 栏	快 捷 键	描 述
Start/Stop Debug Session		Ctrl+F5	启动或停止 μVision3 调试模式
Go		F5	运行/执行直到下一个有效的断点
Step		F11	跟踪运行程序
Step Over		F10	单步运行程序
Step out of current function		Ctrl+F11	执行到当前函数的程序
Run to Cursor Line		Ctrl+F10	执行到当前光标所在行

（续表）

Debug 菜单	工 具 栏	快 捷 键	描　　述
Stop Running	⊗	Esc	停止程序运行
Breakpoints			打开断点对话框
Insert/Remove Breakpoint	🖑		在当前行设置/清除断点
Enable/Disable Breakpoint	🖑		使能/禁能当前行的断点
Disable All Breakpoints	🖐		禁能程序中所有断点
Kill All Breakpoints	🖐		清除程序中所有断点
Show Next Statement	⇨		显示下一条执行的语句指令
Enable/Disable Trace Recording			使能跟踪记录 可以显示程序运行轨迹
View Trace Records			显示以前执行的指令
Logic Analyzer			逻辑分析仪
Memory Map			打开存储器空间配置对话框
Performance Analyzer			打开性能分析器的设置对话框
Inline Assembly			对某一行重新汇编 可以修改汇编代码
Function Editor			编辑调试函数和调试配置文件

表 3.6　Peripherals（外围器件）菜单*

Peripherals 菜单	工 具 栏	快 捷 键	描　　述
Reset CPU	RST		复位 CPU
Interrupt			中断系统
I/O-Ports			并行输入/输出
Serial			串行口
Timer			定时器/计数器

* 外围器件菜单显示内容与选择的 MCU 型号有关。

表 3.7　Window（窗口）菜单

Window 菜单	工 具 栏	快 捷 键	描　　述
Cascade		🗗	层叠所有窗口
Tile Horizontally		⊟	横向排列窗口，不层叠
Tile Vertically		⊞	纵向排列窗口，不层叠
Arrange Icons			在窗口的下方排列图标
Split			将激活的窗口拆分成几个窗格
Close All			关闭所有窗口
1-9			激活选中的窗口对象

3.3.3　μVision3 IDE 的使用

μVision3 IDE 安装后自带了一些帮助文档，位于安装目录下的 Keil\C51\HLP 目录中，包括 A51.pdf、C51.pdf、C51lib.chm、DBG51.CHM、errors.chm、GS51.pdf 等，可以通过 μVision3 开发环境 Project Window 的 Books 标签页中的链接来打开这些文档。GS51.pdf 是一个入门教程 "Getting Started with μVision3"。这些资料详细介绍了集成开发环境使用、侦错、汇编语言编程（A51）、C 语言编程（C51）等。在互联网上，有 "μVision3 入门教程"、"μVision3 调试命令"、"Keil Software-Cx51 编译器用户手册中文完整版" 和 "Keil C51 使用详解" 等中文资料。

μVision3 IDE 包括一个项目管理器，它可以使基于 8x51 的嵌入式系统的设计变得简单。要创建一个应用，需要按下列步骤进行操作：

① 启动 μVision3 IDE，新建一个项目文件，并从器件库中选择一个 CPU 器件；

② 新建一个源文件并把它加入到项目中；

③ 增加并设置选择的器件的启动代码；

④ 针对目标硬件设置工具选项；

⑤ 编译项目并生成可以编程 ROM 的 HEX 文件。

下面通过一个创建项目实例介绍在 μVision3 中的软件开发流程。

下面将逐步描述，指引读者创建一个简单的 μVision3 项目。示例程序调用 C51 基本输入/输出库 stdio.h 中的 printf 函数从串口输出 "Hello World!"，printf 函数支持带格式的输出，整个程序只包含一个源文件 HelloWorld.c，这个小型应用程序帮助读者确定 Keil μVision3 可以编译、链接和调试一个应用程序。

设项目名为 HelloWorld，采用标准 AT89C52 芯片，程序使用的硬件资源是 AT89C52 片内的并行 I/O 口 P2 和串行口，不需要一个实际的单片机系统，因为 μVision3 IDE 可以模拟程序所需的硬件并行 I/O 口和串行口。

（1）选择 Project→New Project 命令，如图3.6所示。

（2）在弹出的 Create New Project 对话框中选择要保存项目文件的路径，比如保存到 HelloWorld 目录中，在"文件名"文本框中输入项目名为 HelloWorld，如图3.7所示，然后单击"保存"按钮。

图 3.6　Project 菜单　　　　　　图 3.7　Create New Project 对话框

（3）这时会弹出一个对话框，要求选择单片机的型号。读者可以根据使用的单片机型号来选择。Keil C51 几乎支持所有的 80C51 内核的单片机，这里以常用的 AT89C52 为例来说明。先选择 Atmel 公司，再选择 AT89C52，如图3.8所示，右边 Description 栏中显示该单片机的基本说明，然后单击"确定"按钮，弹出将 8051 初始化代码复制到项目中的询问对话框，如图 3.9 所示。单击"是"按钮，出现如图 3.10 所示的窗口。如果需要重命名 Target 1 和 Source Group 1，在左侧 Project Workspace 区单击 Target 1，再次单击 Target 1，即可重新命名 Target 1。用同样的方法可以修改 Source Group 1。这里对此不做修改，使用默认名称。

（4）这时需要新建一个源程序文件。建立一个汇编语言或 C 语言文件，如果已经有源程序文件，可以忽略这一步。选择 File→New 命令，如图3.11所示。

（5）在弹出的程序文本框中输入一个简单的程序，如图3.12所示，具体内容见本节后面的内容。

（6）选择 File→Save As 命令或单击工具栏按钮，保存文件。

图 3.8　选择单片机型号对话框图

图 3.9　选择是否加入初始化代码询问信息

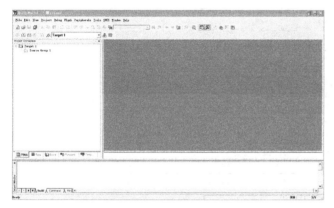

图 3.10　新建项目

图 3.11　新建源程序文件对话框图

在弹出的如图 3.13 所示的对话框中，选择要保存的路径，在"文件名"文本框中输入文件名。注意，一定要输入扩展名，如果是 C 语言程序文件，扩展名为.c；如果是汇编文件，扩展名为.asm 或.a51；如果是 ini 文件，扩展名为.ini。这里需要存储 C 语言源程序文件，所以输入扩展名.c（也可以保存为其他名字，如 new.c 等），单击"保存"按钮。此处保存文件名为 HelloWorld.c。

图 3.12　程序文本框

图 3.13　Save As 对话框

（7）将 HelloWorld.c 文件加入到项目中，右键单击左边项目窗口中的 Source Group 1，在弹出的快捷菜单中选择 Add Files to Group 'Source Group 1'命令，在如图 3.14 所示的对话框中，选择刚才建立的文件 HelloWorld.c，文件类型选择 C Source file(*.c)，单击 Add 按钮。如果是汇编文件，则选择 Asm Source file；如果是目标文件，则选择 Object file；如果是库文件，则选择 Library file。如果要添加多个文件，可以不断添加或一起选中添加。添加完毕后单击 Close 按钮，关闭该窗口。

图 3.14　Add Files to Group 'Source Group 1' 菜单

（8）这时在 Source Group 1 下就会出现 HelloWorld.c 文件和事先建立项目时已经加入的文件 STARTUP.A51 了，如图 3.15 所示。

图 3.15　添加 HelloWorld.c 文件

（9）接下来要对目标进行一些设置。选择 Project→Options for Target 'Target 1' 命令，或右键单击 Target 1，在弹出的快捷菜单中选择 Options for Target 'Target 1' 命令，如图 3.16 所示。

（10）在弹出的 Options for Target 'Target 1' 对话框中有 10 个选项卡，如图 3.17 所示。

图 3.16　Options for Target 'Target 1' 选项

图 3.17　Target 选项卡

① Target 选项卡

Xtal(MHz)：设置单片机工作的频率，默认是 24.0MHz，把此项改为 80C51 单片机经常使用的晶振频率 11.0592MHz 或 22.1184MHz，这里为 11.0592MHz。Target 选项卡中仅修改此项，其他使用默认设置即可。

Use On-chip ROM(0x0-0x1FFF)：表示使用片上的 Flash ROM。AT89C52 有 8KB 的可重编程的 Flash ROM。该选项取决于单片机应用系统，如果单片机的 EA 接高电平，则选中这个选项，表示使用内部 ROM；如果单片机的 EA 接低电平，表示使用外部 ROM，则不选中该选项。

Off-chip Code memory：表示片外 ROM 的开始地址和大小，如果没有外接程序存储器，就不需要填任何数据。Start 表示一个 ROM 芯片的开始地址，Size 为片外 ROM 的大小，一般填十六进制数。最多可以外接 3 块 ROM。

Off-chip Xdata memory：可以填写外接 Xdata 外部数据存储器的起始地址和大小。

Code Banking：使用 Code Banking 技术。Keil 可以支持程序代码超过 64KB 的情况，最大可以有 2MB 的程序代码。如果代码超过 64KB，那么就要使用 Code Banking 技术，以支持更多的程序空间。Code Banking 支持自动的 Bank 的切换，这在建立一个大型系统时是必需的。例如，要在单片机里实现汉字字库、实现汉字输入法，都要用到该技术。

Memory Model：单击 Memory Model 后面的下拉箭头，会有 3 个选项。

- Small: variables in DATA：变量存储在内部 RAM 里。
- Compact: variables in PDATA：变量存储在外部 RAM 里，使用 8 位间接寻址。
- Large: variables in XDATA：变量存储在外部 RAM 里，使用 16 位间接寻址。

一般使用 Small 方式来存储变量，此时单片机优先将变量存储在内部 RAM 中，如果内部 RAM 空间不够，才会存到外部 RAM 中。

Compact 方式要通过程序来指定页的高位地址，编程比较复杂，如果外部 RAM 很少，只有 256B，那么对该 256B 的读取就比较快。如果超过 256B，而且需要不断地进行切换，就比较麻烦，Compact 方式适用于比较少的外部 RAM 的情况。

Large 方式是指变量会优先分配到外部 RAM 里。

需要注意的是，3 种存储方式都支持内部 256B 和外部 64KB 的 RAM。因为变量存储在内部 RAM 中，运算速度比存储在外部 RAM 中要快得多，大部分的应用都选择 Small 方式。

使用 Small 方式时，并不说明变量就不可以存储在外部，只是需要特别指定，例如：

- unsigned char xdata a：变量 a 存储在外部的 RAM。
- unsigned char a：变量存储在内部 RAM。

但是使用 Large 方式时：

- unsigned char xdata a：变量 a 存储在外部的 RAM。
- unsigned char a：变量 a 同样存储在外部 RAM。

这就是它们之间的区别，可以看出这几个选项只影响没有特别指定变量的存储空间的情况，默认使用在所选方式的存储空间，如上面的变量定义 unsigned char a。

Code Rom Size：单击 Code Rom Size 后面的下拉箭头，将有 3 个选项。

- Small: program 2K or less：适用于 AT89C2051 这些芯片，2051 只有 2KB 的代码空间，所以跳转地址只有 2KB，编译的时候会使用 ACALL AJMP 这些短跳转指令，而不会使用 LCALL、LJMP 指令。如果代码地址跳转超过 2KB，就会出错。
- Compact: 2K functions，64K program：表示每个子函数的代码大小不超过 2KB，整个项目可以有 64KB 的代码。就是说在 main()里可以使用 LCALL、LJMP 指令，但在子程序里只会使用 ACALL、AJMP 指令。只有确定每个子程序不会超过 2KB，才可以使用 Compact 方式。
- Large: 64K program：表示程序或子函数代码都可以大到 64KB。使用 Code Banking 还可以更大，通常都选用该方式。选择 Large 方式速度不会比 Small 慢很多，所以一般没有必要选择 Compact 和 Small 方式。

这里默认选择 Large 方式。

Operating：单击 Operating 后面的下拉箭头，会有 3 个选项。

● None：表示不使用操作系统。

● RTX-51 Tiny Real-Time OS：表示使用 Tiny 操作系统。

● RTX-51 Full Real-Time OS：表示使用 Full 操作系统。

这里默认选择 None。

② Output 选项卡

Output 选项卡如图 3.18 所示。

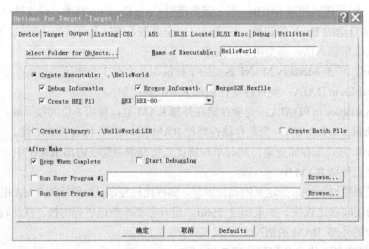

图 3.18　Output 选项卡

Select Folder for Objects：单击该按钮可以选择编译后目标文件的存储目录，如果不设置，就存储在项目文件的目录中。

Name of Executable：设置生成的目标文件的名字，默认与项目的名字一样。目标文件可以生成库或者 obj、HEX 的格式。

Create Executable：如果要生成 OMF 和 HEX 文件，一般选中 Debug Information 和 Browse Information 项，才有调试所需的详细信息。例如，要调试 C 语言程序，如果不选中这两项，调试时将无法看到高级语言写的程序。而 HEX 文件为最终目标文件，需要写入目标系统的程序存储器中。要生成 HEX 文件，一定要选中 Create HEX File 项。如果编译之后没有生成 HEX 文件，就是因为这个选项没有被选中。默认是不选中的。Proteus VSM 与 µVision3 联调时需要 HEX 文件（见 3.4.3 节），应选中该项。

Create Library：选中该项将生成 lib 库文件。应根据需要决定是否要生成库文件，一般的应用是不生成库文件的。

After Make 栏中有以下几个设置。

● Beep When Complete：编译完成之后发出 Beep 提示声音。

● Start Debugging：马上启动调试（软件仿真或硬件仿真），根据需要来设置，一般不选。为了产生编译之后马上运行，也可选中它。

● Run User Program #1、Run User Program #2：这两个选项可以设置编译完之后所要运行的其他应用程序（比如有些用户自己编写了烧写芯片的程序，编译完便执行该程序，将 HEX 文件写入芯片），或者调用外部的仿真程序。应根据自己的需要设置。

③ Listing 选项卡

Listing 选项卡如图3.19所示。

Keil C51 在编译之后除了生成目标文件之外，还生成*.lst、*.m51 的文件。这两个文件可以告诉程序员程序中所用的 idata、data、bit、xdata、code、RAM、ROM、stack 等的相关信息，以及程序所需的代码空间。

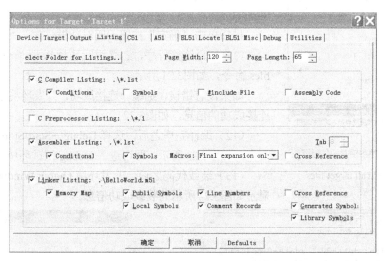

图 3.19　Listing 选项卡

选中 Assembly Code 项会生成汇编的代码。这是很有好处的，如果不知道如何用汇编语言来写一个 long 型数的乘法，那么可以先用 C 语言来写，写完之后编译，就可以得到用汇编实现的代码。对于一个高级的单片机程序员来说，往往既要熟悉汇编语言，同时也要熟悉 C 语言，才能更好地编写程序。有些地方用 C 语言无法实现，用汇编语言却容易实现；有些地方用汇编语言很烦琐，用 C 语言就很方便。

单击 Select Folder for Listings 按钮，在出现的对话框中可以选择生成的列表文件的存放目录。默认使用项目文件所在的目录。

④ Debug 选项卡

Debug 选项卡如图3.20所示。

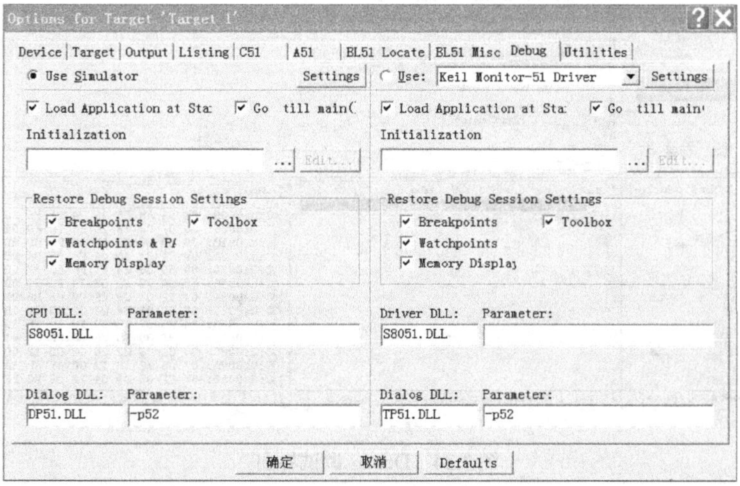

图 3.20　Debug 选项卡

Load Application at Start：选择这项之后，Keil 才会自动装载程序代码。

Go till main：调试 C 语言程序时可以选择这一项，PC 会自动运行到 main 程序处。

这里有两种仿真形式可选：Use Simulator 和 Use: Keil Monitor-51 Driver，前一种是纯软件仿真，后一种是带有 Monitor-51 硬件目标仿真器的仿真。

因为我们目前没有硬件系统，图 3.20 中使用默认选择 Use Simulator。

最后单击"确定"按钮关闭对话框。

（11）编译连接程序，按 F7 键或选择 Project→Rebuild all target files 命令，如图 3.21 所示。

如果没有错误，则编译连接成功，开发环境下面会显示编译连接成功的信息，如图 3.22 所示。

（12）编译完毕之后，选择 Debug→Start/Stop Debug Session 命令，如图 3.23 所示，即可进入 Debug 调试环境。

（13）装载代码之后，开发环境 Output Window（在左下角）显示如图 3.24 所示的装载成功信息。

图 3.21　Rebuild all target files

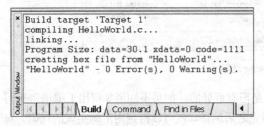

图 3.22　编译连接成功信息

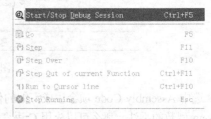

图 3.23　Debug 调试

图 3.24　Debug 调试界面

（14）示例程序使用串口打印函数 printf 输出"Hello World！"，整个程序只包含一个源文件

HelloWorld.c。使用串口打印函数 printf 需要先初始化单片机串口相关的寄存器，故 HelloWorld.c 除 main
函数外，还有串口初始化函数 initUart。此处我们只关心 μVision3 IDE 开发工具的使用，单片机串口的
具体使用方法会在后续章节中介绍。

HelloWorld.c 源程序如下：

```
#include <REG52.H>                       //片内寄存器定义
#include <stdio.h>                        //输入/输出函数库
void initUart(void);                      //初始化串口波特率，使用定时器1
/*********** main C *************/
void main (void)
{
unsigned int  ulTimes;                    //延时设定的循环次数

    initUart();                           //为了使用 printf 语句，要初始化串口
    while (1) {
        printf ("Hello World!\n");   //Print "Hello World"
        for (ulTimes=0; ulTimes<1000; ulTimes++){}//延时
    }
}
/*********** 初始化串口波特率 *************/
//为了使用串行口带格式输出函数 printf，串口必须初始化
void initUart(void)                       //初始化串口波特率，使用定时器1
{
//Setup the serial port for 9600 baud at 11.0592 MHz
    SCON  = 0x50;      //SCON: mode 1, 8-bit UART, enable rcvr
    TMOD |= 0x20;      //TMOD: timer 1, mode 2, 8-bit reload
    TH1   = 0xfd;      //TH1: reload value for 9600 baud @ 11.0592 MHz
    TR1   = 1;         //TR1: timer 1 run
    TI    = 1;         //TI: set TI to send first char of UART
}
```

选择 View→Serial Window #1 命令，查看串口输出内容，如图3.25所示。

选择 Peripherals 菜单中的命令，还可以查看单片机内嵌外设的变化，如选择 Peripherals→I/O-Ports→
Port 2 命令，则可查看 P2 口信号变化，如图3.26所示。

图 3.25　打开 Serial Window #1　　　　　　　　图 3.26　打开 P2 口

按 F5 键启动程序，在串口窗口 Serial #1 中可看到 printf 的输出信息和 P2 口数据的变化情况，如图3.27所示。串口窗口默认字符显示模式为 ASCII Mode，在窗口中右击，在弹出的快捷菜单中可修改显示模式为 Hex Mode。

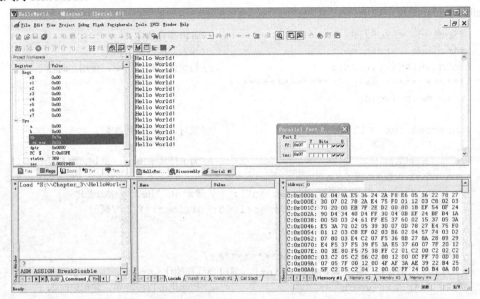

图 3.27　程序连续运行时的窗口显示

3.3.4　Keil C51 中 printf 库函数

printf 函数是极为方便的信息输出函数，能将程序中的各种变量的值快速格式化并输出到控制台，其在程序调试和测试中无处不在，C 语言教材的示例程序中经常要用它作为输出。

在前面介绍 μVision3 IDE 的使用中我们也用到 printf 函数，Keil C51 的 printf 使用也极为方便，只要初始化串口后，关中断，TI = 1，就能使用 printf 直接将信号输出到串口。在 μVision3 IDE 调试时，打开串口窗口，就能看到带格式的输出。串口的使用方法见第 6 章内容。

3.4　基于 Proteus 的单片机系统仿真

单片机系统的开发除了需要购置诸如仿真器、编程器、示波器等价格不菲的电子设备外，开发过程也较烦琐，如图 3.28 所示。用户程序需要在硬件完成的情况下才能进行软硬件联合调试，如果在调试过程中发现硬件错误需修改硬件，则要重新设计硬件目标板的 PCB（Printed Circuit Board，印制电路板），并焊接元器件。因此无论从硬件成本还是从开发周期来看，其高风险、低效率的特性显而易见。

英国 Labcenter Electronics 公司推出的 Proteus 套件，可以对基于微控制器的设计连同所有的周围电子器件一起仿真调试，用户甚至可以实时采用诸如 LED/LCD、键盘、RS-232 终端等动态外设模型来对设计进行交互仿真调试。只要原理图设计完成，软件设计者就可以开始他们的工作，不用等待一个实际的硬件物理原型的出现。Proteus 支持的微处理芯片（Microprocessors ICs）包括 8051 系列、AVR 系列、PIC 系列、HC11 系列、ARM7/LPC2000 系列及 Z80 等。

Proteus VSM 包含了大量的虚拟仪器，包括示波器、逻辑分析仪函数发生器、数字信号图案发生器、时钟计数器、虚拟终端及简单的电压表和电流表，为仿真调试提供了强有力的支持。

图3.29为基于 Proteus ISIS 仿真软件的单片机系统设计流程，它极大地简化了设计工作，并有效地降低了成本和风险，得到众多单片机工程师的青睐。

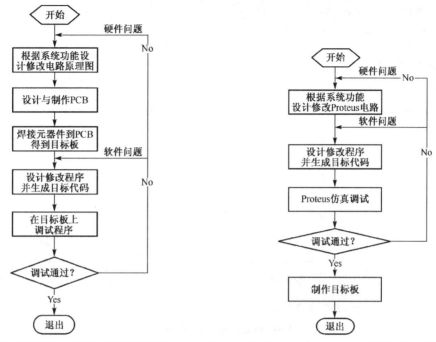

图 3.28 传统的单片机应用系统开发设计流程　　　图 3.29 基于 Proteus ISIS 仿真软件的单片机系统设计流程

在 PC 上安装 Proteus 软件后，即可完成单片机系统原理图电路绘制、PCB 设计，更为显著的特点是可以与 μVision3 IDE 工具软件结合进行编程仿真调试。本节以 Proteus 7 Professional 为例介绍 Proteus 在单片机系统设计中的应用。

Proteus 7.5 Professional 软件主要包括 ISIS 7 Professional 和 ARES 7 Professional，其中 ISIS 7 Professional 用于绘制原理图并可进行电路仿真（SPICE 仿真），ARES 7 Professional 用于 PCB 设计。本书只介绍前者。

3.4.1 Proteus 7 Professional 界面介绍

安装完 Proteus 后，运行 ISIS 7 Professional，会出现如图3.30所示的界面。图中窗口各部分的功能用中文做了标注。ISIS 大部分操作与 Windows 的操作类似。下面简单介绍其各部分的功能。

1. 原理图编辑窗口（The Editing Window）

顾名思义，它是用来绘制原理图的。蓝色方框内为可编辑区，元器件要放到里面。与其他 Windows 应用软件不同，这个窗口是没有滚动条的，可以用左上角的导航窗口来改变原理图的可视范围。

2. 预览窗口（The Overview Window）

它可以显示两个内容：在元器件列表中选择一个元器件时，它会显示该元器件的预览图；当鼠标焦点落在原理图编辑窗口时（即放置元器件到原理图编辑窗口后或在原理图编辑窗口中单击鼠标后），就变成原理图的导航窗口，会显示整张原理图的缩略图，并会显示一个绿色的方框，绿色方框里面的内容就是当前原理图窗口中显示的内容，因此可以用鼠标在上面单击来改变绿色方框的位置，从而改变原理图的可视范围。

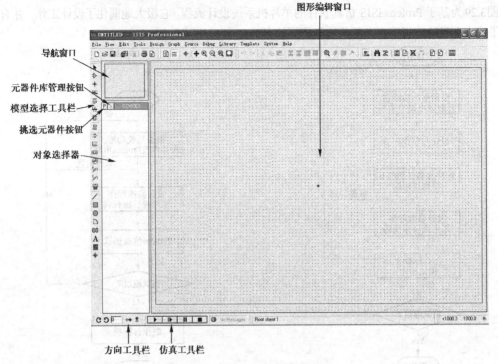

图 3.30　Proteus ISIS 7 的编辑环境

3．模型选择工具栏（Mode Selector Toolbar）

主要模型（Main Modes）功能由上向下说明如下。

▶ ——用于即时编辑元器件参数（先单击该图标再单击要修改的元件）

➡ ——选择元器件（Components）（默认选择）

✚ ——放置连接点

[LBL] ——放置标签（相当于网络标号）

▤ ——放置文本

┼┼ ——用于绘制总线

┨┠ ——用于放置子电路

配件（Gadgets）功能由上向下说明如下。

▤ ——终端接口（Terminals），有 VCC、地、输出、输入等接口

◁⊦ ——器件引脚，用于绘制各种引脚

▦ ——仿真图表（Graph），用于各种分析，如 Noise Analysis

⬚ ——录音机

⟳ ——信号发生器（Generators）

⩘ ——电压探针：使用仿真图表时要用到

⩘ ——电流探针：使用仿真图表时要用到

⬚ ——虚拟仪表：示波器等

2D 图形（2D Graphics）功能由上向下说明如下。

✏　—— 画各种直线

🔲　—— 画各种方框

◯　—— 画各种圆

◠　—— 画各种圆弧

◍　—— 画各种多边形

A　—— 文字标注

S　—— 画符号

✛　—— 画原点等

4. 对象选择器（The Object Selector）

用于挑选元器件（Components）、终端接口（Terminals）、信号发生器（Generators）、仿真图表（Graph）等。例如，要选择元器件（Components），单击挑选元器件按钮会打开 Pick Devices 窗口，选择了一个元器件后（单击 OK 按钮），该元器件会在对象选择器中显示，以后要用到该元器件时，只需在对象选择器中选择即可。

5. 方向工具栏（Orientation Toolbar）

↻↺ ⓪　旋转：旋转角度只能是 90 的整倍数。

↔ ↕　翻转：水平翻转和垂直翻转。

使用方法：先右键单击所选元件，再从快捷菜单中选择相应的旋转图标。

6. 仿真工具栏

▶ ⏭ ⏸ ⏹　仿真控制按钮功能由左向右分别为：运行、单步运行、暂停、停止。

3.4.2　绘制电路原理图

下面通过一个简单的示例说明绘制原理图过程。

1. 将所需元器件加入对象选择器中

单击挑选元器件按钮 P，在弹出的 Pick Devices 窗口中，使用搜索引擎，在 Keywords 栏中分别输入 AT89C52.BUS、BUTTON、SW-SPDT 和 7SEG-BCD，在搜索结果 Results 栏中找到该对象，并将其添加到对象选择器窗口中，如图 3.31 所示。

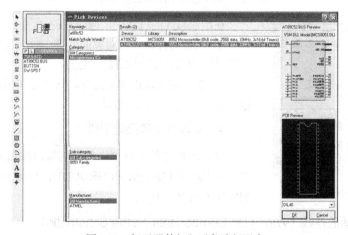

图 3.31　把元器件加入对象选择器中

2．放置元器件至图形编辑窗口中

将 AT89C52.BUS、BUTTON、SW-SPDT 和 7SEG-BCD 放置到图形编辑窗口中，如图 3.32 所示（由于软件原因，电路图中单位标注不标准，以下不再说明）。

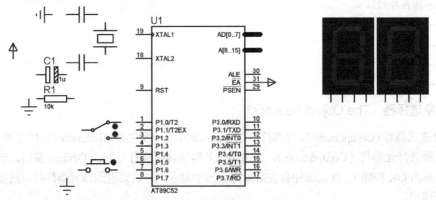

图 3.32　放置元器件至图形编辑窗口中

3．放置总线至图形编辑窗口中

单击模型选择工具栏中的总线按钮 ⊹，使之处于选中状态，将鼠标置于图形编辑窗口中，绘制出如图 3.33 所示的总线。

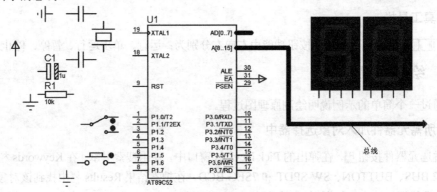

图 3.33　放置总线至图形编辑窗口中

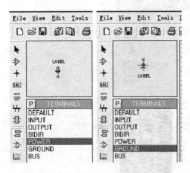

图 3.34　添加电源和接地引脚

在绘制总线的过程中，应注意：

① 当鼠标指针靠近对象的连接点时，鼠标指针会出现一个"×"号，表明总线可以接至该点；

② 在绘制多段连续总线时，只需要在拐点处单击即可，其他步骤与绘制一段总线相同。

4．添加电源和接地引脚

单击模型选择工具栏中的终端接口按钮 吕，在对象选择器中，选中对象 POWER 和 GROUND，如图 3.34 所示，将其放置到图形编辑窗口中。

5．元器件之间的连线（Wiring Up Components on the Schematic）

在图形编辑窗口中，完成各对象间的连线，如图 3.35 所示。

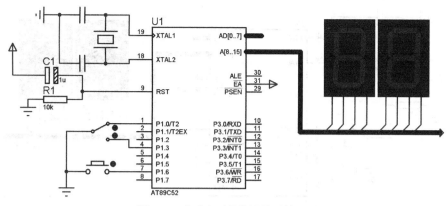

图 3.35　完成各对象的连线后的界面

在此过程中请注意：当线路上出现交叉点时，若出现实心小黑圆点，则表明导线接通，否则表明导线无接通关系。当然，也可以通过模型选择工具栏中的连接点按钮✛，完成两交叉线的接通。

6．给导线或总线加标签

单击模型选择工具栏中的标签按钮▦，在图形编辑窗口中，完成导线或总线的标注，如图 3.36 所示。

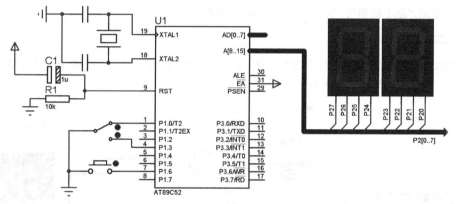

图 3.36　给导线或总线加标签

在此过程中请注意：

① 总线的命名可以与单片机的总线名相同，也可不同。但方括号内的数字却赋予了特定的含义。例如，总线命名为 P2[0..7]，意味着此总线可以分为 8 条彼此独立的名称为 P20、P21、P22、P23、P24、P25、P26、P27 的导线。若该总线一旦标注完成，则系统自动在导线标签编辑页面的 String 栏的下拉列表中加入以上 8 个导线名，今后在标注与之相联的导线名时，如 P20，可以直接从该下拉列表中选取，如图 3.37 所示。

② 若标注名为 $\overline{WR}$，直接在导线标签编辑页面的 String 栏中输入WR即可，也就是说可以用两个$符号来表示字母上面的横线。

7．添加电压探针

单击模型选择工具栏中的电压探针按钮✐，在图形编辑窗口中，完成电压探针的添加，如图3.38所示。

图 3.37　从下拉列表中选取标签

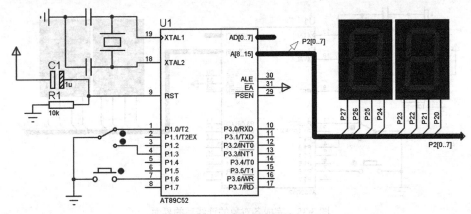

图 3.38　添加电压探针

在此过程中，电压探针名默认为"？"，当电压探针的连接点与导线或者总线连接后，电压探针名将自动更改为已标注的导线名、总线名，或者与该导线连接的设备引脚名。

8. 添加文字标注

单击模型选择工具栏中的文字标注按钮 **A**，在图形编辑窗口中，完成文字标注的添加，如图3.39所示，此处添加"加1按钮"、"减1按钮"、"清零按钮"。

9. 添加虚拟仪器

单击模型选择工具栏中的虚拟仪表按钮 ，在对象选择器中选择 VIRTUAL TERMINAL，完成虚拟终端的添加和接线，如图3.40所示。

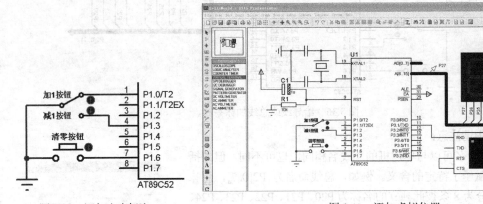

图 3.39　添加文字标注　　　　　　　　　　图 3.40　添加虚拟仪器

10. 修改 AT89C52 属性并加载程序文件

双击 U1-AT89C52，打开 Edit Component 对话框，如图3.41所示。在 Program File 框中选择 3.3.3 节示例项目 HelloWorld 生成的 HEX 文件 HelloWorld.hex。

在 Clock Frequency 文本框中填入 11.0592 MHz，其他为默认，单击 OK 按钮退出。

从"文件"下拉菜单选择"保存"命令，出现如图3.42所示的对话框，输入文件名 HelloWorld.DSN，单击"保存"按钮。至此，便完成了整个电路图的绘制。

11. 调试运行

单击仿真工具栏中的运行按钮 ▶，能清楚地观察到：①引脚的电频变化，红色代表高电平，蓝色代表低电平，灰色代表未接入信号，或者为高阻态；②连到单根信号线上的电压探针的高低电平值发生周期性的变化，连到总线上的电压探针的值显示的是总线数据。

图 3.43 所示的程序运行情况与图 3.27 所示的"程序连续运行时的窗口显示"情况完全符合，但更直观。图 3.44 所示的虚拟终端窗口显示了 printf 的打印信息。单击仿真工具栏中的停止按钮▇，仿真结束。

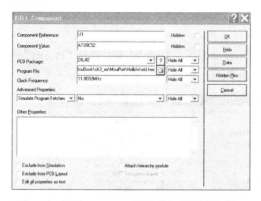

图 3.41　修改 AT89C52 属性并加载程序文件

图 3.42　保存文件对话框

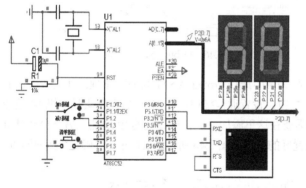

图 3.43　调试运行窗口

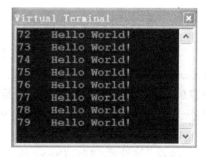

图 3.44　虚拟终端窗口

3.4.3　Proteus VSM 与 μVision3 的联调

Proteus VSM 能够提供的 CPU 仿真模型有 ARM7、PIC、Atmel AVR、Motorola HCXX 及 8051/8052 系列。支持单片机系统的仿真是 Proteus VSM 的一大特色。Proteus VSM 将源代码的编辑和编译整合到同一设计环境中，这样使得用户可以在设计中直接编辑代码，并可容易地查看用户修改源程序后对仿真结果的影响。对于 80C51/80C52 系列，目前 Proteus VSM 只嵌入了 8051 汇编器，尚不支持高级语言的调试。但 Proteus VSM 支持第三方集成开发环境 IDE，目前支持的第三方 80C51 IDE 有 IAR Embedded Workbench、Keil μVision3 IDE。本书以 Keil μVision3 IDE 为例介绍 Proteus VSM 与 μVision3 IDE 的联调。

对于 Proteus 6.9 或更高的版本，在安装盘里有 vdmagdi 插件，或者可以到 Labcenter 公司网站下载该插件，安装该插件后即可实现与 Keil μVision3 IDE 的联调。

下面的叙述假定已经分别安装了如下软件：

① Proteus 7 Professional

② Keil μVision3 IDE

③ vdmagdi.exe

1. Proteus VSM 的设置

进入 Proteus 的 ISIS，打开一个原理图文件（如在 3.4.2 节所绘制电路原理图文件 80C51VSM.DSN），选择"Debug"→Use Remote Debuger Monitor 命令，如图3.45所示，便可实现 µVision3 IDE 与 Proteus 连接调试。

2. µVision3 IDE 设置

（1）设置 Debug 选项卡

打开 µVision3，建立或打开一个工程，假设打开 3.3.3 节建立的项目 HelloWorld。选择"Project"→"Options for Target 'Target 1'"命令，在弹出的对话框中单击 Debug 选项卡，如图3.46所示。

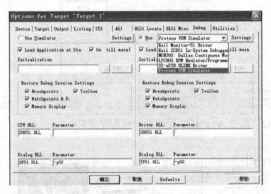

图 3.45　Proteus 的设置　　　　　　　　　图 3.46　Debug 选项卡设置

在该对话框中，选中 Use 项，在其后的下拉列表中选择 Proteus VSM Simulator 项。如果所调试的 Proteus 文件不是装在本机上，要单击 Settings 按钮，设置通信接口，在 Host 后面默认是本机 IP 地址 127.0.0.1。如果使用的不是同一台计算机，则需要在这里添加另一台计算机的 IP 地址（另一台计算机也应安装 Proteus）。在 Port 后面添加 8000。设置好的情形如图 3.46 所示，最后单击"确定"按钮即可。

（2）设置 Output 选项卡

接着上述设置，打开 Output 选项卡，选中 Create HEX File 项，如图3.47所示。

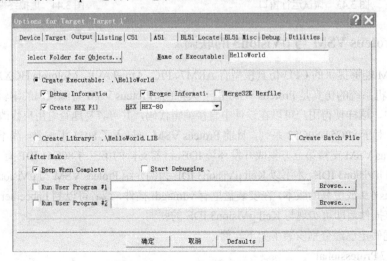

图 3.47　Output 选项卡设置

3. Proteus VSM 与 µVision3 的联调

在 µVision3 环境下，首先按 F7 键产生该项目的 HEX 文件，然后单击 按钮进入 µVision3 调试模式，为了在 Proteus VSM 环境下能观察到程序连续运行情况，单击 按钮取消目前项目中所有断点。单击 按钮或按 F5 键进入全速运行，然后切换到 Proteus VSM 环境，可以看到与图 3.43 所示调试运行窗口完全一致的运行画面。此时 Proteus VSM 的运行完全依赖于外部调试器 µVision3。

由 3.3.3 节中的项目 HelloWorld 的运行情况可知，µVision3 ID 只支持 AT89C52 片内的外围部件，如图3.27所示，对 AT89C52 片外的外围部件的仿真无能为力。但现在配合 Proteus VSM 可仿真 AT89C52 片外的外围部件。利用图3.43中接在 U1-AT89C52 单片机 P1.0 和 P1.3 的元器件单刀双掷开关 SW-SPDT 和 P1.6 的元器件按钮 BUTTON 可说明如何仿真 AT89C52 片外的外围部件。

要求在图3.43 中，当单刀双掷开关 SW-SPDT 接到 P1.0 时，单片机 P2 口输出进行加法计数；当单刀双掷开关 SW-SPDT 接到 P1.3 时，单片机 P2 口输出进行减法计数。如果按钮 BUTTON 按下超过 1 秒，则单片机 P2 口的计数输出清零。

为此修改项目 HelloWorld 中的文件 HelloWorld.c，修改后的源程序如下：

```
#include <REG52.H>                              //片内寄存器定义
#include <stdio.h>                              //输入/输出函数库
sbit inc BUTTON = P1^0;                         //加 1 按钮
sbit dec BUTTON = P1^3;                         //减 1 按钮
sbit clr BUTTON = P1^6;                         //清 0 按钮
void initUart(void);                            //初始化串口波特率,使用定时器 1
/********** main C **************/
void main (void)
{
unsigned long  ulTimes;                         //延时设定的循环次数
unsigned char  ucCounter=0;                     //打印输出计数
    initUart();                                 //为了使用 printf 语句,要初始化串口
    while (1) {
        P2=ucCounter;
        printf ("%bx   ",ucCounter);            //Print ucCounter
        printf ("Hello World!\n");              //Print "Hello World"
        if(inc BUTTON==0) ucCounter++;          //加 1
        if(dec BUTTON==0) ucCounter--;          //减 1
        if(clr BUTTON==0) ucCounter=0;          //清 0
        for (ulTimes=0; ulTimes<2000; ulTimes++){}//延时
    }
}
/********** 初始化串口波特率 ************/
//为了使用串行口带格式输出函数 printf,串口必须初始化
void initUart(void)  //初始化串口波特率,使用定时器 1
{
//   Setup the serial port for 9600 baud at 11.0592 MHz
    SCON = 0x50;    //SCON: mode 1, 8-bit UART, enable rcvr
    TMOD |= 0x20;   //TMOD: timer 1, mode 2, 8-bit reload
    TH1  = 0xfd;    //TH1: reload value for 9600 baud @11.0592MHz
    TR1  = 1;       //TR1:  timer 1 run
    TI   = 1;       //TI:   set TI to send first char of UART
}
```

在 μVision3 IDE 环境下重新编译该项目，单击 @ 按钮进入 μVision3 调试模式，单击 按钮或按 F5 键进入全速运行。然后切换到 Proteus VSM 环境，可以分别单击"加 1 按钮"、"减 1 按钮"和"清零按钮"观察程序单片机外围部件仿真运行情况。

单击 ✕ 按钮，可以在程序中设置断点，可以观察到在 μVision3 环境下，断点运行和单步运行时在 Proteus VSM 环境下原理图的变化情况，如图 3.48 所示。

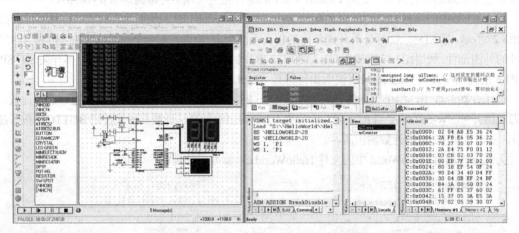

图 3.48　Proteus VSM 与 μVision3 IDE 实现联调

Proteus VSM 与 μVision3 联调时，Proteus VSM 的 U1-AT89C52 可以不加载任何程序文件。但笔者还是建议，应该加载程序文件，且选择当前在 μVision3 环境下所调试程序生成的 HEX 文件。这样无论是否联调，Proteus VSM 的运行情况总是一致的。

3.4.4　Proteus VSM 中的电源、复位与时钟

在 Proteus VSM 中绘制原理图时，总是默认微处理器电路已经配置了电源与复位电路，电源与复位总是有效，仿真电路可以省略电源与复位电路。

时钟电路同样可以省略，时钟固有频率以在微处理器的属性中所做设置为准。

为了节省版面，在后面章节的电路中有时会省略电源、复位与时钟电路。但在实际的工程实践中，这些部分缺一不可！

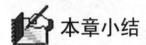 ## 本章小结

单片机应用系统的研制步骤和方法不同于通用微机系统（如 PC），大体可分为总体设计、硬件电路的构思设计、软件设计调试几个阶段。

总体设计包括确立应用系统的功能特性指标、单片机的选型（硬件平台）、软件的编写和支持工具（软件平台）。

Keil C51 软件是目前最流行的开发 80C51 系列单片机的软件工具。Keil C51 提供了包括 C 语言编译器、宏汇编、连接器、库管理和一个功能强大的仿真调试器等在内的完整开发方案，通过一个集成开发环境（μVision3 IDE）将这些部分组合在一起。掌握这一软件的使用对于使用 80C51 系列单片机的爱好者来说是十分必要的，即使不使用 C 语言而仅使用汇编语言编程，其方便易用的集成环境、强大的软件仿真调试工具也会令开发者事半功倍。

Labcenter Electronics 公司推出的 Proteus 套件，可以对基于微控制器的设计连同所有的周围电子器

件一起仿真。用户甚至可以实时采用诸如 LED/LCD、键盘、RS-232 终端等动态外设模型来对设计进行交互仿真。Proteus 套件目前在单片机的教学过程中，已越来越受到重视，并被提倡应用于单片机数字实验室的构建之中。Proteus 支持的微处理芯片（Microprocessors ICs）包括 8051 系列、AVR 系列、PIC 系列、HC11 系列、ARM7/LPC2000 系列及 Z80 等。

　　Proteus VSM 支持第三方集成开发环境 IDE，两者联调可以提高开发效率，降低开发成本。

 # 习题 3

　　1．请写出单片机应用系统的一般研制步骤和方法。

　　2．总体设计要考虑哪些主要因素？

　　3．简述单片机选型的注意事项。

　　4．单片机应用系统软、硬件分工要考虑哪些因素？

　　5．单片机应用系统软、硬件开发工具有哪些？

　　6．单片机仿真器的作用是什么？选择一个好的仿真器有哪些要求？

　　7．什么是 JTAG？为什么使用 JTAG 接口开发单片机，仿真更加贴近实际目标系统？

　　8．请解释 ISP 和 IAP。具有 ISP 和 IAP 功能的单片机有什么好处？

　　9．单片机系统的编程语言有哪几种？单片机的 C 语言有哪些优越性？

　　10．简述 Keil μVision3 集成开发环境的特点。

　　11．简述 Keil μVision3 编译系统的存储模式。

　　12．Proteus VSM 都提供了哪些信号源和测试仪器？

　　13．Proteus VSM 中的示波器可以同时测量几路信号？要测量单片机引脚输出的 1kHz 的方波信号，示波器应如何设置？

　　14．在 Proteus ISIS 环境中使用 AT89C52 设计一个"走马灯"电路，并编写 C51 程序，然后在 μVision3 环境下编译调试。要求实现 Proteus VSM 与 μVision3 的联调。

第4章 80C51 单片机硬件基础知识

本章将以 80C51 系列单片机为背景，介绍单片机的组成、存储器结构、并行 I/O 端口、时钟电路、复位电路、80C51 单片机最小系统构成方法等。通过对本章的学习，应掌握 80C51 系列单片机的组成和功能，理解单片机最小系统的组成，重点掌握 80C51 单片机中的 CPU 结构、存储器结构及 I/O 端口的功能。

单片机应用系统是以单片机为核心构成的嵌入式计算机系统，以单片机构成的嵌入式计算机系统保证了产品的智能化处理与智能化控制能力。要设计一个单片机应用系统，首先要掌握单片机的内部硬件构成，了解其性能和使用特点。

8 位单片机从 20 世纪 70 年代初期诞生至今，虽历经从单片微型计算机（SCM）到微控制器（MCU）和片上系统（SoC）的变迁，8 位机始终是嵌入式低端应用的主要机型，而且在未来相当长的时间里，仍会保持这个势头。这是因为单片机应用系统和通用计算机系统有完全不同的应用特性，从而走向完全不同的技术发展道路。

在 8 位单片机中，80C51 系列形成了一道独特的风景线，长盛不衰，不断更新，形成了既具有经典性，又不乏生命力的一个单片机系列。当前，Cygnal 公司推出的 C8051F 将 8051 兼容单片机推上了 SoC 的先进行列，STC 公司推出的 STC10/11/12/15 系列又将 8051 兼容单片机推上了高速单片机系列。

目前国内 80C51 系列单片机最为普遍，它在一块超大规模集成电路芯片上同时集成了 CPU、ROM、RAM 及定时器/计数器等部件，具有 64KB 的寻址能力，使用者只需外接少量的接口电路就可组成自己的单片机应用系统。新一代的 80C51 单片机集成度更高，在片内集成了更多的功能部件，如 A/D 转换器、PWM、PCA、WDT 及高速 I/O 接口等，在工业测量控制领域内获得了极为广泛的应用，为此有人指出，80C51 单片机已成为事实上的工业标准。目前已有多个厂家生产不同型号的 80C51 单片机，它们各有特点，但其基本内核相同，指令系统也完全兼容。

4.1 MCS-51 系列及 80C51 系列单片机简介

4.1.1 MCS-51 系列和 80C51 系列单片机

MCS 是 Intel 公司单片机系列的符号。Intel 公司推出了 MCS-48、MCS-51、MCS-96 系列单片机，其中 MCS-51 系列单片机典型机型包括 51 和 52 两个子系列，其内部组成如图4.1所示。

在 51 子系列中，主要有 8031、8051、875l 三种机型，基于 HMOS 工艺，它们的指令系统与芯片引脚完全兼容，只是片内程序存储器（Read Only Memory，ROM）有所不同。8031 片内不含程序存储器（ROMLess），8051 片内有 4KB 的掩模 ROM（Mask ROM，见 4.1.2 节），8751 片内有 4KB 的紫外线可擦除 ROM（EPROM）。三种机型对应的低功耗 CHMOS 产品分别为 80C31、80C51 和 87C51。

51 子系列的主要功能为：
- 8 位 CPU；
- 片内带振荡器及时钟电路；
- 128B 片内数据存储器；

- 4KB 片内程序存储器（8031/80C31 无）；
- 程序存储器的寻址范围为 64KB；
- 片外数据存储器的寻址范围为 64KB；
- 21B 特殊功能寄存器；
- 4×8 根 I/O 线；
- 一个全双工串行 I/O 接口，可多机通信；
- 两个 16 位定时器/计数器；
- 中断系统有 5 个中断源，可编程为两个优先级；
- 111 条指令，含乘法指令和除法指令；
- 布尔处理器；
- 使用单+5V 电源。

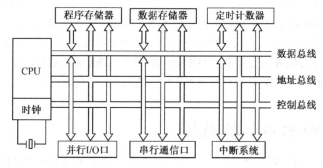

图 4.1 MCS-51 系列单片机内部组成

52 子系列的产品主要有 8032、8052、8752 三种机型。与 51 子系列的不同之处在于：片内数据存储器增至 256B，片内程序存储器增至 8KB（8032/80C32 无），有 26B 的特殊功能寄存器，有 3 个 16 位定时器/计数器、6 个中断源。其他性能均与 51 子系列相同。其对应的低功耗 CHMOS 工艺器件分别为 80C32、80C52 和 87C52。

在 Intel 公司推出了 MCS-51 不久便实施了最彻底的技术开放政策，以专利转让或互换的形式逐步把 8051/80C51/8052/80C52 内核转让给许多半导体厂家，如 Atmel、Philips、Winbond、Siemens、DALLAS、Temic、AMD、LG、Analog Devices 等。这些厂家生产的芯片是 MCS-51 系列的兼容产品，准确地说，是与 MCS-51 指令系统兼容的单片机，通常用 80C51 系列来命名所有具有 MCS-51 指令系统的单片机。这些单片机与 MCS-51 单片机的指令系统相同，都采用 CHMOS 工艺，它们对 8051 都做了一些扩充，更有特点、功能更强、市场竞争力更强。

本书所述的 80C51 系列单片机包括 Intel 公司及其他公司的 51 子系列和 52 子系列。

80C51 系列单片机有 3 种应用方式：

（1）单片应用电路；

（2）作为嵌入式微处理器系统中的一个部件；

（3）集成到片上系统 SoC。

4.1.2 80C51 系列单片机的三次技术飞跃

1. 第 1 次飞跃：MCS 到 MCU

Intel 公司于 1980 年推出的 MCS-51 奠定了嵌入式应用的单片微型计算机的经典体系结构，但不久就放弃了进一步发展计划，并实施了 8051 的技术开放政策。现在看来，无论是从主观因素还是从客观因素，这都是明智之举。因为在创建一个完善的嵌入式计算机体系结构后，面临的是不断满足嵌入式对象要求的各种控制功能。在 8051 实现开放后，Philips 公司作为全球著名的电器商以其在电子应用系统的优势，着力发展 80C51 的控制功能及外围单元，将 MCS-51 的单片微型计算机迅速地推进到 80C51 的 MCU 时代，形成了可满足大量嵌入式应用的单片机系列产品。

2. 第 2 次飞跃：引领 Flash Memory 潮流

当前，嵌入式处理器普遍采用 Flash Memory 技术，Flash Memory 的使用加速了单片机技术的发展。基于 Flash Memory 的 ISP/IAP 技术，极大地改变了单片机应用系统的结构模式以及开发和运行条件。在单片机中最早实现 Flash Memory 技术的是 Atmel 公司的 AT89Cxx 系列。

3. 第 3 次飞跃：内核化 SoC

MCS-51 典型的体系结构及极好的兼容性，对于 MCU 不断扩展的外围来说，形成了一个良好的嵌入式处理器内核的结构模式。当前嵌入式应用进入 SoC 模式，从各个角度，以不同方式向 SoC 进军，形成了嵌入式系统应用热潮。在这个技术潮流中，8051 又扮演了嵌入式系统内核的重要角色。在 MCU 向 SoC 过渡的数、模混合集成的过程中，ADI 公司推出了 ADμC8xx 系列，而 Cygnal 公司则实现了向 SoC 的 C8051F 过渡；在 PLD 向 SoC 发展过程中，Triscend 公司在可配置系统芯片 CSoC 的 E5 系列中以 8052 作为处理器内核。

4.1.3　高性能 80C51 单片机的特点

内核使用增强型 80C51 CPU，1 个时钟周期/机器周期；而标准型 80C51 CPU 则每个机器周期需要 12 个时钟周期。换句话讲，在同样的主频条件下，增强型 80C51 CPU 比标准型 80C51 CPU 执行一条指令要快约 12 倍。

增加了更多的通用 I/O 口，复位后的模式为准双向口/弱上拉（标准型 8051 传统 I/O 口），可编程设置成 4 种模式：准双向口/弱上拉，强推挽/强上拉，仅为输入/高阻，开漏。每个 I/O 口驱动能力均可达到 20mA。

ISP（在系统可编程）/IAP（在应用可编程），无须专用编程器，无须专用仿真器，可通过串口（P3.0/P3.1）直接下载用户程序。

内部集成专用复位电路和看门狗定时器。

内部集成多路 8/10/12 位精度 A/D 转换器和脉宽调制输出（PWM）。

内部集成扩展 RAM 和 E²PROM。

以上所述，高性能 80C51 不仅使得执行指令速度大幅提升，还在片内增加了更多的功能部件，使用户在进行单片机应用系统设计时有更大范围的选择。而通过对该功能单元相应的特殊功能寄存器的操作，即可实现对新一代高性能 80C51 单片机内部相应资源的操作。这一点同典型的 51 子系列和 52 子系列是一致的。本书仍然以标准型 80C51 CPU 为背景展开讨论。

下面将分别讨论 80C51 单片机组织、端口结构及操作、存储器组织、复位电路、时钟电路等内容。

4.2　80C51 系列单片机外引脚功能

在 80C51 系列单片机 51 子系列和 52 子系列中，各类单片机是相互兼容的，只是引脚功能略有差异。在器件引脚的封装上，标准的 80C51 系列单片机常用的三种封装为 PQFP-44、DIP-40 和 PLCC-44，如图4.2所示为 80C51 系统单片机的三种封装。

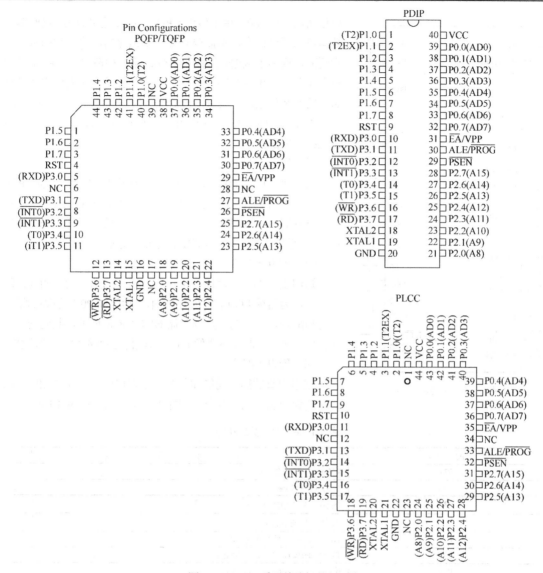

图 4.2　80C51 系列单片机外部引脚

图4.2中，DIP-40 引脚 1 和引脚 2 的第二功能（PLCC-44 为引脚 2 和引脚 3，PQFP-44 为引脚 40 和引脚 41）仅用于 52 子系列，NC 为空引脚，44 脚方形封装 PQFP-44 和 PLCC-44 有 4 个空引脚，有效引脚个数为 40。但有的公司生产的 44 脚方形封装的单片机把 4 个空引脚用做 P4 口（P4.0～P4.3）。DIP-40 封装的 40 个引脚，可分为端口线、电源线和控制线三类。在绘制电路原理图时，经常采用元器件的逻辑符号，80C51 逻辑符号如图4.3所示。

1. 端口线（4×8=32 条）

8051 有 4 个并行 I/O 端口，每个端口都有 8 条端口线，用于传送数据或地址。由于每个端口的结构各不相同，因此它们在功能和用途上的差别也较大，现综述如下。

（1）P0.0～P0.7

这组引脚共有 8 个，为 P0 口所专用，其中 P0.7 为最高位，P0.0 为最低位。这 8 个引脚有两种不同的功能，分别适用于两种不同情况。第一种情况是 80C51 不带片外存储器，P0 口可以作为通用 I/O

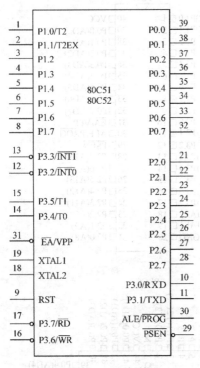

图 4.3　80C51 逻辑符号

口使用，P0.0～P0.7 用于传送 CPU 的输入/输出数据，这时输出数据可以得到锁存，不需要外接专用锁存器，输入数据可以得到缓冲，增加了数据输入的可靠性；第二种情况是 80C51 带片外存储器，P0.0～P0.7 在 CPU 访问片外存储器时先传送片外存储器的低 8 位地址，然后传送 CPU 对片外存储器的读/写数据。

P0 口为开漏输出，在作为通用 I/O 使用时，需在外部用电阻上拉至电源。

（2）P1.0～P1.7

这 8 个引脚和 P0 口的 8 个引脚类似，P1.7 为最高位，P1.0 为最低位。当 P1 口作为通用 I/O 口使用时，P1.0～P1.7 的功能和 P0 口的第一功能相同，也用于传送用户的输入和输出数据。对 52 子系列而言，P1.0 和 P1.1 的第二功能为定时器 2 输入。

（3）P2.0～P2.7

这组引脚的第一功能与上述两组引脚的第一功能相同，即它可以作为通用 I/O 口使用。它的第二功能和 P0 口引脚的第二功能相配合，用于输出片外存储器的高 8 位地址，共同选中片外存储器单元，但并不能像 P0 口那样传送存储器的读/写数据。

（4）P3.0～P3.7

这组引脚的第一功能和其余三个端口的第一功能相同，第二功能为控制功能，每个引脚并不完全相同，如表 4.1 所示。

表 4.1　P3 口的第二功能

P3 口各位	第　二　功　能
P3.0	RXD（串行口输入）
P3.1	TXD（串行口输出）
P3.2	$\overline{INT0}$（外部中断 0 输入）
P3.3	$\overline{INT1}$（外部中断 1 输入）
P3.4	T0（定时器/计数器 0 的外部输入）
P3.5	T1（定时器/计数器 1 的外部输入）
P3.6	$\overline{WR}$（片外数据存储器写允许）
P3.7	$\overline{RD}$（片外数据存储器读允许）

2．电源线（2 条）

VCC 为 +5V 电源线，VSS 接地。

3．控制线（6 条）

ALE：地址锁存允许线，配合 P0 口引脚的第二功能使用。在访问片外存储器时，80C51 的 CPU 在 P0.0～P0.7 引脚线上输出片外存储器低 8 位地址的同时，还在 ALE 线上输出一个高电平脉冲，用于把这个片外存储器的低 8 位地址锁存到外部专用地址锁存器，以便空出 P0.0～P0.7 引脚线去传送随后而来的片外存储器读/写数据。在不访问片外存储器时，80C51 自动在 ALE 线上输出频率为 $f_{osc}/6$ 的脉冲序列。该脉冲序列可作为外部时钟源或定时脉冲源使用。

$\overline{EA}$：片外存储器访问选择线，可以控制 80C51 使用片内 ROM 或使用片外 ROM。若 $\overline{EA}=1$，则允许使用片内 ROM；若 $\overline{EA}=0$，则只使用片外 ROM。

$\overline{PSEN}$：片外 ROM 选择（选通）线，在访问片外 ROM 时，80C51 自动在 $\overline{PSEN}$ 线上产生一个负脉冲，作为片外 ROM 芯片的读选通信号。

RST：复位线，可以使 80C51 处于复位（即初始化）工作状态。通常 80C51 复位有自动上电复位和人工按键复位两种。

XTAL1 和 XTAL2：片内振荡电路输入线，这两个端子用来外接石英晶体和微调电容，即用来连接 8051 片内 OSC 的定时反馈回路。

石英晶体起振后，在 XTAL2 线上输出一个 3V 左右的正弦波，80C51 片内的 OSC 电路按石英晶振相同的频率自激振荡。通常，f_{osc} 的输出时钟频率为 0.5～16MHz，典型值为 6MHz、12MHz 或 11.0592MHz。

80C51 的引脚功能如图4.4所示。

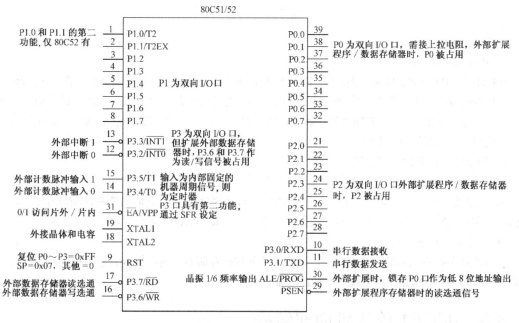

图 4.4　80C51 引脚功能

4．地址、数据和控制：三总线结构

单片机内部资源无法满足应用系统要求时，需要进行资源扩展，资源扩展常采用并行扩展，并行扩展通常要用到单片机的三总线，即地址总线、数据总线、控制总线。掌握三总线的接线方法，是设计单片机嵌入式硬件系统的基础。80C51 单片机三总线组成如图4.5所示。

从图4.5中可以看到单片机除了电源、复位、时钟接入、用户 I/O 外，其余引脚都是为实现系统扩展而设置的。这些引脚构成了 80C51 单片机片外三总线结构。

地址总线 AB（Address Bus）：地址总线宽度为 16 位，其外部存储器直接寻址范围为 64KB，16 位地址总线由 P0 口经地址锁存器提供的低 8 位地址和 P2 口直接提供的高 8 位地址组成。

数据总线 DB（Data Bus）：数据总线为 8 位，由 P0 口提供。

控制总线 CB（Control Bus）：由 P3 口部分引脚的第二功能状态和 4 条独立控制线 RST、$\overline{EA}$、ALE、$\overline{PSEN}$ 组成。其中，$\overline{PSEN}$ 用于片外程序存储器取指控制信号，$\overline{EA}$ 用来选择内部、外部程序存储器。

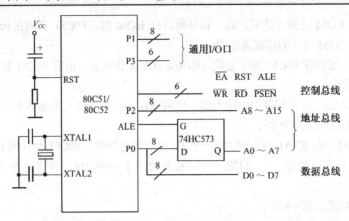

图 4.5　80C51 单片机三总线构成

80C51 三总线具有以下特点。

① P0 口的地址/数据复用。

80C51 中，P0 口除了作为数据总线 D0～D7 外，还要兼做低 8 位地址总线 A0～A7。由于 P0 口数据、地址线的复用，作为低 8 位地址线时要使用锁存器将地址锁存。ALE 提供了地址锁存信号。地址锁存器通常使用 74HC373 或 74HC573，两者仅引脚排列不同，74HC573 的输入/输出引脚排列规范，在设计电路时，推荐选择 74HC573。

② 两个独立的并行扩展空间。

由于采用哈佛结构，单片机中程序存储器和数据存储器是两个独立的空间，这两个空间都使用相同的 16 位地址线和 8 位数据线，分别为两个 64KB 的寻址空间，只是它们的选通控制信号不同。程序存储器使用 $\overline{\text{PSEN}}$ 作为取指控制信号，数据存储器使用 $\overline{\text{WR}}$、$\overline{\text{RD}}$ 作为存取数据控制信号。

③ 外围扩展的统一编址。

在 64KB 数据存储器的寻址空间上，可扩展片外数据存储器，也可扩展其他单片机外围器件，所有扩展的器件都在 64KB 空间里统一编址，寻址方式相同。

4.3　80C51 单片机内部结构

图4.6所示为 80C51 系列单片机的内部结构框图。

4.3.1　中央处理器（CPU）

单片机最核心的部分是 CPU，可以说 CPU 是单片机的大脑和心脏。CPU 的功能是产生控制信号，把数据从存储器或输入口传送到 CPU 或反向传送，还可以对输入数据进行算术逻辑运算及位操作处理。CPU 由运算器、控制器和布尔（位）处理器组成。

1. 运算器

运算器是用于对数据进行算术运算和逻辑操作的执行部件，以算术逻辑单元（Arithmetic Logic Unit，ALU）为核心，包括累加器（ACC）、程序状态字（PSW）、暂存器、B 寄存器等部件。为了提高数据处理和位操作功能，片内增加了一个通用寄存器口和一些专用寄存器，而且还增加了位处理逻辑电路的功能。在进行位操作时，进位位 CY 作为位操作累加器，整个位操作系统构成一台布尔处理器。

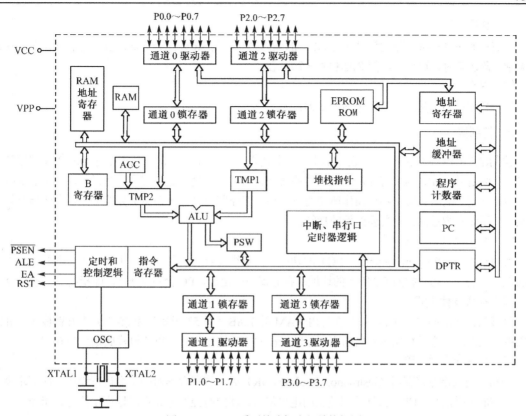

图 4.6　80C51 系列单片机内部结构框图

（1）累加器（ACC）

ACC（Accumulator）是 8 位寄存器，它是 CPU 中工作最繁忙的寄存器，因为在进行算术、逻辑运算时，运算器的一个输入多为 ACC，而运算结果大多数也要送到 ACC 中。**在指令系统中，累加器 ACC 在直接寻址时的助记符为 ACC，除此之外全部用助记符 A 表示。**例如：

```
PUSH ACC        ;ACC 进栈,只能用直接地址,助记符为 ACC
ADD A,32H       ;加法指令,目的操作数必须使用助记符 A,A = A+(32H)
ADD ACC,32H     ;错误语句,因为 ACC 相当于(0E0H),两个直接寻址操作数不能实现加法运算
```

又如下面两条指令实现的功能一样，但对应的机器码不同：

```
E532   MOV A,32H      ;将(32H)送累加器 ACC,2B 指令
8532E0 MOV ACC,32H    ;将(32H)送累加器 ACC,3B 指令
                      ;E0 为累加器 ACC 的地址
```

E532 和 8532E0 分别是该条指令对应的机器代码。

（2）算术逻辑单元（ALU）

ALU 是用于对数据进行算术运算和逻辑操作的执行部件，由加法器和其他逻辑电路（移位电路和判断电路等）组成。在控制信号的作用下，它能完成算术加、减、乘、除和逻辑与、或、异或等运算以及循环移位操作、位操作等功能。

（3）程序状态字（PSW）寄存器

PSW（Program Status Word）也是 8 位寄存器，用来存放运算结果的一些特征，在 4.3 节的特殊功能寄存器中介绍。

（4）B 寄存器

B 寄存器在进行乘、除运算时作为 ALU 的输入之一，与 ACC 配合完成运算，并存放运算结果；在无乘、除运算时，可作为内部 RAM 的一个单元。

（5）暂存器

暂存器用以暂存进入运算器之前的数据。

2. 控制器

控制器是 CPU 的大脑中枢，它包括定时控制逻辑、指令寄存器 IR、数据指针 DPTR 及程序计数器 PC、堆栈指针 SP、地址寄存器、地址缓冲器等。它的功能是对逐条指令进行译码，并通过定时和控制电路在规定的时刻发出各种操作所需的内部和外部控制信号，协调各部分的工作，完成指令规定的操作。下面介绍控制器中主要部件的功能。

（1）程序计数器（PC）

程序计数器（Program Counter，PC）的功能与一般微型计算机相同，用来存放下一条要执行的指令的地址。当一条指令按照 PC 所指的地址从存储器中取出后，PC 会自动加 1，即指向下一条指令。

（2）堆栈指针（SP）

堆栈指针（Stack Pointer，SP）在片内 RAM 的 128B（对 52 子系列为 256B）中开辟栈区，并随时跟踪栈顶地址。它是按先进后出的原则存取数据的，开机复位后，单片机栈底地址为 07H。

（3）指令寄存器（IR）

当指令送入指令寄存器（Instruction Register，IR）后，该寄存器对该指令进行译码，即把指令转变成所需的电平信号，CPU 根据译码输出的电平信号，使定时控制电路定时地产生执行该指令所需的各种控制信号，以便计算机能正确执行程序所要求的各种操作。

（4）数据指针（DPTR）

由于 80C51 系列单片机可以外接 64KB 的数据存储器和 I/O 接口电路，故单片机内设置了 16 位的数据指针（Data Pointer，DPTR）。它可以对 64KB 的外部数据存储器和 I/O 进行寻址，它的高 8 位为 DPH，地址为 83H；低 8 位为 DPL，地址为 82H。

3. 布尔（位）处理器

在 80C51 单片机系统中，与字节处理器相对应，还特别设置了一个结构完整、功能极强的布尔（位）处理器。这是 80C51 系列单片机的突出优点之一，给面向控制的实际应用带来了极大的方便。

在位处理器系统中，除了程序存储器和 ALU 与字节处理器合用之外，还有如下设置。

① 累加器 CY：借用进位标志位。在布尔运算中，CY 是数据源之一，又是运算结果的存放处，是位数据传送的中心。根据 CY 的状态，程序转移指令有 JC rel、JNC rel、JBC rel。

② 位寻址的 RAM：RAM 区 20H～2FH 范围中的 0～128 位。

③ 位寻址的寄存器：特殊功能寄存器（SFR）中可以位寻址的位。

④ 位寻址的并行 I/O 口：并行 I/O 口中可以位寻址的位。

⑤ 位操作指令系统：位操作指令可实现对位的置位、清零、取反、位状态判跳、传送、位逻辑运算、位输入/输出等操作。

利用位逻辑操作功能进行随机逻辑设计，可以把逻辑表达式直接变换成软件执行，免去了过多的数据往返传送、字节屏蔽和测试分支，大大简化了编程，节省了存储器空间，加快了处理速度，增强了实时性能，还可实现复杂的组合逻辑处理功能。所有这些，特别适用于某些数据采集、实时测控等应用系统，是其他微机机种所无法比拟的。

4.3.2　存储器组织

80C51 单片机与一般微机的存储器配置方式不同。一般微机通常只有一个逻辑空间，可以随意安排 ROM 或 RAM。访问存储器时，同一地址对应唯一的存储空间，可以是 ROM，也可以是 RAM，并用同类访问指令。而 80C51 在物理结构上有 4 个存储空间：片内程序存储器、片外程序存储器、片内数据存储器和片外数据存储器。但在逻辑上，即从用户使用的角度上，80C51 有 3 个存储空间：片内外统一编址的 64KB 程序存储器地址空间（用 16 位地址）、256B 片内数据存储器的地址空间（用 8 位地址）及 64KB 片外数据存储器地址空间（用 16 位地址）。在访问 3 个不同的逻辑空间时，应采用不同形式的指令（见指令系统），以产生不同的存储空间的选通信号。

需要注意的是，除 256B 片内数据存储器外，许多单片机芯片制造商还在芯片内部集成了一定数量的片外数据存储器（1～4KB）。这些存储器虽然从物理结构看在片内，但在逻辑结构上仍然在片外。

下面分别叙述程序存储器和数据存储器的配置特点。

1．程序存储器

程序存储器用于存放程序代码或表格常数。51 子系列片内有 4 KB ROM，52 子系列片内有 8 KB ROM，片外 16 位地址线最多可扩展 64 KB ROM，两者是统一编址的。如果 $\overline{EA}$ 端保持低电平，则 80C51 的所有取指令操作均在片外程序存储器中进行，80C51 单片机 0000H 地址在片外。如果 $\overline{EA}$ 端保持高电平，则 80C51 单片机 0000H 地址在片内。51 子系列程序存储器组织如图4.7所示，52 子系列程序存储器组织如图4.8所示。

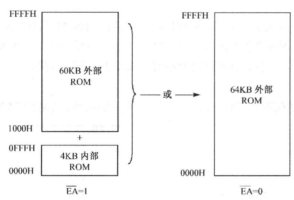

图 4.7　51 子系列程序存储器组织

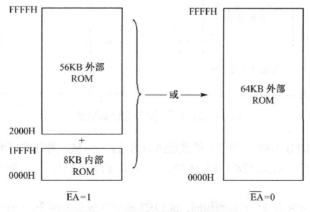

图 4.8　52 子系列程序存储器组织

在程序存储器中，以下地址单元具有特殊功能。

- 0000H：80C51 复位后，PC=0000H，即程序从 0000H 开始执行指令。
- 0003H：外部中断 0 入口。
- 000BH：定时器 0 溢出中断入口。
- 0013H：外部中断 1 入口。
- 001BH：定时器 1 溢出中断入口。
- 0023H：串行口中断入口。
- 002BH：定时器 2 入口（仅 52 子系列有）。

在 0000H 起始地址处通常存放一条跳转指令，复位后从该地址跳转到用户设计的主程序入口地址。在 0003H, 000BH, …, 002BH 地址单元处也存放跳转指令，发生中断时，程序跳转到中断服务程序起始地址。其他程序要避开上述中断入口地址。

2. 数据存储器

数据存储器用于存放中间运算结果、数据暂存和缓冲、标志位等。

80C51 系列单片机的片内数据存储器除 RAM 块外，还有特殊功能寄存器（SFR）块。对于 51 子系列，前者占 128B，其编址为 00H~7FH，后者也占 128B，其编址为 80H~FFH，二者连续而不重叠。对于 52 子系列，前者占 256B，其编址为 00H~FFH，后者占 128B，其编址为 80H~FFH。后者与前者高 128B 的编址是重叠的，因为访问所用的指令不同，所以不会引起混乱。单片机 C51 高级语言用 data 类型和 idata 类型定义。

片内数据存储器的容量很小，常需扩展片外数据存储器。80C51 系列单片机有一个数据指针寄存器，可用于寻址程序存储器或数据存储器单元，它有 16 位，寻址范围可达 64KB。故片外数据存储器的容量可大到与程序存储器一样，其编址自 0000H 开始，最大可至 FFFFH。在单片机 C51 高级语言中用 xdata 类型定义。

51 子系列数据存储器配置如图 4.9 所示，52 子系列数据存储器配置如图 4.10 所示。

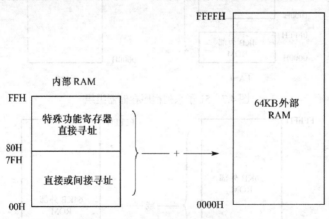

图 4.9　51 子系列数据存储器配置

51 子系列片内低 128B（00H~7FH）的地址区域为片内 RAM，对其访问可采用直接寻址和间接寻址的方式（详见 5.2 节）。在高 128B 地址区域（即 80H~FFH）分布着 21 个特殊功能寄存器，只能采用直接寻址方式访问。

52 子系列片内低 128B 与 51 子系列相同，高 128B 地址区域分为两个：一个为特殊功能寄存器区，有 26 个特殊功能寄存器，只能采用直接寻址方式访问；另外一个 128B 的 RAM，只能采用间接寻址方式访问。

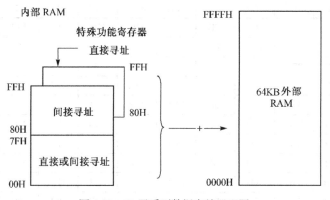

图 4.10 52 子系列数据存储器配置

这样，就可把数据存储器分为片外数据存储器、片内数据存储器、特殊功能存储器。片外数据存储器主要作为数据缓存，容易理解，以下对片内数据存储器和特殊功能存储器加以介绍。

（1）片内数据存储器

片内数据存储器分为工作寄存器区、位寻址区、数据缓冲区 3 个区域，如表 4.2 所示。

① 工作寄存器区

00H～1FH 单元为工作寄存器区。工作寄存器也称通用寄存器，供用户编程时使用，临时寄存 8 位信息。由表 4.2 可见，它分成 4 组，每组 8 个单元，用做 8 个寄存器，都以 R0～R7 来表示。同时只能使用一组工作寄存器，其他各组不工作，待用。哪组工作可由程序状态字 PSW 中的 RS1、RS0 两位进行选择，其对应关系如表 4.3 所示。

表 4.2 80C51 单片机片内 RAM 配置

工作寄存器区	00H	R0	工作寄存器 0 组
	01H	R1	
	...	...	
	07H	R7	
	08H	R0	工作寄存器 1 组
	09H	R1	
	...	...	
	1FH	R7	
	10H	R0	工作寄存器 2 组
	11H	R1	
	...	...	
	17H	R7	
	18H	R0	工作寄存器 3 组
	19H	R1	
	...	...	
	1FH	R7	

（续表）

	20H	07H	06H	05H	04H	03H	02H	01H	00H
位 寻 址 区	21H	0FH	0EH	0DH	0CH	0BH	0AH	09H	08H
	22H	17H	16H	15H	14H	13H	12H	11H	10H
	23H	1FH	1EH	1DH	1CH	1BH	1AH	19H	18H
	24H	27H	26H	25H	24H	23H	22H	21H	20H
	25H	2FH	2EH	2DH	2CH	2BH	2AH	29H	28H
	26H	37H	36H	35H	34H	33H	32H	31H	30H
	27H	3FH	3EH	3DH	3CH	3BH	3AH	39H	38H
	28H	47H	46H	45H	44H	43H	42H	41H	40H
	29H	4FH	4EH	4DH	4CH	4BH	4AH	49H	48H
	2AH	57H	56H	55H	54H	53H	52H	51H	50H
	2BH	5FH	5EH	5DH	5CH	5BH	5AH	59H	58H
	2CH	67H	66H	65H	64H	63H	62H	61H	60H
	2DH	6FH	6EH	6DH	6CH	6BH	6AH	69H	68H
	2EH	77H	76H	75H	74H	73H	72H	71H	70H
	2FH	7FH	7EH	7DH	7CH	7BH	7AH	79H	78H
数 据 缓 冲 区	30H								
	…				…				
	7FH								
	80H								
	…				…			仅 52 子系列有	
	FFH								

表 4.3　工作寄存器选择

RS1	RS0	寄 存 器 组	片内 RAM 地址
0	0	第 0 组	00H～07H
0	1	第 1 组	08H～0FH
1	0	第 2 组	10H～17H
1	1	第 3 组	18H～1FH

RS1、RS0 的值用指令可方便地实现置位或清零。例如，执行下列程序段：

```
SETB PSW,4          ;置位 RS1
CLR PSW,3           ;清 RS0
MOV R1,#53H         ;将立即数 53H 送 R1
```

由于第 1、2 条指令使 RS1（PSW 的第 4 位）=1，RS0（PSW 的第 3 位）=0，即选择了工作寄存器 2 组，故第 3 条指令将立即数 53H 送入工作寄存器 2 组的 R1，即送入片内 RAM 的 11H 单元。

② 位寻址区

20H～2FH 单元是位寻址区，该区的每位都赋予了一个位地址，如表 4.2 所示。有了位地址就可以进行位寻址，对特定位进行处理、内容传送或位条件转移，给编程带来很大方便。例如，执行指令 SETB 07H 后，片内 RAM20H 单元的 D7 位将置 1，而该单元其他各位则保持不变。通常可以把程序中用到的状态标识、位控制变量等放在位寻址区中。

③ 数据缓冲区

30H～7FH 是数据缓冲区，即用户 RAM 区，共 80 个单元。

由于工作寄存器区、位寻址区、数据缓冲区统一编址，使用同样的指令访问，这 3 个区的单元既有自己独特的功能，又可统一调度使用。因此，前两区未用的单元也可移用为一般的用户 RAM 单元，使容量较小的片内 RAM 得以充分利用。

52 子系列片内 RAM 有 256 个单元，前两个区的单元数与地址都和 51 子系列的一致，数据缓冲区为 30H～FFH，有 208 个单元。

④ 堆栈与堆栈指针

片内 RAM 的部分单元还可以用做堆栈。有一个 8 位的堆栈指针寄存器 SP，专用于指出当前堆栈顶部是片内 RAM 的哪个单元。80C51 单片机系统复位后 SP 的初值为 07H，也就是将从 08H 单元开始堆放信息。但是，80C51 系列的栈区不是固定的，只要通过软件改变 SP 寄存器的值便可更改栈区。为了避开工作寄存器区和位寻址区，SP 的初值可置为 2FH 或更大的地址值。

（2）特殊功能寄存器

特殊功能寄存器（Special Function Register，SFR）也称专用寄存器，专用于控制、管理单片机内部算术逻辑单元、并行 I/O 口、串行 I/O 口、定时器/计数器、中断系统等功能模块的工作。用户在编程时可以置数设定，不能移为他用。在 80C51 系列单片机中，特殊功能寄存器（PC 例外）与片内 RAM 统一编址，访问这些专用寄存器仅允许使用直接寻址方式。除 PC 外，51 子系列有 18 个专用寄存器，其中 3 个为双字节寄存器，共占用 21B；52 子系列有 21 个专用寄存器，其中 5 个为双字节寄存器，共占用 26B。特殊功能寄存器并未占满 80H～FFH 整个地址空间，对空闲地址的写操作是无意义的。从这些地址读出的则是随机数。表 4.4 按地址顺序给出了各个特殊功能寄存器的名称、符号、地址、位地址与位名称。特殊功能寄存器中有部分特殊功能寄存器具有位寻址能力，它们的字节地址正好能被 8 整除。

表4.4　特殊功能寄存器一览表

特殊功能寄存器名称		符　号	地址	位地址和位名称							
				D7	D6	D5	D4	D3	D2	D1	D0
P0 口		P0	80H	87H	86H	85H	84H	83H	82H	81H	80H
堆栈指针		SP	81H								
数据指针	数据指针低字节	DPL	82H								
	数据指针高字节	DPH	83H								
电源控制		PCON	87H	SMOD	—	—	—	GF1	GF0	PD	IDL
定时器/计数器控制		TCON	88H	8FH TF1	8EH TR1	8DH TF0	8CH TR0	8BH IE1	8AH IT1	89H IE0	88H IT0
定时器/计数器方式控制		TMOD	89H	GATE	C/$\overline{\text{T}}$	M1	M0	GATE	C/$\overline{\text{T}}$	M1	M0
定时器/计数器 0 低字节		TL0	8AH								
定时器/计数器 1 低字节		TL1	8BH								
定时器/计数器 0 高字节		TH0	8CH								
定时器/计数器 1 高字节		TH1	8DH								
P1 口		P1	90H	97H	96H	95H	94H	93H	92H	91H	90H
串行控制		SCON	98H	9FH SM0	9EH SM1	9DH SM2	9CH REN	9BH TB8	9AH RB8	99H TI	98H RI
串行数据缓冲器		SBUF	99H								

（续表）

特殊功能寄存器名称	符号	地址	位地址和位名称							
			D7	D6	D5	D4	D3	D2	D1	D0
P2 口	P2	A0H	A7H	A6H	A5H	A4H	A3H	A2H	A1H	A0H
中断允许控制	IE	A8H	AFH EA	— —	ADH ET2	ACH ES	ABH ET1	AAH EX1	A9H ET0	A8H EX0
P3 口	P3	B0H	B7H	B6H	B5H	B4H	B3H	B2H	B1H	B0H
中断优先级控制	IP	B8H	— —	— —	BDH PT2	BCH PS	BBH PT1	BAH PX1	B9H PT0	B8H PX0
⁺定时器/计数器 2 控制	T2CON	C8H	CFH TF2	CEH EXF2	CDH RCLK	CCH TCLK	CBH EXEN2	CAH TR2	C9H C/$\overline{T2}$	C8H CP/$\overline{RL2}$
⁺定时器/计数器 2 方式控制	T2MOD	C9H								
⁺定时器/计数器 2 自动重装载低字节	RCAP2L	CAH								
⁺定时器/计数器 2 自动重装载高字节	RCAP2H	CBH								
⁺定时器/计数器 2 低字节	TL2	CCH								
⁺定时器/计数器 2 高字节	TH2	CDH								
程序状态字	PSW	D0H	D7H C	D6H AC	D5H F0	D4H RS1	D3H RS0	D2H OV	D1H F1	D0H P
累加器	ACC	E0H	E7H	E6H	E5H	E4H	E3H	E2H	E1H	E0H
B 寄存器	B	F0H	F7H	F6H	F5H	F4H	F3H	F2H	F1H	F0H

注：表中带"+"的特殊功能寄存器都与定时器/计数器 2 有关，只在 52 子系列中存在。

通过特殊功能寄存器可实现对单片机内部资源的操作和管理，下面介绍常用特殊功能寄存器，其余将在后面的相关章节中介绍。

① 程序状态字寄存器 PSW

PSW 是 8 位寄存器，用做程序运行状态的标志，字节地址 D0H，位地址格式如表 4.5 所示。

表 4.5　PSW 寄存器各位名称及地址

地址	D7H	D6H	D5H	D4H	D3H	D2H	D1H	D0H
名称	C	AC	F0	RS1	RS0	OV	F1	P

当 CPU 进行各种逻辑操作或算术运算时，为反映操作或运算结果的状态，把相应的标志位置位或清零。这些标志位的状态，可由专门的指令来测试，也可通过指令读出。它为计算机确定程序的下一步运行方向提供依据。PSW 寄存器中各位的名称及地址如表 4.5 所示，下面说明各标志位的作用。

- P：奇偶标志位。该位始终跟踪累加器 A 中内容的奇偶性。如果有奇数个 1，则置 P 为 1，否则清 0。在 80C51 的指令系统中，凡是改变累加器 A 中内容的指令均影响奇偶标志位 P。
- F1：用户标志位。由用户置位或复位。
- OV：溢出标志位。有符号数运算时，如果发生溢出，则 OV 置 1，否则清 0。对于 1 B 的有符号数，如果用最高位表示正、负号，则只有 7 位有效位，能表示–128～+127 之间的数。如果运算结果超出了这个数值范围，就会发生溢出，此时，OV=1，否则 OV=0。在乘法运算中，OV=1 表示乘积超过 255；在除法运算中，OV=1 表示除数为 0。
- RS0、RS1：工作寄存器组选择位。用于选择指令当前工作的寄存器组。由用户用软件改变 RS0 和 RS1 的组合，以切换当前选用的工作寄存器组。单片机在复位后，RS0 = RS1 = 0，CPU 自然选中第 0 组为当前工作寄存器组。根据需要，用户可利用传送指令或位操作指令来改变其状态，这样的设置为程序中快速保护现场提供了方便。

- F0：用户标志位，同 F1。
- AC：半进位标志位。当进行加法（或减法）运算时，如果低半字节（位 3）向高半字节（位 4）有进位（或借位），则 AC 置 1，否则清 0。AC 也可用于 BCD 码调整时的判别位。
- CY：进位标志位。在进行加法（或减法）运算时，如果操作结果最高位（位 7）有进位，则 CY 置 1，否则清 0。在进行位操作时，CY 又作为位操作累加器 C。

② 累加器 ACC

ACC 是 8 位寄存器，通过暂存器与 ALU 相连。它是 CPU 中工作最繁忙的寄存器，因为在进行算术、逻辑类操作时，运算器的一个输入多为 ACC，而运算器的输出即运算结果也大多要送到 ACC 中。在指令系统中，累加器的助记符为 A，作为直接地址时助记符为 ACC。

③ 数据指针寄存器 DPTR

由于 80C51 可以外接 64 KB 的数据存储器和 I/O 接口电路，因此在控制器中设置了一个 16 位的专用地址指针，主要用于存放 16 位地址，作为间址寄存器使用。它可对外部存储器和 I/O 口进行寻址，也可拆成高字节 DPH 和低字节 DPL 两个独立的 8 位寄存器，在 CPU 内分别占据 83H 和 82H 两个地址。

④ B 寄存器

在乘、除法运算中用 B 寄存器暂存数据。乘法指令的两个操作数分别取自 A 和 B，结果再存入 B 和 A 中，即 A 存低字节，B 存高字节。除法指令中被除数取自 A，除数取自 B，结果商存入 A 中，余数存入 B 中。

在其他指令中，B 寄存器可作为 RAM 中的一个单元使用。B 寄存器的地址为 B0H。

⑤ 堆栈指针 SP

堆栈是个特殊的存储区，主要功能是暂时存放数据和地址，通常用来保护断点和现场。它的特点是按照先进后出的原则存取数据，这里的进与出是指进栈与出栈操作。在 80C51 单片机中，通常指定内部数据存储器 08H～7FH（52 子系列为 08H～FFH）中的一部分作为堆栈，如图4.11 所示。第一个进栈的数据所在的存储单元称为栈底，然后逐次进栈，最后进栈的数据所在的存储单元称为栈顶。随着存放数据的增减，栈顶是变化的。从栈中取数，总是先取栈顶的数据，即最后进栈的数据先取出，如图 4.11 所示，最先取出 58H 单元中的 6AH；而最先进栈的数据最后取出，如图 4.11 所示，50H 单元中的 B3H 最后取出。

SP 是一个 8 位寄存器，用于存放栈顶地址。每存入（或取出）1B 数据，SP 就自动加 1（或减 1）。SP 始终指向新的栈顶。

堆栈的操作有两种方式。一种是指令方式，即使用堆栈操作指令进行进/出栈操作。用户可以根据需要使用堆栈操作指令，对现场进行保护和恢复。另一

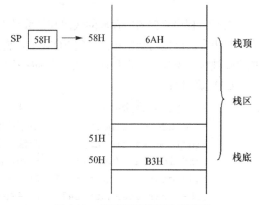

图 4.11　堆栈和堆栈指针示意图

种是自动方式，即在调用子程序或产生中断时，返回地址（断点）自动进栈。程序返回时，断点地址再自动弹回 PC。这种堆栈操作不需用户干预，是通过硬件自动实现的。

系统复位后，SP 初始化为 07H，使得堆栈事实上由 08H 开始。因为 08H～1FH 单元为工作寄存器区 1～3，20H～2FH 为位寻址区，在程序设计中很可能要用到这些区，所以用户在编程时最好把 SP 初值设为 2FH 或更大值，当然同时还要顾及其允许的深度。在使用堆栈时要注意，由于堆栈的占用，会减少内部 RAM 的可利用单元，如设置不当，可能引起内部 RAM 单元冲突。

注意：堆栈栈顶超出内部 RAM 单元时，会引起程序运行出错。对 51 子系列不要超出 7FH，对 52 子系列不要超出 FFH。这常常是单片机初学者和使用高级语言编程者易犯的错误之一。

⑥ 端口 P0～P3

特殊功能寄存器 P0～P3 分别是 I/O 端口 P0～P3 的锁存器。80C51 单片机是把 I/O 当做一般的特殊功能寄存器使用，不专设端口操作指令，使用方便。当 I/O 端口某一位用于输入信号（读端口）时，对应的锁存器必须先置 1，原因详见 4.3.3 节。

3. 存储器编程举例

【例 4.1】　如图 4.12 所示 AT89C52 单片机应用电路（软件截屏图），将存放在 AT89C52 单片机程序存储器中的字符串"AT89C52 microcontroller!"，复制到内部数据存储器中，并使用 printf 函数，从串口输出该字符串到 Porteus 的串口虚拟终端显示。

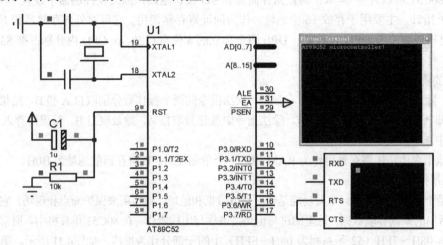

图 4.12　AT89C52 单片机应用电路

分析：程序存储器中存放的代码和常数是不能改变的，我们要把"AT89C52 microcontroller!"作为字符串常量事先初始化并存放到 ROM 中，然后复制到 RAM 中并使用 printf 从串口输出。电路中虚拟终端波特率需与 C51 源程序一致，设为字符显示模式。

C51 源程序：

```
#include <REG52.H>          //片内寄存器定义
#include <string.h>         //字符串操作库函数
#include <stdio.h>          //输入输出函数库
void initUart(void);        //初始化串口波特率，使用定时器 1
code char *ucRomStr="AT89C52 microcontroller!"; //存放在 ROM 中的字符串
data char ucRamStr[24];     //接收字符串放在 RAM 中


/*********** main C **************/
main()
{
    initUart();                 //为了使用 printf 语句，要初始化串口
    memcpy(ucRamStr,ucRomStr,strlen(ucRomStr));
                                //string.h 库中 memcpy 完成字符串复制
    printf("%s",ucRamStr);      //从串口输出 RAM 中的字符串
    while(1);                   //死循环，等待
```

```
}
/*********** 初始化串口波特率 ************/
//为了使用串行口带格式输出函数 printf，串口必须初始化
void initUart(void)  //初始化串口波特率，使用定时器 1
{
//    Setup the serial port for 9600 baud at 11.0592 MHz
     SCON = 0x50;    //SCON: mode 1, 8-bit UART, enable rcvr
     TMOD |= 0x20;   //TMOD: timer 1, mode 2, 8-bit reload
     TH1 = 0xfd;     //TH1:  reload value for 9600 baud @ 11.0592 MHz
     TR1 = 1;        //TR1:  timer 1 run
     TI = 1;         //TI:   set TI to send first char of UART
}
```

　　建立工程，加入文件，做必要的设置（见第 3 章），编译连接，并启动程序。如图 4.13 所示，在 main 函数中的 initUart( );处添加断点，按 F5 键全速运行至断点处，选择 View→Serial Window #1 命令，打开串口输出窗口。

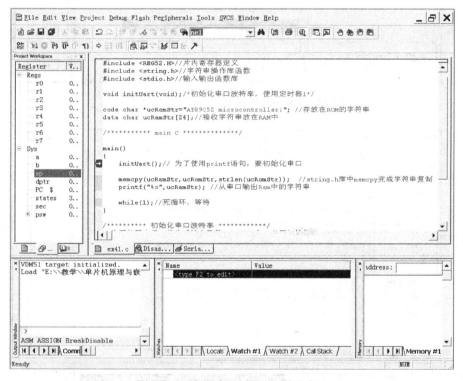

图 4.13　添加断点并打开串口输出窗口

　　选中 ucRomStr 字符串常量，使用右键快捷菜单中的命令将 ucRomStr 添加至观察窗口 Watch Window #1，如图 4.14 所示。用同样的方法将 ucRamStr 字符串常量添加至观察窗口 Watch Window #1，如图 4.15 所示。可以看到，ucRomStr 的值为字符串"AT89C52 microcontroller!"，它位于程序区的 0x0549 处；而 ucRamStr 为空字符数组，数组首地址在内部 RAM 区的 0x08 处。

　　连续按两次 F10 键，执行两条语句到 printf("%s",ucRamStr);处，如图 4.16 所示，可以看到字符串 "AT89C52 microcontroller!"已经被复制到 RAM 区。再按一次 F10 键，则可以从串口观察窗口和仿真电路的虚拟终端看到输出的字符串"AT89C52 microcontroller!"。

图 4.14　添加 ucRomStr 字符串常量至观察窗口

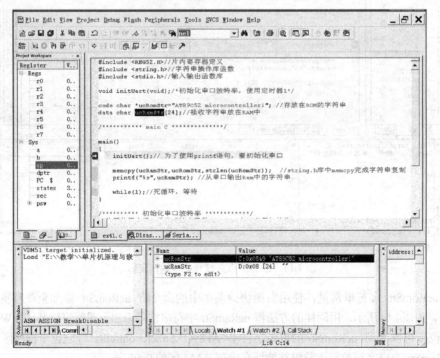

图 4.15　添加 ucRamStr 字符串常量至观察窗口

　　然后切换到仿真电路，右击 AT89C52，打开 8051 CPU Internal (IDATA) Memory-U1 窗口，如图4.17所示，可以看到从 0x08 地址开始存放的字符串为"AT89C52 microcontroller!"。

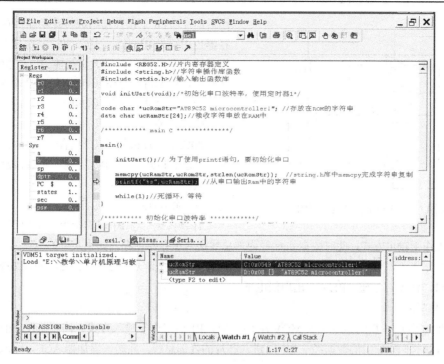

图 4.16　完成字符串复制

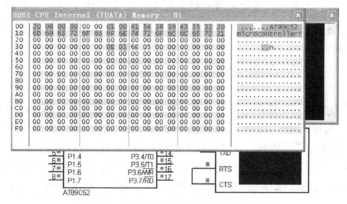

图 4.17　在仿真电路中观察程序执行情况

4.3.3　并行输入/输出端口结构

80C51 单片机有 4 个 I/O 端口，每个端口都是 8 位双向口，共占 32 个引脚。每个端口都包括一个锁存器（即专用寄存器 P0～P3）和一个输出驱动器和输入缓冲器。通常把 4 个端口称为 P0～P3。在无片外扩展存储器的系统中，这 4 个端口的每位都可以作为双向通用 I/O 端口使用。在具有片外扩展存储器的系统中，P2 口作为高 8 位地址线，P0 口分时作为低 8 位地址线和双向数据总线。

80C51 单片机 4 个 I/O 端口在结构上是基本相同的，但又各具特点。学习 I/O 端口逻辑电路，不但有利于正确、合理地使用端口，而且可以对单片机外围逻辑电路的设计提供帮助。

1. P1 口

（1）结构

图4.18所示为 P1 口 1 位结构原理图，P1 口由 8 个这样的电路组成。图中，锁存器起输出锁存作

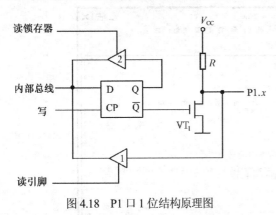

图 4.18　P1 口 1 位结构原理图

用。P1 口的 8 个锁存器组成特殊功能寄存器，该寄存器也用符号 P1 表示。场效应管 VT_1 与上拉电阻 R 组成输出驱动器，以增大负载能力（上拉电阻的具体结构这里不进行介绍），三态门 1 是输入缓冲器，三态门 2 在对端口操作时使用。

（2）功能

80C51 单片机的 P1 口只有一种功能：通用 I/O 接口。通用 I/O 接口有输出、输入和端口操作 3 种工作方式。

① 输出方式

计算机执行写 P1 口的指令（如 MOV Pl, #data）时，P1 口工作于输出方式，此时数据 data 经内部总线送入锁存器锁存。如果某位的数据为 1，则该位锁存器输出端 Q=1，$\overline{Q}$=0，使 VT_1 截止，从而在引脚 P1.x 上出现高电平。反之，如果数据为 0，则 Q=0，$\overline{Q}$=1，使 VT_1 导通，P1.x 上出现低电平。

② 输入方式

计算机执行读 P1 口的指令（如 MOV A, P1）时，P1 口工作于输入方式。控制器发出的读信号打开三态门 1，引脚 P1.x 上的数据经三态门 1 进入芯片的内部总线，并送入累加器 ACC，输入时无锁存功能。

在执行输入操作时，如果锁存器原来寄存的数据 Q=0，那么由于 $\overline{Q}$=1，将使 VT_1 导通，引脚始终被钳位在低电平上，不可能输入高电平。为此，在输入前必须先用输出指令置 Q=1，使 VT_1 截止。正因为如此，P1 口称为准双向口。

单片机复位后，P1 各口线的状态均为高电平，可直接用做输入。

（3）端口操作

指令的执行过程分成"读—修改—写"三步。先将 P1 口的数据读入 CPU，在 ALU 中进行运算，运算结果再送回 P1。执行"读—修改—写"类指令时，CPU 通过三态门 2 读回锁存器 Q 端的数据。假如通过三态门 1 从引脚上读回数据，有时会发生错误。例如，用一根口线去驱动一个晶体管的基极，在向此口线输出 1 时，锁存器 Q=1，晶体管饱和导通，引脚上的电平被钳位在低电平（0.7 V），从引脚读回数据会错读为 0，如图 4.19 所示。解决方法是在 P1.x 和晶体管的基极之间增加一个阻值约 3 kΩ 的电阻。

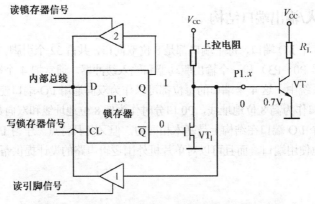

图 4.19　P1 口引脚数据不等于锁存器数据的原理图

52 子系列单片机 P1 口中的 P1.0 与 P1.1 具有第二功能，除了作为通用 I/O 接口外，P1.0（T2）还作为定时器/计数器 2 的外部计数脉冲输入端，P1.1 还作为定时器/计数器 2 的外部控制输入端（T2EX）。

（4）负载能力

P1 口输出时能驱动 4 个 LSTTL 负载。通常把 100μA 的输入电流定义为一个 TTL 负载的输入电流，所以 P1 口输出电流应不小于 400μA。

P1 口内部有上拉电阻，因此在输入时，即使由集电极开路电路或漏极开路电路驱动，也无须外接上拉电阻。

2．P2 口

P2 口有两种用途：通用 I/O 接口或高 8 位地址总线。图4.20所示为 P2 口 1 位结构原理图，图中的模拟开关受内部控制信号控制，用于选择 P2 口的工作状态。

（1）地址总线状态

计算机从片外 ROM 中取指令，或者执行访问片外 RAM、片外 ROM 的指令时，模拟开关打向上边，P2 口上出现程序计数器 PC 的高 8 位地址或数据指针 DPTR 的高 8 位地址（A8～A15）。在上述情况下，锁存器内容不受影响。当取指或访问外部

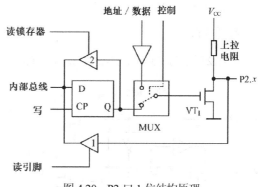

图 4.20　P2 口 1 位结构原理

存储器结束后，模拟开关打向下边，使输出驱动器与锁存器 Q 端相连，引脚上将恢复原来的数据。

一般来说，如果系统扩展了外部 ROM，取指的操作将连续不断，P2 口不断送出高 8 位地址，这时 P2 口就不应再作为通用 I/O 口使用。如果系统仅扩展外部 RAM，应根据情况具体分析，当片外 RAM 容量不超过 256B 时，可以使用寄存器间接寻址方式的指令：

```
MOVX A,@Ri
MOVX @Ri,A
```

由 P0 口送出 8 位地址寻址，P2 口引脚原有的数据在访问片外 RAM 期间不受影响，故 P2 口仍可作为通用 I/O 接口使用；当片外 RAM 容量较大需要由 P2 口、P0 口送出 16 位地址时，P2 口不再作为通用 I/O 接口使用；当片外 RAM 的地址大于 8 位而小于 16 位时，可以通过软件从 P1、P2、P3 口中的某几条口线送出高位地址，从而可以保留 P2 的全部或部分口线作为通用 I/O 接口使用。

（2）通用 I/O 接口状态

P2 口作为准双向通用 I/O 接口使用时，其功能与 P1 口相同，工作方式、负载能力也相同。

3．P3 口

P3 口 1 位结构原理如图4.21所示，P3 口除了作为准双向通用 I/O 接口使用外，每条线还具有第二种功能，详见表4.6。

P3 口作为 I/O 接口使用时，其功能与 P1 口相同。

P3 口作为第二功能输入操作时，其锁存器 Q 端必须为高电平，否则 VT$_1$ 导通，引脚被钳位在低电平，无法输入或输出第二功能信号。单片机复位时，锁存器输出端为高电平。P3 口第二功能中的输入信号 RXD、$\overline{INT0}$、$\overline{INT1}$、T0、T1 经缓冲器 1 输入，可直接进入芯片内部。

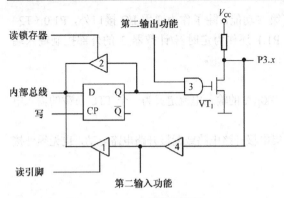

图 4.21　P3 口 1 位结构原理

表 4.6　P3 口的第二功能

P3.0	RXD（串行输入口），输入
P3.1	TXD（串行输出口），输出
P3.2	$\overline{INT0}$ 外部中断 0，输入
P3.3	$\overline{INT1}$ 外部中断 1，输入
P3.4	T0 定时器/计数器 0 的外部输入，输入
P3.5	T1 定时器/计数器 1 的外部输入，输入
P3.6	$\overline{WR}$ 低电平有效，输出，片外存储器写选通
P3.7	$\overline{RD}$ 低电平有效，输出，片外存储器读选通

4．P0 口

图 4.22 所示为 P0 口 1 位结构原理。VT_1、VT_2 构成输出驱动器，与门 3、反相器 4 及模拟开关构成输出控制电路。三态门 1、2 是输入缓冲器。

P0 口有两种功能：地址/数据分时复用总线和通用 I/O 接口。

（1）地址/数据分时复用总线

如果单片机系统扩展片外存储器，P0 口作为地址/数据分时复用总线使用。在访问片外存储器时，CPU 送来的控制信号为高电平，模拟开关打在上方。如果执行输出数据的指令，分时输出的地址/数据经反相器 4、驱动器 VT_1、VT_2 送到引脚上。当地址或数据信息为 1 时，VT_1 截止而 VT_2 导通，引脚上出现高电平；当地址或数据信息为 0 时，VT_1 导通而 VT_2

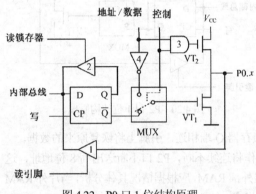

图 4.22　P0 口 1 位结构原理

截止，引脚上出现低电平。如果执行取指操作或输入数据的指令，地址仍经 VT_1、VT_2 输出，而输入的数据经输入缓冲器 1 进入内部总线。

（2）通用 I/O 接口

如果系统未扩展片外存储器，P0 口作为准双向通用 I/O 接口使用，此时控制信号为 0，模拟开关打在下面。由于控制信号为 0，使 VT_2 截止，因此输入时 VT_1、VT_2 皆截止，VT_1 的漏极（即 P0.x 引脚）处在开路状态。如果输入是由集电极开路或漏极开路电路驱动的，应外加上拉电阻。输出时，由于 VT_2 截止，如果负载是 MOS 电路，也应当外加上拉电阻。

P0 口输出时能驱动 8 个 LSTTL 负载，即输出电流不小于 $800\mu A$。

综上所述，可以得出如下结论。

① 80C51 的 32 条 I/O 线隶属于 4 个 8 位双向端口，每个端口均由锁存器（即特殊功能寄存器 P0～P3）、输出驱动器和输入缓冲器组成。

② P1、P2 和 P3 口均有内部上拉电阻，当它们作为通用 I/O 接口时，在读引脚状态时，各口对应的锁存器必须置 1，所以为准双向口。

③ P0 口内部无上拉电阻，作为 I/O 接口时，必须接上拉电阻。在读引脚状态时，各口对应的锁存器必须置 1，所以为准双向口。

④ P0 和 P2 口既可作为通用 I/O 接口，又可作为地址数据总线，内部有模拟开关用于切换。

5．并行输入/输出口编程举例

【例 4.2】　使用单片机的并行输入/输出口实现流水灯电路。

若干灯泡有规律依次点亮或依次熄灭称为流水灯，它用在夜间建筑物装饰方面。例如在建筑物的棱角上装上流水灯，可起到变换闪烁、美不胜收的效果。流水灯看起来更像"马儿一样跑动"的小灯，故也称为"跑马灯"。在一般情况下，单片机的流水灯由若干 LED 发光二极管组成。

在单片机系统运行时，可以在不同状态下让流水灯显示不同的组合，作为单片机系统运行正常的指示。当单片机系统出现故障时，可以利用流水灯显示当前的故障码，对故障做出诊断。此外，流水灯在单片机的调试过程中也非常有用，可以在不同时候将需要的寄存器或关键变量的值显示在流水灯上，提供需要的调试信息。

单片机系统中的流水灯就像 C 语言的"Hello World!"程序一样，虽然简单，却是一个非常经典的例子。对初学者来说，通过流水灯系统设计的学习与编程，可以很快熟悉单片机的操作方式，了解单片机系统的开发流程，增强自己学习单片机系统设计的信心。

题目要求：如图 4.23 所示，AT89C52 的 P1 口接 8 个 LED 发光二极管，要求编写程序实现以下功能。

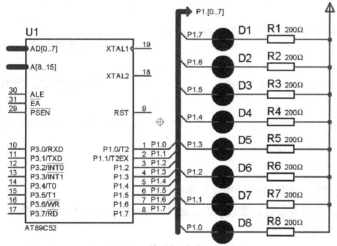

图 4.23　单片机流水灯电路

（1）从左往右每次点亮一个 LED，当点亮所有 LED 时，全灭。再从右往左每次点亮一个 LED，当点亮所有 LED 时，全灭。

（2）全灭、全亮两次。

（3）隔一灯交替灭、亮两次。

（4）重复。

C51 源程序：

```
#include <reg52.h>              //包括 P1 口在内的 89C52 特殊功能寄存器定义
#define LED_PORT1 P1            //用 P1 口驱动灯，低亮，高灭
void time(unsigned int ucMs);   //延时单位：毫秒
void main(void)
{
unsigned char    ucTimes;
#define DELAY_TIME 400          //延时
    while(1)
    {
        LED_PORT1=0xff;          //灭 P1 口灯
        time(200);

                                 //从左往右依次点亮 LED
```

```
    for(ucTimes=0;ucTimes<8;ucTimes++){              //循环点亮 P1 口灯
        LED_PORT1 = LED_PORT1 - (0x80>>ucTimes); //亮灯需低电平驱动
        time(DELAY_TIME);
    }
    LED_PORT1=0xff;                  //灭 P1 口灯
    time(200);
                                    //然后从右往左依次点亮 LED
    for(ucTimes=0;ucTimes<8;ucTimes++){              //循环点亮 P1 口灯
        LED_PORT1 = LED_PORT1 - (0x01<<ucTimes); //亮灯需低电平驱动
        time(DELAY_TIME);
    }
    LED_PORT1=0xff;time(DELAY_TIME);         //全灭
    LED_PORT1=0;time(DELAY_TIME);            //全亮
    LED_PORT1=0xff;time(DELAY_TIME);         //全灭
    LED_PORT1=0;time(DELAY_TIME);            //全亮

    LED_PORT1=0x55;time(DELAY_TIME);         //隔一个点亮
    LED_PORT1=0xaa;time(DELAY_TIME);         //交换

    LED_PORT1=0x55;time(DELAY_TIME);         //隔一个点亮
    LED_PORT1=0xaa;time(DELAY_TIME);         //交换
    }
}
/*********** time C **************/
void time(unsigned int ucMs)                     //延时单位：ms
{
#define DELAYTIMES 239
unsigned char  ucCounter;                        //延时设定的循环次数

    while (ucMs!=0) {
        for (ucCounter=0; ucCounter<DELAYTIMES; ucCounter++){}//延时
        ucMs--;
    }
}
```

由于尚未学习定时器，本例使用空操作实现延时。

读者可参照例 4.1 的有关设置，实现 μVision2/3 IDE 和 Proteus VSM 的联调，并在程序中加入断点，观察仿真电路执行情况。

从上面的程序可以看出，C51 语法同 ANSI C 基本一致，只是需要定义变量在 80C51 单片机存储器中的位置。后面章节中的例子以 C 语言为主要编程语言。

4.3.4　时钟电路

单片机工作是在统一的时钟脉冲控制下一拍一拍地进行的，这个脉冲由单片机控制器中的时序电路发出。单片机的时序就是 CPU 在执行指令时所需控制信号的时间顺序。为了保证各部件间的同步工作，单片机内部电路应在唯一的时钟信号下严格地按时序进行工作。下面介绍 80C51 时钟电路及 CPU时序的概念。

1．振荡器和时钟电路

80C51 内部有一个高增益反相放大器，用于构成振荡器，但要形成时钟脉冲，外部还需附加电路。80C51 的时钟产生方法有以下两种。

（1）内部时钟方式

利用芯片内部的振荡器，然后在引脚 XTAL1 和 XTAL2 两端跨接晶体振荡器（简称晶振），就构成了稳定的自激振荡器，发出的脉冲直接送入内部时钟电路，如图 4.24（a）所示。外接晶振时，C_1 和 C_2 的值通常选择为 30pF 左右。C_1、C_2 对频率有微调作用，晶振或陶瓷谐振器的频率范围可在 1.2～

12MHz 之间选择。为了减小寄生电容，更好地保证振荡器稳定、可靠地工作，振荡器和电容应尽可能安装得与单片机引脚 XTAL1 和 XTAL2 靠近。

该电路利用了内部的高增益的反相放大器，外部电路接线简单，只需要一个晶振和两个电容即可，单片机应用系统中大多采用此电路。该电路产生的时钟信号的振荡频率就是晶振的固有频率，用 f_{osc} 表示。例如，选择 12MHz 晶振，则 $f_{osc}=12\times10^6$Hz。

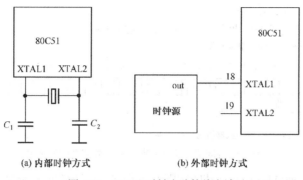

(a) 内部时钟方式　　　　　　　　　　(b) 外部时钟方式

图 4.24　80C51 时钟电路接线方法

（2）外部时钟方式

外部时钟方式就是利用外部振荡脉冲接入 XTAL1 或 XTAL2。HMOS 和 CHMOS 单片机外时钟信号接入方式不同，如表 4.7 所示。如图 4.24（b）所示为 CHMOS 单片机外部时钟方式。

表 4.7　80C51 单片机外部时钟接入方法

芯 片 类 型	接 线 方 法	
	XTAL1	XTAL2
HMOS	接地	接片外时钟脉冲输入端（引脚需接上拉电阻）
CHMOS	接片外时钟脉冲输入端	悬空

2. CPU 时序

CPU 执行指令的一系列动作都是在时序电路控制下一拍一拍进行的，指令的字节数不同，取这些指令所需要的时间就不同。即使是字节数相同的指令，由于执行操作有较大差别，因此不同的指令执行时间也不一定相同，即所需要的节拍数不同。为了便于对 CPU 时序进行分析，人们按指令的执行过程规定了几种周期，即时钟周期、状态周期、机器周期和指令周期，也称为时序定时单位，下面分别予以说明。

（1）时钟周期

时钟周期也称为振荡周期，定义为时钟脉冲频率（f_{osc}）的倒数，是计算机中最基本、最小的时间单位。在一个时钟周期内，CPU 仅完成一个最基本的动作。对于某种单片机，若采用 1MHz 的时钟频率，则时钟周期为 1μs；若采用 4MHz 的时钟频率，则时钟周期为 250ns。由于时钟脉冲是计算机的基本工作脉冲，它控制着计算机的工作节奏（使计算机的每步都统一到它的步调上来）。显然，对同一种机型的计算机，时钟频率越高，计算机的工作速度就越快。但是，由于不同的计算机硬件电路和器件不完全相同，因此其所要求的时钟频率范围也不一定相同。80C51 单片机的时钟频率范围为 1.2～40MHz。为方便描述，振荡周期用 P 表示。

（2）状态周期

时钟周期经 2 分频后成为内部的时钟信号，作为单片机内部各功能部件按序协调工作的控制信号，称为状态周期，用 S 表示。这样，一个状态周期就有两个时钟周期，前半状态周期相应的时钟周期定义为 P1，后半周期对应的节拍定义为 P2。

（3）机器周期

完成一个基本操作所需要的时间称为机器周期。80C51 有固定的机器周期，规定一个机器周期有 6 个状态，分别表示为 S1～S6，而一个状态包含两个时钟周期，那么**一个机器周期就有 12 个时钟周期**，可以表示为 S1P1, S1P2, …, S6P1, S6P2。一个机器周期共包含 12 个振荡脉冲，即机器周期就是振荡脉冲的 12 分频。显然，如果使用 6MHz 的时钟频率，一个机器周期就是 2μs；而如果使用 12MHz 的时钟频率，一个机器周期就是 1μs。

时钟周期、状态周期、机器周期之间的关系如图 4.25 所示。

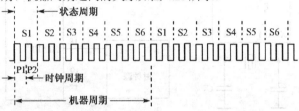

图 4.25　时钟周期、状态周期、机器周期之间的关系

可以看到，80C51 系列单片机的一个机器周期由 6 个状态周期组成，也就是由 12 个时钟周期组成。80C51 的机器周期为时钟频率的 12 分频。

标准型 80C51 CPU 的每个机器周期需要 12 个时钟周期。目前，有些厂家对 80C51 的 CPU 总线结构进行了改进，内核使用了增强型 80C51 CPU，1 个时钟周期/机器周期。换句话讲，在同样主频条件下，增强型 80C51 CPU 比标准型 80C51 CPU 执行一条指令要快约 12 倍。例如，Cygnal 公司的 C8051F 系列，SyncMOS 公司的 1T 52 Base 系列，STC 公司的 STC10、STC11 和 STC12 系列。使用这些单片机时，可以采用较低频率的晶体振荡器，从而显著降低电磁辐射。

（4）指令周期

指令周期是执行一条指令所需要的时间，一般由若干机器周期组成。指令不同，所需要的机器周期数也不同。对于一些简单的单字节指令，在取指令周期中，指令取出到指令寄存器后，立即译码执行，不再需要其他的机器周期。对于一些比较复杂的指令，如转移指令、乘除运算，则需要两个或两个以上的机器周期。

通常，包含一个机器周期的指令称为单周期指令，包含两个机器周期的指令称为双周期指令，只有乘、除运算的指令为四周期指令。80C51 单片机大部分指令为单周期指令。

80C51 的指令按它们的长度可分为单字节指令、双字节指令和三字节指令。执行这些指令需要的时间是不同的，有以下几种形式：单字节指令单机器周期、单字节指令双机器周期、双字节指令单机器周期、双字节指令双机器周期、三字节指令双机器周期、单字节指令四机器周期（如单字节的乘除法指令）。

80C51 时钟电路通常采用如图 4.24（a）所示的内部时钟方式。本书后续章节的某些图中不再画出时钟电路。

4.3.5　复位电路

复位是单片机的初始化操作。单片机系统在上电启动运行时，都需要先复位，其作用是使 CPU 和系统中其他部件都处于一个确定的初始状态，并从这个状态开始工作。因而，复位是一个很重要的操作方式。但单片机本身是不能自动进行复位的，必须配合相应的外部复位电路才能实现。

1. 复位电路设计

当 80C51 通电，时钟电路开始工作，在 80C51 单片机的 RST（DIP40 封装第 9 脚）引脚加上大于 24 个时钟周期以上的正脉冲，80C51 单片机系统即初始复位。初始化后，程序计数器 PC 指向 0000H，

P0～P3 输出口全部为高电平，堆栈指针写入 07H，其他专用寄存器被清零。RST 由高电平下降为低电平后，系统从 0000H 地址开始执行程序。

单片机的外部复位电路有上电自动复位和按键手动复位两种。

（1）上电复位

上电复位利用电容器的充电实现。图4.26所示是 80C51 单片机的上电复位电路，图中给出了复位电路参数。上电瞬间，由于电容两端电压不能突变，RST 引脚端为高电平，出现正脉冲，其持续时间取决于 RC 电路的时间常数。RST 引脚要有足够长的时间才能保证单片机有效的复位。

（2）上电+按键复位

图4.27所示为 80C51 单片机的上电+按键复位电路，复位按键按下后，复位端通过 51Ω 的小电阻与 V_{CC} 电源接通，迅速放电，使 RST 引脚为高电平，复位按键弹起后，电源 V_{CC} 通过 8.2kΩ 的电阻对 10μF 电容重新充电，RST 引脚端出现复位正脉冲，其持续时间取决于 RC 电路的时间常数。

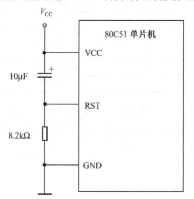
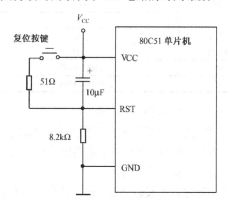

图 4.26　80C51 单片机的上电复位电路　　　　图 4.27　80C51 单片机的上电+按键复位电路

（3）同步复位电路

在实际的应用系统中，有些外围芯片也需要复位，如果这些复位端的复位电平要求与单片机的复位要求一致，则可以直接与之相连。

在有些应用系统中，为了保证复位电路可靠地工作，常将 RC 复位电路接施密特触发器整形后，再接入单片机复位端和外围电路复位端。这特别适合于应用现场干扰大、电压波动大的工作环境，并且，当系统有多个复位端时，能保证可靠地同步复位，在此称其为同步复位电路。如图4.28所示为同步复位电路实例，图中 74HC14 为六重施密特反相器。

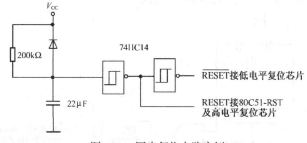

图 4.28　同步复位电路实例

（4）微处理器复位监控电路

为了保证单片机应用系统更可靠地工作，复位电路可采用微处理器复位监控电路。这种集成电路除了提供可靠的、足够宽的高、低电平的复位信号外，同时具备电源监控、看门狗定时器功能，有的芯片内部还集成了一定数量的串行 E²PROM 或 RAM，功能强大，接线简单，单片机应用系统中经常使用此电路。

2. 复位状态

初始复位不改变 RAM（包括工作寄存器 R0～R7）的状态，复位后 80C51 片内各特殊功能寄存器的状态如表 4.8 所示，表中"x"为不定数。

表 4.8　复位后的内部特殊功能寄存器状态

寄 存 器	复 位 状 态	寄 存 器	复 位 状 态
PC	0000H	TMOD	00H
ACC	00H	TCON	00H
B	00H	TH0	00H
PSW	00H	TL0	00H
SP	07H	TH1	00H
DPTR	0000H	TL1	00H
P0～P3	FFH	SCON	00H
IP	xx000000B	SBUF	xxxxxxxxB
IE	0x000000B	PCON	0xxx0000B

复位时，ALE 和 $\overline{PSEN}$ 成输入状态，即 ALE＝$\overline{PSEN}$＝1，片内 RAM 不受复位影响。复位后，P0～P3 口输出高电平且使这些双向口皆处于输入状态，并将 07H 写入堆栈指针 SP，同时将 PC 和其余专用寄存器清零。此时，单片机从起始地址 0000H 开始重新执行程序。所以，单片机运行出错或进入死循环时，可使其复位后重新运行。

为节约版面，本书后续章节的某些图中没有画出复位电路。

80C51 系列单片机内部还有中断系统、串行接口、定时器/计数器，具体使用方法将在第 6 章中介绍。

4.4　低功耗运行方式

80C51 单片机除具有一般的程序执行方式外，还具有两种低功耗运行方式：待机（或称空闲）方式和掉电（或称停机）方式，备用电源直接由 VCC 端输入。第一种方式可使功耗减小，电流一般为 1.7～5mA；第二种方式可使功耗减到最小，电流一般为 5～50μA。可见，CHMOS 型单片机特别适合于低功耗应用场合。

待机方式和掉电方式的硬件结构电路如图 4.29 所示。

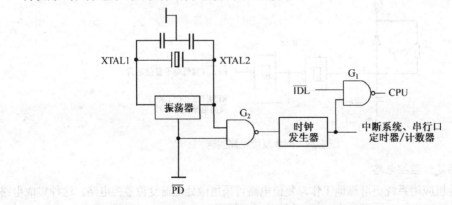

图 4.29　待机方式和掉电方式的硬件结构

4.4.1　电源控制寄存器 PCON

待机（或称空闲）方式和掉电（或称停机）方式都是由专用寄存器 PCON（电源控制寄存器）中的有关位控制的，下面介绍各位的作用。

PCON 字节地址 87H，由于不能按位地址格式访问，因此对应各位称为位序，如表 4.9 所示。

表 4.9　PCON 各位名称及位序

位　　序	D7H	D6H	D5H	D4H	D3H	D2H	D1H	D0H
位 名 称	SMOD	—	—	—	GF1	GF0	PD	IDL

① SMOD：波特率倍增位。在串行口工作方式 1、2 或 3 下，SMOD=1 使波特率加倍（详见 6.3.2 节）。

② GF1 和 GF0：通用标志位。则由软件置、复位。

③ PD：掉电方式位。若 PD=1，则进入掉电工作方式。

④ IDL：待机方式位。若 IDL=1，则进入待机工作方式。

如果 PD 和 IDL 同时为 1，则进入掉电工作方式。复位时，PCON 中所有定义位均为 0。下面介绍两种低功耗方式操作过程。

4.4.2　待机方式

若写 1 字节到 PCON 中，使 IDL=1，$\overline{\text{IDL}}$=0，则单片机即进入待机方式。例如，执行如下指令后：

```
ORL PCON,#01H
```

图 4.29 中 G_1 的输出恒为高电平，CPU 的时钟被冻结，单片机进入待机方式，此指令即为待机方式的启动指令。在待机方式下，振荡器继续运行，时钟信号继续提供给中断逻辑、串行口和定时器，但提供给 CPU 的内部时钟信号被切断，CPU 停止工作。这时，堆栈指针（SP）、程序计数器（PC）、程序状态字（PSW）、累加器（ACC）及所有的工作寄存器内容都被保留。

由于通常 CPU 耗电量占芯片耗电量的 80%～90%，所以 CPU 停止工作就会大大降低功耗。在待机方式下，80C51 消耗的电流可由正常的 24mA 降为 3mA，甚至更低。

终止待机方式的方法有以下两种。

（1）通过硬件复位

由于在待机方式下时钟振荡器一直在运行，RST 引脚上的有效信号只需保持两个时钟周期就能使 IDL 置 0，单片机即退出待机状态，从它停止运行的地方恢复程序的执行，即从空闲方式的启动指令之后继续执行。注意，为了防止对端口的操作出现错误，置空闲方式指令的下一条指令不应该为写端口或写外部 RAM 的指令。

（2）通过中断方法

若在待机期间，任何一个允许的中断被触发，IDL 都会被硬件置 0，从而结束待机方式，单片机进入中断服务程序。这时，通用标志位 GF0 或 GF1 可用来指示中断是在正常操作期间还是在待机期间发生的。例如，使单片机进入待机方式的那条指令也可同时将通用标志位置位，中断服务程序可以先检查此标志位，以确定服务的性质。中断结束后，程序将从空闲方式的启动指令之后继续执行。

4.4.3　掉电方式

PCON 寄存器的 PD 位控制单片机进入掉电方式。当 CPU 执行一条置 PCON.1 位（PD）为 1 的指令后：

```
ORL PCON,#02H
```

$PD = 1$，即 $\overline{PD} = 0$。图4.29中，G_2 的输出恒为高电平，单片机进入掉电方式。在这种方式下，片内振荡器被封锁，一切功能都停止，只有片内 RAM 的 00H～7FH 单元的内容被保留，端口的输出状态值都保存在对应的 SFR 中，ALE 和 $\overline{PSEN}$ 都为低电平。

在掉电方式下，V_{CC} 可降至 2V，使片内 RAM 处于 50μA 左右的电流供电状态，以最小的耗电保存信息。在进入掉电方式前，V_{CC} 不能降低；而在退出掉电方式前，V_{CC} 必须恢复正常的电压值，V_{CC} 恢复正常前，不可进行复位。退出掉电方式的唯一方法是硬件复位，硬件复位 10ms 后即能使单片机退出掉电方式。复位后将所有的特殊功能寄存器的内容重新初始化，但内部 RAM 区的数据不变。

当单片机进入掉电方式时，必须使外围器件、设备处于禁止状态。为此，在请求进入掉电方式之前，应将一些必要的数据写入 I/O 口的锁存器，以禁止外围器件或设备产生误动作。例如，当系统扩展有外部数据存储器时，在进入掉电方式前，应当在 P2 口置入适当数据，使之不产生任何外部存储器的片选信号。

4.5　80C51 单片机最小系统

单片机最小系统就是能使单片机工作的最少的器件构成的系统，是大多数控制系统必不可少的关键部分。80C51（52）系列单片机有 80C51（52）、87C51、80C31（52）三种型号，对于 80C51（52）和 87C51 及其兼容的 89C51/52/、78E51/52/58 等型号的单片机，由于其内部已经包含了一定数量的程序存储器，在外部只要增加时钟电路和复位电路即可构成单片机最小系统。图4.30所示为由 89C52 构成的单片机最小系统。89C52 单片机只需外接时钟电路和复位电路即可，P0～P3 口为 32 个通用 I/O 口。使用 P0 口需要通过 10～20kΩ 电阻上拉到 V_{CC}，图中未画出。

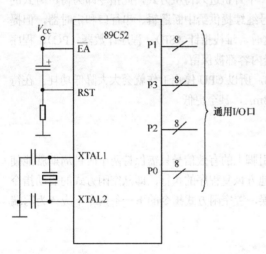

图 4.30　内部已包含 ROM 的单片机最小系统

而对于 80C31/32 型号的单片机，由于其内部没有程序存储器（ROMLess），因此构成单片机最小系统时，除了在外部增加时钟电路和复位电路外，还必须扩展程序存储器。这时 P0、P2 口作为外部扩展总线，无法再作为通用 I/O 口。80C32（80C31）单片机的外部扩展总线如图 4.31 所示。P0 口经锁存器 74HC573 在 ALE 下降沿输出有效的低 8 位地址信号与 P2 口组成 16 位地址总线。片外有效的 ROM 和 RAM 寻址空间（包括片外 I/O）为 0x0000～0xFFFF 共 64KB。P0 口在地址 ALE 下降沿之后作为 8 位数据总线。P3 口的读/写控制信号 $\overline{RD}$、$\overline{WR}$ 和程序选通信号 $\overline{PSEN}$ 等作为控制总线。

单片机通过三总线扩展外部接口电路。

将 80C32 单片机的外部扩展总线接到外部程序存储器的地址总线、数据总线和控制总线，即构成 80C32 单片机最小系统。图 4.32 所示为 80C32 扩展了 32KB 程序存储器 27C256 的单片机最小系统。

在图4.32中，27C256 作为外部程序存储器，为 80C32 单片机提供了 32KB 程序存储器。74HC573 是一种 8D 透明锁存器，用来锁存单片机 P0 端口输出的从 27C256 取指令时的低 8 位地址。

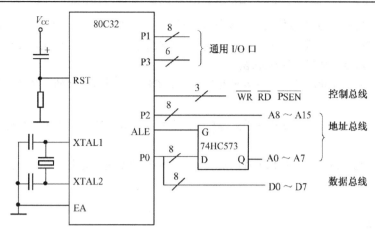

图 4.31 80C32（80C31）单片机的外部扩展总线

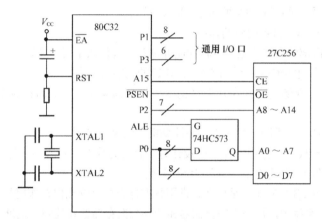

图 4.32 具有 32KB 程序存储器 27C256 的单片机最小系统

通过单片机的三总线扩展外部存储器及其他单元后，P0、P2 口作为数据总线和地址总线，P3 口部分口线作为控制总线，使得单片机本身提供的 I/O 口大为减少。当需要更多的 I/O 口时，可以通过 74 系列的集成电路或可编程的 I/O 芯片进行扩展，详见第 7 章。

本章小结

本章介绍了 80C51 单片机的基本组成，包括 CPU 的基本结构、存储器配置、输入/输出接口、引脚说明及单片机最小系统的组成。

80C51 单片机的 CPU 分为运算器和控制器。运算器包括算术逻辑单元（ALU）、累加器 A、寄存器 B 和暂存器、程序状态字（PSW）寄存器。控制器主要用来控制整个单片机各部分协调工作，包括程序计数器（PC）、堆栈指针、指令寄存器、数据指针（DPTR）等。

80C51 单片机存储器系统与通用微型计算机的存储器系统的最大差别是区分程序存储器和数据存储器。片内数据存储器配置较为复杂，可分为工作寄存器区、位寻址区、数据缓冲区。

80C51 单片机有 4 个 8 位并行输入/输出端口，它们具有不同的功能，使用时要加以区分。一般来说，P0 口作为数据/地址复用的端口，可以输入/输出数据，或者通过外加的锁存器来输出地址。P2 口可以作为 16 位地址中的高 8 位地址输出。P3 口是一个双功能口，若不使用第二功能，可以作为一般的 I/O 口，其第二功能作为读/写控制、中断信号及串行口等。P1 口是通用的输入/输出口，由用户编程使用。关于 80C51 单片机最小系统，这里仅建立一个概念，说明其基本构成，关于单片机系统的构成方法及原理将在以后的章节中详细介绍。

复位是单片机的初始化操作。但许多单片机本身是不能自动进行复位的，必须配合相应的外部复位电路才能实现。

80C51 单片机有两种低功耗运行方式：待机方式和掉电方式，可以通过电源控制寄存器 PCON 设置来选择实现。

单片机最小系统是由能使单片机工作的最少的器件构成的系统，是大多数控制系统必不可少的关键部分。

 习题 4

1．结合 MCS-51 系列单片机功能框图阐明其大致组成。

2．综述 80C51 系列单片机各引脚的作用。

3．80C51 单片机内部包含哪些主要逻辑功能部件？各有什么主要功能？

4．什么是 ALU？简述 MCS-51 系列单片机 ALU 的功能与特点。

5．如何认识 80C51 存储器空间在物理结构上可划分为 4 个空间，而在逻辑上又可划分为 3 个空间？

6．什么是指令？什么是程序？简述程序在计算机中的执行过程。

7．什么是堆栈？堆栈有何作用？在程序设计时，有时为什么要对堆栈指针 SP 重新赋值？如果 CPU 在操作中要使用两组工作寄存器，你认为 SP 的初值应为多大？

8．程序状态寄存器 PSW 的作用是什么？常用状态标志位有哪几位？作用是什么？

9．在 80C51 扩展系统中，片外程序存储器和片外数据存储器共处同一地址空间，为什么不会发生总线冲突？

10．综述 P0、P1、P2 和 P3 口各有哪几种功能。

11．阐明"准双向口"这一名词之所以要加"准"字的理由。

12．何谓时钟周期、机器周期、指令周期？80C51 的时钟周期、机器周期、指令周期是如何分配的？当振荡频率为 8 MHz 时，一个单片机的机器周期为多少微秒？

13．复位的作用是什么？有几种复位方法？复位后单片机的状态如何？

14．简述单片机的掉电方式和待机方式的区别。

15．何谓单片机最小系统？请分别画出由 80C32 单片机和 89C52 单片机组成的最小系统。

16．运用前面已掌握的知识，实现一个单片机硬件加法器：在 Proteus 中设计仿真电路，从 AT89C52 的 P1 口和 P2 口输入两个数相加，然后在 P3 口显示计算结果。设计电路并编写程序实现。

第5章 80C51单片机软件基础知识

单片机软件，是指使用和管理单片机硬件系统所设计的各种程序文件及维护和管理这些程序的其他全部相关文件。本章以80C51单片机为背景，介绍单片机指令系统和程序设计语言。通过学习本章，应了解80C51指令系统，了解C51与ANSI C的异同点，熟悉变量和常量在80C51不同类型的存储器中C51的定义方法，掌握Keil C51的编程方法，同时能够读懂和编写简单的汇编语言程序。

同典型的微型计算机系统一样，单片机应用系统也是由硬件和软件组成的。单片机应用软件的设计与硬件的设计一样重要，没有控制软件的单片机是毫无用处的，这也是与一般的数字逻辑电路系统的不同之处。

机器语言是计算机唯一能识别的语言，用汇编语言和高级语言编写的程序（称为源程序）最终都必须翻译成机器语言的程序（称为目标程序），计算机才能识别。汇编语言是能够利用单片机所有特性直接控制硬件的唯一语言，它直接使用CPU的指令系统和寻址方式，从而得到占用空间小、执行速度快的高质量程序。对于一些需要直接控制硬件的场合，汇编语言是必不可少的。

但汇编语言不是一种结构化的程序设计语言，对于较复杂的单片机应用系统，它的编写效率很低。为了提高软件的开发效率，许多软件公司致力于单片机高级语言C编译器的开发研究，现在许多C编译器的效率已接近汇编语言的水平，对于较复杂的应用程序，C语言产生的代码效率甚至超出了汇编语言。加之目前单片机片内程序存储器的发展十分迅速，许多型号的单片机内部ROM已经达到64KB甚至更大，且具备在系统编程（In System Programmable，ISP）功能，进一步推动了C语言在单片机应用系统开发中的应用。

尽管C语言是一种强大而方便的开发工具，但开发人员要达到用C语言快速编出高效且易于维护的单片机系统应用程序，首先必须对C语言有较透彻的掌握，其次还应该对实际单片机硬件系统有深入的理解。

当然在学习C语言之前，了解汇编语言，能读懂程序，并且会编中、小规模（产生的代码小于4KB）的程序是十分必要的。本章以80C51单片机为背景，首先介绍指令系统和汇编语言，然后介绍目前流行的单片机高级语言C51的编程方法。这些都是进行80C51单片机应用系统设计的软件基础。

5.1 80C51单片机指令系统概述

通过第4章的学习，我们已经了解了80C51单片机的内部结构，并且也已经知道，要控制单片机，让它完成特定的任务，必须使用指令。下面将系统地学习80C51的指令部分。

实际上汇编语言源程序是由一条条指令（Instruction）组成的，所以首先介绍指令和指令系统。

5.1.1 指令的概念

指令是指挥计算机执行某种操作的命令。一条指令可用两种语言形式表示，即机器语言指令和汇编语言指令。机器语言指令用二进制代码表示，称指令码，又称机器码，计算机能直接识别并加以分析和执行。汇编语言指令用助记符表示，便于程序员编写和阅读程序，但不能为计算机识别和执行，必须翻译成机器语言指令。把用汇编语言编写的源程序翻译成机器语言指令的过程称为汇编。这种翻译工具称为汇编程序或汇编器，80C51 单片机常用的汇编器有：ASM51.exe、A8051.exe、MCS51.exe 和 A51.exe 等。这些软件工具由不同的公司开发，从多种渠道都可以免费得到这些软件工具，比如可以从购买单片机开发系统时所带的随机软件中得到，也可以从 Internet 上许多单片机专业网站下载得到。

5.1.2　指令系统说明

一台计算机所有指令的集合，称为该计算机的指令系统，它是表征计算机性能的重要标识。每台计算机都有它自己特有的指令系统。

要让计算机做事，就得向计算机发出指令。但计算机只能懂得数字，例如对 80C51，要将数据 5B 送到 P1 口，必须在 ROM 中某一位置（如 1000H）写上这样的机器码：

```
1000H 75905B
```

该指令中 75H 表示操作码，90H 和 5BH 表示操作数，该机器码的意思是将立即数 5BH 送到 P1 口，P1 口锁存器的内部 RAM 地址为 90H。指令的第一种格式就是机器码指令格式，也就是说是数字的形式。但这种形式非常难记，于是有另一种格式，助记符格式如下：

```
MOV P1,#5BH
```

用助记符表示指令的格式称为汇编指令格式。80C51 汇编语言典型的指令格式为：

```
操作码 [操作数]   ;[注释]
```

带方括号的项是可选项，根据操作码的情况可有可无。操作码是用助记符表示的字符串，它的作用是命令 CPU 做某种操作。操作数是参与指令操作的数据或数据的地址。操作数可以有 1 个、2 个或 3 个，也可以没有。第 1 个操作数与操作码之间用若干空格分隔，有 2 个以上操作数时，操作数之间用逗号分隔。不同功能的指令，操作数作用不同。注释用于增加源程序的可读性和维护性，一般说明指令或程序的功能。注释不参加汇编，不影响汇编结果，应该养成编写程序时加上注释的良好习惯。

例如，一条传送指令的书写格式为：

```
MOV A,38H     ; (38H)→A
```

表示将 38H 存储单元的内容送到累加器 A 中。其中，(38H)→A 是注释内容。由指令格式可知，操作码是指令的核心部分，不可缺少。下面以汇编指令格式介绍 80C51 指令系统。

80C51 汇编语言需用 40 多种助记符表征 30 多种指令功能。助记符需定义诸如内部数据存储器、程序存储器、外部数据存储器等，同一种功能需用几个助记符表示（如数据传送指令 MOV、MOVX、MOVC 等）。通过这些助记符，与指令中的源地址、目的地址组合成 80C51 的 111 条指令。

80C51 指令系统是 Intel MCS-48 单片机指令系统的扩充。扩充后的指令系统可扩展片内 CPU 的外围接口功能，并优化字节效率和执行速度。80C51 指令系统由 49 条单字节指令、45 条双字节指令和 17 条三字节指令组成，这样可以提高程序存储器的使用效率。对于大多数算术、逻辑运算和转移操作，可选用短地址或长地址指令实现，以提高运算速度、编程效率和节省存储器单元。在 111 条指令中，有 64 条指令的执行时间为 12 个振荡器周期（1 个机器周期），45 条指令需为 24 个振荡器周期（2 个机器周期），只有乘、除法指令需 48 个振荡周期（4 个机器周期）。当主频为 12MHz 时，典型指令的执行时间为 1μs，运算速度是比较快的。

5.1.3　80C51 指令系统助记符

80C51 单片机指令系统操作码助记符按功能可分为五大类，下面分别加以介绍。为了便于理解和加强记忆，对每个助记符给出英语原文和汉语含义。

（1）数据传送类指令（7 种助记符）

- MOV：Move，对内部数据寄存器 RAM 和特殊功能寄存器 SFR 的数据进行传送。
- MOVC：Move Code，读取程序存储器数据表格的数据传送。
- MOVX：Move External RAM，对外部 RAM 的数据传送。
- XCH：Exchange，字节交换。
- XCHD：Exchange low-order Digit，低半字节交换。
- PUSH：Push into Stack，入栈。
- POP：Pop from Stack，出栈。

（2）算术运算类指令（8 种助记符）

- ADD：Addition，加法。
- ADDC：Add with Carry，带进位加法。
- SUBB：Subtract with Borrow，带借位减法。
- DA：Decimal Adjust，十进制调整。
- INC：Increment，加 1。
- DEC：Decrement，减 1。
- MUL：Multiplication、Multiply，乘法。
- DIV：Division、Divide，除法。

（3）逻辑运算类指令（10 种助记符）

- ANL：AND Logic，逻辑与。
- ORL：OR Logic，逻辑或。
- XRL：Exclusive-OR Logic，逻辑异或。
- CLR：Clear，清 0。
- CPL：Complement，取反。
- RL：Rotate Left，循环左移。
- RLC：Rotate Left through the Carry flag，带进位循环左移。
- RR：Rotate Right，循环右移。
- RRC：Rotate Right through the Carry flag，带进位循环右移。
- SWAP：Swap，低 4 位与高 4 位交换。

（4）控制转移类指令（18 种助记符）

- ACALL：Absolute subroutine Call，子程序绝对调用。
- LCALL：Long subroutine Call，子程序长调用。
- RET：Return from subroutine，子程序返回。
- RETI：Return from Interruption，中断返回。
- AJMP：Absolute Jump，绝对转移。
- LJMP：Long Jump，长转移。
- SJMP：Short Jump，短转移。
- JMP：Jump，转移。
- CJNE：Compare Jump if Not Equal，比较不相等则转移。
- DJNZ：Decrement Jump if Not Zero，减 1 后不为 0 则转移。
- JZ：Jump if Zero，结果为 0 则转移。
- JNZ：Jump if Not Zero，结果不为 0 则转移。

- JC：Jump if the Carry flag is set，有进位则转移。
- JNC：Jump if Not Carry，无进位则转移。
- JB：Jump if the Bit is set，位为 1 则转移。
- JNB：Jump if the Bit is Not set，位为 0 则转移。
- JBC：Jump if the Bit is set and Clear the bit，位为 1 则转移，并清除该位。
- NOP：No Operation，空操作。

（5）位操作指令（1 种助记符）

- SETB：Set Bit，位置 1。

5.1.4 指令系统中的特殊符号

在介绍指令系统前，先了解一些特殊符号的意义，对程序的理解和编写非常有用。

- Rn：当前选中的寄存器区的 8 个工作寄存器 R0～R7（$n=0～7$）。
- Ri：当前选中的寄存器区中可作为地址寄存器的两个寄存器 R0 和 R1（$i=0,1$）。
- Direct：内部数据存储单元的 8 位地址，包含 0～127 内部存储单元地址和 128～255 部分存储单元特殊功能寄存器地址。
- #data：指令中的 8 位常数。
- #data16：指令中的 16 位常数。
- addr16：用于 LCALL 和 LJMP 指令中的 16 位目的地址，目的地址可指向 64KB 程序存储器空间。
- addr11：用于 ACALL 和 AJMP 指令中的 11 位目的地址，目的地址必须放在与下条指令第 1 个字节的同一个 2KB 程序存储器的空间之中。
- rel：8 位带符号的偏移字节，用于所有的条件转移和 SJMP 等指令中，偏移字节位于下条指令的第 1 个字节开始的-128～+127 范围内。
- @：间接寄存器寻址或基址寄存器的前缀。
- /：位操作的前缀，声明对该位取反。
- DPTR：数据指针。
- Bit：内部 RAM 和特殊功能寄存器的直接寻址位。
- A：累加器 ACC。
- B：特殊功能寄存器 B，用于乘法和除法指令中。
- C：进位标志位。
- (x)：某地址单元中的内容。
- ((x))：由(x)寻址的单元中的内容。
- →：表示数据的传送方向。
- ↔：表示数据交换。

5.2 80C51 单片机寻址方式

操作数是指令的重要组成部分，它可以表示数据的地址。CPU 在规定的寻址空间能迅速获得操作数的有效地址的方法称为寻址方式。寻址方式与计算机存储器空间结构密切联系。寻址方式的丰富程度，不仅为编程提供方便，而且将直接影响指令的长度和执行的速度。为了更好地学习和掌握指令系统，首先要了解寻址方式。80C51 单片机共有 7 种寻址方式：

- 寄存器寻址

- 寄存器间接寻址
- 直接寻址
- 立即寻址
- 基址寄存器+变址寄存器的间接寻址（变址间接寻址）
- 相对寻址
- 位寻址

5.2.1　寄存器寻址方式

寄存器寻址是对由指令选定的工作寄存器（R0～R7）进行读/写，由指令操作码字节的最低 3 位指明所寻址的工作寄存器。对累加器 A、寄存器 B、数据指针 DPTR、位处理累加器 CY 等，也可当做寄存器来寻址。

例如，设累加器 A 内容为 10H，R2 的内容为 39，则执行指令：

```
MOV A,R2
```

其机器码的二进制数为 EA（11101010），其最低 3 位（010）即为工作寄存器 R2 的地址。该指令执行的过程如图 5.1 所示，执行结果为：累加器 A 内容变为 39，R2 内容不变。

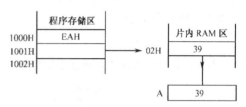

图 5.1　指令执行过程 1

5.2.2　直接寻址方式

直接寻址方式是由指令直接给出操作数地址。

直接寻址方式可访问 3 种地址空间：

- 特殊功能寄存器地址空间，这是唯一能寻址特殊功能寄存器的寻址方式；
- 内部数据存储器 RAM 的 00～7F 地址空间；
- 特定的位地址空间。

例如以下指令：

机器码	汇编语言指令格式
E562	MOV A,62H

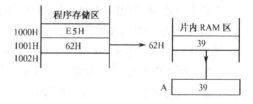

指令代码：第 1 个字节（E5H）为操作码，第 2 个字节（62H）为指令中给出的直接地址（Direct）。执行结果

图 5.2　指令执行过程 2

为：把内部 RAM 的 62H 单元的内容送入 A 中。该指令执行的过程如图 5.2 所示，位地址空间访问见 5.2.7 节位寻址方式。

5.2.3　寄存器间接寻址方式

寄存器间接寻址方式为，以寄存器中的内容为地址，该地址中的内容为操作数的寻址方式。能够用于寄存器间接寻址的寄存器有：R0、R1、DPTR 和 SP。其中，R0 和 R1 必须是工作寄存器组中的寄存器，SP 仅用于堆栈操作。

寄存器间接寻址的存储器空间包括内部数据 RAM 和外部数据 RAM。由于内部数据 RAM 共有 128B（52 子系列有 256B），因此用 1 字节的 R0 或 R1 可寻址整个空间。

例如，指令格式为：

```
MOV A, @R0
```

该指令执行的过程如图 5.3 所示。

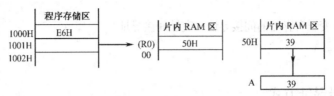

图 5.3　指令执行过程 3

外部数据 RAM 最大可达 64KB，仅用 R0 或 R1 无法寻址整个空间。为此，在 80C51 单片机指令中，当用 R0 或 R1 对外部数据 RAM 间接寻址时，由 P2 端口提供高 8 位外部 RAM 地址，由 R0 或 R1 提供低 8 位地址，由此来寻址 64KB 的范围。

例如，指令格式为：

```
MOVX A, @R1
```

设 R1 中存放的数值为 AFH，该指令执行的过程如图 5.4 所示。

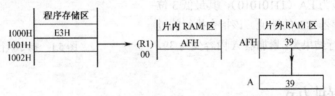

图 5.4　指令执行过程 4

对外部数据 RAM 的第二种寻址方式是用 16 位的 DPTR 作为寄存器间接寻址。例如，执行指令：

```
MOVX A, @DPTR
```

把 DPTR 所指向的片外 RAM 单元中的内容送到 A 中。

在指令形式中，对内部 RAM 还是对外部 RAM 寻址，区别在于对外部数据 RAM 的操作仅有数据传送类指令，且用 MOVX 的符号形式。

堆栈操作仅在内部 RAM 中进行，由堆栈指针给出栈址。压入操作时，先把 SP 加 1，再把指令给出的操作数压入以 SP 间接寻址的内部 RAM 中；弹出操作时，先把以 SP 间接寻址的操作数弹出到指令给出的直接地址单元中，再把 SP 减 1。

寄存器间接寻址的其他例子如下：

```
MOV @R0,A          ;A→内部 RAM 中以 R0 为地址的单元
MOVX A,@R1         ;外部 RAM 中地址为 P2R1 的单元内容→A
MOVX @DPTR,A       ;A→外部 RAM 中以 DPTR 为地址的单元
PUSH ACC           ;SP+1→SP, ACC→以 SP 为地址的内部 RAM 单元
POP 20H            ;以 SP 为地址的内部 RAM 中的内容→20H 内部 RAM 单元，
                   ;SP-1→SP
```

高级语言编译器对堆栈进行自动管理。

5.2.4　立即寻址方式

立即寻址方式由指令直接给出操作数寻址。通常，紧跟指令操作码之后的一个或两个字节数，就是寻址所需的操作数。这类指令大都是 2B 指令。例如：

```
7462 MOV A,#62H        ;62H→ A,"#"为立即数指示符号
```

其指令码为 74H、62H，把立即数 62H 送入累加器 A。设把该指令存放在程序存储区 1000H、1001H 两个单元（存放指令的起始地址是任意假设的）中，该指令执行的过程如图 5.5 所示。

仅有一条是 3B 指令，它提供 2B 的立即数。例如：

```
902CA5 MOV DPTR,#2CA5H      ;2CA5H→ DPTR
```

其指令码为 90H、2CH、A5H，把立即数 2CA5H 送数据指针 DPTR。设把该指令存放在程序存储区 1000H、1001H、1002H 三个单元（存放指令的起始地址是任意假设的）中，该指令执行的过程如图 5.6 所示。

图 5.5　指令执行过程 5　　　　　　　　　　　　　　图 5.6　指令执行过程 6

5.2.5　变址间接寻址方式

基址寄存器加变址寄存器间接寻址（变址间接寻址）方式，是 80C51 指令集所独有的，它以程序计数器 PC 或数据指针 DPTR 作为基址寄存器，以累加器 A 作为变址寄存器，这两者内容之和为有效地址。例如：

```
JMP @A+DPTR
MOVC A,@A+PC
MOVC A,@A+DPTR
```

这种寻址方式特别适用于查表。DPTR 为 16 位字宽，可指向 64KB 的任何单元。@A+PC 可指向以 PC 当前值为起始地址的 256B 单元。

5.2.6　相对寻址方式

相对寻址方式以 PC 的当前值为基准，加上指令中给出的相对偏移量（rel）形成有效转移地址。相对偏移量是一个带符号的 8 位二进制数，常以补码的形式出现。因此，程序的转移范围为：以 PC 的当前值为起始地址，相对偏移在−128～+127 字节单元之间。例如，执行指令：

```
JC rel         ;设 rel=75H, Cy=1
```

这是一条以 Cy 为条件的转移指令。因为 JC rel 指令是 2B 指令，当程序取出指令的第 2 个字节时，PC 的当前值已是原 PC+2，由于 Cy=1，因此程序转向 PC+75H 单元去执行。

5.2.7　位寻址方式

位寻址方式是对位地址中的内容做位操作的寻址。由于单片机中只有内部 RAM 和特殊功能寄存器的部分单元有位地址（两者统一编址，地址空间为 00H～FFH），因此位寻址只能对有位地址的这两个空间进行寻址操作。

位寻址是一种直接寻址方式，由指令给出直接位地址。但与直接寻址不同之处在于，位寻址只给出位地址，而不是字节地址。

例如：

```
SETB 20H                 ;1→20H 位
```

```
MOV 32H, C                      ;进位位 C→32H 位
ORL C, 5AH                      ;C | 5AH 位→C
```

其中，C 为进位位地址，而其他是直接位地址。

从前面的内容可知，80C51 系列单片机的寻址方式形式简单、类型少、容易掌握。但由于存储器既有统一编址的存储空间，又有分开编址的存储空间，因此，应弄清楚指令中不同寻址方式的操作数来源，特别是要分清统一编址的内部数据 RAM 和特殊功能寄存器中的操作数。为此，特殊功能寄存器中的操作数常用符号字节地址或符号位地址的形式（例如，PSW、TMOD、P0、IE 等符号字节地址，以及 C、RS0、EA、P1.1 等符号位地址），而不用直接字节地址或直接位地址形式。

对内部数据 RAM 则可用直接字节地址或直接位地址方式，如 30H、50H 或 17H、38H 等，至于它们是字节地址还是位地址，则要视指令的符号形式才能确定。例如，MOV 30H,#55 和 MOV 30H,C 指令中有两个 30H，根据指令形式，前者必然是字节地址，后者则是位地址。当然，如果对片内 RAM 中的字节操作数采用间接寻址方式，则会使这一操作数来源更加清楚，因为特殊功能寄存器的操作数无间接寻址方式。如表 5.1 所示为 80C51 操作数寻址方式和相应寻址空间的关系。

表 5.1　80C51 操作数寻址方式和相应寻址空间的关系

寻　址　方　式	寻　址　范　围
寄存器寻址	R0～R7
	A、B、CY（位）、DPTR（双字节）、AB（双字节）
直接寻址	内部 RAM 的低 128 B
	特殊功能寄存器
寄存器间接寻址	内部数据存储器 RAM（@R0、@R1、SP）
	外部数据存储器（@R0、@R1、@DPTR）
立即寻址	程序存储器（操作码常数）
相对寻址	程序存储器 256 字节范围（PC+偏移量）
变址寻址	程序存储器（@DPTR＋A、@PC＋A）
位寻址	内部 RAM 中 20H～2FH 的 128 位
	特殊功能寄存器中的 128 个可寻址位

【例 5.1】　说明下列指令中源操作数采用的寻址方式。

```
MOV R5,R7          ;答案：寄存器寻址方式
MOV A,55H          ;答案：直接寻址方式
MOV A,#55H         ;答案：立即寻址方式
JMP @A+DPTR        ;答案：变址寻址方式
MOV 30H,C          ;答案：位寻址方式
MOV A,@R0          ;答案：间接寻址方式
MOVX A,@R0         ;答案：间接寻址方式
```

【例 5.2】　请判断下列 80C51 单片机指令的书写格式是否有误，若有，请说明错误原因。

```
MOV R0, @R3        ;错：间址寄存器不能使用 R2～R7
MOVC A, @R0+DPTR   ;错：变址寻址方式中的间址寄存器不可使用 R0，只可使用 A
ADD R0, R1         ;错：运算指令中目的操作数必须为累加器 A，不可为 R0
MUL A R0           ;错：乘法指令中的乘数应在 B 寄存器中，即乘法指令只可使用 AB 寄存器组合
```

5.3　80C51 单片机指令系统

80C51 单片机的指令系统按其功能可归纳为五大类，即数据传送类指令（29 条）、算术运算类指令（24 条）、逻辑运算类指令（24 条）、控制转移类指令（17 条）、布尔（位）处理类指令。下面分别进行系统论述。

5.3.1　数据传送类指令

传送指令是指令系统中最基本、使用最多的一类指令，主要用于数据的传送、保存及交换等场合。数据传送是否灵活、快速对程序的编写和执行速度将产生很大的影响。80C51 的数据传送操作可在累加器 A、工作寄存器 R0～R7、内部数据存储器、外部数据存储器和程序存储器之间进行，其中对 A 和 R0～R7 的操作最多。

80C51 数据传送类指令有 29 条，按传送区不同分为：内部数据传送指令、外部数据传送指令、程序存储器数据传送指令、交换指令等，下面分别进行论述。

1．内部数据传送指令

内部数据传送是指在工作寄存器 R0～R7、内部数据存储器 RAM、累加器 A、16 位数据指针 DPTR、内部特殊功能寄存器 SFR 之间的数据传送。共有 18 条指令。

（1）以累加器 A 为目的操作数的指令（4 条）

这组指令的功能是把源操作数指定的内容送入累加器 A。源操作数有寄存器寻址、寄存器直接寻址、寄存器间接寻址和立即寻址 4 种寻址方式。

```
MOV A,Rn        ;n=0～7，寄存器寻址
MOV A,direct    ;寄存器直接寻址
MOV A,@Ri       ;i=0～1，寄存器间接寻址
MOV A,#data     ;立即寻址
```

例如：

```
MOV A,R6        ;(R6)→A，寄存器寻址，将寄存器 R6 中的内容送入累加器 A
MOV A,53H       ;(53H)→A，直接寻址，将内部 RAM53H 单元的内容送入累加器 A
MOV A,@R0       ;(R0)→A，寄存器间接寻址，内部 RAM 中 R0 为地址的单元的内容送入累加器 A
MOV A,#38H      ;立即寻址，38H→A
```

（2）以寄存器 Rn 为目的的操作数的指令（3 条）

这组指令的功能是把源操作数的内容送入当前工作寄存器区的 R0～R7 中的某一寄存器。源操作数有寄存器寻址、直接寻址和立即寻址 3 种寻址方式。

```
MOV Rn,A        ;n=0～7，寄存器寻址
MOV Rn,direct   ;直接寻址
MOV Rn,#data    ;立即寻址
```

例如：

```
MOV R1,A        ;(A)→R1，寄存器寻址
MOV R4,56H      ;(56H)→R4，直接寻址
MOV R6,#78H     ;78H→R6，立即寻址
```

（3）以直接地址为目的操作数的指令（5 条）

这组指令的功能是把源操作数指定的内容送入由直接地址 data 所指定的片内 RAM。源操作数有寄存器寻址、直接寻址、寄存器间接寻址和立即寻址 4 种寻址方式。

```
MOV direct,A          ;寄存器寻址
MOV direct,Rn         ;寄存器寻址
MOV direct,@Ri        ;i=0~1，寄存器间接寻址
MOV direct,#data      ;立即寻址
MOV direct,direct     ;直接寻址
```

例如：

```
MOV 38H,A             ;寄存器寻址，(A)→(38H)
MOV 38H,R4            ;寄存器寻址，(R4)→(38H)
MOV 38H,@R1           ;i=0~1，寄存器间接寻址，((R1))→(38H)
MOV 53H,#23H          ;立即寻址，23H→(53H)
MOV 53H,31H           ;直接寻址，(31H)→(53H)
```

（4）以间接地址为目的操作数的指令（3 条）

这组指令的功能是把源操作数指定的内容送入以 Ri（i=0~1）中的内容为地址的片内 RAM。源操作数有寄存器寻址、直接寻址和立即寻址 3 种寻址方式。

```
MOV @Ri, A            ;寄存器寻址，但不包括 Rn
MOV @Ri, direct       ;直接寻址
MOV @Ri, #data        ;立即寻址
```

例如：

```
MOV @R0,A             ;寄存器寻址，(A)→((R0))
MOV @R1,50            ;直接寻址，(50)→((R1))
MOV @R0,#68           ;立即寻址，68→((R0))
```

（5）堆栈操作指令（2 条）

如前所述，在 80C51 内部 RAM 中设有一个先进后出的堆栈，在特殊功能寄存器中有一个堆栈指针 SP，它指出栈顶位置。在指令系统中有两条用于数据传送的栈操作指令。

```
PUSH direct           ;将直接地址中的数压入栈顶
PO direct             ;将栈顶中的数弹出到直接地址
```

进栈指令的功能是先将堆栈指针 SP 的指针加 1，然后把直接地址指出的内容送入堆栈指针 SP 寻址的内部 RAM 单元。出栈指令的功能是将堆栈指针 SP 寻址的内部 RAM 单元的内容送入直接地址所指的字节单元，同时堆栈指针减 1。

（6）16 位数据传送指令（1 条）

```
MOV DPTR,#data16      ;将一个 16 位数送入 DPTR
```

这条指令的功能是把 16 位常数送入 DPTR。16 位的数据指针 DPTR 由 DPH 和 DPL 组成，这条指令的执行结果是把高位立即数送入 DPH，把低位立即数送入 DPL。

2. 外部数据传送指令

外部数据传送是指片外数据 RAM 和累加器 A 之间的相互数据传送。累加器 A 与片外数据存储器之间的数据传送是通过 P0 口和 P2 口进行的。片外数据存储器的地址总线的低 8 位和高 8 位分别由 P0

口和 P2 口决定，数据总线也是通过 P0 口与低 8 位地址总线分时传送的。片外数据存储器只能使用寄存器间接寻址方式，有 4 条指令：

```
MOVX @DPTR,A            ;将累加器 A 中的数写入 DPTR 指示的片外 RAM 单元
MOVX A,@DPTR            ;将由 DPTR 指示的片外 RAM 单元中的数写入累加器 A
MOVX @Ri,A             ;将累加器 A 中的数写入 Ri 指示的片外 RAM 单元
MOVX A,@Ri             ;将由 Ri 指示的片外 RAM 单元中的数写入累加器 A
```

前两条指令以 DPTR 为片外数据存储器 16 位地址指针，寻址范围达 64KB。其功能是在 DPTR 所指定的片外数据存储器与累加器 A 之间传送数据。

后两条指令用 R0 或 R1 作为低 8 位地址指针，由 P0 口送出，寻址范围是 256B。此时，P2 口仍可用做通用 I/O 接口。这两条指令完成以 R0 或 R1 为地址指针的片外数据存储器与累加器 A 之间的数据传送。

按照 80C51 的体系系统，I/O 与片外 RAM 是统一编址的。因此，没有专门对外设的 I/O 指令，如果在数据存储器的地址空间上设置 I/O 接口，则上面的 4 条指令就可以作为输入/输出指令。80C51 单片机只能用这种指令方式与外部设备联系。

【例 5.3】 现有一个输入设备口地址为 E000H，在这个输入设备口中已有数字量 89H，要将此值读入 ACC，可编写如下指令：

```
MOV DPTR,#0E000H        ;E000H→DPTR
MOVX A,@DPTR            ;(E000H)→A
```

【例 5.4】 把外部数据存储器 2040H 单元中的数取出，传送到 2230H 单元中。

根据题意可编程序如下：

```
MOV DPTR, #2040H        ;2040H→DPTR
MOV A,@DPTR            ;(2040H)→A
MOV DPTR,#2230H        ;2230H→DPTR
MOVX @DPTR,A           ;A→(2230H)
```

3. 程序存储器数据传送指令（查表指令）

由于对程序存储器只能读而不能写，因此其数据传送是单向的，即从程序存储器读取数据，且只能向累加器 A 传送。这类指令共有两条，其功能是对存放于程序存储器中的数据表格进行查找传送，所以又称查表指令。

```
MOVC A,@A+DPTR
MOVC A,@A+PC
```

这两条指令都为变址寻址方式。前一条指令以 DPTR 作为基址寄存器进行查表，使用前可先给 DPTR 赋予任何地址，因此查表范围可达整个程序存储器的 64KB 空间。后一条指令以 PC 作为基址寄存器，虽然也提供 16 位基址，但其值是固定的。由于 A 的内容为 8 位无符号数，因此这种查表指令只能查找所在地址以后 256B 范围内的常数或代码。

【例 5.5】 设累加器 A 中为 1 位十六进制数，用查表法获得相应的 ASCII 码。

程序如下：

```
FINDASCII:ANL  A,#0FH      ;屏蔽高 4 位
      MOV DPTR,#TAB        ;表首地址送 DPTR
      MOVC A,@A 十 DPTR     ;查表结果送累加器 A
                          ;十六进制 ASCII 码表
```

```
TAB: DB 30H                        ;"0"
     DB 31H                        ;"1"
     DB 32H                        ;"2"
     DB 33H                        ;"3"
     DB 34H                        ;"4"
     DB 35H                        ;"5"
     DB 36H                        ;"6"
     DB 37H                        ;"7"
     DB 38H                        ;"8"
     DB 39H                        ;"9"
     DB 41H                        ;"A"
     DB 42H                        ;"B"
     DB 43H                        ;"C"
     DB 44H                        ;"D"
     DB 45H                        ;"E"
     DB 46H                        ;"F"
```

4. 交换指令

数据交换的传送操作是指两个数据空间的数据交换操作，包括全交换 XCH、半交换 XCHD 和自交换 SWAP，共 5 条指令：

```
XCH A, Rn                          ;A↔Rn
XCH A, direct                      ;A↔(direct)
XCH A, @Ri                         ;A↔(Ri)
```

上述这组指令的功能是将累加器 A 的内容和源操作数的内容互相交换。源操作数有寄存器寻址、直接寻址和寄存器间接寻址方式。

```
XCHD A, @Ri                        ;A.3~A.0↔(Ri.3~Ri.0)
```

这条指令的功能是将累加器 A 的低 4 位和(R0)或(R1)的低 4 位进行交换，各自的高 4 位保持不变。

```
SWAP A                             ;A.7~A.4↔A.3~A.0
```

这条指令的功能是将累加器 A 的低 4 位和高 4 位进行交换。

5. 数据传送类指令一览表

数据传送类指令一览表，如表 5.2 所示。

表 5.2　数据传送类指令一览表

指令助记符	功能简述	字　节　数	振荡器周期数
MOV A, Rn	寄存器送累加器	1	12
MOV Rn, A	累加器送寄存器	1	12
MOV A, @Ri	内部 RAM 送累加器	1	12
MOV @Ri, A	累加器送内部 RAM	1	12
MOV A, #data	立即数送累加器	2	12
MOV A, direct	直接寻址字节送累加器	2	12
MOV direct, A	累加器送直接寻址字节	2	12
MOV Rn, #data	立即数送寄存器	2	12
MOV direct, #data	立即数送直接寻址字节	3	24

（续表）

指令助记符	功 能 简 述	字 节 数	振荡器周期数
MOV @R*i*, #data	立即数送内部 RAM	2	12
MOV direct, R*n*	寄存器送直接寻址字节	2	24
MOV R*n*, direct	直接寻址字节送寄存器	2	24
MOV direct, @R*i*	内部 RAM 送直接寻址字节	2	24
MOV @R*i*, direct	直接寻址字节送内部 RAM	2	24
MOV direct, direct	直接寻址字节送直接寻址字节	3	24
MOV DPTR, #data16	16 位立即数送数据指针	3	24
MOVX A, @R*i*	外部 RAM 送累加器(8 位地址)	2	24
MOVX @R*i*, A	累加器送外部 RAM（8 位地址）	1	24
MOVX A, @DPTR	外部 RAM 送累加器(16 位地址)	1	24
MOVX @DPTR, A	累加器送外部 RAM（16 位地址）	1	24
MOVCA, @A+DPTR	程序代码送累加器（相对数据指针）	1	24
MOVC A, @A+PC	程序代码送累加器（相对程序计数器）	2	24
XCH A, R*n*	累加器与寄存器交换	1	24
XCH A, @R*i*	累加器与内部 RAM 交换	1	12
XCH A, direct	累加器与直接寻址字节交换	2	12
XCHD A, @R*i*	累加器与内部 RAM 低 4 位交换	1	12
SWAP A	累加器高 4 位与低 4 位交换	1	12
POP direct	栈顶弹至直接寻址字节	2	24
PUSH direct	直接寻址字节压入栈顶	2	24

5.3.2　算术运算类指令

算术运算类指令的主要功能是实现算术加、减、乘、除等运算。

1．ADD 类指令

ADD 类指令是不带进位的加法运算指令，共有 4 条：

```
ADD A,Rn          ;A+Rn→A, Rn寄存器内容加到 A 中
ADD A,direct      ;A+(direct)→A, 直接地址内容加到 A 中
ADD A,@Ri         ;A+(Ri)→A, 间址内容加到 A 中
ADD A,#data       ;A+data→A, 立即数加到 A 中
```

注意：ADD 类指令相加结果均在 A 中，相加后源操作数不变。若 A 中最高位有进位，则 CY 置 1，若半加位有进位，则 AC 置 1。A 的结果影响奇偶标志位 P。

例如，A=30H，R0=10H，执行以下指令：

```
ADD A,R0          ;结果:A=40H,R0=10H 没变, 标志位 P=1,CY=0,OV=0,AC=0
```

2．ADDC 类指令

ADDC 类指令是带进位的加法运算指令，共有 4 条：

```
ADDC A,Rn         ;A+Rn+CY→A, Rn寄存器内容和进位位状态一并加到 A 中
ADDC A,direct     ;A+(direct)+CY→A, 直接地址内容和进位位状态一并加到 A 中
ADDC A,@Ri        ;A+(Ri)+CY→A, 间址内容和进位位状态一并加到 A 中
ADDC A,#data      ;A+data+CY→A, 立即数和进位位状态一并加到 A 中
```

ADDC 类与 ADD 类指令的区别是，相加时 ADDC 指令考虑低位进位，即连同进位标志位 CY 内容一起加，主要用于多字节相加；而 ADD 用于两字节相加，进位位 CY 加到字节的最低有效位。

【例 5.6】　编写计算 1234H+0FE7H 的程序，将结果存入内部 RAM 41H 和 40H 单元，40H 存低 8 位，41H 存高 8 位。

程序如下：

```
    MOV A,#34H          ;被加数低 8 位数 34H 送 A
    ADD A,#0E7H         ;加数低 8 位数 E7H 与之相加，A=1BH，CY=1
    MOV 40H,A           ;A→40H，即 34H+E7H 结果存入 40H，(40H)=1BH
    MOVA,#12H           ;被加数高 8 位数 12H 送 A
    ADDC A,#0FH         ;加数高 8 位 0FH 和 CY 与 A 相加，A=22H
    MOV 41H,A           ;高 8 位与进位位之和存入 41H 中，(41H)=22H
                        ;总和为 221BH，总结果在 41H，40H 单元中
```

3. SUBB 类指令

SUBB 类指令是带借位减法指令，其功能是将 A 中的被减数减去源操作数指出的内容，再减去借位标识 CY（原进位标识）状态，差值在 A 中。共有 4 条。

```
    SUBB A,Rn           ;A-Rn-CY→A，A 减寄存器 Rn 内容及进位标识存到 A 中
    SUBB A,direct       ;A-(direct)-CY→A，A 减寄存器直接地址内容及进位标识存到 A 中
    SUBB A,@Ri          ;A-(Ri)-CY→A，A 减间址内容及进位位状态一并存到 A 中
    SUBB A,#data        ;A-data-CY→A，A 减立即数及进位位状态一并加到 A 中
```

注意：多字节减法时，若低位相减有借位，则把 CY 置 1，否则 CY 为 0。80C51 系列指令中无不带借位的减法指令，为此在单字节或低位字节减法及运用其他类指令前要先将 CY 清 0。减法运算在计算机中实际是补码相加方式。

4. 乘（MUL）和除（DIV）指令

乘法指令仅 1 条，如下：

```
    MUL AB           ;A×B→A 和 B，结果是 16 位，高 8 位存入 B，低 8 位存入 A
```

注意：若乘积大于 FFH 则将溢出标志位 OV 置 1。

除法指令也只有 1 条，如下：

```
    DIV AB           ;A/B→A 和 B，商存入 A，余数存入 B
```

注意：当除数为 0 时，若结果不确定，则溢出将 OV 置 1。

5. INC（加 1）和 DEC（减 1）类指令

加 1 类指令共 5 条，其功能是将操作数内容加 1：

```
    INC A           ;A+1→A，A 加 1
    INC Rn          ;Rn+1→Rn，Rn 中内容加 1
    INC direct      ;(direct)+1→(direct)，直接地址中内容加 1
    INC @Ri         ;(Ri)+1→(Ri)，Ri 间址中的内容加 1
    INC DPTR        ;DPTR+1→DPTR，数据指针加 1
```

【例 5.7】　判断 INC R0 和 INC @R0 两条指令的结果，比较两者的区别。设 R0=30H，(30H)=00H。
执行指令：

```
    INC R0          ;R0+1=30H+1→R0，结果 R0=31H
    INC @R0         ;(R0)+1=(30H)+1→(R0)，结果(30H)=01H，R0 中内容不变仍为 30H
```

减 1 类指令共 4 条，其功能是将操作数指定单元内容减 1：

```
DEC  A            ;A-1→A, A 减 1
DEC  Rn           ;Rn-1→Rn, Rn 中内容减 1
DEC  direct       ;(direct)-1→(direct), 直接地址中的内容减 1
DEC  @Ri          ;(Ri)-1→(Ri), Ri 间址中的内容减 1
```

操作过程与加 1 指令类似，这里不再举例。

6. 十进制调整指令

十进制调整指令如下：

```
DA  A
```

其功能是把 A 中二进制码自动调整成二-十进制码（BCD 码），用于对 BCD 码的加法结果进行调整，例如：

```
MOV A,#05H        ;05H→A
ADD A,#08H        ;A+08H→A
DA  A             ;调整
```

结果为：A=13（BCD 码）。

若加法后无 DA A 指令，则结果为 A=0DH 十六进制码。

注意：DA A 指令只能跟在 ADD 或 ADDC 加法指令后，不适用于减法。

7. 算术操作类指令一览表

算术操作类指令一览表如表 5.3 所示。

表 5.3　算术操作类指令一览表

指令助记符	功 能 简 述	字 节 数	振荡器周期数
ADD A, Rn	累加器加寄存器	1	12
ADD A, @Ri	累加器加内部 RAM	1	12
ADD A, direct	累加器加直接寻址字节	2	12
ADD A, #data	累加器加立即数	2	12
ADDC A, Rn	累加器加寄存器和进位位	1	12
ADDC A, @Ri	累加器加内部 RAM 和进位位	1	12
ADDC A, #data	累加器加立即数和进位位	2	12
ADDC A, direct	累加器加直接寻址字节和进位位	2	12
INC A	累加器加 1	1	12
INC Rn	寄存器加 1	1	12
INC direct	直接寻址字节加 1	2	12
INC @Ri	内部 RAM 加 1	1	12
INC DPTR	数据指针加 1	1	24
DA A	十进制调整	1	12
SUBB A, Rn	累加器减寄存器和借位	1	12
SUBB A, @Ri	累加器减内部 RAM 和借位	1	12
SUBB A, #data	累加器减立即数和借位	2	12
SUBB A, direct	累加器减直接寻址字节和借位	2	12
DEC A	累加器减 1	1	12
DEC Rn	寄存器减 1	1	12
DEC @Ri	间接 RAM 减 1	1	12
DEC direct	直接寻址字节减 1	2	12
MUL AB	累加器 A 乘寄存器 B	1	48
DIV AB	累加器 A 除以寄存器 B	1	48

5.3.3　逻辑运算类指令

逻辑运算类指令主要用于对两个操作数按位进行逻辑操作，结果送入累加器 A 或直接寻址单元。这类指令所能执行的操作主要有：与、或、异或，以及移位、取反、清除等。执行这些指令时一般不影响程序状态字寄存器 PSW，仅当目的操作数为 ACC 时对奇偶标志位有影响。逻辑运算类指令共有 24 条，下面分别加以介绍。

1. 逻辑与（ANL）指令

逻辑与指令的功能是将源操作数内容和目的操作数内容按位相与，结果存入目的操作数指定单元，源操作数不变，执行后影响奇偶标志位 P。

```
ANL A,Rn              ;A & Rn→A
ANL A,direct          ;A & (direct)→A
ANL A,@Ri             ;A & (Ri)→A
ANL A,#data           ;A & data→A
ANL direct,A          ;(direct) & A→(direct)
ANL direct,#data      ;(direct) & data→(direct)
```

后两条指令将直接地址单元中的内容和操作数所指出的内容按位逻辑与，结果存入直接地址单元中（若直接地址为 I/O 端口，则为"读—改—写"操作）。

【例 5.8】　设 A=F6H，(30H)=0FH。

执行：

```
ANL A,30H             ;A & (30H)→A
```

操作如下：

```
    11110110    (F6)
  & 00001111    (0F)
    ────────
    00000110    (06)
```

结果为：A=06H，30H 地址内容不变，即(30H)=0FH。这里采用了 C 语言的位操作运算符"&"表示与逻辑运算，用"|"表示或逻辑运算，用"^"表示异或逻辑运算。

若执行：

```
ANL 30H,A             ;A & (30H)→(30H)
```

操作同上，结果放在 30H 地址中，A 中内容不变，即 (30H)=06H，A=F6H。

2. 逻辑或（ORL）指令

逻辑或指令的功能是将源操作数内容与目的操作数内容按位逻辑或，结果存入目的操作数指定单元，源操作数不变，执行后影响奇偶标志位 P。

```
ORL A,Rn              ;A | Rn→A
ORL A,direct          ;A | (direct)→A
ORL A,@Ri             ;A | (Ri)→A
ORL A,#data           ;A | data→A
ORL direct,A          ;(direct)| A→(direct)
ORL direct,#data      ;(direct) | data→(direct)
```

或运算过程和与运算过程类似，这里不再举例。

后两条指令的操作结果存放在直接地址单元中（若地址为 I/O 端口，也为"读—改—写"操作）。

3. 逻辑异或（XRL）指令

异或指令的功能是将两个操作数的指定内容按位异或，结果存入目的操作数指定单元。异或的原则是：相同为 0，相异为 1。执行后影响奇偶标志位 P。

```
XRL A,Rn            ;A ^ Rn→A
XRL A,direct        ;A ^ (direct)→A
XRL A,@Ri           ;A ^ (Ri)→A
XRL A,#data         ;A ^ data→A
XRL direct,A        ;(direct) ^ A→(direct)
XRL direct,#data    ;(direct) ^ data→(direct)
```

后两条指令的操作结果存放在直接地址单元中（若地址为 I/O 端口，也为"读—改—写"操作）。

【例 5.9】 (50H)=05H。

执行：

```
XRL 50H, #06H       ;(50) ^ 06H→(50)
```

操作如下：

```
      00000101    (05H)
 ^    00000110    (06H)
      00000011    (03H)
```

结果：(50H)=03H。

4. 循环移位指令

循环移位指令的功能是将累加器 A 中内容循环移位，或者与进位位一起移位，指令共 4 条。

```
RL A                ;A 中内容循环左移，执行本指令一次左移 1 位
```

操作如下：

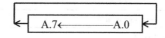

```
RR A                ;A 中内容循环右移，执行本指令一次右移 1 位
```

操作如下：

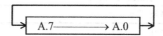

```
RLC A               ;A 与 CY 内容一起循环左移 1 位，执行本指令一次左移 1 位
```

操作如下：

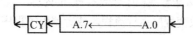

```
RRC A               ;A 与 CY 内容一起循环右移 1 位，执行本指令一次右移 1 位
```

操作如下：

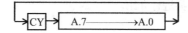

例如，A=01H，CY=1。执行一次 RRC A 后，结果为：A=10000000B，CY=1；执行一次 RLC A 后，结果为：A=00000011B，CY=0。

5. 取反、清 0 指令

```
CPL  A          ; Ā →A，累加器 A 内容按位取反
CLR  A          ;0→A，累加器 A 清 0
```

6. 逻辑运算类指令一览表

逻辑运算类指令一览表，如表 5.4 所示。

表 5.4　逻辑运算类指令一览表

指令助记符	功能简述	字　节　数	振荡器周期数
ANL A, Rn	累加器与寄存器	1	12
ANL A, @Ri	累加器与内部 RAM	1	12
ANL A, #data	累加器与立即数	2	12
ANL A, direct	累加器与直接寻址字节	2	12
ANL direct, A	直接寻址字节与累加器	2	12
ANL direct, #data	直接寻址字节与立即数	3	24
ORL A, Rn	累加器或寄存器	1	12
ORL A, @Ri	累加器或内部 RAM	1	12
ORL A, #data	累加器或立即数	2	12
ORL A, direct	累加器或直接寻址字节	2	12
ORL direct, A	直接寻址字节或累加器	2	12
ORL direct, #data	直接寻址字节或立即数	3	24
XRL A, Rn	累加器异或寄存器	1	12
XRL A, @Ri	累加器异或内部 RAM	1	12
XRL A, #data	累加器异或立即数	2	12
XRL A, direct	累加器异或直接寻址字节	2	12
XRL direct, A	直接寻址字节异或累加器	2	12
XRL direct, #data	直接寻址字节异或立即数	3	24
RL A	累加器左环移位	1	12
RLC A	累加器带进位标识左环移位	1	12
RR A	累加器右环移位	1	12
RRC A	累加器带进位标识右环移位	1	12
CPL A	累加器取反	1	12
CLR A	累加器清 0	1	12

5.3.4　控制转移类指令

控制转移类指令的功能是根据要求修改程序计数器 PC 的内容，以改变程序的运行流程，实现转移。

计算机在运行过程中，需要改变程序运行流程，或者调用子程序，或者从子程序中返回，都需要改变程序计数器 PC 中的内容。控制转移类指令可实现这一要求。

80C51 指令系统中有 17 条（本节不包括位操作类的 4 条转移指令）控制程序转移类指令，包括无条件转移和条件转移、绝对转移和相对转移、长转移和短转移、调用和返回指令等。这类指令多数不影响程序状态标识寄存器，下面分类进行介绍。

1. 无条件转移类指令

```
LJMP add16    ;add16→PC 无条件跳转到 add16 地址，可在 64KB 范围内转移，称为长转移指令
AJMP add11    ;add11→PC 无条件跳转到 add11 地址，可在 2KB 范围内转移，称为绝对转移指令
SJMP rel      ;PC+2+rel→PC 相对转移，rel 是偏移量，它是 8 位有符号数
              ;范围为-128～+127，即向后跳转 128B，向前可跳转 127B
JMP  @A+DPTR  ;A+DPTR→PC，属散转指令，无条件转向 A 与 DPTR 内容相加后形成的新地址
```

第 1 条指令 LJMP 称长转移指令。因为指令中包含 16 位地址，所以转移的目标地址范围是程序存储器的 0000H～FFFFH。指令执行结果是将 16 位地址 addr16 送入程序计数器 PC。

第 2 条指令 AJMP 称绝对（也称短）转移指令，指令中包含 11 位地址，转移的目标地址是在下一条指令地址开始的 2KB 范围内。它把 PC 的高 5 位与操作码的第 7～5 位及操作数的 8 位并在一起，构成 16 位的转移地址。由于地址高 5 位保持不变，仅低 11 位发生变化，因此寻址范围必须在该指令地址+2 后的 2KB 区域内。

第 3 条指令 SJMP 是无条件相对转移指令，该指令为双字节，指令的操作数是相对地址。rel 是一个带符号的偏移字节数（2 的补码），其范围为-128～+127。负数表示向后转移，正数表示向前转移。该指令执行后的目的地址值按下式计算：

$$目的地址值=本指令地址值+2+rel$$

第 4 条指令 JMP 也属于无条件转移指令，其转移地址由数据指针 DPTR 的 16 位数和累加器 A 的 8 位无符号数相加形成，并直接送入 PC。指令执行过程对 DPTR、A 和标志位均无影响。这条指令可代替众多的判别跳转指令，具有散转功能（又称散转指令）。

例如，执行如下指令：

```
2000H LJMP 3000H
```

执行后 PC 值由 2003H 变为 3000H。

执行如下指令：

```
2000H AJMP 600H
```

执行后 PC 值由 2002H 变为 2600H。

执行如下指令：

```
2000H SJMP 7
```

执行后 PC 值由 2002H 变为 2009H。

说明：实际编写程序时最好把偏移量和转移地址都用符号表示，当机器汇编时自动计算出偏移字节数，不容易出错，同时也便于修改程序。

2. 条件转移类指令

条件转移类指令功能是根据条件判断是否转移，若条件满足则转移，若条件不满足则顺序执行。

```
JZ rel               ;A=0, PC+2+rel→PC, A≠0 顺序执行
JNZ rel              ;A≠0, PC+2+rel→PC, A=0 顺序执行
CJNE A, direct, rel  ;A=(direct), 顺序执行
                     ;A>(direct), PC+3+rel→PC, 0→CY
                     ;A<(direct), PC+3+rel→PC, 1→CY
CJNE A, #data, rel   ;A=data, 顺序执行
                     ;A>data, PC+3+rel→PC, 0→CY
                     ;A<data, PC+3+rel→PC, 1→CY
```

```
    CJNE Rn, #data, rel        ;Rn=data, 顺序执行
                               ;Rn>data, PC+3+rel→PC, 0→CY
                               ;Rn<data, PC+3+rel→PC, 1→CY
    CJNE @Ri, #data, rel       ;(Ri)=data, 顺序执行
                               ;(Ri)>data, PC+3+rel→PC, 0→CY
                               ;(Ri)<data, PC+3+rel→PC, 1→CY
    DJNZ Rn, rel               ;Rn-1→Rn
                               ;Rn≠0, PC+2+rel→PC
                               ;Rn=0 顺序执行
    DJNZ direct, rel           ;(direct)-1→(direct)
                               ;(direct)≠0, PC+3+rel→PC
                               ;(direct)=0, 顺序执行
```

这类指令先测试某一条件是否满足，满足规定的条件时，程序转移到指定地址，否则将继续执行下一条指令。条件是由条件转移指令本身提供（或规定）的。

这组指令中前两条是累加器判别转移指令，通过判别累加器 A 中是否为 0，决定转移还是顺序执行。

第 3～6 条为比较转移指令，是本指令系统中仅有的具有 3 个操作数（一个隐含在操作码中）的指令组。这些指令的功能是比较前两个无符号操作数的大小，若不相等，则转移，否则顺序执行。这 4 条指令影响 CY 位，执行结果不影响任何操作数。

最后两条指令是减 1 非零转移指令。在实际问题中，经常需要多次重复执行某段程序。这时，在程序设计时，可以设置一个计数值，每执行一次某段程序，计数值减 1，若计数值非 0 则继续执行，直至计数值减至 0 为止。使用此指令前要将计数值预置在工作寄存器或片内 RAM 直接地址中，然后再执行某段程序和减 1 判 0 指令。

3. 调用、返回、空操作指令

调用指令用于调用子程序：

```
    LCALL addr16               ;PC+3→PC, SP+1→SP
                               ;PC.7~PC.0→(SP), SP+1→SP
                               ;PC.15~PC.8→(SP), addr16→PC
    ACALL addr11               ;PC+2→PC, SP+1→SP
                               ;PC.7~PC.0→(SP), SP+1→SP
                               ;PC.15~PC.8→(SP),addr11→ PC.10~PC.0
    RET                        ;(SP)→PC.15~PC.8, SP-1→SP
                               ;(SP)→PC.7~PC.0, SP-1→SP
    RETI                       ;(SP)→PC.15~PC.8, SP-1→SP
                               ;(SP)→PC.7~PC.0, SP-1→SP
                               ;用于中断程序返回，执行该指令同时清除优先级状态触发器
    NOP                        ;只进行取指令和译码，不进行任何操作，故为空操作，常用于产生
                               ;一个机器周期延时
```

第 1 条是长调用指令（Long Call），含 3 字节，其后 2 字节为所调用子程序的入口地址。此指令在执行过程中使 PC 值加 3，以指向下一条指令。随后此 PC 值被压入堆栈（低字节先入栈），SP 值增 2。最后 PC 值的高、低字节分别被 LCALL 指令码中的第 2 字节和第 3 字节所取代，于是控制转到子程序。此指令不影响任何标志位。

第 2 条是绝对调用指令（Absolute Call），其操作数部分的 addr11 表示，被调用子程序首地址的低

11 位由程序给出。该指令在执行过程中，将 PC 值两次增 1，使其指向其后一条指令的地址，然后把此 PC 值压入堆栈（先压入低字节），在入栈过程中，SP 值递增两次。目的地址的高 5 位取自 PC，低 11 位为操作码中的高 3 位与指令第 2 字节的有序组合，显然被调用子程序的首地址与 ACALL 的后一指令必须位于同一 2KB 的页面范围内。此指令不影响任何标志位。

第 3 条是子程序返回指令（Return from Subroutine）。RET 指令把 ACALL 或 LCALL 保存在堆栈中的 PC 值弹入 PC，SP 值减 2，于是 CPU 接下来执行的将是 ACALL 或 LCALL 紧后面的一条指令。RET 指令也不影响标志位。

第 4 条指令为中断返回 RETI（Return from Interrupt）指令，有两方面的功能：第一，恢复中断时保存入栈的程序指针 PC 值，使被打断的程序得以从断点处恢复执行，此操作同 RET；第二，恢复中断逻辑，使 CPU 能够接受与刚处理过的中断同级别的中断请求。但要注意，PSW 不能自动恢复成中断前的状态。当 RETI 指令执行时，若有低级或同级中断挂起的话，则 RETI 指令执行完后，必须再执行一条指令，方能处理此前挂起的中断请求。

第 5 条指令为空操作指令（No Operation），除 PC 值增 1 之外，其他寄存器和标志位不受影响。NOP 指令常用于得到一个机器周期的延时。

4. 控制程序转移类指令一览表

控制程序转移类指令一览表，如表 5.5 所示。

表 5.5　控制程序转移类指令一览表

指令助记符	功能简述	字节数	振荡器周期数
ACALL addr11	2KB 内绝对调用	2	24
AJMP addr11	2KB 内绝对转移	2	24
LCALL addr16	64KB 内长调用	3	24
LJMP addr16	64KB 内长转移	3	24
SJMP rel	相对短转移	2	24
JMP @A+DPTR	相对长转移	1	24
RET	子程序返回	1	24
RETI	中断返回	2	24
JZ rel	累加器为 0 转移	2	24
JNZ rel	累加器为非 0 转移	3	24
CJNE A,#data,rel	累加器与立即数不等转移	3	24
CJNE A,direct,rel	累加器与直接寻址字节不等转移	3	24
CJNE Rn,#data,rel	寄存器与立即数不等转移	3	24
CJNE @Ri,#data,rel	内部 RAM 与立即数不等转移	3	24
DJNZ Rn,rel	寄存器减 1 不为 0 转移	2	24
DJNZ direct,rel	直接寻址字节减 1 不为 0 转移	3	24
NOP	空操作	1	12

5.3.5　位操作指令

前面介绍的指令操作数全都是字节，包括字节的移动、加法、减法、逻辑运算、移位等。在实际应用中，用字节处理一些数学问题很直观，如控制冰箱的温度、电视机的音量等。但是，如果用它控制一些开关量，如开关的打开和合上、灯的亮和灭、继电器吸合和断开等，就显得不方便了。单片机系统中有很多场合需要处理这类开关量的输入和输出。例如，以单片机为核心组成的可编程控制器的中间继电器和输出继电器，用字节处理就显得有些麻烦，并且浪费存储器资源。因此，单片机具有较强的位处理功能，可以对片内位地址区及某些特殊功能寄存器的位进行位操作。在 80C51 的硬件结构中，有位处理器（布尔处理器），它具有一套处理位变量的指令集，包括位变量传送、逻辑运算、控制程序转移等指令。

在 80C51 单片机的内部数据存储器中，20H～2FH 为位操作区域，其中每位都有自己的位地址（参见第 4 章），可以对每位进行操作。位地址空间为 00H～7FH，共 16×8=128 位，如表 5.6 所示。对于字节地址能被 8 整除的特殊功能寄存器中的每位，也具有可寻址的位地址，如表 5.7 所示。

表 5.6　80C51 单片机的位寻址空间

字 节 地 址	位　地　址							
2FH	7FH	7EH	7DH	7CH	7BH	7AH	79H	78H
2EH	77H	76H	75H	74H	73H	72H	71H	70H
2DH	6FH	6EH	6DH	6CH	6BH	6AH	69H	68H
2CH	67H	66H	65H	64H	63H	62H	61H	60H
2BH	5FH	5EH	5DH	5CH	5BH	5AH	59H	58H
2AH	57H	56H	55H	54H	53H	52H	51H	50H
29H	4FH	4EH	4DH	4CH	4BH	4AH	49H	48H
28H	47H	46H	45H	44H	43H	42H	41H	40H
27H	3FH	3EH	3DH	3CH	3BH	3AH	39H	38H
26H	37H	36H	35H	34H	33H	32H	31H	30H
25H	2FH	2EH	2DH	2CH	2BH	2AH	29H	28H
24H	27H	26H	25H	24H	23H	22H	21H	20H
23H	1FH	1EH	1DH	1CH	1BH	1AH	19H	18H
22H	17H	16H	15H	14H	13H	12H	11H	10H
21H	0FH	0EH	0DH	0CH	0BH	0AH	09H	08H
20H	07H	06H	05H	04H	03H	02H	01H	00H

表 5.7　80C51 单片机的特殊功能寄存器位寻址空间

特殊功能寄存器名称	符号	地址	位地址和位名称							
			D7	D6	D5	D4	D3	D2	D1	D0
P0 口	P0	80H	87H	86H	85H	84H	83H	82H	81H	80H
定时器/计数器控制	TCON	88H	8FH TF1	8EH TR1	8DH TF0	8CH TR0	8BH IE1	8AH IT1	89H IE0	88H IT0
P1 口	P1	90H	97H	96H	95H	94H	93H	92H	91H	90H
串行控制	SCON	98H	9FH SM0	9EH SM1	9DH SM2	9CH REN	9BH TB8	9AH RB8	99H TI	98H RI
P2 口	P2	A0H	A7H	A6H	A5H	A4H	A3H	A2H	A1H	A0H
中断允许控制	IE	A8H	AFH EA	— —	ADH ET2	ACH ES	ABH ET1	AAH EX1	A9H ET0	A8H EX0
P3 口	P3	B0H	B7H	B6H	B5H	B4H	B3H	B2H	B1H	B0H
中断优先级控制	IP	B8H	— —	— —	BDH PT2	BCH PS	BBH PT1	BAH PX1	B9H PT0	B8H PX0
+定时器/计数器 2 控制	T2CON	C8H	CFH TF2	CEH EXF2	CDH RCLK	CCH TCLK	CBH EXEN2	CAH TR2	C9H $C/\overline{T2}$	C8H $CP/\overline{RT2}$
程序状态字	PSW	D0H	D7H C	D6H AC	D5H F0	D4H RS1	D3H RS0	D2H OV	D1H F1	D0H P
累加器	ACC	E0H	E7H	E6H	E5H	E4H	E3H	E2H	E1H	E0H
B 寄存器	B	F0H	F7H	F6H	F5H	F4H	F3H	F2H	F1H	F0H

在进行位操作时，位累加器 C 即为进位标志位 CY。

在汇编语言中位地址的表达方式有如下几种。

● 直接（位）地址方式：如 D4H。

● 点操作符号方式：如 PSW.4，(D0H).4。

● 位名称方式：如 RS1。

● 用户定义名方式：如用伪指令 bit 定义 SUB.REG　bit　RS1。经定义后，允许指令中用 SUB.REG 代替 RS1。

上面 4 种方式都可以表达 PSW(D0H)中的位 4，它的位地址是 D4，名称为 RS1，用户定义名为 SUB.REG。

位操作类指令共 17 条，下面分类进行介绍。

1．位数据传送指令

```
MOV C, bit            ;bit→C
MOV bit, C            ;C→bit
```

这两条指令主要用于对位操作累加器 C 进行数据传送，均为双字节指令。

前一条指令的功能是将某指定位的内容送入位累加器 C，不影响其他标志位。后一条指令的功能是将 C 的内容传送到指定位，在对端口操作时，先读入端口 8 位的全部内容，然后把 C 的内容传送到指定位，再把 8 位内容传送到端口的锁存器，所以也是"读－改－写"指令。

【例5.10】　已知片内 RAM(21H)=8FH=10001111B，把 21H 的最低位送入 C。

按题意编写指令如下：

```
MOV C, 08H
```

结果：C=1。

【例5.11】　将 P1.3 状态传送到 P1.7。

按题意编写指令如下：

```
MOV C, P1.3
MOV P1.7, C
```

2．位修改指令

（1）位清 0 指令

```
CLR C           ;(CY)←0,机器码: 1100 0011
CLR bit         ;(bit)←0,机器码: 1100 0010 bit
```

位清 0 指令将 CY 或以 bit 为地址的位单元清 0。

（2）位置 1 指令

```
SETB C          ;(CY)←1,机器码:1101 0011
SETB bit        ;(bit)← 1,机器码:1101 0010 bit
```

位置 1 指令将 CY 或以 bit 为地址的位单元置 1。

（3）位取反指令

```
CPL C           ;(CY)←(CY),机器码:1011 0011
CPL bit         ;(bit)←(bit),机器码:1011 0010 bit
```

位取反指令将 CY 或以 bit 为地址的位单元内容取反。

【例 5.12】 设(20H)=7EH=01111110, (2FH)=0F0H=11110000，执行下列指令后，20H、2FH 单元的内容是多少？

```
CLR 04H          ;(04H)=(20H.4)←0
SETB PSW.4       ;(RS1)=(PSW.4)←1
SETB PSW.3       ;(RS0)=(PSW.3)←1,选择工作寄存器的 3 区
CPL 7FH          ;(7FH)=(2FH.7)←0
```

执行上述指令后(20H)=01101110, (2FH)=01110000。

3．位逻辑指令

80C51 单片机的位处理器只有与、或两类逻辑指令，目的操作数为 CY，源操作数为位地址单元。

（1）与指令

```
ANL C, bit       ;(C)←(C) & (bit),机器码: 1000 0010 bit,&表示与操作
ANL C, /bit      ;(C)←(C) & (/bit),机器码: 1011 0000 bit
```

第 1 条位与指令是将以 bit 为地址的位单元与 CY 进行与操作，结果存放在 CY 中。第 2 条位与指令是将以 bit 为地址的位单元取反后与 CY 进行与操作，结果存放在 CY 中。

（2）或指令

```
ORL C, bit       ;(C)←(C) | (bit),机器码: 0111 0010 bit, |表示或操作
ORL C, /bit      ;(C)←(C) | (bit),机器码: 1010 0000 bit
```

第 1 条位或指令是将以 bit 为地址的位单元与 CY 进行或操作，结果存放在 CY 中。第 2 条位或指令是将以 bit 为地址的位单元取反后与 CY 进行或操作，结果存放在 CY 中。位操作指令只会改变 CY 的值，而不会影响 PSW 中其他标志位。

【例 5.13】 设(P1.0)=1, (ACC.7)=1, (OV)=0，执行下列指令后(CY)是多少？

```
(1) MOV C, P1.0        ;(C)←(P1.0)=1
    ANL C, ACC.7       ;(C)←(C) & (ACC.7)=1
    ANL C, /OV         ;(C)←(C) & (OV)=1
```

执行上述指令后(CY)=1。

```
(2) MOV C,P1.0         ;(C)←(P1.0)=1
    ORL C, ACC.7       ;(C)←(C) | (ACC.7)=1
    ORL C, /PSW.2      ;(C)←(C) | (OV)=1,程序状态字第 2 位 PSW.2=OV
```

执行上述指令后(CY)=1。

4．布尔变量操作类一览表

布尔变量操作类一览表，如表 5.8 所示。

表 5.8　布尔变量操作类一览表

指令助记符	功 能 简 述	字 节 数	振荡器周期数
MOV C, bit	直接寻址位送 CY	2	12
MOV bit, C	CY 送直接寻址位	2	12
CLR C	CY 清 0	1	12
CLR bit	直接寻址位清 0	2	12
CPL C	CY 取反	1	12

（续表）

指令助记符	功　能　简　述	字　节　数	振荡器周期数
CPL bit	直接寻址位取反	2	12
SETB C	CY 置位	1	12
SETB bit	直接寻址位置位	2	12
ANL C, bit	CY 逻辑与直接寻址位	2	24
ANL C, /bit	CY 逻辑与直接寻址位的反	2	24
ORL C, bit	CY 逻辑或直接寻址位	2	24
ORL C, /bit	CY 逻辑或直接寻址位的反	2	24
JC rel	CY 置位转移	2	24
JNC rel	CY 清 0 转移	2	24
JB bit, rel	直接寻址位为 1 转移	2	24
JNB bit, rel	直接寻址位为 0 转移	3	24
JBC bit, rel	直接寻址位为 1 转移并清该位	3	24

5.4　80C51 汇编语言程序设计

前面几节介绍了 80C51 单片机的指令系统，所有汇编指令均能翻译成机器码。也就是说，有一条汇编指令，就有一条机器指令码与之对应。如何使用单片机的汇编指令编写程序，是本节所要介绍的内容。下面先了解一下汇编语言的特点和语句格式。

1. 汇编语言的特点

因为使用助记符的汇编指令和机器指令一一对应，所以用汇编语言编写的程序占用存储空间小，运行速度快，能编写出最优化的程序。使用汇编语言编程比使用高级语言困难。因为汇编语言是面向计算机的，所以程序设计人员必须对计算机硬件有相当深入的了解。汇编语言能直接访问存储器及接口电路，也能处理中断，因此汇编语言程序能直接管理和控制硬件设备。汇编语言缺乏通用性，程序不易移植，各种计算机都有自己的汇编语言，不同计算机的汇编语言之间不能通用。

2. 汇编语言的语句格式

80C51 汇编语言的语句格式表示如下：

［＜标号＞］＜操作码＞［＜操作数＞］；［＜注释＞］

汇编语言语句由标号、操作码、操作数和注释 4 部分组成，其中方括号中为可选择部分，视需要选用。

编写汇编语言程序时，还会用到另一类指令，这类指令仅供汇编程序将源程序翻译成目标程序时使用，本身并不形成机器码，称为伪指令。由此可知，汇编语言指令有以下两类：

● 汇编指令，编译后产生机器码的指令；
● 伪指令，仅供汇编程序使用，编译后不产生机器码的指令。

3. 汇编语言源程序的汇编方式

用汇编语言编写的源程序，必须变换成机器语言程序，才能被单片机执行。上面已提到的把用汇编语言书写的源程序翻译成机器语言目标程序的过程称为汇编。汇编通常划分为 3 种方式：手工汇编、自汇编和交叉汇编。

手工汇编的汇编过程由人工完成，即需先从指令表（见附录 A）中查出每条指令对应的机器代码，列出一张与源程序对应的机器语言程序清单，然后在监控程序管理下，从键盘直接把机器代码输入计算机内存执行。显然这种汇编过程很麻烦，效率低，出错率高。

自汇编是指在同一个计算机中，既汇编源程序，又执行汇编后的目标程序。这种汇编的方法要求承担该任务的计算机应具有一定的存储容量和外围设备。

交叉汇编是利用功能较全的通用计算机对源程序进行汇编，再把目标程序输入或通过介质转储到小型或专用微型机中去执行。在一般简易型开发装置中，常常采用交叉汇编的方法。

5.4.1 伪指令

1. 设置起始地址 ORG（Origin）

指令格式：ORG nn

作用：将 ORG nn 后的程序机器码或数据存放在以 nn 为首地址的存储单元中。例如伪指令 ORG 1000H，是将目标程序从地址 1000H 处开始存放的。

2. 定义字节 DB 或 DEFB（Define Byte）

指令格式：[LABEL] DB N1, N2, …, Nm

作用：将 DB 后的 8 位字节数据 N1, N2, …, Nm 依次存放在以标号 LABEL 为首地址的存储单元中。若无标号，则 N1, N2, …, Nm 依次存放在 DB 上一条指令之后的存储单元中。

3. 定义字 DW 或 DEFW(Define Word)

指令格式：[LABEL] DW NN1, NN2, …, NNm

作用：将 DW 后的 16 位字数据 NN1, NN2, …, NNm 依次存放在以标号 LABEL 为首地址的存储单元中。若无标号，则 NN1, NN2, …, NNm 依次存放在 DW 上一条指令之后的存储单元中。

4. 为标号赋值 EQU（Equate）

指令格式：LABEL EQU nn（或 n）

作用：将 16 位地址 nn（或 8 位地址 n）赋给标号 LABEL。

5. 结束汇编 END

指令格式：END

作用：汇编程序编译源程序时，遇到伪指令 END，不管其后是否还有其他指令都将停止编译。

5.4.2 汇编语言程序设计举例

汇编语言程序设计的一般步骤为，先由实际问题建立数学模型，然后给出数学模型的解题算法，并由此算法画出流程图，再由流程图用汇编语言写出源程序，将源程序编译成目标程序，上机运行调试目标程序，最后得到运算结果。若运行过程中有语法错误，则应检查源程序中的语法错误，修改后重新运行目标程序，直到消除所有语法错误为止。若运行结果与实际情况不符，则要考虑修改数学模型、流程图、源程序、目标程序，重新上机运行调试，直到运行结果与实际相符为止。

地址	内容
5FH	0AA
…	…
54H	0AA
53H	0AA
52H	0AA
51H	0AA
50H	0AA

R0 →

图 5.7　存储单元内容设置为 0AAH

【例 5.14】　循环程序设计：将地址从 50H 开始的 16 个单元内容设置为 0AAH，如图 5.7 所示。

解：地址从 50H～5FH 的 16 个单元内容设置为 0AAH 可以使用 16 条赋值指令完成。但当单元数量较多时，使用此方法显然是不合适的，应使用循环程序完成。首先将数据块首地址 50H 赋给地址指针寄存器 R0，然后将循环次数 16（=10H）赋给计数器 R2，这两个操作称为循环初始化，如图 5.7 所示。此后程序进入循环体，通过 @R0 间接寻址指令，将 R0 所指单元内容设置为 0AAH。为了将下一个单元内容设置为 0AAH，必须将地址指针 R0 加 1，使 R0 由 50H 变为 51H，同时应将循环计数器 R2 减 1，这两步操作称为循环修改。最后通过比较指令判断 R2 是否为 0，若为 0，则表示循环已进行 16 次，循环应结束；否则转到标号 LOOP 处继续执行循环体，将下一个单元内容设置为 0AAH，直到计数器 R2 为 0。

（1）流程图如图 5.8 所示。

（2）源程序如下：

```
DATA_ADDR      EQU 50H          ;数据块首地址
COUNT          EQU 10H          ;循环次数
VAL            EQU 0AAH         ;赋值 AAH
ORG     0000H
LJMP    START
;********************************
;*      主 程 序            *     *
;********************************
ORG     100H
START:
     MOV SP, #4FH
     MOV R0, #DATA_ADDR         ;数据块首地址 DATA_ADDR 赋给地址指针 R0
     MOV R2, #COUNT             ;循环次数 COUNT 赋给计数器 R2
LOOP:
     MOV @R0, #VAL              ;给((R0))单元赋值 VAL
     INC R0                     ;地址指针 R0 加 1
     DEC R2                     ;计数器 R2 减 1
     CJNE R2, #00H, LOOP        ;判 R2 是否为 0, 非 0 转 LOOP 继续清 0
     SJMP $                     ;R2 为 0, 循环结束
END
```

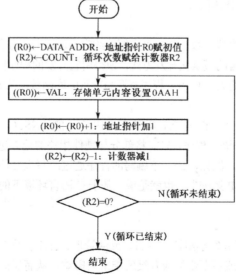

图 5.8　存储单元内容设置为 0AAH 流程图

该程序将 MOV @R0,#VAL 操作重复进行了 16 次，故为典型的循环程序。

读者可自行设计仿真电路，在指令"CJNE R2, #00H, LOOP"处设置断点，查看程序执行时，仿真电路中 CPU 内部数据存储器地址 50H～5FH 单元数据变化情况。

5.5 80C51 单片机 C51 程序设计语言

由于单片机应用系统的日趋复杂，要求所写的代码规范化、模块化，并便于多人以软件工程的形式进行协同开发，汇编语言作为传统的单片机应用系统的编程语言，已经不能满足这样的实际需要了。而 C 语言以其结构化和能产生高效代码满足了这样的需求，成为电子工程师进行单片机系统编程时的首选编程语言，而得到了广泛的支持。基于 80C51 系列单片机的广泛应用，从 1985 年开始许多公司陆续推出了 80C51 单片机的 C 语言编译器，简称 C51。随着 80C51 单片机硬件性能的提升，尤其是片内程序存储器容量的增大和时钟工作频率的提高，已基本克服了高级语言产生代码长、运行速度慢、不适合单片机使用的致命缺点。由此 C51 已经得到广泛的推广和应用，成为 80C51 系列单片机的主流程序设计语言，甚至可以说其已成为单片机开发人员必须要掌握的一门语言。采用 C51 程序设计语言，编程者只需了解变量和常量的存储类型与 80C51 单片机存储空间的对应关系，而不必深入了解单片机的硬件和接口。C51 编译器会自动完成变量的存储单元的分配。

1．C 语言编程与汇编语言编程相比的优势

汇编语言有执行效率高的优点，但其可移植性和可读性差，并且它本身就是一种编程效率低的低级语言，这些都使它的编程和维护极不方便，从而导致了整个系统的可靠性也较差。而使用 C 语言进行单片机应用系统的开发，有着汇编语言编程不可比拟的优势。

（1）编程调试灵活方便

C 语言作为高级语言的特点决定了它灵活的编程方式。同时，当前几乎所有系列的单片机都有相应的 C 语言级别的仿真调试系统，使得它的调试环境十分方便。

（2）生成的代码编译效率高

当前较好的 C 语言编译系统的编译效率已基本达到中高级程序开发人员的水平，尤其是用于开发较为复杂的单片机应用系统时更具优势。

（3）完全模块化

一种功能由一个函数模块完成，数据交换可方便地约定实现，十分有利于多人协同进行大系统项目的合作开发。同时，由于 C 语言的模块化开发方式，使得用它开发的程序模块可以不经修改地被其他项目所用，可以很好地利用现成的大量 C 语言程序资源与丰富的库函数，从而最大程度地实现资源共享。

（4）可移植性好

由于不同系列的单片机 C 语言的编译工具都是以 1983 年的 ANSI C 作为基础进行开发的。因此，一种 C 语言环境下所编写的 C 语言程序，只需将部分与硬件相关的地方进行适度修改，就可以方便地移植到另外一种系列单片机上。例如，C51 下编写的程序通过改写头文件，同时做少量的程序修改，即可方便地移植到 AVR 或 MSP 系列上。也就是说，基于 C 语言环境下的单片机软件能基本达到平台的无关性。

（5）便于项目维护管理

用 C 语言开发的代码便于开发小组计划项目、灵活管理、分工合作及后期维护，基本上可以杜绝因开发人员变化而给项目进度或后期维护或升级所带来的影响，从而保证了整个系统的高品质、高可靠性及可升级性。

2. 单片机 C 语言编译器与 PC 上的标准 ANSI C 编译器的主要区别

不同系列的单片机 C 语言编译器之所以与 ANSI C 有所不同，主要是由于它们所针对的硬件系统有其各自不同的特点。弄清楚它们之间的区别，可便于针对不同单片机结构进行程序设计。在这里，以 Keil 公司的 Keil C51（以下简称 C51）编译器为例，简要说明它与 ANSI C 的主要区别。其他的编译系统与 ANSI C 的差别，可具体参照指定编译系统手册。

C51 的特点和功能主要是由 80C51 单片机自身的特点所决定的。从头文件来说，80C51 系列有不同的厂家，不同的系列产品，如仅 Atmel 公司就有大家熟悉的 AT89C2051、AT89C51、AT89C52，以及大家不熟悉的 AT89S8252 等系列产品。它们都是基于 80C51 系列的芯片，唯一的不同之处在于内部资源，如定时器、中断、I/O 等数量和功能的不同，为了实现这些功能，只需将相应的功能寄存器的头文件加载在程序中，就可以实现指定的功能。因此，C51 系列头文件集中体现了各系列芯片的不同功能。

从数据类型来说，由于 80C51 系列器件包含了位操作空间和丰富的位操作指令，因此 C51 比 ANSI C 多一种位类型，使得其可以同汇编一样，灵活地进行位指令操作。

从数据存储类型来说，80C51 系列单片机有程序存储器和数据存储器。数据存储器又分片内和片外数据存储器。片内数据存储器还分为直接寻址区和间接寻址区，分别对应 code、data、idata、xdata，以及根据 80C51 系列特点而设定的 pdata 类型。使用不同的存储器，将使程序有不同的执行效率。在编写 C51 程序时，推荐指定变量的存储类型，将有利于提高程序执行效率（此问题将在后面专门讲述）。与 ANSI C 稍有不同，它分为 SAMLL、COMPACT、LARGE 模式，各种不同的模式对应不同的实际硬件系统，也将有不同的编译结果。

从数据运算操作和程序控制语句及函数的使用上来讲，它们几乎没有什么明显的区别，只是在函数的使用上，由于单片机系统的资源有限，它的编译系统不允许太多的程序嵌套。C51 语言丰富的库函数对程序开发提供了很大的帮助，但它与 ANSI C 也有一些不同之处。从编译相关来说，由于 80C51 系列是 8 位机，扩展 16 位字符 Unicode 不被 C51 支持，并且，ANSI C 所具备的递归特性不被 C51 所支持，所以，在 C51 中要使用递归特性，必须用 REENTRANT 进行声明。

对于 C51 与标准 ANSI C 库函数，由于部分库函数不适合单片机处理系统，因此被排除在外，如字符屏幕和图形函数。也有一些库函数继续使用，但这些库函数是厂家针对硬件特点相应开发的，它们与 ANSI C 的构成及用法都有很大的区别，如 printf 和 scanf。在 ANSI C 中这两个函数通常用于屏幕打印和接收字符，而在 C51 中，它们则主要用于串行通信口数据的发送和接收。

因为 C51 程序设计语言与 ANSI C 语言没有大的差别，所以本书并不介绍如何使用 C 语言。关于 ANSI C 语言，大家可以参考有关书籍。

5.5.1　C51 的标识符和关键字

标识符用来标识源程序中某个对象的名字，这些对象可以是语句、数据类型、函数、变量、数组等。C 语言是区分大小写的一种高级语言，如果要定义一个变量 1，可以写做 "var1"。如果程序中有 "VAR1"，那么这两个是完全不同定义的标识符。标识符由字符串、数字和下画线等组成。应该注意的是，第一个字符必须是字母或下画线，如 "1var" 是错误的，编译时会有错误提示。C51 中有些库函数的标识符是以下画线开头的，所以一般不要以下画线开头命名标识符。标识符在命名时应当简单，含义清晰，这样有助于阅读和理解程序。在 C51 编译器中，只支持标识符的前 32 位为有效标识符。

关键字则是编程语言保留的特殊标识符，它们具有固定名称和含义，在程序编写中不允许将关键字另做他用。在 C51 中的关键字除了有 ANSI C 标准的 32 个关键字外，还根据 C51 单片机的特点扩展了相关的关键字。其实在 C51 的文本编辑器中编写 C 语言程序，系统可以把保留字以不同的颜色显示。

表 5.9 按用途列出了 ANSI C 标准关键字。

表 5.9 ANSI C 标准关键字

关 键 字	用 途	说 明
auto	存储种类说明	用于声明局部变量，为默认值
break	程序语句	退出最内层循环体
case	程序语句	switch 语句中的选择项
char	数据类型声明	单字节整型数或字符型数据
const	存储类型声明	在程序执行过程中不可修改的值
continue	程序语句	转向下一次循环
default	程序语句	switch 语句中的失败选择项
do	程序语句	构成 do…while 循环结构
double	数据类型声明	双精度浮点数
else	程序语句	构成 if…else 选择结构
enum	数据类型声明	枚举
extern	存储种类说明	在其他程序模块中声明了的全局变量
float	数据类型声明	单精度浮点数
for	程序语句	构成 for 循环结构
goto	程序语句	构成 goto 转移结构
if	程序语句	构成 if…else 选择结构
int	数据类型声明	基本整型数
long	数据类型声明	长整型数
register	存储种类说明	使用 CPU 内部寄存器变量
return	程序语句	函数返回
short	数据类型声明	短整型数
signed	数据类型声明	有符号数，二进制数据的最高位为符号位
sizeof	运算符	计算表达式或数据类型的字节数
static	存储种类说明	静态变量
struct	数据类型声明	结构类型数据
switch	程序语句	构成 switch 选择结构
typedef	数据类型声明	重新进行数据类型定义
union	数据类型声明	联合类型数据定义
unsigned	数据类型声明	无符号数据
void	数据类型声明	无类型数据
volatile	数据类型声明	声明该变量在程序执行中可被隐含地改变
while	程序语句	构成 while 和 do…while 循环

C51 编译器除了支持 ANSI C 标准规定的关键字以外，还根据 80C51 单片机的特点扩展了如表 5.10 所示的关键字。

表 5.10 C51 编译器的扩展关键字

关 键 字	用 途	说 明
_at_	地址定位	为变量进行存储器绝对空间地址定位
alien	函数特性说明	用于声明与 PL/M51 兼容的函数
bdata	存储器类型声明	可位寻址的 80C51 内部数据存储器
bit	位变量声明	声明一个位变量或位类型函数

（续表）

关　键　字	用　　途	说　　明
code	存储器类型声明	80C51 程序存储器空间
compact	存储器模式	指定使用 80C51 外部分页寻址数据存储器空间
data	存储器类型声明	直接寻址的 80C51 内部数据存储器
idata	存储器类型声明	间接寻址的 80C51 内部数据存储器
interrupt	中断函数声明	定义一个中断服务函数
large	存储器模式	指定使用 80C51 外部数据存储器空间
pdata	存储器类型声明	分页寻址的 80C51 外部数据存储器空间
priority	多任务优先声明	规定 RTX-51 或 RTX-51 Tiny 的任务优先级
reentrant	再入函数声明	定义一个再入函数
sbit	位变量声明	定义一个可位寻址变量
sfr	特殊功能寄存器声明	声明一个 8 位特殊功能寄存器
sfr16	特殊功能寄存器声明	声明一个 16 位特殊功能寄存器
small	存储器模式	指定使用 80C51 内部数据存储器空间
task	任务声明	定义实时多任务函数
using	寄存器组定义	定义 80C51 的工作寄存器组
xdata	存储器类型声明	80C51 外部数据存储器

5.5.2　C51 编译器能识别的数据类型

C51 具有 ANSI C 的所有标准数据类型，其基本数据类型包括：char、int、short、long、float 和 double。对 C51 编译器来说，short 类型和 int 类型相同，double 类型和 float 类型相同。整型和长整型的符号位字节在最低的地址中，低地址存高字节。

除此之外，为了更好地利用 80C51 的结构，C51 还增加了一些特殊的数据类型，包括 bit、sfr、sfr16、sbit。表 5.11 所示为 C51 编译器所支持的数据类型。

表 5.11　C51 编译器能够识别的数据类型

数　据　类　型	长　　度	大　　小
unsigned char	1B	0～255
char	1B	−128～+127
unsigned int	2B	0～65535
int	2B	−32768～+32767
unsigned long	4B	0～4294967295
long	4B	−2147483648～+2147483647
float	4B	±1.175494E−38～±3.402823E+38
*	1B～3B	对象的地址
bit	位	0 或 1
sfr	1B	0～255
sfr16	2B	0～65535
sbit	位	0 或 1

1．char 字符类型

char 类型的长度是 1B，通常用于定义处理字符数据的变量或常量，分为无符号字符类型 unsigned char 和有符号字符类型 signed char，默认值为 signed char 类型。unsigned char 类型用字节中所有的位表示数值，可以表达的数值范围是 0～255。signed char 类型用字节中最高位表示数据的符号，0 表示正数，1 表示负数，负数用补码表示，能表示的数值范围是–128～+127。unsigned char 常用于处理 ASCII 字符或用于处理小于或等于 255 的整型数。

正二进制数的补码与原码相同，负二进制数的补码等于它的绝对值按位取反后加 1。

2．int 整型

int 整型长度为 2B，用于存放一个双字节数据，分有符号 int 整型数 signed int 和无符号 int 整型数 unsigned int，默认值为 signed int 类型。signed int 表示的数值范围是–32768～+32767，字节中最高位表示数据的符号，0 表示正数，1 表示负数。unsigned int 表示的数值范围是 0～65535。

3．long 长整型

long 长整型长度为 4B，用于存放一个 4B 数据，分有符号 long 长整型 signed long 和无符号 long 长整型 unsigned long，默认值为 signed long 类型。signed long 表示的数值范围是–2147483648～+2147483647，字节中最高位表示数据的符号，0 表示正数，1 表示负数。unsigned long 表示的数值范围是 0～4294967295。

4．float 浮点型

float 浮点型在十进制数中具有 7 位有效数字，是符合 IEEE-754 标准（32 位字长）的单精度浮点型数据，占用 4B，具有 24 位精度。

5．*指针型

指针型本身就是一个变量，在这个变量中存放的指向另一个数据的地址。这个指针变量要占据一定的内存单元，对不同的处理器长度也不尽相同，在 C51 中它的长度一般为 1～3 字节。

6．bit 位标量

bit 位标量是 C51 编译器的一种扩充数据类型，利用它可以定义一个位标量，但不能定义位指针，也不能定义位数组。它的值是一个二进制位，不是 0，就是 1，类似于一些高级语言中的 Boolean 类型的 True 和 False。

7．sfr 特殊功能寄存器

sfr 也是一种扩充数据类型，占用一个内存单元，值域为 0～255。利用它可以访问 51 单片机内部的所有特殊功能寄存器。例如，用 sfr P1 = 0x90 这一句定义 P1 为 P1 端口在片内的寄存器，在后面的语句中可以用 P1=255（对 P1 端口的所有引脚置高电平）之类的语句操作特殊功能寄存器。表 5.12 所示为 80C52 特殊功能寄存器列表。

表 5.12　80C52 特殊功能寄存器

符　　号	地　　址	注　　释
*ACC	E0H	累加器
*B	F0H	乘法寄存器
*PSW	D0H	程序状态字
SP	81H	堆栈指针
DPL	82H	数据存储器指针低 8 位
DPH	83H	数据存储器指针高 8 位

（续表）

符　号	地　址	注　释
*IE	A8H	中断允许控制器
*IP	D8H	中断优先控制器
*P0	80H	端口 0
*P1	90H	端口 1
*P2	A0H	端口 2
*P3	B0H	端口 3
PCON	87H	电源控制及波特率选择
*SCON	98H	串行口控制器
SBUF	99H	串行数据缓冲器
*TCON	88H	定时器控制
TMOD	89H	定时器方式选择
TL0	8AH	定时器/计数器 0 低 8 位
TL1	8BH	定时器/计数器 1 低 8 位
TH0	8CH	定时器/计数器 0 高 8 位
TH1	8DH	定时器/计数器 1 高 8 位
*T2CON	C8H	定时器/计数器 2 控制
RLDL	CAH	定时器/计数器 2 自动重装低 8 位
RLDH	CBH	定时器/计数器 2 自动重装高 8 位
TL2	CCH	定时器/计数器 2 低 8 位
TH2	CDH	定时器/计数器 2 高 8 位

注：带*号的特殊功能寄存器都是可位寻址的寄存器。

8. sfr16 16 位特殊功能寄存器

sfr16 用于定义存在于 80C51 单片机内部 RAM 的 16 位特殊功能寄存器。sfr16 型数据占用 2 个内存单元，取值范围为 0～65535，如定时器 T0 和 T1。通过名字或地址引用的 sfr16 地址必须大于 80H。

9. sbit 可寻址位

sbit 是 C51 中的一种扩充数据类型，利用它可以访问芯片内部的 RAM 中的可寻址位或特殊功能寄存器中的可寻址位。如定义：

```
sfr P1 = 0x90;          /*因为 P1 端口的寄存器是可位寻址的,所以可以定义*/
sbit P1_1 = P1^1;       /*P1_1 为 P1 中的 P1.1 引脚*/
```

同样可以用 P1.1 的地址去写，如：

```
sbit P1_1 = 0x91;
```

这样在以后的程序语句中就可以用 P1_1 对 P1.1 引脚进行读/写操作了。通常这些可以直接使用系统提供的预处理文件，里面已定义好各特殊功能寄存器的简单名字，直接引用可以省去一些时间。

在 80C51 单片机系统中，经常要访问特殊功能寄存器中的某些位，用关键字 sbit 定义可位寻址的特殊功能寄存器的位寻址对象。定义方法有如下 3 种。

（1）sbit 位变量名＝位地址

将位的绝对地址赋给位变量，位地址必须位于 0x80H～0xFF 之间。例如：

```
sbit OV = 0xD2;
sbit CY = 0xD7;
```

（2）sbit 位变量名=特殊功能寄存器名^位位置

当可寻址位位于特殊功能寄存器中时，可采用这种方法。位位置是一个 0~7 范围内的常数。例如：

```
sfr SCON = 0x98;            /*定义 SCON*/
sbit RI = SCON^0;           /*定义 SCON 的各位*/
sbit TI = SCON^1;
sbit RB8 = SCON^2;
sbit TB8 = SCON^3;
sbit REN = SCON^4;
sbit SM2 = SCON^5;
sbit SM1 = SCON^6;
sbit SM0 = SCON^7;
```

（3）sbit 位变量名=字节地址^位位置

这种方法以一个常数（字节地址）作为基地址，该常数必须在 0x80H~0xFF 范围内。位位置是一个 0~7 范围内的常数。例如：

```
sbit OV = 0xD0^2;
sbit CY = 0xD0^7;
```

80C51 单片机中的特殊功能寄存器和特殊功能寄存器可寻址位，已被预先定义放在文件 reg51.h 或 reg52.h 中，在程序的开头只需加上#include<reg51.h>或#include<reg52.h>即可。

另外，sbit 还可以访问 80C51 单片机片内 20H~2FH 范围内的位对象。C51 编译器提供了一个 bdata 存储器类型，允许将具有 bdata 类型的对象放入 80C51 单片机片内可位寻址区。例如：

```
int bdata bi_var1;                 /*在位寻址区定义一个整型变量bi_var1*/
char bdata bc_array[3];            /*在位寻址区定义一个字符型数组整型变量bc_array*/
sbit bi_var1_bit0 = bi_var1^0;     /*使用位变量bi_var1_bit0访问bi_var1第0位*/
sbit bi_var1_bit15 = bi_var1^15;   /*使用位变量bi_var1_bit15访问bi_var1第15位*/
sbit bc_array05 = bc_array[0]^5;   /*使用位变量bc_array05访问bc_array[0]第5位*/
```

需要注意 sbit 和 bit 的区别：sbit 定义特殊功能寄存器中的可寻址位，而 bit 则定义了一个普通的位变量，一个函数中可以包含 bit 类型的参数，函数返回值也可以为 bit 类型。例如：

```
bit b_direction_bit;               /*定义了一个位变量b_direction_bit*/
extern bit b_lock_prt_port;        /*定义了一个外部位变量b_lock_prt_port*/
bit bf_func(bit b0, bit b1)        /*定义了一个返回位型的函数 bf_func，函数中包
                                      括2个位型参数b0, b1*/

  {
    bit b2;
    b2 = b0 & b1;
return(b2);                        /*返回一个位型值b2*/
  }
```

C51 编译器除了支持上述这些基本数据类型之外，还支持复杂的构造数据类型，如结构类型和联合类型。关于构造数据类型可参考 ANSI C。

5.5.3　变量的存储种类和存储器类型

变量是一种在程序执行过程中，其数值不断变化的量。同 ANSI C 一样，C51 规定变量必须先定义后使用。C51 对变量的进行定义的格式如下：

[存储种类] 数据类型 [存储器类型] 变量名表

其中，存储种类和存储器类型是可选项。下面首先介绍存储种类。

1. 存储种类

存储种类是指变量在程序执行过程中的作用范围。变量的存储种类有 4 种，分别为：自动（auto）、外部（extern）、静态（static）和寄存器（register）。

使用存储种类说明符 auto 定义的变量称为自动变量。自动变量的作用范围在定义它的函数体或复合语句内部，当定义它的函数体或复合语句被执行时，C51 才为该变量分配内存空间。当函数调用结束返回或复合语句执行结束时，自动变量所占用的内存空间被释放，这些内存空间又可被其他函数体或复合语句使用。可见使用自动变量能最有效地使用 80C51 单片机内存。定义变量时，如果省略存储种类，则该变量默认为自动（auto）变量。例如：

```
{
  char c_var;
  int i_var;
}
```

等价于：

```
{
  auto char c_var;
  auto int i_var;
}
```

由于 80C51 单片机访问片内 RAM 速度最快，通常将函数体内和复合语句中使用频繁的变量放在片内 RAM 中且定义为自动变量，可有效地利用片内有限的 RAM 资源。

使用外部种类存储符 extern 定义的变量称为外部变量。在一个函数体内，要使用一个已在该函数体外或别的程序模块文件中定义过的外部变量时，该变量在本函数体内要用 extern 说明。外部变量被定义后，即分配了固定的内存空间，在程序的整个执行时间内都是有效的。通常将多个函数或模块共享的变量定义为外部变量。外部变量是全局变量，在程序执行期间一直占有固定的内存空间。当片内 RAM 资源紧张时，不建议将外部变量放在片内 RAM。

使用存储种类说明符 static 定义的变量称为静态变量。静态变量分为局部静态变量和全局静态变量。

局部静态变量是在两次函数调用之间仍能保持其值的局部变量。有些程序要求在多次调用之间仍然保持变量的值，使用自动变量无法做到这一点。使用全局变量有时会带来意外的副作用，这时可采用局部静态变量。

【例 5.15】　局部静态变量的使用——计算并输出 1~8 的阶乘值。

```
#include <REG52.H>      /*special function register declarations*/
#include <stdio.h>      /*prototype declarations for I/O functions*/
#include <intrins.h>

void time(unsigned int ucMs);     /*延时单位：ms*/
void initUart(void);              /*初始化串口*/

int factorial(unsigned int n){
    static unsigned int fac=1;
    fac=fac*n;
```

```
        return(fac);
}


/******** main 函数 *********/
void main (void) {

unsigned int i;
    initUart();  /*初始化串口*/
    /*下面 for 循环输出 1! —8! */
    for(i=1;i<=8;i++) printf("%u! = %u\n",i,factorial(i));
    while (1) {}

}
```

在这个程序中，一共调用了 8 次阶乘函数 factorial(i)，每次调用后输出一个阶乘值 i!，同时保留这个 i! 值，以便下次再乘（i+1），而不用重新计算 i! 值。但使用局部静态变量要占用较多的内存空间，因此建议不要过多地使用局部静态变量。

全局静态变量是一种作用范围受限制的外部变量。全局静态变量只在定义它的程序文件中才可以使用，其他文件不能改变其内容。C 语言允许多模块程序设计，即全局静态变量只能在定义它的程序文件所产生的模块中使用。全局静态变量也占用固定的内存空间，但不能作为别的模块的外部变量，这一点与单纯的全局变量不同。

使用存储种类说明符 register 定义的变量称为寄存器变量。80C51 访问寄存器的速度最快，通常将使用频率最高的那些变量定义为寄存器变量。C51 编译器能自动识别程序中使用频率最高的变量，并自动将其作为寄存器变量，用户无须专门声明。

2. 存储器类型

定义变量时，除了说明存储种类外，还允许说明变量的存储器类型。存储器类型和存储种类是完全不同的概念，存储器类型指明该变量所处的单片机的内存空间。C51 编译器可识别以下存储器类型，如表 5.13 所示。

表 5.13　C51 编译器可识别的存储器类型

存储器类型	描　　　述
data	直接寻址的片内数据存储器低 128B，访问速度最快
bdata	可位寻址的片内数据存储器（地址 20H~2FH 共 16B）允许位和字节混合访问
idata	间接寻址片内数据存储器 256B，允许访问片内全部地址
pdata	分页寻址片外数据存储器 256B，使用指令 MOVX @Rn 访问，需要 2 个指令周期
xdata	寻址片外数据存储器 64KB，使用指令 MOVX @DPTR 访问
code	寻址程序存储器区 64KB，使用指令 MOVC @A+DPTR 访问

如果在变量定义时省略了存储器类型标识符，C51 编译器会选择默认的存储器类型。默认的存储器类型由 SMALL、COMPACT 和 LARGE 存储模式指令决定。

下面对 80C51 单片机各存储区类型的特点加以说明。

（1）data 区

对 data 区的寻址是最快的，所以应该把使用频率高的变量放在 data 区中。由于空间有限，必须注意使用 data 区，data 区除了包含程序变量外，还包含了堆栈和寄存器组 data 区。

```
unsigned char data system_status=0;
unsigned int data unit_id[2];
char data inp_string[16];
float data outp_value;
mytype data new_var;
```

在 SMALL 存储模式下,未说明存储器类型时,变量默认被定位在 data 区中。标准变量和用户自定义变量都可以存储在 data 区中,只要不超过 data 区的范围。因为 C51 使用默认的寄存器组传递参数,所以至少失去了 8B。另外,要定义足够大的堆栈空间,当内部堆栈溢出时,程序会产生莫名其妙的错误,实际原因是 80C51 系列单片机没有硬件报错机制,堆栈溢出只能以这种方式表示出来。

（2）bdata 区

如果在 Data 区的位寻址区定义变量,这个变量就可以进行位寻址,并且声明位变量。这对状态寄存器来说十分有用,因为它可以单独使用变量的每位,而不一定要用位变量名引用位变量。下面是一些在 bdata 区中声明变量和使用位变量的例子:

```
unsigned char bdata status_byte;
unsigned int bdata status_word;
unsigned long bdata status_dword;
sbit stat_flag=status_byte^4;
if (status_word^15){
…}
stat_flag=1;
```

编译器不允许在 bdata 区中定义 float 和 double 类型的变量,如果想对浮点数的每位寻址,可以通过包含 float 和 long 的联合定义实现:

```
typedef union{                    /*定义联合类型*/
unsigned long lvalue;             /*长整型 32 位*/
float fvalue;                     /*浮点数 32 位*/
}bit_float;                       /*联合名*/
bit_float bdata myfloat;          /*在 bdata 区中声明联合*/
sbit float_ld=myfloat.lvalue^31;  /*定义位变量名*/
```

（3）idata 区

idata 区也可以存放使用比较频繁的变量,使用寄存器作为指针进行寻址。在寄存器中设置 8 位地址进行间接寻址,与外部存储器寻址进行比较,它的指令执行周期和代码长度都比较短。

```
unsigned char idata system_status=0;
unsigned int idata unit_id[2];
char idata inp_string[16];
float idata outp_value;
```

（4）pdata 和 xdata 区

在这两个区中声明变量和在其他区中的语法是一样的,pdata 区只有 256B,而 xdata 区可达 65536B,举例如下:

```
unsigned char xdata system_status=0;
unsigned int pdata unit_id[2];
char xdata inp_string[16];
float pdata outp_value;
```

对 pdata 和 xdata 的操作是相似的，对 pdata 区寻址比对 xdata 区寻址要快，因为对 pdata 区寻址只需要装入 8 位地址，而对 xdata 区寻址需装入 16 位地址，所以尽量把外部数据存储在 pdata 区中。对 pdata 和 xdata 寻址要使用 MOVX 指令，需要 2 个处理周期。

（5）code 区

code 区即 80C51 的程序代码区，所以代码区的数据是不可改变的，80C51 的代码区不可重写。一般代码区中可存放数据表、跳转向量和状态表。对 code 区的访问时间和对 xdata 区的访问时间是一样的。代码区中的对象在编译时就初始化，否则就得不到想要的值。下面是代码区的声明例子：

```
unsigned int code unit_id[2]={0x1234, 0x89AB};
unsigned char code uchar_data[16] ={0x00,0x01,0x02,0x03,0x04,0x05,0x06,0x07,
0x08,0x09,0x10,0x11,0x12,0x13,0x14,0x15};
```

3. 存储模式

C51 编译器允许采用 3 种存储模式：小编译模式（SMALL）、紧凑编译模式（COMPACT）、大编译模式（LARGE）。一个变量的存储器模式确定了变量在内存中的地址空间。在 SMALL 模式下，该变量在 80C51 单片机的内部 RAM 中；在 COMPACT 和 LARGE 模式下，该变量在 80C51 单片机的外部 RAM 中。同样一个函数的存储器模式确定了函数的参数和局部变量在内存中的地址空间。在 SMALL 模式下，函数的参数和局部变量在 80C51 单片机的内部 RAM 中；在 COMPACT 和 LARGE 模式下，函数的参数和局部变量在 80C51 单片机的外部 RAM 中。

下面这个例子说明了存储模式的定义方法。

【例 5.16】　变量和函数的存储模式。

```
#pragma small         /*默认存储器类型为 80C51 片内直接寻址 RAM*/
char data i,j,k;      /*在 80C51 片内直接寻址 RAM 中定义了 3 个变量，默认为自动变量*/
char i,j,k;           /*未指明存储模式，由#pragma small 决定，与前一句完全等价*/
int xdata m, n;       /*在 80C51 片外 RAM 中定义了 2 个自动变量*/
static char m, n;     /*在 80C51 片内直接寻址 RAM 中定义了 2 个静态变量*/
unsigned char xdata ram[128];  /*在 80C51 片外 RAM 中定义了大小为 128B 的数组变量*/
int func1(int i, int j) large  /*指定 LARGE 模式*/
{
   return(i+j);
}
int func2(int i, int j)        /*未指明存储模式，按默认的 SMALL 模式*/
{
   return(i-j);
}
```

不同的存储器类型访问速度是不一样的，例如：

```
unsigned char data var1;        /*SMALL 模式，var1 被定位在 data 区*/
                                /*即 80C51 片内直接寻址 RAM*/
unsigned char pdata var1;       /*COMPACT 模式，var1 被定位在 pdata 区*/
                                /*即 80C51 片外按页面间接寻址 RAM*/
unsigned char xdata var1;       /*LARGE 模式，var1 被定位在 xdata 区*/
                                /*即 80C51 片外间接寻址 RAM*/
```

在 SMALL 模式下，var1 被定位在 data 区中，经 C51 编译器编译后，采用内部 RAM 直接寻址方式访问速度最快；在 COMPACT 模式下，var1 被定位在 pdata 区中，经 C51 编译器编译后，采用外部 RAM 间接寻址方式访问速度较快；在 LARGE 模式下，var1 被定位在 xdata 区中，经 C51 编译器编译后，采用外部 RAM 间接寻址方式访问速度最慢。为了提高系统运行速度，建议在编写源程序时，把存储模式设定为 SMALL 模式，再在程序中对 xdata、pdata 和 idata 等类型的变量进行专门声明。

5.5.4 绝对地址的访问

1. 使用指针

采用指针的方法，可实现在 C51 程序中对任意指定的存储器地址进行操作。例如：

```
#define uchar unsigned char
#define uint unsigned int
void test_memory(void) {
    uchar idata ivar1;
    uchar xdata *xdp;      /*定义一个指向 xdata 存储器空间的指针*/
    char data *dp;         /*定义一个指向 data 存储器空间的指针*/
    uchar idata *idp;      /*定义一个指向 idata 存储器空间的指针*/
    xdp=0x1000;            /*xdata 指针赋值，指向 xdata 存储器地址 1000H 处*/
    *xdp=0x5A;             /*将数据 5AH 送到 xdata 的 1000H 单元*/
    dp=0x61;               /*data 指针赋值，指向 data 存储器地址 61H 处*/
    *dp=0x23;              /*将数据 23H 送到 data 的 61H 单元*/
    idp=&ivar1;            /*idp 指向 idata 区变量 ivar1*/
    *idp=0x16;             /*等价于 ivar1=0x16*/
}
```

2. 使用 C51 运行库中预定义宏

C51 编译器提供了一组宏定义用来对 80C51 系列单片机的 code、data、pdata 和 xdata 空间进行绝对地址访问。函数原型如下：

```
#define CBYTE((unsigned char volatile *)0x50000L)
#define DBYTE((unsigned char volatile *)0x40000L)
#define PBYTE((unsigned char volatile *)0x30000L)
#define XBYTE((unsigned char volatile *)0x20000L)

#define CWORD((unsigned int volatile *)0x50000L)
#define DWORD((unsigned int volatile *)0x40000L)
#define PWORD((unsigned int volatile *)0x30000L)
#define XWORD((unsigned int volatile *)0x20000L)
```

这些函数原型放在 absacc.h 文件中。

CBYTE 以字节形式对 code 区寻址，DBYTE 以字节形式对 data 区寻址，PBYTE 以字节形式对 pdata 区寻址，XBYTE 以字节形式对 xdata 区寻址，CWORD 以字形式对 code 区寻址，DWORD 以字形式对 data 区寻址，PWORD 以字形式对 pdata 区寻址，XWORD 以字形式对 xdata 区寻址。例如：

```
#include<absacc.h>
#include<reg52.h>
#define uchar unsigned char
```

```
#define uint unsigned int
void main (void)
    {
        uint ui_var1;
        uchar uc_var1;
        ui_var1 = XWORD [0x0002];       /*访问外部 RAM 0004H~0005H 地址的内容*/
        uc_var1 = XBYTE [0x0002];       /*访问外部 RAM 0002H 地址的内容*/
        ...
        while(1);
    }
```

需要注意的是，ui_var1 在外部存储器区中访问 0x0004。通过使用#define 预处理器命令，可采用其他符号定义绝对地址。

【例 5.17】　设一个单片机硬件系统中，扩展了一片可编程的并行接口芯片 8255，其中，命令口地址为 07FFH，A 口地址为 07FCH，B 口地址为 07FDH，C 口地址为 07FEH。

源程序如下：

```
#include<absacc.h>
#include<reg52.h>
#define uchar unsigned char
#define COM8255 XBYTE[0x007F]          /*命令口地址*/
#define PA8255 XBYTE[0x007C]           /*A 口地址*/
#define PB8255 XBYTE[0x007D]           /*B 口地址*/
#define PC8255 XBYTE[0x007E]           /*C 口地址*/
void v_func(uchar *p) {
    ...
    while((0x80&PC8255)!=0);           /*直接采用已定义的标识符 PC8255*/
    PA8255=*p;
    COM8255 = 0x00;
    COM8255 = 0x01;
    ...;
}
...;
```

3. 使用 C51 扩展关键字 _at_

使用_at_对指定的存储器空间的绝对地址进行定位，一般格式如下：

[存储器类型] 数据类型 标识符 _at_ 常数

其中，存储器类型为 idata、data、xdata 等 C51 能识别的数据类型。如果省略该选项，则按编译模式 SMALL、COMPAC 或 TLARGE 规定的默认存储器类型确定变量的存储器空间。数据类型除了可用 int、long、float 等基本类型外，还可采用数组、结构等复杂数据类型。常数规定变量的绝对地址必须位于有效的存储器空间之内。使用_at_定义的变量只能是全局变量。例如：

```
uchar xdata xram[0x8000] _at_ 0x0000;
    /*在外部 RAM 空间 0000H 处定义了一个一维数组变量 xram,数组的元素个数为 32768(0x8000)*/
    struct birthdate{                              /*定义结构*/
        int year;
    uchar month, day;
```

```
    }
    idata struct birthdate Hans _at_ 0x60;      /*结构变量Hans定位于idata空间地址
                                                    0x60*/
```

【例 5.18】　分别使用 3 种方法编写以下 3 个函数：

（1）将起始地址为 1000H 的片外 RAM 的 16B 内容送入起始地址为 2000H 的片外 RAM 中；

（2）将起始地址为 3000H 的片外 RAM 的 16B 内容送入起始地址为 50H 的片内 RAM 中；

（3）将起始地址为 800H 的 ROM 的 16B 内容送入起始地址为 80H 的片内 RAM 中。

```c
#include<reg52.h>
#include<absacc.h>
#define uchar unsigned char
#define uint unsigned int
void movxx (uchar *s_addr, uchar *d_addr, uchar length) {   /*使用指针*/
   uchar i
   for (i=0; i< length; i++) {
      d_addr[i]= s_addr[i];
   }
}
void movxd (uint s_addr, uchar d_addr, uchar length) {
/*使用C51运行库中预定义宏*/
   uchar i;
   for (i=0; i< length; i++) {
      DBYTE [d_addr+i]= XBYTE [s_addr +i];
   }
}
void movcd (uchar length) {                 /*使用C51扩展关键字at*/
   uchar i;
   code uchar codedata[16] _at_ 0x800;
   idata uchar idatadata[16] _at_ 0x80;
   for (i=0; i< length; i++) {
      idatadata [i]= codedata [i];
   }
}
void main( ) {
   xdata uchar *xram1;
   xdata uchar *xram2;
   xram1=0x1000; xram2=0x2000;
   movxx (xram1,xram2,16);                   /*使用指针，完成（1）*/
   movxd (0x3000, 0x50,16);                   /*使用C51运行库中预定义宏，完成（2）*/
   movcd (16);                                /*使用C51扩展关键字 _at_，完成（3）*/
   for (; ;)
}
```

5.5.5　中断服务程序

80C51 的中断系统十分重要，C51 编译器允许在 C 语言源程序中声明中断和编写中断服务程序，从而减轻了采用汇编程序编写中断服务程序的烦琐程度。中断通过使用 interrupt 关键字来实现。定义中断服务程序的一般格式如下：

```
void 函数名() interrupt n [using m]
```

关键字 interrupt 后面的 n 是中断号，n 的取值范围为 0～31。编译程序从 8n+3 处产生中断向量，即在程序存储器 8n+3 地址处形成一条长跳转指令，转向中断号 n 的中断服务程序。中断号对应着 IE 寄存器中的使能位，换句话说，IE 寄存器中的 0 位对应着外部中断 0，相应的外部中断 0 的中断号是 0。中断号 0～4 对应中断源的关系如表 5.14 所示。

表 5.14　中断号和中断源的对应关系

中 断 号 n	中 断 源	中 断 向 量
0	外部中断 0	0003H
1	定时器 0	000BH
2	外部中断 1	0013H
3	定时器 1	001BH
4	串行口	0023H

using m 指明该中断服务程序所对应的工作寄存器组，取值范围为 0～3。指定工作寄存器组的缺点是，所有被中断调用的过程都必须使用同一个寄存器组，否则参数传递会发生错误。通常不设定 using m，除非保证中断程序中未调用其他子程序。

设置一个定时器中断服务程序的例子如下：

```
#include <reg51.h>
#include <stdio.h>
#define RELOADTH 0x3C
#define RELOADTL 0xB0
extern unsigned int time0_counter;

void timer0(void) interrupt 1{
    TR0=0;                                  /*停止定时器 0*/
    TH0=RELOADTH;                           /*50ms 后溢出*/
    TL0=RELOADTL;
    TR0=1;                                  /*启动 T0*/
    time0_counter++;                        /*中断次数计数器加 1*/
    printf("time0_counter=%05d\n", time0_counter);
}
```

使用 C51 编写中断服务程序，程序员无须关心 ACC、B、DPH、DPL、PSW 等寄存器的保护，C51 编译器会根据上述寄存器的使用情况在目标代码中自动增加压栈和出栈。

5.6　C51 的运算符和表达式

运算符就是完成某种特定运算的符号。运算符按其表达式中与运算符的关系可分为单目运算符、双目运算符和三目运算符。单目是指需要有一个运算对象，双目要求有两个运算对象，三目则要三个运算对象。表达式是由运算符及运算对象所组成的具有特定含义的式子。C 语言是一种表达式语言，表达式后面加 ";" 号就构成了一个表达式语句。

5.6.1　赋值运算符

赋值运算符 "="，在 C 语言中它的功能是给变量赋值，称为赋值运算符，如 "x=10"。由此可见，利用赋值运算符将一个变量与一个常数或表达式连接起来的式子为赋值表达式，在表达式后面加 ";" 便构成了赋值语句。使用 "=" 的赋值语句格式如下：

　　　　　变量 = 表达式;

示例如下:

```
a = 0xA6;            /*将常数十六进制数 0xA6 赋予变量 a*/
b = c = 33;          /*同时赋值给变量 b,c*/
d = e;               /*将变量 e 的值赋予变量 d*/
f = a+b;             /*将变量 a+b 的值赋予变量 f*/
```

由上面的例子可知,赋值语句的意义就是先计算出 "=" 右边的表达式的值,然后将得到的值赋给左边的变量,而且右边的表达式可以是一个赋值表达式。

需要注意 "==" 与 "=" 两个符号的区别,有时编译报错,往往就是错在 if (b=0xFF) 之类的语句中,错将 "==" 用为 "="。"==" 符号是用来进行相等关系的运算符号。

5.6.2　算术运算符

对于 a+b 和 a/b 这样的表达式大家都很熟悉,用在 C51 语言中,"+"、"/" 就是算术运算符。C51 中的算术运算符有如下几个,其中只有取正值和取负值运算符是单目运算符,其他则都是双目运算符:

　　+　　加或取正值运算符
　　–　　减或取负值运算符
　　*　　乘运算符
　　/　　除运算符
　　%　　模(取余)运算符,如 8％5＝3,即 8 除以 5 的余数是 3

算术表达式的形式为:

　　运算对象 1 算术运算符 运算对象 2

其中,运算对象可以是常量、变量、函数、数组、结构等。例如:

```
a+b*(10-a);
(x+9)/(y-a);
a*(b+c)-(d-e)/f;
a+b/c-'T';
```

除法运算符和一般的算术运算规则有所不同。如果是两个浮点数相除,则其结果为浮点数。例如 10.0/20.0 所得值为 0.5。而两个整数相除,所得值就是整数,例如 7/3,值为 2。与 ANSI C 一样,运算符与有优先级和结合性,同样可用括号 "( )" 改变优先级。

5.6.3　关系运算符

C51 中有 6 种关系运算符:

　　>　　大于
　　<　　小于
　　>=　　大于等于
　　<=　　小于等于
　　==　　测试等于
　　!=　　测试不等于

当两个表达式用关系运算符连接起来时,就是关系表达式。关系表达式通常用来判别某个条件是否满足。要注意的是,关系运算符的运算结果只有 0 和 1 两种,也就是逻辑的真与假。当指定的条件满足时结果为 1,不满足时结果为 0。格式如下:

表达式 1　关系运算符　表达式 2

例如：

I<J, I>=J,(I=4)>(J=3), J+1>J

5.6.4　逻辑运算符

关系运算符所能反映的是两个表达式之间的大小关系，逻辑运算符则用于求条件式的逻辑值。用逻辑运算符将关系表达式或逻辑量连接起来就是逻辑表达式，格式如下。

● 逻辑与：条件式 1 && 条件式 2。
● 逻辑或：条件式 1 ‖ 条件式 2。
● 逻辑非：！条件式。

逻辑与，就是当条件式 1 与条件式 2 都为真时，结果为真（非 0 值），否则为假（0 值）。也就是说，运算会先对条件式 1 进行判断，如果为真（非 0 值），则继续对条件式 2 进行判断，当结果为真时，逻辑运算的结果为真（值为 1），当结果不为真时，逻辑运算的结果为假（0 值）。如果在判断条件式 1 时就不为真的话，就不用再判断条件式 2 了，而直接给出运算结果为假。

逻辑或，是指只要两个运算条件中有一个为真，运算结果就为真；只有当条件式都不为真时，逻辑运算结果才为假。

逻辑非，则是把逻辑运算结果值取反，也就是说，如果两个条件式的运算值为真，进行逻辑非运算后则结果变为假；若条件式运算值为假，则最后逻辑结果为真。

假设 a=7, b=6, c=0，则：

● !a 为假，!c 为真；
● a && b 为真，!a && b 为假，b ‖ c 为真；
● (a>0) && (b>3) 为真，(a>8) && (b>0) 为假。

5.6.5　位运算符

C51 也能对运算对象进行按位操作，从而使 C51 也具有一定的对硬件直接进行操作的能力。位运算符的作用是按位对变量进行运算，但并不改变参与运算的变量的值。如果要求按位改变变量的值，则需要利用相应的赋值运算。位运算符不能用来对浮点型数据进行操作。位运算的一般格式如下：

变量 1　位运算符　变量 2

C51 中共有 6 种位运算符：

	按位与
&	按位与
｜	按位或
^	按位异或
~	按位取反
<<	左移
>>	右移

位运算符也有优先级，从高到低依次是：~（按位取反）、<<（左移）、>>（右移）、&（按位与）、^（按位异或）、｜（按位或）。

例如，a=0x54=0101 0100，b=0x3B=0011 1011，则 a & b=0001 0000，a｜b=0111 1111，a^b=0110 1111，~a=1010 1011，a<<2=0101 0000，b>>1=0001 1101。

5.6.6　复合运算符

复合运算符就是在赋值运算符"="的前面加上其他运算符。以下是 C51 语言中的复合赋值运算符：

+=	加法赋值	>>=	右移位赋值
-=	减法赋值	&=	逻辑与赋值
*=	乘法赋值	|	逻辑或赋值
/=	除法赋值	^=	逻辑异或赋值
%=	取模赋值	~=	逻辑非赋值
<<=	左移位赋值		

复合运算的一般格式为：

变量 复合赋值运算符 表达式

其含义就是变量与表达式先进行运算符所要求的运算，再把运算结果赋值给参与运算的变量。其实这是 C 语言中简化程序的一种方法，凡是二目运算都可以用复合赋值运算符去简化表达。例如，a+=56 等价于 a=a+56，y/=x+9 等价于 y=y/(x+9)。

很明显，采用复合赋值运算符会降低程序的可读性，但这样却可以使程序代码简单化，并能提高编译的效率。对于初学 C51 的读者，在编程时最好还是根据自己的理解力和习惯去使用程序表达的方式，不要一味追求程序代码的短小。

5.6.7　指针和地址运算符

指针是 C 语言中十分重要的概念，也是学习 C51 中的一个难点。C51 中提供两个专门用于指针和地址的运算符：

　　*　取内容
　　&　取地址

取内容和取地址运算的一般格式分别为：

　　变量 = * 指针变量
　　指针变量 = & 目标变量

取内容运算是将指针变量所指向的目标变量的值赋给左边的变量。取地址运算是将目标变量的地址赋给左边的变量。要注意的是：指针变量中只能存放地址（也就是指针型数据），一般不要将非指针类型的数据赋值给一个指针变量。

5.7　C51 的库函数

C51 的强大功能及其高效率的重要体现之一在于，其提供了丰富的可直接调用的库函数。使用库函数能够使程序代码简单、结构清晰、易于调试和维护。下面介绍 C51 的库函数系统。

5.7.1　本征库函数和非本征库函数

C51 提供的本征函数在编译时直接将固定的代码插入当前行，而不是用 ACALL 和 LCALL 语句实现，这样就大大提供了函数访问的效率，而非本征函数必须由 ACALL 及 LCALL 调用。C51 的本征库函数只有 9 个，数目虽少，但都非常有用，现罗列如下。

- _crol_，_cror_：将 char 型变量循环向左或右移动指定位数后返回。
- _iror_，_irol_：将 int 型变量循环向左或右移动指定位数后返回。
- _lrol_，_lror_：将 long 型变量循环向左或右移动指定位数后返回。
- _nop_：相当于插入汇编指令 NOP。
- _testbit_：相当于 JBC bitvar 测试该位变量并跳转同时清除。
- _chkfloat_：测试并返回源点数状态。

使用上述函数时，源程序开头必须包含 #include <intrins.h> 指令。

5.7.2　几类重要的库函数

C51 提供了丰富的库函数资源，包括大量关于 I/O 操作、内存分配、字符串操作、据类型转换、数学计算等的函数库。它们是以执行代码的形式出现的，供用户在连接定位时使用。在用预处理器命令#include 包含相应的头文件后，就可以在程序中使用这些函数了。

1．内部函数 intrins.h

这个库中提供的是一些用汇编语言编写的函数。用汇编语言编写非常直接、简单，且代码很短，而用 C51 编写则代码很长。这些函数主要有：

crol，_cror_　无符号字符型变量左或右移位函数

irol，_iror_　无符号整型变量左或右移位函数

lrol，_lror_　无符号长整型变量左或右移位函数

nop　空操作函数

testbit　位测试函数

这些函数在书写上有其与其他 C 语言函数区别的特点：函数名的前后都加有下画线。

（1）左移多位函数

函数原型说明格式为：

```
unsigned char _crol_(unsigned char val, unsigned char n);
unsigned int _irol_(unsigned val, unsigned char n);
unsigned long _lrol_(unsigned long val, unsigned char n);
```

其中，函数的第 1 个参数是被移位的变量；第 2 个参数是要移位的位数，对于无符号符型变量，该参数取值范围是 0～7，对于无符号整型变量，该参数取值范围是 0～15，对无符号长整型变量，该参数取值范围是 0～31。函数返回值是变量移位后的结果。

例如：

```
#include <intrins.h>
void main()
{
    unsigned int y;
    y=0x00FF;
    y=_irol_(y, 4);
}
```

运行后，y=0x0FF0。

（2）右移多位函数

函数原型说明格式为：

```
unsigned char _cror_(unsigned char val, unsigned char n);
unsigned int _iror_(unsigned val, unsigned char n);
unsigned long _lror_(unsigned long val, unsigned char n);
```

其中，函数的第 1 个参数是被移位的变量；第 2 个参数是要移位的位数，对于无符号符型变量，该参数取值范围是 0～7，对于无符号整型变量，该参数取值范围是 0～15，对无符号长整型变量，该参数取值范围是 0～31。函数返回值是变量移位后的结果。

例如：

```
#include <intrins.h>
void main()
{
    unsigned int y;
    y=0x00FF;
    y=_iror_(y, 4);
}
```

运行后，y=0x000F。

（3）空操作函数

函数原型说明格式为：

```
Void _nop_(void);
```

本函数产生单一汇编指令 NOP。执行它没有任何实质性操作，仅延时一个机器周期。

例如，用_nop_函数在 P0.7 产生 4 个机器周期宽度的正脉冲：

```
p0&=~0x80;
p0|=0x80;
_nop_;
_nop_;
_nop_;
_nop_;
p0&=~0x80;
```

（4）位测试函数

函数原型说明格式为：

```
bit _testbit_(bit x);
```

其中，参数和函数返回值必须是位变量。本函数产生汇编指令 "JBC x, rel"，用于测试位变量 x 是 0 或 1，并将其值通过 CY 返回。

例如：

```
#include <intrins.h>
bit flag;
char val;
void main()
{
if(!_testbit_(flag))
val--;
}
```

2．绝对地址访问函数 absacc.h

使用这个头文件，可以利用 3B 通用指针作为抽象指针，为各存储空间提供绝对地址存取技术。方法是，把通用指针指向各存储空间的首地址，并按存取对象类型实施指针强制，再用定义宏说明为数组名即可。存取时利用数组下标变量寻址。

用预处理器伪指令 #define 为各空间的绝对地址定义宏数组名如下：

```
#define CBYTE((unsigned char*)0x500000L)/*code 空间*/
#define DBYTE((unsigned char*)0x400000L)/*data 空间*/
#define PBYTE((unsigned char*)0x300000L)/*pdata 空间*/
#define XBYTE((unsigned char*)0x200000L)/*xdata 空间*/
```

以上存取对象是 char 类型字节。

```
#define CWORD((unsigned int*)0x500000L)/*code 空间*/
#define DWORD((unsigned int*)0x400000L)/*data 空间*/
#define PWORD((unsigned int*)0x300000L)/*pdata 空间*/
#define XWORD((unsigned int*)0x200000L)/*xdata 空间*/
```

以上存取对象是 int 类型字。

对于绝对地址对象的存取，可以用指定下标的抽象数组来实现。

char 类型：	**CBYTE[i]**	**DBYTE[i]**	**PBYTE[i]**	**XBYTE[i]**
int 类型：	**CWORD[i]**	**DWORD[i]**	**PWORD[i]**	**XWORD[i]**

由于定义的宏数组名为各空间的绝对零地址，所以带下标变量 i 的数组元素就是各空间绝对地址的内容。

例如，绝对地址 DBYTE[0x10] 表示 data 空间绝对地址 16 处的字节对象，XWORD[0xFF] 表示 xdata 空间绝对地址 255 处的字对象。

上述抽象数组名的宏定义在头文件 absacc.h 中说明。抽象数组与前面介绍过的抽象指针有如下关系：

```
XWORD[0xFF]=*(int xdata*)0xFF;
```

3．缓冲区处理函数 string.h

缓冲区处理函数 string.h 也称字符串函数，包括复制、比较、移动等函数。此处，字符串中的每个字符可以是一个无符号字节。下面介绍常用的几个函数。

（1）计算字符串 s 的长度

strlen 原型：

```
extern int strlen(char *s);
```

说明：返回 s 的长度，不包括结束符 NULL。

举例：

```
#include <string.h>
main()
    {
    char *s="Golden Global View";
    printf("%s has %d chars",s,strlen(s));
    getchar();
    return 0;
    }
```

（2）由 src 所指内存区域复制 count 字节到 dest 所指内存区域

memcpy 原型：

```
extern void *memcpy(void *dest, void *src, unsigned int count);
```

说明：src 和 dest 所指内存区域不能重叠，函数返回指向 dest 的指针。

举例：

```
#include <string.h>
main()
{
  char *s="Golden Global View";
  char d[20];
  memcpy(d,s,strlen(s));
  d[strlen(s)]=0;
  printf("%s",d);
  getchar();
  return 0;
}
```

（3）由 src 所指内存区域复制 count 字节到 dest 所指内存区域

memmove 原型：

```
extern void *memmove(void *dest, const void *src, unsigned int count);
```

说明：与 memcpy 工作方式相同，但 src 和 dest 所指内存区域可以重叠，但复制后 src 内容会被更改。函数返回指向 dest 的指针。

（4）比较内存区域 buf1 和 buf2 的前 count 字节

memcmp 原型：

```
extern int memcmp(void *buf1, void *buf2, unsigned int count);
```

说明：当 buf1<buf2 时，返回值<0；当 buf1=buf2 时，返回值=0；当 buf1>buf2 时，返回值>0。

举例：

```
#include <string.h>
main()
  {
     char *s1="Hello, Programmers!";
     char *s2="Hello, programmers!";
     int r;
     r=memcmp(s1,s2,strlen(s1));
     if(!r)
       printf("s1 and s2 are identical");
     else
     if(r<0)
       printf("s1 less than s2");
     else
       printf("s1 greater than s2");
  getchar();
  return 0;
  }
```

（5）把 buffer 所指内存区域的前 count 字节设置成字符 c

memset 原型：

```
extern void *memset(void *buffer, int c, int count);
```

说明：返回指向 buffer 的指针。

举例：

```
#include <string.h>
main()
  {
      char *s="Golden Global View";
      memset(s,'G',6);
      printf("%s",s);
      getchar();
      return 0;
  }
```

（6）从 buf 所指内存区域的前 count 字节中查找字符 ch

memchr 原型：

```
extern void *memchr(void *buf, char ch, unsigned count);
```

说明：当第一次遇到字符 ch 时停止查找。如果成功，则返回指向字符 ch 的指针，否则返回 NULL。

举例：

```
#include <string.h>
main()
  {
      char *s="Hello, Programmers!";
      char *p;
      p=memchr(s,'P',strlen(s));
      if(p)
        printf("%s",p);
      else
        printf("Not Found!");
      getchar();
      return 0;
  }
```

5.8　C51 的应用技巧

软件工程的思想同样适用于单片机应用系统程序的开发。除此之外，为了帮助 C51 编译器产生更好的代码，还需要掌握下列一些技巧。

1. 灵活选择变量的存储器类型

单片机应用程序中，对需进行位操作的变量，其存储类型为 bdata，直接寻址存储器类型为 data，间接寻址存储器类型为 idata（间接寻址存储器也可访问直接寻址存储器区），外部寻址存储器类型为 xdata。当对不同的存储器类型进行操作时，编译后的代码执行效率各不相同，内部存储器中直接寻址空间和间接寻址空间也不相同。

由于单片机系统的存储器资源有限，为了提高执行效率，对存储器类型的设定，应根据以下原则：只要条件满足，尽量先使用内部直接寻址存储器（data），其次设定变量为间接寻址存储器（idata），在内部存储器数量不够的情况下，才使用外部存储器，而且在外部存储器中，优先选择 pdata，最后才是 xdata。而且，在内部和外部存储器共同使用的情况下，要合理分配存储器，对经常使用和计算频繁的数据，应该使用内部存储器，其他的则使用外部存储器。要根据它们的数量进行分配，尽量减少访问外部存储器，从而提高程序运行效率。

另一个提高代码效率的方法就是减小变量的长度，使用 ANSI C 编程时，一般习惯于对变量使用 int 类型，而对于像 80C51 这类 8 位的单片机来说这是一种极大的浪费。80C51 单片机机器指令只支持字节和位变量，所以应该仔细考虑所声明的变量值的可能的取值范围，然后选择合适的变量类型。尽可能地选择变量类型为 char、unsigned char 或 bit，它们只占用 1 字节或 1 位。

还有一个提高代码效率的方法是使用无符号类型，原因是 80C51 机器指令也不支持符号运算。如果在 C 源代码中使用了有符号类型的变量，尽管从字面上看，其操作十分简单，但 C51 编译器将要增加相应的库函数去处理符号运算。

所以除了根据变量长度来选择变量类型以外，还要考虑该变量是否会用于负数的场合。如果程序中没有负数，那么可以把变量都定义成无符号类型的。

还要提到的是，在输入源程序时，为了提高输入效率，可以使用简化的缩写形式定义无符号数据类型。其方法是在源程序开头，使用#define 语句定义：

```
#define uchar unsigned char
#define uint unsigned int
#define ulong unsigned long
```

这样，在输入源程序时，可以用 uchar、uint、ulong 代替 unsigned char、unsigned int、unsigned long。在后面的叙述中有可能不加说明地使用 uchar、uint、ulong 说明定义的变量。

2. 避免使用浮点变量

在 80C51 单片机系统中使用 32 位浮点数是得不偿失的，这样做会浪费单片机大量的存储器资源和程序执行时间。一定要在系统中使用浮点数的时候，可以通过提高数值数量级或使用整型运算代替浮点运算。在运算时，可以进行定点运算的尽量进行定点运算，避免进行浮点运算。尽量减少乘除法运算，如*2^n 或/2^n，可以使用移位操作代替乘除法运算，这样不仅可以减少代码量，同时还能大大提高程序执行效率。处理 ints 和 longs 比处理 doubles 和 floats 要方便得多，代码执行起来会更快，C51 编译器也不用连接处理浮点运算的模块。

3. 灵活设置变量，高效利用存储器

对于某些标志位应使用 bit 或 sbit，而不是 unsigned char。这样可以大量节省内存，不用多浪费 1 字节的另外 7 位。而且位变量在 RAM 中访问它们只需要一个处理周期，执行速度更快。

在 C51 编程中，由于单片机系统资源有限，而 C 语言中通常是采用模块化编程方法，如何实现高效的数据传输对提高程序执行效率十分关键。

在编写 C51 语言程序时，不是特别必要的地方一般不要使用全局变量，而应尽可能地使用局部变量。因为局部变量只是在使用它时，编译器才为它在内部存储区中分配存储单元，而全局变量在程序的整个执行过程中都要占用存储单元。另外，如果使用全局变量过多，则在各个函数（如中断、多任务函数）执行时都可能改变全局变量的值，使人们难以清楚地判断出在各个程序执行点处全局变量的值，从而降低程序的通用性和可读性。使用全局变量过多还会引起栈溢出。

通常，在 C51 程序中，子程序模块中与其他变量无关的变量尽可能使用局部变量。对整个程序都要使用的变量将其设置为全局变量更为合适，这样，子程序模块可以直接声明要使用的变量为外部变量即可。其次，要结合 C 语言的特点进行灵活的数据传输，C 语言中所特有的指针、结构、联合，如果能够灵活使用，可以大大提高编程效率，也可以方便我们进行数据传输，主程序和子程序传递的数据量不可过多，否则会影响执行效率。子程序模块和主程序模块都定义了相同的数据类型，在进行数据传输时，只需将指针传送到子程序模块。这样，既可以使不同的程序有很好的独立性和良好的封装性，又能实现不同程序数据的灵活高效传输，从而使不同的开发人员开发出独立性很强的通用子程序模块。

4. 为变量分配内部存储区

局部变量和全局变量可以被定义在任何一个存储区中，根据前面的讨论，把经常使用的变量放在内部 RAM 中时，可使程序的速度得到提高。除此之外，还缩短了程序代码，因为外部存储区寻址的指令相对要麻烦一些。考虑到存取速度，推荐读者按 data→idata→pdata→xdata 的顺序使用存储器，当然要记得在 idata 空间中留出足够的堆栈空间。

5. 使用库函数

C51 的库函数提供了供用户使用的许多调令（内部函数），直接对应着汇编指令，而另外一些比较复杂并兼容 ANSI C。所有这些调令都是再入函数，可在任何地方安全地调用它们，如单字节循环位移指令 RL A 和 RR A 相对应的调令是_crol_（循环左移）和_cror_（循环右移）。如果想对 int 或 long 类型的变量进行循环位移，汇编调令将更加复杂，而且执行的时间会更长。对应于 int 类型 C 库函数为_irol_、_iror_，对应于 long 类型库函数为_lrol_、_lror_。

在 C 语言中也提供了如汇编语言中 JBC 指令的调令_testbit_，如果参数位置位，它将返回 1，否则将返回 0。这条调令在检查标志位时十分有用，而且使 C 语言的代码更具可读性。调令将直接转换成 JBC 指令。

缓冲区处理函数位于 string.h 中，其中包括复制、比较、移动等函数：memcpy、memchr、memcmp、memcpy、memmove、memset。使用这些函数可以很方便地对缓冲区进行处理。

【例 5.19】 使用库函数复制、比较、移动。

```c
#include <reg52.h>
#include <intrins.h>
#include <absacc.h>
#include <string.h>
void uselibfun {
    if( memcmp(&XBYTE[0x800], &XBYTE[0x1000], 0x10) ! = 0 ) {
    /*比较外部 RAM 0x800 和 RAM 0x1000 处连续的 16B 是否相等*/
        memcpy(&XBYTE[0x800], &XBYTE[0x1000], 0x10);
        /*不等，把 RAM 0x1000 处的 16B 复制到 RAM 0x800 处*/
    }
    if( memcmp(strbuff1, strbuff2, 0x20) ! = 0 ) {
    /*比较数组 strbuff1 和数组 strbuff2 处连续的 32B 是否相等*/
        memset(strbuff3, 0xFF, 0x20);  /*不等,把数组 strbuff3 处的 32B 置为 0xFF*/
    }
}
```

6. 使用宏替代函数

对于小段代码，如使能某些电路或从锁存器中读取数据，可通过使用宏来替代函数，使得程序更具可读性。可以把代码定义在宏中，这样看上去更像函数编译器在碰到宏时，按照事先定义的代码去替代宏。宏的名字应能够描述宏的操作，当需要改变宏时，只要修改宏定义处即可。例如：

```
#define led_on( ) {
    led_state = LED_ON;
    XBYTE[LED_CNTRL] = 0x01;
}
#define led_off( ) {
    led_state = LED_OFF;
    XBYTE[LED_CNTRL] = 0x00;
}
```

宏能够使得访问多层结构和数组更加容易，可以用宏替代程序中经常使用的复杂语句，以减少程序输入时的工作量，且更具可读性和可维护性，与函数调用相比较，执行效率更高，但程序的执行代码较大，因为编译器将定义的宏内容直接嵌入到代码中。

7. 存储器模式的确定

C51 提供了 3 种存储器模式存储变量、过程参数和分配再入函数堆栈。应该尽量使用小存储器模式，即 SMALL 模式。应用系统很少需要使用其他两种模式。一般来说，如果系统所需要的内存数小于内部 RAM 数时，都应以 SMALL 模式进行编译，对其他存储模式可以由 pdata 和 xdata 进行说明。

在 SMALL 模式下，data 段是所有内部变量和全局变量的默认存储段，所有参数传递都发生在 data 段中。如果有函数被声明为再入函数，编译器会在内部 RAM 中为它们分配空间。这种模式的优势就是数据的存取速度很快，但只有 120B 的存储空间可供使用（总共有 128B，但至少有 8B 被寄存器组使用），还要为程序调用开辟足够的堆栈。

在实际进行项目开发时，如果能遵守科学的工程开发规则，灵活地运用 C 语言的强大功能，熟悉硬件特点，就能够在较短时间内编写出高效率、高可靠、易维护的嵌入式系统的执行代码。

 本章小结

指令是指挥计算机执行某种操作的命令。一台计算机所有指令的集合，称为该计算机的指令系统，它是表征计算机性能的重要标识，每台计算机都有它自己特有的指令系统。

用助记符表示的指令称为汇编语言指令，汇编语言源程序是由一条条汇编语言指令组成的。汇编语言指令格式为：

　　　　标号:指令助记符 操作数　;注解

其中标号用于表示该条指令的地址，指令助记符用于表示指令进行何种操作，操作数可以有 1 个、2 个、3 个或者没有。操作数包括：源操作数和目的操作数，其中源操作数用于发送数据，目的操作数用于接收数据。操作数是汇编指令格式中最复杂的部分，大致可分为 5 类：立即数#data、寄存器 Rn、存储单元（direct、@Ri、@A+PC）、位操作数 bit 和相对偏移量 rel。不同类型的操作数对应不同的寻址方式。80C51 单片机指令系统共有 7 种寻址方式，这 7 种寻址方式与对应操作数如表 5.15 所示。

表 5.15　操作数与寻址方式对照表

操 作 数	寻 址 方 式	表 示 符 号
立即数	立即寻址	#data
寄存器	寄存器寻址	R0～R7
存储单元	直接寻址	direct
	寄存器间接寻址	((Ri))
	变址间接寻址	(PC)+(A)或(DPTR)+(A)
位操作数	位寻址	bit
相对偏移量	相对寻址	rel

80C51 单片机的指令按功能可分为传送、算术、逻辑、位处理和转移指令，现将前 4 种指令小结如下。

1. 传送指令

传送指令是完成片内数据存储器传送、片外数据存储器传送、程序存储器传送工作的指令。用于片内数据传送的操作数有：#data、A、Rn、direct、@Ri。读者只有深刻理解并记忆这 5 种操作数的含义、寻址方式与使用方法后，才能真正掌握 80C51 单片机指令系统。

片内数据传送指令为：

```
MOV  D, S;  (D)←(S)
```

其中，目的操作数为 D=A、Rn、direct、@Ri，源操作数为 S=#data、A、Rn、direct、@Ri。注意：寄存器 Rn 与 Rn 之间不能直接传送，寄存器 Rn 与存储单元 @Ri 之间不能直接传送。

片外数据传送指令为：MOVX　A,@DPTR 和 MOVX　@DPTR,A。

程序存储器传送指令为：MOVC　A,@A+DPTR 和 MOVC　A,@A+PC。

交换指令为：XCH　A,S 和 SWAP　A 等。其中，S=Rn、direct、@Ri。

2. 算术运算指令

算术运算指令有加法、减法、乘法、除法，指令的助记符分别为 ADD、SUBB、MUL、DIV。在算术运算指令中，目的操作数必须是累加器 A，而源操作数 S=#data、Rn、direct、@Ri。因此在进行算术运算前必须将被加数、被减数、被乘数、被除数送入累加器 A。

应注意，在加法指令 ADD 之后加 DA A 指令可进行十进制加法运算，由于没有减法十进制调整指令，所以十进制减法运算必须用补码进行。

3. 逻辑运算指令

逻辑运算指令包括逻辑运算和移位指令。

（1）逻辑运算指令

在双操作数的逻辑运算指令中累加器 A 总是作为目的操作数，而源操作数 S=#data、Rn、direct、@Ri。与、或、异或指令的助记符分别为 ANL、ORL、XRL。

（2）循环移位

A 循环左移指令为：RL　A,A；带进位循环左移指令为：RLC　A,A；循环右移指令 RR　A 和 A；带进位循环右移指令为：RRC　A。

4. 位处理指令

位处理指令分为位传送、位修改、位逻辑 3 类，现小结如下。

位传送指令：MOV　C, bit 和 MOV　bit, C。

位置 1 与清 0 指令：SETB　bit 和 CLR　bit。

位逻辑指令包括：

● 与指令　ANL　C, bit 和 ANL　C, /bit。

● 或指令　ORL　C, bit 和 ORL　C, /bit。

C51 即 80C51 单片机的 C 语言。操作数是汇编指令格式中最复杂的部分，不同类型的操作数对应不同的寻址方式。操作数对应于高级语言中的变量（常量），采用 C51 程序设计语言，编程者只需了解变量（常量）的存储器类型与 80C51 单片机存储空间的对应关系，而不必深入了解 80C51 单片机寻址方式，C51 编译器会自动完成变量（常量）的存储单元的分配，并产生最为合适的目标代码。表 5.16 所示为存储器、存储器类型和访问速度与寻址方式对照表。

表 5.16　存储器、存储器类型和访问速度与寻址方式对照表

存储器		地址空间	容　量	访问速度	C51 编译器中变（常）量存储器类型	在汇编语言中寻址方式
内部数据区	工作寄存器区	00H~1FH	32	最快		寄存器寻址
	位地址区	20H~2FH	16	快	bdata, bit	位寻址，直接寻址
	数据缓冲区	30H~7FH	80	data 快, idata 中	data, idata	直接寻址、寄存器间接寻址
		80H~FFH	128	中	idata	寄存器间接寻址
	特殊功能寄存器区	80H~FFH		快	sfr, sfr16, sbit	直接寻址
内（外）部程序区		0000H~FFFFH	65536	最慢	code	变址间接寻址
外部数据区		0000H~FFFFH	65536	pdata 慢 xdata 最慢	xdata, pdata	寄存器间接寻址

C51 规定变量必须先定义后使用。C51 对变量进行定义的格式如下：

[存储种类]　数据类型　[存储器类型]　变量名表

存储种类是可选项，有 4 种，分别为：自动（auto）、外部（extern）、静态（static）和寄存器（register）。如省略存储种类，则该变量默认为自动（auto）变量。自动变量作用范围在定义它的函数体或复合语句内部，在定义它的函数体或复合语句被执行时，C51 才为该变量分配内存空间。当函数调用结束返回或复合语句执行结束时，自动变量所占用的内存空间就被释放，这些内存空间又可以被其他的函数体或复合语句使用。使用自动变量能最有效地使用 80C51 单片机内存。

存储器类型指明该变量所处的单片机的内存空间，如表 5.16 所示，应把频繁访问的变量放在 data 区中，这样可使 C51 编译器产生的程序代码最短，运行速度最快。在一般情况下，推荐按 data→idata→xdata 的顺序使用存储器。

C51 编译器所支持的数据类型如表 5.11 所示。80C51 单片机机器指令只支持字节和位变量，应尽可能选择变量类型为 char 或 bit，它们只占用 1 字节或 1 位。除了根据变量长度来选择变量类型以外，还要考虑该变量是否会用于负数的场合。如果程序中没有负数，那么可以把变量都定义成无符号类型。

 # 习题 5

1. 80C51 的指令系统具有哪些特点？

2. 80C51 单片机的指令系统按其功能可归纳为几大类？请写出各类名称。

3. 什么是寻址方式？80C51 单片机有哪些寻址方式？

4. 什么是源操作数？什么是目的操作数？通常在指令中如何加以区分？

5. 查表指令是在什么空间内的寻址操作？

6. 对 80C51 片内 RAM 的 128～255 字节区域的地址空间寻址时，应注意些什么？对特殊功能寄存器，应采用何种寻址方式进行访问？

7. 写出完成下列要求的 C 语言程序。

（1）将地址为 4000H 的片外数据存储单元内容，送入地址为 30H 的片内数据存储单元。

（2）将地址为 4000H 的片外数据存储单元内容，送入地址为 3000H 的片外数据存储单元。

（3）将地址为 0800H 的程序存储单元内容，送入地址为 30H 的片内数据存储单元。

（4）将片内数据存储器中地址为 30H 与 40H 的单元内容交换。

（5）将片内数据存储器中地址为 30H 单元的低 4 位与高 4 位交换。

8. 将 30H、31H 单元中的十进制数与 38H、39H 单元中的十进制数做十进制加法，其和送入 40H、41H 单元，即(31H，30H) + (39H，38H) → (41H，40H)。

9. 编写程序段完成下列乘法操作：(R4，R3)×(R5)→(32H，31H，30H)。此式含义是将 R4、R3 中的双字节被乘数与 R5 中的字节乘数相乘，乘积存放在地址为 32H～30H 的 3 个存储单元中。

10. 编写程序，用 30H 单元内容除以 40H 单元内容，商送入 50H 单元，余数送入 51H 单元。

11. 已知：(30H) = 55H，(31H) = 0AAH，分别写出完成下列要求的指令，并写出 32H 单元的内容：

（1）(30H) & (31H) → (32H)；

（2）(30H) | (31H) → (32H)；

（3）(30H) ^ (31H) → (32H)。

12. 十进制调整指令 DA 起什么作用？用在何处？

13. 80C51 指令系统中有了长跳转 LJMP、长调用 LCALL 指令，为何还设置了短跳转 AJMP、短调用 ACALL 指令？在实际使用时应怎样考虑？

14. 写出下列短跳转指令中标号 L00 的取值范围。

```
37FFH    AJMP L00
```

15. 设堆栈指针(SP) = 60H：

```
（1）2500H        LCALL L00
...              ...
（2）2700H        MOV A,#03H
...              ...
（3）2750H        RET
```

执行（1）指令后，(SP)、((SP))、((SP-1))、(PC) 各为多少？执行（2）指令后，(SP)、(PC)为多少？若将（1）指令改为 ACALL L00，标号 L00 的取值范围是多少？

16. 为什么 SJMP 指令的 rel=$时，将实现单指令的无限循环？

17. 有程序如下：

```
CLR C
CLR RS1
CLR RS0
MOV A,#38H
MOV R0,A
MOV 29H,R0
SETB RS0
```

```
MOV R1,A
MOV 26H,A
MOV 28H,C
```

（1）区分哪些是位操作指令？哪些是字节操作指令？

（2）程序执行后，写出片内 RAM 有关单元的内容。

（3）如 f_{osc}=12MHz，计算这段程序的执行时间。

18. 请用位操作指令，求下列逻辑方程：

（1）$P1.7 = ACC.0 \& (B.0 + P2.0) + \overline{P3.0}$

（2）$PSW.5 = P1.0 \& \overline{ACC} + B.6 \& \overline{P1.4}$

（3）$PSW.5 = \overline{P1.7} \& B.4 + C + \overline{ACC} \& P1.0$

19. 写出下列各条指令的机器码，并逐条写出依次执行每条指令后的结果和 PSW 的内容：

（1）CLR A

（2）MOV A, #9BH

（3）MOV B, #0AFH

（4）ADD A, B

20. 伪指令与汇编指令有何区别？说出常用的 5 种伪指令的作用。

21. 在单片机应用开发系统中，C 语言编程与汇编语言编程相比有哪些优势？

22. 在 C51 中有几种关系运算符？请列举。

23. 在 C51 中为何要尽量采用无符号的字节变量或位变量？

24. 为了加快程序的运行速度，C51 中频繁操作的变量应定义在哪个存储区中？

25. 为何在 C51 中避免使用 float 浮点型变量？

26. 如何定义 C51 的中断函数？

第 6 章　80C51 单片机内部资源及应用

通过学习本章，读者应了解中断的基本概念、中断的作用、中断源的分类及请求中断的方式；掌握 80C51 单片机中断系统的结构和 C51 中断服务函数的编程方法；掌握 80C51 单片机 5 个中断源的中断请求、中断屏蔽、优先级设置等初始化编程方法及软件判优方法；掌握定时器/计数器的定义；理解定时器/计数器的内部结构；掌握 4 种工作方式的初始化编程方法，学会使用定时器/计数器编写计数、定时应用程序的方法；了解串行通信的基础知识；熟悉串行通信的 3 种模式：单工、半双工、全双工，80C51 单片机串行接口的结构，以及 4 种通信方式的工作过程和使用方法；掌握双机与多机通信的原理、编程方法。

如果在一块芯片上，集成了一台微型计算机的 4 个基本组成部分，即运算器、控制器、存储器、输入/输出接口，这种芯片就被称为单片机。为了进一步突出单片机的控制特性，许多半导体公司在单片机内部又集成了许多功能单元。如中断、定时器/计数器、串行通信、模数转换器（ADC）、脉冲宽度调制（PWM）等单元，我们把这些单片机内部的功能单元统称为单片机内部资源。

标准的 80C51 单片机的内部资源有中断系统、定时器/计数器和串行口。80C51 单片机片内 RAM 的 80H～FFH 空间有 21 个特殊功能寄存器 SFR，通过这些特殊功能寄存器可以实现对全部内部资源的运行操作。

6.1　中断系统和外中断

中断是一项重要的计算机技术，采用中断技术可以使多个任务共享一个资源，所以中断技术实质上就是一种资源共享技术。

80C51 是一个多中断源的单片机，有 3 类共 5 个中断源，分别是外部中断 2 个，定时中断 2 个和串行中断 1 个。

外部中断是由外部原因引起的，共有 2 个中断源，即外部中断 0 和外部中断 1。它们的中断请求信号分别由 80C51 外部引脚 $\overline{\text{INT0}}$（P3.2）和 $\overline{\text{INT1}}$（P3.3）输入。

定时中断是为满足定时或计数的需要而设置的，串行中断是为串行数据传送的需要而设置的。

本节仅介绍外部中断，定时中断和串行中断在 6.2 节和 6.3 节中介绍。

6.1.1　中断技术概述

1．中断的概念

当 CPU 正在执行某程序时，由于某种原因，外界向 CPU 发出了暂停目前工作去处理更重要的事件的请求，程序被打断，CPU 响应该请求并转入相应的处理程序，处理程序完成以后，再返回原来程序被打断的位置，继续原来的工作，这一过程称为中断。实现中断功能的部件称为中断系统。

在以上过程中，原来运行的、被中断的程序称为主程序；从主程序中转入的相应事件处理程序称为中断服务程序；主程序被打断的位置称为断点；向 CPU 发出的中断请求信号称为中断源，它是引起 CPU 中断的来源。

2．中断技术的作用

计算机内有限的 CPU 资源要处理多项任务，实现多种外部设备之间数据的传送，必然引起 CPU 资源短缺的局面。计算机引入中断技术后，解决了这种资源竞争的问题，因此中断技术实质上是一种资源共享技术。基于这种资源共享思想，中断技术主要用于分时操作、实时处理、故障及时处理等。

（1）分时操作

CPU 在工作的同时，多个外部设备也在工作，由于外部设备的工作速度比 CPU 的处理速度慢得多，二者无法实现同步数据交换。这时就要利用中断技术，只有当外设向 CPU 提出中断请求时，CPU 才暂时为外设服务，服务完成后 CPU 返回原来的工作。这样就大大提高了 CPU 的利用率，也提高了外设的工作效率。

（2）实时处理

计算机能够对外部的中断请求在限定的时间内及时进行处理。对于自动控制系统，各种控制参数可以根据工作需要随时向计算机发出中断请求，CPU 能够及时响应，进行相关处理。

（3）故障及时处理

计算机在运行过程中，会遇到一些事先难以预料的各种故障，如硬件故障、运算错误等。利用中断，计算机能够进行紧急处理。

3．中断系统功能

中断系统一般要完成以下功能。

（1）现场保护和现场恢复

图 6.1 所示为中断过程示意图，中断源向计算机发出中断请求，CPU 响应该中断请求，断开主程序，转向中断服务程序，完成中断服务后，再返回原来的主程序。主程序被断开的位置称为断点。为了 CPU 完成中断服务后，能够返回原主程序的位置，就要保护断点处的现场状态，即将断点处的 PC 值、相关寄存器的内容、标志位等状态压入堆栈保存，该操作被称为保护断点和现场。

中断服务结束后，在返回主程序前，要将被保护的断点和现场恢复，即弹出堆栈中被保存的内容至各相关寄存器，该操作称为现场恢复。汇编语言程序员在使用中断时，需要仔细考虑现场的保护和恢复，高级语言程序员无须关心该问题，C 语言编译器会自动完成现场保护和恢复。

（2）中断优先权排队

通常微型计算机系统有多个中断源，当有两个以上的中断源同时向 CPU 提出中断请求时，CPU 面临首先为哪个中断源先服务的问题。微型计算机内为这些中断源规定了中断响应的先后顺序——优先级别，即不同的中断源享有不同的优先响应权利，称为中断优先权。CPU 对多个中断源响应的优先权进行由高到低的排队，称为优先权排队。CPU 总是首先响应优先权级别高的中断请求。

（3）中断嵌套

如图 6.2 所示，当 CPU 正在执行某一中断服务程序时，可能有优先级别更高的中断源发出中断请求，此时，CPU 将暂停当前的优先级别低的中断服务，转而去处理优先级更高的中断申请，处理完再回到原低级中断处理程序，这一过程称为中断嵌套，该中断系统称为多级中断系统。没有中断嵌套功能的中断系统称为单级中断系统。

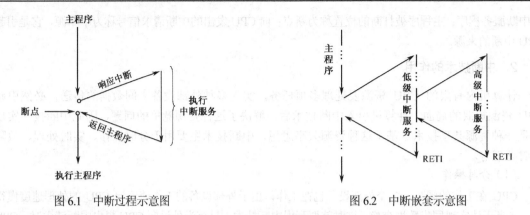

图 6.1　中断过程示意图　　　　　　　　图 6.2　中断嵌套示意图

由于单片机的 RAM 资源非常有限，当中断嵌套层数过多时，可能会使堆栈溢出，引发程序运行错误。汇编语言程序员和高级语言程序员必须注意该问题。

6.1.2　80C51 单片机中断系统

图 6.3 所示为 80C51 中断系统结构图，它由中断源、中断标志位、中断允许控制、中断优先级控制、中断查询硬件及相应的特殊功能寄存器组成，相应的特殊功能寄存器 TCON 和 SCON 用来存储来自中断源的中断请求标志位，IE 为中断允许控制寄存器，IP 为中断优先级控制寄存器。该系统有 5 个中断源、2 个中断优先级，能够实现 2 级中断嵌套，通过 IP 控制中断响应的先后顺序，每个中断响应都有各自的中断入口地址（向量地址）。

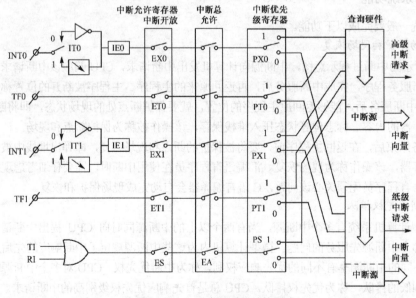

图 6.3　80C51 中断系统结构图

1．中断源

80C51 共有 3 类 5 个中断源，分别是 2 个外部中断源、2 个定时中断源、1 个串行口接收/发送中断源。

（1）外部中断

外部中断是由外部请求信号或掉电等异常事故引起的，共有 2 个中断源：外部中断 0 和外部中断 1，分别由引脚 $\overline{\text{INT0}}$（P3.2）和 $\overline{\text{INT1}}$（P3.3）引入。

如图 6.3 所示，外部中断源请求有两种触发方式：电平方式和脉冲方式，可通过特殊功能寄存器 TCON 中的控制位 IT0 和 IT1 定义。电平方式低电平有效，而脉冲方式则是脉冲的下降沿有效。一旦输入信号有效，特殊功能寄存器 TCON 中的中断标志位 IE0 或 IE1 被置 1，外部中断信号便向 CPU 发出了中断请求申请。

（2）定时中断

80C51 单片机内有两个定时器/计数器 T0 和 T1，通过一种计数结构，实现定时/计数功能。当计数值发生溢出时，表明已经达到预期定时时间或计数值。定时器/计数器的中断请求标志位 TF0 或 TF1 被置 1，也就向 CPU 发出了中断请求的申请。

（3）串行口中断

当串行口接收或发送完一组数据时，便产生一个中断请求，特殊功能寄存器 SCON 中的 RI 或 TI 被置 1。

2．中断请求标志位

要实现中断，首先中断源要提出中断请求，单片机内中断请求的过程是特殊功能寄存器 TCON 和 SCON 相关状态位——中断请求标志位置 1 的过程，当 CPU 响应中断时，中断请求标志位才由硬件或软件清 0。

（1）TCON 中的中断标志位

该寄存器用于保存外部中断请求，以及作为定时器的计数溢出标记，既可以对其整个字节寻址，又可以对其位寻址。寄存器地址 88H，位地址 8FH～88H，如表 6.1 所示。

表 6.1　定时控制寄存器 TCON 位地址和位符号

位 地 址	8F	8E	8D	8C	8B	8A	89	88
位 符 号	TF1	TR1	TF0	TR0	IE1	IT1	IE0	IT0

这个寄存器既有定时器/计数器的控制功能，又有中断控制功能，其中与中断有关的控制位共 6 位：IE0 和 IE1、IT0 和 IT1 以及 TF0 和 TF1。各位的地址及其对应的功能如表 6.2 所示。

表 6.2　定时控制寄存器 TCON 各位的功能

位 地 址	位 符 号	功　　能
8FH	TF1	定时器/计数器 T1 溢出标志位
8EH	TR1	定时器/计数器 T1 运行控制位
8DH	TF0	定时器/计数器 T0 溢出标志位
8CH	TR0	定时器/计数器 T0 运行控制位
8BH	IE1	外部中断 1 请求标志位
8AH	IT1	外部中断 1 触发类型选择位
89H	IE0	外部中断 0 请求标志位
88H	IT0	外部中断 0 触发类型选择位

TF0、TF1：计数器溢出标志位。定时器/计数器 T0、T1 溢出（计满）时，该位由内部硬件自动置位。该位的使用分两种情况：中断方式和查询方式。若使用中断方式，则此位作为中断标志位，引起中断响应，进入中断服务程序后，由硬件自动清 0；若使用查询方式，则中断被禁止，此位作为状态位供查询，但应注意查询有效后应用软件及时将该位清 0。

IE0、IE1：外部中断请求标志位。当 CPU 外部采样 $\overline{INT0}$（P3.2）或 $\overline{INT1}$（P3.3），IE0 或 IE1 被

置 1 时，便有外部中断请求，CPU 响应外部中断，转入中断服务时，IE0 或 IE1 由硬件自动清 0（脉冲触发方式）。对于电平触发方式，CPU 执行完中断服务之前，要由外部中断源撤销有效电平，使 IE0 或 IE1 清 0。

IT0、IT1：为外部中断源 $\overline{INT0}$ 和 $\overline{INT1}$ 的触发方式控制位。当 IT0、IT1 为 0 时，外部中断为电平触发方式，等于 1 时为脉冲触发方式。

当 $\overline{INT0}$ 或 $\overline{INT1}$ 为电平触发中断方式时，若 $\overline{INT0}$ 或 $\overline{INT1}$ 输入低电平，CPU 在每个机器周期的 S5P2，对 $\overline{INT0}$ 或 $\overline{INT1}$ 进行采样得到低电平信号，IE0 或 IE1 被置 1，外部中断源提出中断请求，在该中断被 CPU 响应前，外部中断源必须一直保持低电平有效。同时在该中断服务程序执行完之前，必须撤除外部中断源，否则将再次产生中断。当 $\overline{INT0}$ 或 $\overline{INT1}$ 为脉冲触发中断方式时，CPU 在每个机器周期的 S5 的第 2 个时钟周期 S5P2（见 4.3.4 节）对 $\overline{INT0}$ 或 $\overline{INT1}$ 进行采样，如果连续两次采样，前一个周期采样为高电平，而下一个周期采样为低电平，则 IE0 或 IE1 被置 1，表示外部中断正在向 CPU 申请中断，直到该中断被 CPU 响应，才由硬件自动清 0。由于对 $\overline{INT0}$ 或 $\overline{INT1}$ 的采样每个机器周期只进行一次，因此，采用脉冲后沿触发方式实现中断时，外部中断源输入的高电平和低电平持续时间必须保持一个机器周期以上，才能确保 CPU 检测到由高到低的负跳变。

TR0、TR1：定时器/计数器 T0、T1 的运行控制位，见 6.2 节。

（2）SCON 中的串行中断标志位

SCON 寄存器地址为 98H，位地址为 9FH~98H，其中的低 2 位 RI 和 TI 锁存串行口的接收中断和发送中断的申请标志位，如表 6.3 所示。

表 6.3　串行口控制寄存器

位　地　址	9FH	9EH	9DH	9CH	9BH	9AH	99H	98H
位　符　号	—	—	—	—	—	—	TI	RI

TI：串行口发送中断请求标志位。串行口每发送完 1 帧串行数据后，由内部硬件置 1，表示串行口发送器向 CPU 申请中断。值得注意的是，CPU 响应该中断，转入串行口中断入口时，对 TI 位不清 0，TI 必须由用户在程序中清 0。

RI：串行口接收中断请求标志位。串行口每接收完 1 帧串行数据后，RI 由硬件置 1。同样，CPU 响应该中断时，对 RI 位不清 0，必须由用户在程序中进行清 0。

80C51 单片机复位后，TCON 和 SCON 各位均被清 0。

3. 中断控制

中断控制主要通过中断允许寄存器 IE 和中断优先级寄存器 IP 实现。

（1）中断允许控制

中断源申请后，中断能否被响应，取决于 CPU 对中断源的开放或屏蔽状态，由内部的中断允许寄存器 IE 进行控制，IE 的地址是 A8H，位地址为 AFH~A8H，其内容如表 6.4 所示。

表 6.4　中断允许控制寄存器

位　地　址	AFH	AEH	ADH	ACH	ABH	AAH	A9H	A8H
位　符　号	EA	—	—	ES	ET1	EX1	ET0	EX0

IE 中与中断有关的共有 6 位，各位含义如下。

EA：CPU 中断允许总控制位。EA=1，CPU 开放中断，此时，每个中断源的中断允许或禁止，取决于各自的中断允许控制位；EA=0，CPU 屏蔽所有中断，即中断总禁止。

EX0、EX1：外部中断允许控制位。EX0(EX1)=1，允许外部中断；EX0(EX1)=0，禁止外部中断。

ET0、ET1：定时器/计数器溢出中断允许控制位。ET0(ET1)=1，允许中断；ET0(ET1)=0，禁止定时器/计数器中断。

ES：串行口中断允许控制位。ES=1，允许串行口中断；ES=0，禁止串行口中断。

以上中断控制为两级控制，即以 EA 实现中断总控，以各中断源的中断允许位实现分控。当总控制位为禁止时，不管分控位状态如何，整个中断系统被禁止。只有当总控制位为允许状态时，中断的允许与禁止才能由各分控制位决定，参见图 6.3。

（2）中断优先级控制

80C51 有两个中断优先级，每个中断源均可通过软件设置为高优先级或低优先级中断，实现 2 级中断嵌套。高优先级中断请求可以中断一个正在执行的低优先级中断服务，除非正在执行的低优先级中断服务程序设置了禁止某些高优先级的中断。正在执行的中断服务程序不能被另一个同级或低优先级的中断源所中断；正在执行高优先级的中断服务程序，不能被任何中断源中断。一直执行到返回指令 RETI，返回主程序，而后再执行一条指令后，才能响应新的中断申请。

为实现以上功能，80C51 中断系统设有两个不可寻址的优先级状态触发器，一个指示 CPU 是否正在执行高优先级中断服务程序，而另一个指示 CPU 是否正在执行低优先级中断服务程序。前一个触发器的 1 状态屏蔽所有的中断申请，而后一个触发器的 1 状态屏蔽相同优先级的其他中断申请。

特殊功能寄存器 IP 为中断优先级控制寄存器，其地址为 B8H，位地址为 BFH～B8H，各位内容如表 6.5 所示。

表 6.5　中断优先级控制寄存器

位 地 址	BFH	BEH	BDH	BCH	BBH	BAH	B9H	B8H
位 符 号	—	—	—	PS	PT1	PX1	PT0	PX0

PX0：外部中断 0 中断优先级控制位。PX0=1，外部中断 0 定义为高优先级中断；PX0=0，为低优先级中断。

PT0：定时器 0 中断优先级控制位。PT0=1，定时器 T0 中断定义为高优先级中断；PT0=0，为低优先级中断。

PX1：外部中断 1 中断优先级控制位。PX1=1，外部中断 1 定义为高优先级中断；PX1=0，为低优先级中断。

PT1：定时器 1 中断优先级控制位。PT1=1，定时器 T1 中断定义为高优先级中断；PT1=0，为低优先级中断。

PS：串行口中断优先级控制位。PS=1 时，串行口中断定义为高优先级中断；PS=0 时，为低优先级中断。

当系统复位后，IP 的所有位被清 0，所有的中断源均被定义为低优先级中断。IP 的各位都可以用程序置位和复位，也可以用位操作指令或字节操作指令更新 IP 的内容，以改变各中断源的中断优先级。

当同一优先级的几个中断源同时向 CPU 提出中断请求时，CPU 通过内部硬件查询逻辑电路，按查询顺序判定优先响应哪一个中断请求，其查询顺序为：外部中断 0、定时中断 0、外部中断 1、定时中断 1、串行中断。

4. 中断处理过程

一个完整的中断处理过程包括中断请求、中断响应、中断服务、中断返回几部分，前面主要介绍了中断请求与控制，下面将介绍其他相关内容。

（1）中断响应

中断响应是指系统满足中断条件，CPU 对中断请求做出反应，程序执行转向中断服务程序入口地址的过程。

CPU 要响应中断请求，除了前面介绍的要有中断请求、中断允许基本条件外，如果出现下列条件之一，则中断响应将被阻止。

- 条件一：CPU 正在处理同级的或更高优先级的中断。
- 条件二：当前的机器周期不是所执行指令的最后一个机器周期，即在当前指令完成之前，CPU 不会响应任何中断请求。
- 条件三：正在执行的指令是 RETI 或访问 IE 或 IP 的指令。CPU 完成这类指令后，至少还要再执行一条指令才会响应新的中断请求，以便保证程序能够正确地返回。

如果存在上述任何一个条件，CPU 都会丢弃中断查询结果，否则将在随后的机器周期开始响应中断。

CPU 在每个机器周期的 S5P2（S5 的第 2 个时钟周期）对 $\overline{INT0}$ 或 $\overline{INT1}$ 进行采样，并设置中断标志位的状态，而其他中断源的中断请求发生在单片机内部，直接设置相应的中断标志位的状态。CPU 在每个机器周期的 S6 按顺序查询每个中断请求标志位，如果有中断请求满足所有中断允许条件，则 CPU 将在下个机器周期的 S1 按中断优先级响应激活最高级中断请求。

CPU 响应中断时，先置位相应的高/低优先级状态触发器，指出 CPU 开始处理的中断优先级别，然后由硬件生成一条长调用指令 LCALL，其格式为：LCALL addr16。其中，addr16 是在程序存储区中与各中断请求对应的中断入口地址，也称为中断向量地址。80C51 中断向量地址分配如表 6.6 所示。

表 6.6　80C51 中断向量地址分配

中　断　源	中断入口地址
外部中断 0	0003H
定时器 T0 中断	000BH
外部中断 1	0013H
定时器 T1 中断	001BH
串行口中断	0023H

CPU 执行该 LCALL 指令，由硬件自动清除有关中断请求标志位（TI 和 RI 除外），将程序计数器 PC 的内容压入堆栈以保护断点（但不保护 PSW），再将被响应的中断入口地址装入 PC，开始进入中断服务。程序存储区中为各中断服务程序只分配了 8 个单元，在一般情况下难以安排下一个完整的中断服务程序。因此，通常总是在各中断区入口地址处放置一条无条件转移指令 LJMP addr16，使程序执行转向在其他地址存放的中断服务程序。

（2）中断响应时间

一个中断，从查询中断请求标志位到转向中断区入口地址要经历一段时间，即为中断响应时间。不同中断情况，中断响应时间也是不一样的。

最短的响应时间为 3 个机器周期。CPU 在每个机器周期的 S6 查询每个中断请求标志位，而该机器周期又恰好是指令的最后一个机器周期，如果该中断请求满足所有中断允许条件，则 CPU 将从下一个机器周期开始产生 LCALL 指令，而完成这条指令本身需要 2 个机器周期。这样中断响应共经历了 1 个查询机器周期加 2 个 LCALL 指令执行机器周期，总计 3 个机器周期，这也是对中断请求做出响应所需的最短时间。

如果中断响应受阻，则不同情况需要更长的不同响应时间，最长响应时间为 8 个机器周期。根据中断响应中受阻的条件三，若查询中断标志位时，刚好是开始执行 RET、REI 或访问 IE、IP 的指令，则需要把当前指令执行完后再继续执行一条指令后，才能进行中断响应。完成指令 RETI 或访问 IE 或 IP 指令需要的最长时间为 2 个机器周期，如果需要完成的下一条指令恰好是 MUL 或 DIV 指令，又需要 4 个机器周期，再加 2 个 LCALL 指令执行机器周期，总计 8 个机器周期。

在一般情况下，在一个单中断系统里，外部中断响应时间总是在 3～8 个机器周期之间。如果出现有同级或高级中断正在响应或服务中需等待的情况，那么响应时间就无法计算了。

（3）中断服务流程

图 6.4 所示为中断服务流程图，中断服务程序从入口地址开始执行，到返回指令 RETI 为止，中间经历了关中断、保护现场和断点、开中断、中断服务、关中断、恢复现场、开中断、返回断点几个阶段。

由于 80C51 单片机内不具有自动关中断的功能，因此进入服务子程序后，必须通过指令关闭中断，为下一步保护现场和断点做准备。

保护现场就是在程序进入中断服务程序入口之前，将相关寄存器的内容、标志位状态等压入堆栈保存，避免在运行中断服务程序时，破坏这些数据或状态，保证中断返回后，主程序能够正常运行。然后，再打开中断，允许响应别的中断请求。接着可以执行中断服务，中断服务是用户最终要实现的具体功能。在返回主程序之前，关闭中断，恢复现场，再用指令开中断，以便 CPU 响应新的中断请求。中断服务程序的最后一条指令是 RETI，用来返回断点。

保护现场和恢复现场可以通过堆栈操作指令 PUSH direct 和 POP direct 实现，要保护的现场内容，取决于用户对具体情况的需求。

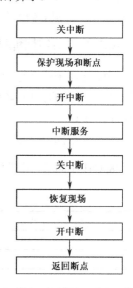

图 6.4 中断服务流程图

中断服务程序的编写参考格式如下：

```
CLR EA          ;关中断
PUSH A          ;保护现场
PUSH Rl
…
SETB EA         ;开中断
…               ;中断服务
CLR EA          ;关中断
…
POP Rl          ;恢复现场
POP A
SETB EA         ;开中断
RETI            ;中断返回
```

C51 编译器会自动完成 ACC、B、DPH、DPL、PSW、R0～R7 的保护和恢复。C51 程序员无须保护现场和恢复现场。

5. 中断请求的撤除

中断响应后，TCON 和 SCON 中的中断请求标志位应及时清除，否则中断请求将仍然存在，并引起错误的中断响应。不同的中断请求，其撤除方法也不一样。

对于定时中断，中断响应后，由硬件自动对中断标志位 TF0 或 TF1 清 0，中断请求自动撤除，无须采取其他措施。

对于脉冲触发的外部中断请求，在中断响应后，也同样通过硬件自动对中断请求标志位 IE0 或 IE1 清 0，即中断请求的撤除也是自动的。

对于电平触发的外部中断请求，情况则不同。中断响应后，硬件不能自动对中断请求标志位 IE0 或 IE1 清 0。中断的撤除，要靠撤除 $\overline{INT0}$ 或 $\overline{INT1}$ 引脚上的低电平才能有效。

对于串行中断，其中断标志位 TI 和 RI 不进行自动清 0。因为在中断响应后，还要测试这两个标志位的状态，以判定是接收操作还是发送操作，然后才能清除，所以串行中断请求的撤除需要通过软件方法，在中断服务程序中实现。

6.1.3　C51 中断服务函数

中断系统十分重要，C51 编译器允许在 C 语言源程序中声明中断和编写中断服务程序，从而减轻采用汇编程序编写中断服务程序的烦琐程度。通过使用 interrupt 关键字实现，定义中断服务程序的一般格式如下：

```
void 函数名( ) interrupt n [using m]
```

80C51 中断号、中断源和中断向量关系如表 6.7 所示。

表 6.7　80C51 中断号、中断源、中断向量关系表

中 断 号 n	中 断 源	中 断 向 量
0	外部中断 0	0003H
1	定时器 0	000BH
2	外部中断 1	0013H
3	定时器 1	001BH
4	串行口	0023H

using m 指明该中断服务程序所对应的工作寄存器组，m 取值范围为 0～3。指定工作寄存器组的缺点是，所有被中断调用的过程都必须使用同一个寄存器组，否则参数传递会发生错误。通常不设定 using m，除非保证中断程序中未调用其他子程序。

【例 6.1】　典型的 C51 中断服务函数的示例。

```
#include "common.h"
/******** main 函数 *********/
void main (void) {
    initUart();  /*初始化串口*/
    TMOD=0x55;   /*工作在方式 1，外部引脚计数*/
    TH0=-2000>>8;TL0=-2000 % 256;/*定时器 0 每 2000 计数脉冲发生 1 次中断*/
    TH1=-4000>>8;TL1=-4000 % 256;/*定时器 1 每 4000 计数脉冲发生 1 次中断*/
    TCON=0x55;   /*电平触发外部中断，开始计数*/
    IE=0x8f;     /*打开出串口中断外其他所有中断*/
    while (TRUE) {
        time(1);/*延时 1ms*/
    }
}
/*********** 中断 0 服务程序***************/
void exint0(void) interrupt 0
{
```

```
    EA=0;    /*关总中断*/
    /*可在此处插入外部中断 0 服务程序*/
    printf ("external interrupt 0 happened\n");
    EA=1;    /*开总中断*/
}
/*********** 中断 1 服务程序***************/
void exint1(void) interrupt 2
{
    EA=0;    /*关总中断*/
    /*可在此处插入外部中断 1 服务程序*/
    printf ("external interrupt 1 happened\n");
    EA=1;    /*开总中断*/
}
/******* 定时器/计数器 0 中断服务程序 ***/
void timer0int(void) interrupt 1
{
    EA=0;    /*关总中断*/
    TR0=0;   /*停止计数*/
    /*可在此处插入定时器/计数器 0 中断服务程序*/
    TH0=-2000>>8;TL0=-2000 % 256;/*重置计数初值*/
    printf ("timer0 interrupt happened\n");
    TR0=1;   /*启动计数*/
    EA=1;    /*开总中断*/
}
/******* 定时器/计数器 1 中断服务程序 ***/
void timer1int(void) interrupt 3
{
    EA=0;    /*关总中断*/
    TR1=0;   /*停止计数*/
    /*可在此处插入定时器/计数器 1 中断服务程序*/
    TH1=-4000>>8;TL1=-4000 % 256;/*重置计数初值*/
    printf ("timer1 interrupt happened\n");
    TR1=1;   /*启动计数*/
    EA=1;    /*开总中断*/
}
```

使用 C51 编写中断服务程序，程序员无须关心 ACC、B、DPH、DPL、PSW 等寄存器的保护，C51 编译器会根据上述寄存器的使用情况在目标代码中自动增加压栈和出栈。例如，上面程序编译连接后，读者可以在反汇编窗口中观察，int0 ( )、timer0 ( )和 int1 ( )对 ACC、B、DPH、DPL、PSW 的处理情况是不同的，中断向量也由 C51 编译器自动处理，C51 编译器将产生最合适的目标代码。

6.1.4 外部中断的应用实例

当外部中断源较多时，可采用优先编码器扩展外部中断输入。如图 6.5 所示，使用三态 8-3 优先编码器 74LS348 扩展外部中断输入电路。74LS348 为三态输出，可直接接到数据总线上。图 6.5 中 74LS348 的外部 RAM 访问地址为 0x0000，但只有低 3 位有意义。

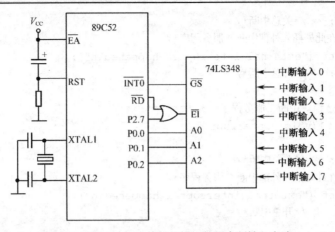

图 6.5　三态 8-3 优先编码器扩展外部中断输入电路

【例 6.2】　如图 6.5 所示，8 路外部中断输入全部为低有效，编写扩展 8 路外部中断的 C51 源程序。

```c
#include "common.h"
#define INT0_PORT  XBYTE[0x0000]  /*外部中断 74LS348 地址*/
uchar int0_status;               /*中断状态*/
bit   int0_flag;                 /*中断标记*/
/******** main 函数 ********/
void main (void) {
    initUart();                  /*初始化串口*/
    int0_flag=0;                 /*设置中断 0 标记*/
    TCON=0x55;                   /*脉冲触发外部中断，并启动 T0、T1 计数器*/
    IE=0x81;                     /*打开外中断 int0*/
    do {
        if (int0_flag) {         /*如果有中断*/
        switch (int0_status){    /*根据中断源分支*/
            case 0:
            printf ("extended interrupt 0 happened\n");
            /*可在此处插入扩展中断 0 服务程序*/
        break;
        case 1:
            printf ("extended interrupt 1 happened\n");
            /*可在此处插入扩展中断 1 服务程序*/
        break;
        case 2:
            printf ("extended interrupt 2 happened\n");
            /*可在此处插入扩展中断 2 服务程序*/
        break;
        case 3:
            printf ("extended interrupt 3 happened\n");
            /*可在此处插入扩展中断 3 服务程序*/
        break;
        case 4:
```

```
                printf ("extended interrupt 4 happened\n");
                /*可在此处插入扩展中断 4 服务程序*/
            break;
            case 5:
                printf ("extended interrupt 5 happened\n");
                /*可在此处插入扩展中断 5 服务程序*/
            break;
            case 6:
                printf ("extended interrupt 6 happened\n");
                /*可在此处插入扩展中断 6 服务程序*/
            break;
            case 7:
                printf ("extended interrupt 7 happened\n");
                /*可在此处插入扩展中断 7 服务程序*/
            break;
            default:break;
            }
            int0_flag=0;                        /*清中断 0 标记*/
        }
    }while(TRUE);
}
/*********** 中断 0 服务程序***************/
void exint0(void) interrupt 0
{
    EA=0;                                       /*关总中断*/
    int0_flag=1;                                /*设置中断 0 标记*/
    /*读取外部中断源输入,并屏蔽高 5 位*/
    int0_status=~INT0_PORT & 0x07;
    EA=1;                                       /*开总中断*/
}
```

6.2　定时器/计数器

　　工业检测、控制及智能仪器等领域中，经常要实现定时检测、定时控制、定时产生毫秒宽的脉冲以驱动步进电动机一类的电气机械，这就要求单片机具有定时/计数功能。有多种方法可以实现单片机的定时，如软件定时、硬件定时、可编程定时器定时。软件定时在计算机高级语言编程中经常应用，即通过循环程序实现延时，系统不需要增加任何硬件，但该定时方法需要长期占用 CPU。硬件定时需要系统额外增加电路，而且使用起来不够灵活。单片机内还集成了定时电路，称为定时器/计数器，定时器通过对系统时钟脉冲进行计数实现定时功能，计数器则用于对单片机外部引脚上输入的脉冲计数。

　　80C51 的单片机内有两个 16 位可编程的定时器/计数器，它们具有 4 种工作方式，其控制字和状态均在相应的特殊功能寄存器中，通过对控制寄存器的编程就可以方便地选择适当的工作方式。

6.2.1　定时器/计数器 0、1 的结构及工作原理

1．定时器/计数器 0、1 的结构

定时器/计数器 T0、T1 的内部结构框图如图 6.6 所示，主要由以下几部分组成：
① 16 位加 1 计数器 TH0、TL0 和 TH1、TL1；
② 定时控制寄存器（TCON）和工作方式控制寄存器（TMOD）；

③ 时钟分频器；
④ 输入引脚 T0、T1、INT0、INT1。
下面将逐一介绍各主要部分的功能。

2．加 1 计数器

定时器/计数器 T0、T1 都有一个 16 位的加 1 计数器，它们分别由 8 位特殊功能寄存器 TH0、TL0 和 TH1、TL1 组成。TH0、TL0 构成定时器/计数器 T0 加 1 计数器的高 8 位和低 8 位，TH1、TL1 构成定时器/计数器 T1 加 1 计数器的高 8 位和低 8 位。加 1 计数器的初值可以通过程序进行设定，设定不同的初值

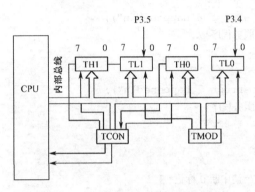

图 6.6　定时器/计数器内部结构逻辑图

就可以获得不同的计数值或定时时间。

3．定时控制寄存器（TCON）

定时控制寄存器 TCON 是个 8 位寄存器，它不仅参与定时控制，还参与中断请求控制，既可以对其整个字节寻址，又可以对其位寻址，字节地址为 88H，位地址为 8FH～88H。各位的地址及其对应的功能如表 6.8 所示。

表 6.8　定时控制寄存器 TCON 各位的功能

位　地　址	位　符	功　　能
8FH	TF1	定时器/计数器 T1 溢出标志位
8EH	TR1	定时器/计数器 T1 运行控制位
8DH	TF0	定时器/计数器 T0 溢出标志位
8CH	TR0	定时器/计数器 T0 运行控制位
8BH	IE1	外部中断 1 请求标志位
8AH	IT1	外部中断 1 触发类型选择位
89H	IE0	外部中断 0 请求标志位
88H	IT0	外部中断 0 触发类型选择位

TF0、TF1：计数器溢出标志位。定时器/计数器 T0、T1 溢出（计满）时，该位由内部硬件自动置位。该位的使用分两种情况：中断方式和查询方式。若使用中断方式，此位作为中断标志位，引起中断响应，进入中断服务程序后，由硬件自动清 0；若使用查询方式，中断被禁止，此位作为状态位供查询，但应注意查询有效后应用软件及时将该位清 0。

TR0、TR1：定时器/计数器 T0、T1 的运行控制位。通过软件设置该位清 0 或置 1，实现定时/计数的启停控制。

● TR0（TR1）=1，启动 T0（T1）的定时/计数工作。

● TR0（TR1）=0，停止 T0（T1）的定时/计数工作。

TCON 的其他 4 位 IE0、IT0、IE1、IT1 是和外部中断 0、1 有关的控制位。其中，IE0、IE1 控制外部中断请求，IT0、IT1 控制外部中断触发类型。

4. 工作方式控制寄存器（TMOD）

工作方式控制寄存器 TMOD，用来设定定时器/计数器 T0、T1 的工作方式。TMOD 寄存器只能进行字节寻址，地址为 89H，不能进行位寻址，即 TMOD 的内容只能通过字节传送指令进行赋值。

TMOD 各位的含义如表 6.9 所示，其中低半个字节定义定时器/计数器 T0，高半个字节定义定时器/计数器 T1。定时器/计数器的启动，由门控位 GATE 进行控制，GATE=0 时，寄存器 TCON 中 TR0、TR1 启动定时；GATE=1 时，外部中断引脚 $\overline{INT0}$、$\overline{INT1}$ 和 TR0、TR1 联合作用启动定时。定时或计数工作方式的选择，由 C/$\overline{T}$ 位控制。C/$\overline{T}$=0 为定时工作方式，C/$\overline{T}$=1 为计数工作方式。每个计数器/定时器有方式 0、方式 1、方式 2、方式 3 共 4 种工作方式，分别由不同的 M1M0 值 00、01、10、11 实现控制。

表 6.9　工作方式控制寄存器 TMOD 各位的功能

定时器/计数器	位　序	位　符	位　定　义	位　值	功　　能
T1	B7	GATE	门控位	0	TCON 中 TR1 启动定时
				1	外部中断引脚 $\overline{INT_1}$ 和 TR1 启动定时
	B6	C/$\overline{T}$	定时或计数选择位	0	定时工作方式
				1	计数工作方式
	B5	M1	工作方式选择位	M1M0=00	工作方式 0：13 位定时器/计数器
				M1M0=01	工作方式 1：16 位定时器/计数器
				M1M0=10	工作方式 2：初值自动重新装入的 8 位定时器/计数器
	B4	M0		M1M0=11	工作方式 3：仅适用于 T0，将其分为两个 8 位计数器。对 T1 停止计数
T0	B3	GATE	门控位	0	TCON 中 TR0 启动定时
				1	外部中断引脚 $\overline{INT_0}$ 和 TR0 启动定时
	B2	C/$\overline{T}$	定时或计数选择位	0	定时工作方式
				1	计数工作方式
	B1	M1	工作方式选择位	M1M0=00	工作方式 0：13 位定时器 / 计数器
				M1M0=01	工作方式 1：16 位定时器 / 计数器
				M1M0=10	工作方式 2：初值自动重新装入的 8 位定时器 / 计数器
	B0	M0		M1M0=11	工作方式 3：仅适用于 T0，将其分为两个 8 位计数器。对 T1 停止计数

5. T0、T1 定时功能或计数功能的选择

图 6.7 所示为定时器/计数器 0 的工作方式 0 逻辑结构图，其核心是一个加 1 计数器，其基本功能是加 1 功能。定时或计数的功能选择，通过图中 C/$\overline{T}$ 选择控制实现。当 C/$\overline{T}$=0 时，系统具有定时功能；当 C/$\overline{T}$=1 时，系统则实现计数功能。C/$\overline{T}$ 是工作方式控制寄存器 TMOD 中的定时方式或计数方式选择位，通过软件设置 C/$\overline{T}$，实现定时或计数的功能选择。

计数功能： 对外部事件产生的脉冲进行计数。对于 80C51 单片机，当图 6.7 中 C/$\overline{T}$=1 时，T0（P3.4）或 T1（P3.5）两个信号引脚输入信号脉冲发生负跳变时，加 1 计数器自动加 1。

定时功能： 对单片机内部机器周期产生的脉冲进行计数，当图 6.7 中 C/$\overline{\text{T}}$ =0 时，每个机器周期计数器自动加 1。如果单片机的晶体频率为 12MHz，则计数频率为 1MHz，或者说计数器每加 1 即可实现 1μs 的定时。

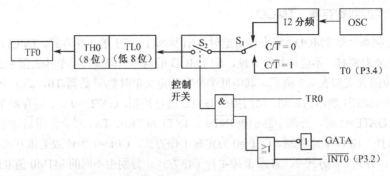

图 6.7　定时器/计数器 0 的工作方式 0 电路逻辑结构

6.2.2　定时器/计数器 0、1 的 4 种工作方式

如表 6.9 所示，根据工作方式控制寄存器 TMOD 中 M1、M0 的设定，定时器/计数器 T0、T1 可以有 4 种不同的工作方式：工作方式 0、工作方式 1、工作方式 2、工作方式 3。

1. 工作方式 0

当 TMOD 中 M1M0 = 00 时，定时器/计数器选定工作方式 0 进行工作。不妨以定时器/计数器 T0 为例解释。图 6.7 所示为 T0 工作在方式 0 下的逻辑结构图（定时器/计数器 1 与其完全一致）。在该工作方式下，TH0 的全部 8 位和 TL0 的低 5 位构成 13 位的加 1 计数器，计数器的最大值为 2^{13} =8192，而 TL0 的高 3 位处于闲置状态，这是出于与 MCS-48 单片机兼容性的考虑，因为 MCS-48 单片机的加 1 计数器是 13 位的。

C/$\overline{\text{T}}$ =1 时，图 6.7 中电子开关 S_1 打在下端，定时器/计数器处于计数器状态，加法计数器对 T0 引脚上的外部输入脉冲计数。计数值为：

$$N=8192-x$$

计数初值 x 是 TH0、TL0 设定的初值。x=8191 时为最小计数值 1，x=0 时为最大计数值 8192，即计数范围为 1～8192（2^{13}）。

C/$\overline{\text{T}}$ =0 时，图 6.7 中电子开关 S_1 打在上端，振荡脉冲的 12 分频输出，13 位定时器/计数器处于定时器状态，加法计数器对机器周期（T_{cy}）脉冲计数。定时时间为：

$$T_d=(8192-x)\times T_{cy}$$

或

$$T_d=(8192-x)\times T_{cp}\times 12$$

如果晶振频率 f_{osc}=12MHz，机器周期为 T_{cy} =1μs，则定时范围为 1～8192μs。

随着计数的增大，TL0 的低 5 位溢出后自动向 TH0 进位，TH0 溢出后，将溢出标志位 TF0 置位，并向 CPU 发出中断请求。

图 6.7 中控制开关 S_2 控制定时器/计数器的启动或停止，开关 S_2 的控制信号为：

$$I=\overline{(\overline{\text{GATE}}+\overline{\text{INT0}})\text{TR0}} \tag{6.1}$$

当 GATE=0 时，$\overline{\text{GATE}}+\overline{\text{INT0}}$ =1，$\overline{\text{INT0}}$ 信号不起作用，开关 S_2 的状态由 TR0 决定，即 TR0=1 时，启动定时器/计数器；TR0=0 时，关闭定时器/计数器。当 GATE=1 时，式（6.1）中 $I=\overline{\text{INT0}}\times \text{TR0}$，开关 S_2 的状态由 $\overline{\text{INT0}}\times$TR0 决定，所以仅当 TR0 = 1 且 $\overline{\text{INT0}}$ 位于高电平时，开关 S_2 闭合，才能启动

定时器/计数器 0 工作。如果 $\overline{\text{INT0}}$ 上出现低电平，则停止工作，利用门控位这一特征，可以测量外信号的脉冲宽度。

【例6.3】　设单片机晶振频率为 12MHz，使用定时器 1 以工作方式 0 产生周期为 500μs 的等宽正方波连续脉冲，并由 P1.2 口输出，以查询方式完成。

解：（1）计算 TH1、TL1 初值

要产生 500μs 的等宽正方波脉冲，只需在 P1.2 端以 250μs 为周期交替输出高低电平即可实现，为此定时时间应为 250μs。使用 12MHz 晶振，则一个机器周期为 1μs。设待求的计数初值为 x，根据 $T_d=(8192-x) \times T_{cy}$，有：

$$T_d=(8192-x) \times 2=250\mu s$$

求解得 $x=7942$，二进制数表示为 11111000 00110B，十六进制数表示：高 8 位为 0F8H，低 5 位为 06H。其中高 8 位放入 TH1，即 TH1=0F8H；低 5 位放入 TL1，即 TL1=06H。

（2）TMOD 寄存器初始化

为把定时器/计数器 1 设定为工作方式 0，应使 M1M0=00；为实现定时功能，应使 C/$\overline{\text{T}}$=0；为实现定时器/计数器 1 的运行控制，应使 GATE=0。定时器/计数器 0 不用，有关位设定为 0，因此 TMOD 寄存器应初始化为 00H。

（3）由定时器控制寄存器 TCON 中的 TR1 位控制定时的启动和停止

TR1=1 启动，TR1=0 停止。程序如下：

```
#include "common.h"

sbit rect_wave = P1^2;              /*方波由 P1.2 口输出*/
void time1over(void);               /*计数器计数时间到子程序*/


/******** main 函数 *********/
void main (void) {
    TMOD=0x00;                      /*设置定时器/计数器为工作方式 0*/
    TH1=0xF8;                       /*设置计数初值高字节*/
    TL1=0x06;                       /*设置计数初值低字节*/
    IE=0x00;                        /*禁止中断*/
    TR1=1;                          /*启动定时*/
    for (; ;) {
        if (TF1) {                  /*查询计数溢出*/
            time1over();
            TF1=0;                  /*查询，计数溢出标志位须清 0*/
        }
    }
}

void time1over(void) {
    TH1=0xF8;                       /*设置计数初值高字节*/
    TL1=0x06;                       /*设置计数初值低字节*/
    rect_wave = ! rect_wave;        /*输出取反*/
}
```

2. 工作方式 1

当 TMOD 中 M1M0=01 时，定时器/计数器选定工作方式 1 进行工作。图 6.8 所示为 T0 工作在工作方式 1 下的逻辑结构图（定时器/计数器 1 与其完全一致）。其逻辑结构与工作方式 0 不同的是两个 8 位寄存器 TH0 和 TL0 构成了一个 16 位的定时器/计数器，其他与工作方式 0 完全相同。

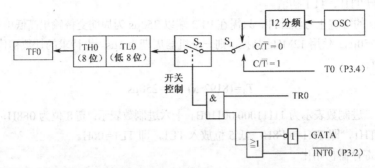

图 6.8　定时/计数器 0 的工作方式 1 电路逻辑结构

在该工作方式下，当作为计数器使用时，其计数范围是 1～65536（2^{16}）。当作为定时器使用时，定时器的定时时间为：

$$T_d = (2^{16}-Count) \times T_{cy}$$

或

$$T_d = (2^{16}-Count) \times 12 \times T_{cp}$$

如果晶振频率 f_{osc}=12MHz，则定时范围为 1～65536μs。

【例 6.4】　单片机晶振频率为 12MHz，要求定时器/计数器 0 产生 10ms 定时，试编写初始化程序。

解：由于定时时间大于工作方式 0 的最大计时值 8192μs，应选用工作方式 1。

（1）计算 TH0、TL0 的初值

设计数初值为 x，则根据 $T_d = (2^{16}-Count) \times T_{cy}$，有

$$(65536-x) \times 1 = 10000$$

得 x = 55536 = 0D8F0H，即 TH0 = 0D8H，TL0 = 0F0H。

（2）TMOD 寄存器初始化

参考表 6.9，TMOD 寄存器各位的内容确定如下：定时器/计数器 0 设定为定时器工作方式 1，有 $C/\overline{T}$ (TMOD.2)=0，M1 (TMOD.l)=0，M0 (TMOD.0)=1，GATE (TMOD.3)=0，定时器/计数器 1 没有使用，相应的各位为随意状态，不妨取 0，则 (TMOD)=0lH。

（3）程序初始化

```
void init_time0(void) {
    TH0 = 0xD8;              /*设置计数初值高字节*/
    TL0 = 0xF0;              /*设置计数初值低字节*/
    TMOD = 0x01;            /*定时器/计数器 0 设定为定时器工作方式 1*/
    TR0 = 1;                /*启动定时器/计数器 0*/
}
```

执行 TR0=1 后，定时器/计数器 0 开始定时，待 10ms 到时，硬件自动使 TF0=1，向 CPU 申请中断。上述程序没有考虑重新对 TH0、TL0 设置初值的问题。

3. 工作方式 2

在工作方式 0、工作方式 1 下，计数器具有共同的特点，即计数器发生溢出现象后，自动处于 0

状态，因此如果要实现循环计数或定时，就需要程序不断反复给计数器赋初值，这就影响了计数或定时精度，并给程序设计增添了麻烦。针对该问题，设计了计数器具有初值自动重新加载功能的工作方式 2，其逻辑结构如图 6.9 所示。该方式下，16 位计数器被分为两个 8 位寄存器：TL0 和 TH0。其中，TL0 作为计数器，TH0 作为计数器 TL0 的初值预置寄存器，并始终保持为初值常数。当 TL0 计数溢出时，系统在 TF0 位置位，并向 CPU 申请中断的同时，将 TH0 的内容重新装入 TL0，继续计数。这样就省掉了工作方式 0、工作方式 1 一定要通过软件给计数器重新赋初值的麻烦，并提高了计数精度。

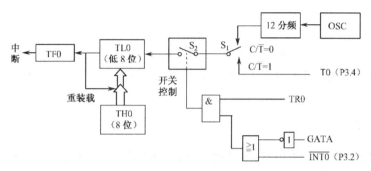

图 6.9　T0 在工作方式 2 下的逻辑结构

　　TH0 的内容重新装入 TL0 后，其自身保持不变。这样计数器具有重复加载、循环工作的特点，可用于产生固定脉宽的脉冲信号，还可以用来作为串行口波特率发生器使用。

　　【例 6.5】　已知单片机晶振频率 $f_{osc} = 6MHz$，要求定时器 0 以工作方式 2、查询方式产生 100μs 的定时，并在 P1.0 口输出周期为 200μs 的连续方波。

　　解：（1）计算计数初值

　　以 TH0 作为重装载的预置寄存器，TL0 作为 8 位计数器，假设计数初值为 x。则：

$$(2^8-x)\times 2\times 10^{-6}=100\times 10^{-6}$$

求解得：

$$x=206D=11001110B=0CEH$$

把 0CEH 分别装入 TH0 和 TL0 中：

$$TH0=0CEH, TL0=0CEH$$

（2）寄存器 TMOD 初始化

　　定时器/计数器 0 在工作方式 2 下，参考表 6.9，设置 TMOD 各位 M1M0=10，C/$\overline{T}$=0 实现定时功能，GATE=0 实现 TR0 启动定时器/计数器 0。定时器/计数器 1 不用，有关位设定为 0。

　　综上情况 TMOD 寄存器的状态应为 02H。

　　C 语言源程序如下：

```
#include "common.h"


sbit rect_wave = P1^0;          /*方波由 P1.0 口输出*/
void time0over(void);           /*计数器计数时间到子程序*/


/******** main 函数 ********/
void main (void) {
    TMOD=0x02;                  /*设置定时器/计数器为工作方式 2*/
```

```
    TL0=0xCE;                      /*设置计数初值低字节,不设置也可以*/
    TH0=0xCE;                      /*设置计数初值高字节*/
    IE=0x00;                       /*禁止中断*/
    TR0=1;                         /*启动定时*/
    for (; ;) {
        if (TF0) {                 /*查询计数溢出*/
            time0over();
            TF0=0;                 /*查询,计数溢出标志位须清 0*/
        }
    }
}
```

与工作方式 0 和工作方式 1 不同，工作方式 2 具有自动重装载功能，计数初值只需设置一次，以后不再需要软件重置。

4. 工作方式 3

当 TMOD 中 M1M0 = 11 时，定时器/计数器处于工作方式 3 下。在前 3 种工作方式下，两个定时器/计数器 T0、T1 具有相同平等的功能，但在该工作方式下，T0 和 T1 具有完全不同的功能。

图 6.10 所示为 T0 在工作方式 3 下的逻辑结构，其中 TL0 和 TH0 作为两个独立的 8 位计数器，分别构成了一个定时器/计数器和一个定时器，TL0 使用 T0 的状态控制位 C/$\overline{T}$、GATE、TR0 和 $\overline{INT0}$，而 TH0 被固定为一个 8 位定时器（不能用做外部计数方式），并占用了定时器 T1 的状态控制位 TR1 和 TF1，占用 T1 的中断源。

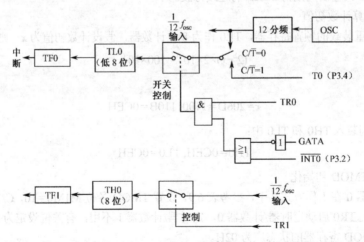

图 6.10　工作方式 3 下定时器/计数器 T0 被分成两个 8 位计数器的逻辑结构

在前面的 3 种工作方式中，两个定时器/计数器 T0、T1 的设置和使用是完全相同的，但是在工作方式 3 下，T0、T1 的设置和使用却不尽相同，下面分别介绍。

（1）在工作方式 3 下的 T0

在工作方式 3 下，定时器/计数器 T0 被拆成两个独立的 8 位计数器 TL0 和 TH0。其中，TL0 既可以计数使用，又可以定时使用，定时器/计数器 T0 的控制位和引脚信号全归它使用。其功能和操作与工作方式 0 或工作方式 1 完全相同，而且逻辑电路结构也极其类似，如图 6.10 所示。

与 TL0 的情况相反，对于 T0 的另一半 TH0，则只能作为简单的定时器使用。而且由于 T0 的控制位已被 TL0 独占，因此只好借用定时器/计数器 T1 的控制位 TR1 和 TF1，以计数溢出去置位 TF1，而定时的启动和停止则受 TR1 的状态控制。

由于 TL0 既能作为定时器使用，也能作为计数器使用，而 TH0 只能作为定时器使用却不能作为计数器使用，因此在工作方式 3 下，定时器/计数器 0 可以构成 2 个定时器或 1 个定时器、1 个计数器。

（2）工作方式 3 下的 T1

如果定时器/计数器 T0 已工作在工作方式 3 下，则定时器/计数器 T1 只能工作在工作方式 0、工作方式 1 或工作方式 2 下，它的运行控制位 TR1 及计数溢出标志位 TF1 已被定时器/计数器 0 借用，如图 6.11 所示。

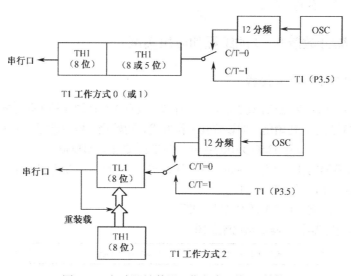

图 6.11　定时器/计数器工作方式 3 的 T1 结构

在这种情况下，定时器/计数器 1 通常作为串行口的波特率发生器使用，以确定串行通信的速率。因为已没有计数溢出标志位 TF1 可供使用，因此只能把计数溢出直接送给串行口。当作为波特率发生器使用时，只需设置好工作方式，便可自动运行。如果要停止工作，只需送入一个把它设置为工作方式 3 的方式控制字就可以了，因为定时器/计数器 1 不能在工作方式 3 下使用，如果硬把它设置为工作方式 3，则停止工作。

6.2.3　定时器/计数器对输入信号的要求

定时器/计数器的作用是用来精确地确定某一段时间间隔（作为定时器用）或累计外部输入的脉冲个数（作为计数器用）。当用做定时器时，在其输入端输入周期固定的脉冲，根据定时器/计数器中累计（或事先设定）的周期固定的脉冲个数，即可计算出所定时间的长度。

当 80C51 内部的定时器/计数器被选定为定时器工作模式时，计数输入信号是内部时钟脉冲，每个机器周期产生一个脉冲位，计数器增 1，因此定时器/计数器的输入脉冲的周期与机器周期一样，为时钟振荡频率的 1/12。当采用 12MHz 频率的晶体时，计数速率为 1MHz，输入脉冲的周期间隔为 1μs。由于定时的精度决定于输入脉冲的周期，因此当需要高分辨率的定时，应尽量选用频率较高的晶振（80C51 最高为 40 MHz）。

当定时器/计数器用做计数器时，计数脉冲来自外部输入引脚 T0 或 T1。当输入信号产生由 1 至 0 的跳变（即负跳变）时，计数器的值增 1。在每个机器周期的 S5P2 期间，对外部输入进行采样。如果在第一个周期中采得的值为 1，而在下一个周期中采得的值为 0，则在紧跟着的再下一个周期 S3P1 期

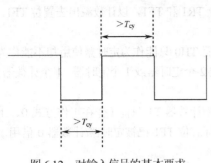

图 6.12　对输入信号的基本要求

间，计数器加 1。由于确认一次下跳变需要 2 个机器周期，即 24 个振荡周期，因此外部输入的计数脉冲的最高频率为振荡器频率的 1/24。例如，选用 6MHz 频率的晶体，允许输入的脉冲频率为 250kHz，如果选用 12MHz 频率的晶体，则可输入 500kHz 的外部脉冲。对于外部输入信号的占空比并没有什么限制，但为了确保某一给定的电平在变化之前能被采样一次，则这个电平至少要保持一个机器周期。故对输入信号的基本要求如图 6.12 所示，图中 T_{cy} 为机器周期。

6.2.4　定时器/计数器 0、1 的编程和应用实例

1．定时器/计数器的初始化编程

因为 80C51 单片机的定时器/计数器能定时、计数，具有 3 个通道 4 种工作方式。因此，在使用定时器/计数器前必须对其进行初始化，即设置其工作方式。初始化一般应进行如下工作。

① 设置工作方式，即设置 TMOD 中的各位：GATE、C/$\overline{T}$、M1M0。

② 计算加 1 计数器的计数初值 Count，并将计数初值 Count 送入 TH、TL 中。

③ 启动计数器工作，即将 TR 置 1。

④ 若采用中断方式则 T0、T1 及 CPU 开中断。

图 6.13 所示为定时器/计数器初始化流程图。

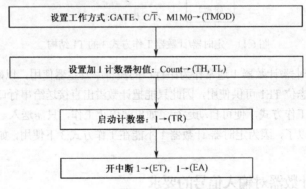

图 6.13　定时器/计数器初始化流程图

2．计算计数初值 Count

（1）计数方式

假设 T0 工作于计数工作方式 1，计数值 $x = 1$，是指每当 T0 引脚输入一个计数脉冲就使加 1 计数器产生溢出。显然，为了使加 1 计数器每加一次 1 就溢出，加 1 计数器的初值 Count$= 0FFFFH = 2^{16} - 1$，其中 16 为工作方式 1 时加 1 计数器的位数，1 为计数值 x。用 n 表示加 1 计数器的位数，用 x 表示计数值，则计数初值

$$Count = 2^n - x$$

式中，$n = 13$、16、8、8 分别对应工作方式 0、1、2、3。

【例 6.6】　定时器/计数器 T0 工作于计数方式，计数值 $x = 1$，允许中断，分别使用：① 工作方式 1；② 工作方式 0；③ 工作方式 2。用 C 语言程序进行初始化编程。

解：由于 T0 工作于计数方式，从而 $C/\bar{T}=1$，GATE=0。

① T0 工作于工作方式 1，所以 M1M0=01。T1 不用，TMOD 的高 4 位取 0000，则 TMOD=00000101=05H，计数器位数 $n=16$。

计数器初值 Count=$2^{16}-1$=1111111111111111=0FFFFH。初始化程序如下：

```
TMOD=0x05;          /*设置 T0 工作计数方式 1*/
TH0=0xFF;           /*加 1 计数器高 8 位 TH0 赋初值 FFH*/
TL0=0xFF;           /*加 1 计数器低 8 位 TL0 赋初值 FFH*/
TR0=1;              /*打开 T0 启动开关*/
ET0=1;              /*T0 开中断*/
EA=1;               /*CPU 开中断*/
```

② T0 工作于工作方式 0，所以 M1M0=00，TMOD=04H，计数器位数 $n=13$。

计数器初值 Count=$2^{13}-1$=1111111111111，高 8 位 FFH 存放在 TH0 中，低 5 位 1FH 存放在 TL0 中。初始化程序如下：

```
TMOD=0x04;
TH0=0x0FF;
TL0=0x1F;
```

其余指令与①相同。

③ T0 工作于工作方式 2，所以 M1M0=10。TMOD=06H，$n=8$。

计数器初值 Count=2^8-1=11111111=0FFH，由于工作方式 2 是 8 位重装方式，因此计数初值 FFH 存放在计数器 TL0 中，8 位重装值 FFH 存放在 TH0 中。初始化程序如下：

```
TMOD=0x06;
TH0=0xFF;
TL0=0xFF;
```

其余指令与①相同。

（2）定时方式

若系统主频 f_{osc}=6MHz，则机器周期为 2μs，即计数器一次加 1 所用时间为 2μs，若计数器加 100 次产生溢出（计数值 N=100），则定时时间为 200μs。由此得知：定时器的定时时间（200μs）为计数值（100）与一次加 1 所用时间（2μs）。因为计数值 $N=2^n-\text{Count}$，一次加 1 所用时间为机器周期，所以定时时间 $T_d=(2^n-\text{Count})\times$机器周期，计数初值 Count=$2^n-T_d/T_{cy}$。式中，$n$=13、16、8、8 分别对应工作方式 0、1、2、3。

【**例 6.7**】　T0 工作于定时工作方式 1，定时时间 T_d=2ms，系统主频 f_{osc}=8MHz，允许中断，对 T0 进行初始化编程。

解：由于 T0 工作于定时工作方式，从而 $C/\bar{T}=0$，GATE=0。

T0 工作于工作方式 1，所以 M1M0=01。T1 不用，TMOD=00000001=01H。

系统主频 f_{osc}=8MHz 时，时钟周期 T_{cp}=1/8μs，$T_{cy}=12T_{cp}$=12/8=1.5μs。

计数初值 Count=2^{16}-2000/1.5=10000-535=FACBH，初始化程序如下：

```
TMOD=0x01;    /*设置 T0 为定时工作方式 1*/
TH0=0xFA;
TL0=0xCB;
TR0=1;
```

```
ET0=1;
EA=1;
```

【例 6.8】   T1 工作于定时工作方式 2，定时时间为 500μs，系统主频 f = 6MHz，关中断。对 T1 进行初始化编程。

解： 由于 T1 工作于定时工作方式，从而 C/$\overline{\text{T}}$ = 0，GATE = 0。

T1 为工作方式 2，所以 M1M0 = 10。T0 不用，TMOD = 00100000 = 20H。

系统主频 f_{osc} = 6MHz 时，时钟周期 T_{cp} = 1/6μs，T_{cy} = 12T_{cp} = 12/6 = 2μs。

$$Count = 2^8 - 500/2 = 256 - 250 = 06H$$

程序如下：

```
TMOD=0x20;          /*设置 T1 为定时工作方式 2*/
TL1=0x06;           /*计数器 TL1 赋初值 06H*/
TH1=0x06;           /*重装寄存器 TH1 赋初值 06H*/
ET1=0;              /*T1 关中断*/
TR1=1;              /*启动 T1*/
```

【例 6.9】   设系统主频 f_{osc} = 6MHz，使用定时器 T1 以工作方式 2 产生周期为 1ms 的等宽正方波脉冲，并由 P1.0 口输出，以查询方式完成。

解： 要产生 1ms 的等宽正方波脉冲，只需在 P1.0 端以 500μs 为周期交替输出高低电平即可实现。

T1 工作于定时工作方式 2，定时时间为 500μs，f = 6MHz。T1 的初始化编程与例 6.6 完全相同。

汇编源程序如下：

```
        ORG     0000H
        LJMP    START
;****************************************
;*                                      *
;*      主 程 序                         *
;*                                      *
;****************************************
        ORG     100H

START:  MOV     SP,#4FH
MAIN:
        MOV TMOD, #20H      ;设置 T1 为定时工作方式 2
        MOV TL1,#06H        ;计数器 TL1 赋初值 06H
        MOV TH1,#06H        ;重装寄存器 TH1 赋初值 06H
        CLR ET1            ;T1 关中断
        SETB TR1           ;启动 T1
 LOOP:  JBC TF1, NEXT       ;当 T1 溢出时，清 TF1 并转 NEXT
        AJMP LOOP          ;否则，继续查询 TF1
NEXT:   CPL P1.0           ;定时 500s 后，P1.0 口取反输出
        AJMP LOOP          ;继续循环

END
```

3. 定时器/计数器中断的应用实例

【例6.10】　设单片机的 $f_{osc}=12\mathrm{MHz}$，要求在 P1.0 口输出周期为 2ms 的方波。

解：周期为 2ms 的方波要求定时间隔 1ms，每次时间到 P1.0 取反。

定时器计数率为 $f_{osc}/12$，$T_{cy}=12/f_{osc}=1\mu s$。

每个机器周期定时器计数加 1，1ms=1000μs，需计数次数为 $1000/(12/f_{osc})=1000/1=1000$。

由于计数器向上计数，为得到 1000 个计数之后的定时器溢出，必须给定时器赋初值 65536-1000，C 语言中相当于-1000。

（1）用定时器 1 的工作方式 1 编程，采用查询方式，程序如下：

```c
#include "common.h"

sbit rect_wave = P1^0;                    /*方波由 P1.0 口输出*/
void time1over(void);                     /*计数器计数时间到子程序*/

/******** main 函数 ********/
void main (void) {
    TMOD=0x10;                            /*设置定时器 1 为工作方式 1*/
    TH1=-1000>>8;TL1=-1000 % 256;         /*定时器 1 每 1000 计数脉冲溢出*/
    IE=0x00;                              /*禁止中断*/
    TR1=1;                                /*启动定时*/
    for (; ;) {
        if (TF1) {                        /*查询计数溢出*/
            time1over();
            TF1=0;                        /*查询，计数溢出标志位须清 0*/
        }
    }
}
/*因为是查询，输出方波的周期稍有差异*/
void time1over(void) {
    TR1=0;                                /*停止定时器*/
    TH1=-1000>>8;TL1=-1000 % 256;         /*定时器 1 每 1000 计数脉冲溢出*/
    rect_wave  = ! rect_wave;             /*输出取反*/
    TR1=1;                                /*启动定时*/
}
```

（2）用定时器 1 的工作方式 1 编程，采用中断方式，程序如下：

```c
#include "common.h"
sbit rect_wave = P1^0;                    /*方波由 P1.0 口输出*/
/******** main 函数 ********/
void main (void) {
    initUart();                           /*初始化串口*/
    TMOD=0x10;                            /*设置定时器 1 为工作方式 1*/
    TH1=-1000>>8;TL1=-1000 % 256;         /*定时器 1 每 1000 计数脉冲发生 1 次中断*/
    TCON=0x40;                            /*内部脉冲计数*/
    IE=0x88;                              /*打开定时器中断*/
    while (TRUE) {
        time(1);                          /*延时 1ms*/
    }
}
```

```
/******* 定时器/计数器 1 中断服务程序 ***/
void timer1int(void) interrupt 3
{
    EA=0;                                    /*关总中断*/
    TR1=0;                                   /*停止计数*/
    TH1=-1000>>8;TL1=-1000 % 256;            /*重置计数初值*/
    TR1=1;                                   /*启动计数*/
    rect_wave  = ! rect_wave;                /*输出取反*/
    EA=1;                                    /*开总中断*/
}
```

4．采用定时器/计数器扩展外部中断

尽管 80C51 为用户只提供了两个外部中断源，但用户可以根据实际需求，进行多于两个外部中断请求的扩展，其中有很多扩展方法，如 6.1.4 节的例子。在此重点介绍利用定时器中断作为外部中断的扩展。

80C51 有两个定时器/计数器 T0、T1，若选择它们以计数器方式工作，当引脚 T0 或 T1 上发生负跳变时，T0 或 T1 计数器则加 1。利用这个特性，借用引脚 T0 或 T1 作为外部中断请求输入线。若设定计数初值为满量程，计数器加 1，就会产生溢出中断请求，TF0 或 TF1 变成了外部中断请求标志位，T0 或 T1 的中断入口地址被扩展成了外部中断源的入口地址。值得注意的是，当使用定时器作为外部中断时，定时器以前的功能将失效，除非用软件对它进行复用。

将定时器 T0 引脚作为外部中断源使用的具体做法为，设定相应定时器工作方式为方式 2，计数器 TH0、TL0 初值为 0FFH，允许计数器 T0 中断，则 T0 的初始化程序如下：

```
MOV TMOD,#06H          ;将计数器 T0 设定为工作方式 2，外部计数工作
MOV TL0,#0FFH          ;设置计数器初值
MOV TH0,#0FFH          ;设置重装计数器初值
SETB ET0              ;允许 T0 中断
SETB EA               ;开中断
SETB TR0              ;启动 T0
```

【例 6.11】　用定时器/计数器 0 和 1 实现外部中断。

程序如下：

```
/*定时器/计数器作为外部中断程序示例*/
#include "common.h"
/******** main 函数 ********/
void main (void) {
    initUart();                  /*初始化串口*/
    TMOD=0x66;                   /*工作在方式 2，外部引脚计数*/
    TH1=0xFF;TL1=0xFF;           /*8 位计数器初始值 255，来一个脉冲就溢出*/
    TH0=0xFF;TL0=0xFF;           /*8 位计数器初始值 255，来一个脉冲就溢出*/
    TCON=0x55;                   /*外部脉冲计数，启动计数*/
    IE=0x8F;                     /*打开出串口中断外其他所有中断*/
    while (TRUE) {
        time(1);                 /*延时 1ms*/
    }
}
```

```
/******** 定时器/计数器 0 中断服务程序 ***/

void timer0int(void) interrupt 1
{
    EA=0;                              /*关总中断*/
    /*可在此处插入定时器/计数器 0 中断服务程序*/
    printf ("timer0 interrupt happened\n");
    EA=1;                              /*开总中断*/
}
/******** 定时器/计数器 1 中断服务程序 ***/
void timer1int(void) interrupt 3
{
    EA=0;                              /*关总中断*/
    /*可在此处插入定时器/计数器 1 中断服务程序*/
    printf ("timer1 interrupt happened\n");
    EA=1;                              /*开总中断*/
}
```

6.2.5　定时器/计数器 2

8032/8052 增加了一个定时器/计数器 2。定时器/计数器 2 可以设置为定时器，也可以设置为外部事件计数器，具有 3 种工作方式：16 位自动重装载定时器/计数器方式、捕捉方式和串行口波特率发生器方式。输入引脚 T2（P1.0）是外部计数脉冲输入端，输入引脚 T2EX（P1.1）是外部控制信号输入端。

1. 结构

定时器/计数器 2 由特殊功能寄存器 TH2、TL2、RCAP2H、RCAP2L 等电路组成。其中，TH2、TL2 构成 16 位加法计数器，RCAP2H、RCAP2L 构成 16 位寄存器。在自动重装载方式下，RCAP2H、RCAP2L 作为 16 位初值寄存器；在捕捉方式下，当 T2EX（P1.1）上出现负跳变时，把 TH2、TL2 的当前值捕捉到寄存器 RCAP2H、RCAP2L 中。

定时器/计数器 2 的工作由控制寄存器 T2CON 控制。T2CON 的格式如表 6.10 所示，各位功能如下。

表 6.10　T2CON 的格式

位　地　址	CFH	CEH	CDH	CCH	CBH	CAH	C9H	C8H
位　符　号	TF2	EXF2	RCLK	TCLK	EXEN2	TR2	C/$\overline{\text{T2}}$	CP/$\overline{\text{RL2}}$

- TF2：溢出中断标志位，在捕捉/自动重装载方式下，TH2 加法计数溢出时，由硬件置 TF2＝1，向 CPU 申请中断。CPU 响应中断后，TF2 必须由软件清 0。在波特率发生器方式下，计数溢出时，TF2 不会被置 1，即不会提出中断请求。
- EXF2：定时器/计数器 2 外部中断标志位。
- RCLK：串行口接收时钟标志位。
- TCLK：串行口发送时钟标志位。
- EXEN2：外部允许标志位。
- TR2：运行控制位，若为 1，则启动定时器/计数器 2 的工作，若为 0，则停止工作。
- C/$\overline{\text{T2}}$：定时器/计数器功能选择位，为 1 表示计数器方式，为 0 表示定时器方式。
- CP/$\overline{\text{RL2}}$：捕捉/自动重装载标志位。

控制寄存器 T2CON 各位的功能如表 6.11 所示。

表 6.11　T2CON 各位的功能

RCLK	TCLK	CP/$\overline{\text{RL2}}$	工 作 方 式
0	0	0	16 位自动重装载方式
0	0	1	16 位捕捉方式
0	1	x	波特率发生器方式，定时器/计数器 2 的溢出脉冲作为串行口的发送时钟
1	0	x	波特率发生器方式，定时器/计数器 2 的溢出脉冲作为串行口的接收时钟
1	1	x	波特率发生器方式，定时器/计数器 2 的溢出脉冲作为串行口发送、接收时钟

在 EXEN2＝1 时，如果定时器/计数器 2 工作在捕捉方式下，那么当 T2EX（P1.1）上出现负跳变时，TH2、TL2 的当前值自动送入 RCAP2H、RCAP2L 寄存器，同时外部中断标志位 EXF2 被置 1，向 CPU 申请中断；如果定时器/计数器 2 工作在自动重装载方式下，那么 T2EX 的负跳变将 RCAP2H、RCAP2L 的内容自动装入 TH2、TL2，同时 EXF2＝1，向 CPU 申请中断。CPU 响应中断后，EXF2 必须由软件清 0。

EXEN2＝0 时，T2EX 上电平的变化对定时器/计数器 2 没有影响。

2. 定时器/计数器 2 的自动重装载工作方式

RCLK＝0，TCLK＝0，CP/$\overline{\text{RL2}}$＝0 使定时器/计数器 2 处于自动重装载工作方式下，如图 6.14 所示，这时 TH2、TL2 构成 16 位加法计数器，RCAP2H、RCAP2L 构成 16 位初值寄存器。

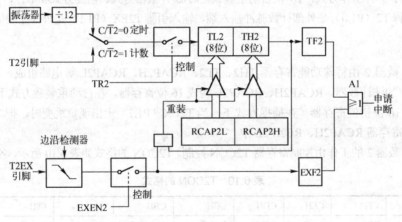

图 6.14　定时器/计数器 T2 的自动重装载方式

3. 定时器/计数器 2 的捕捉工作方式

RCLK＝0，TCLK＝0，CP/$\overline{\text{RL2}}$＝1 使定时器/计数器 2 处于捕捉工作方式下，如图 6.15 所示。

定时器/计数器 2 的工作方式与定时器/计数器 0、1 的工作方式 1 相同，C/$\overline{\text{T2}}$＝0 为 16 位定时器，C/$\overline{\text{T2}}$＝1 为 16 位计数器，计数溢出时，由硬件置 TF2＝1，向 CPU 申请中断。定时器/计数器 2 的初值必须由程序重新设定。

4. 波特率发生器工作方式

T2CON 中的 RCLK＝1 或 TCLK＝1，定时器/计数器 2 处于波特率发生器工作方式下，如图 6.16 所示。这时 TH2、TL2 构成 16 位加法计数器，RCAP2H、RCAP2L 构成 16 位初值寄存器。C/$\overline{\text{T2}}$＝1 时 TH2、TL2 选用外部时钟，对 T2（P1.0）上的外部脉冲加法计数。C/$\overline{\text{T2}}$＝0 时，TH2、TL2 选用内部时钟，对机器周期脉冲（频率为 f_{osc}/12）加法计数，这一点要特别注意。TH2、TL2 计数溢出时，RCAP2H、

RCAP2L 中预置的初值自动送入 TH2、TL2，使 TH2、TL2 从初值开始重新计数，因此溢出脉冲是连续产生的周期脉冲。

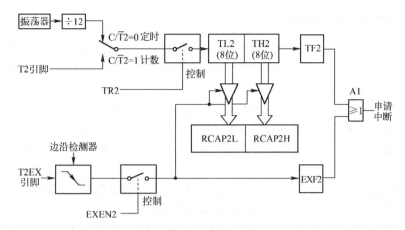

图 6.15　定时器/计数器 T2 的捕获方式

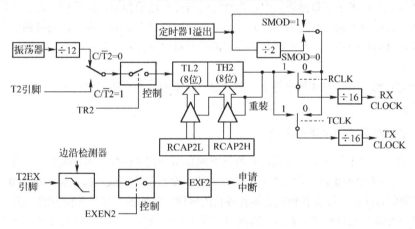

图 6.16　定时器/计数器 T2 的波特率发生器方式

溢出脉冲经 16 分频后作为串行口发送脉冲、接收脉冲。发送脉冲、接收脉冲的频率称为波特率。其计算公式为：

$$BR = \frac{f_{osc}}{32 \times [65536 - (RCAP2H,RCAP2L)]}$$

使用示例见例 6.15。

6.3　串行通信

6.3.1　串行通信基础知识

1. 数据通信的传输方式

常用于数据通信的传输方式有单工方式、半双工方式、全双工方式。

单工方式：数据仅按一个固定方向传送，因而这种传输方式的用途有限，常用于串行口的打印数据传输与简单系统之间的数据采集。

半双工方式：数据可实现双向传送，但不能同时进行，实际的应用采用某种协议实现收/发开关转换。

全双工方式：允许双方同时进行数据双向传送，但一般全双工传输方式的线路和设备较复杂。

2．并行通信和串行通信方式

所谓通信是指计算机与计算机或外设之间的数据传送，因此，这里的"信"是一种信息，是由数字 1 和 0 构成的具有一定规则并反映确定信息的一个数据或一批数据。这种数据传输有两种基本方式，即并行通信和串行通信。

并行通信比较简单，根据 CPU 字长和总线特点及外设数据口的宽度可分为不同位数（宽度）的并行通信，如 8 位并行通信、16 位并行通信等。并行通信的特点是数据的每位被同时传输出去或接收进来。与并行通信不同，串行通信其数据传输是逐位传输的，因而在相同条件下，比并行通信传输速度慢。

虽然串行通信比并行通信慢，但采用串行通信，不管发送或接收的数据是多少，最多只需要两根导线，一根用于发送，另一根用于接收。根据串行通信的不同工作方式，还可以将发送接收线合二为一，成为发送/接收复用线（如半双工）。即便在实际应用中可能还要附加一些信号线，如应答信号线、准备好信号线等，但在多字节数据通信中，串行通信与并行通信相比，其工程实现上造价要低得多。因此，串行通信已被越来越广泛地采用，尤其是串行通信通过在信道中设立调制解调器中继站等，可使数据传输到地球的每个角落。目前，飞速发展的计算机网络技术（互联网、广域网、局域网）均为串行通信。

世界性计算机通信使得地球越来越小。串行通信技术的普遍利用和深层研究开发，将给世界信息流带来革命性变化。

3．异步串行通信和同步串行通信

异步串行通信（以下简称为异步通信）所传输的数据格式（也称为串行帧）由 1 个起始位、7 个或 8 个数据位、1～2 个停止位（含 1.5 个停止位）和 1 个校验位组成。起始位约定为 0，空闲位约定为 1。在异步通信方式中，接收器和发送器有各自的时钟，它们的工作是非同步的。图 6.17 所示为异步通信方式和异步通信数据格式示意图，数据格式是 1 个起始位、8 个数据位、1 个停止位，所传输的数据是 35H（00110101）。

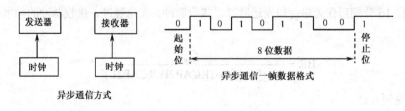

图 6.17　异步通信方式和异步通信数据格式示意图

异步通信的实质是指通信双方采用独立的时钟，每个数据均以起始位开始、停止位结束，起始位触发甲乙双方同步时钟。每个异步串行帧中的 1 位彼此严格同步，位周期相同。所谓异步是指发送、接收双方的数据帧与帧之间不要求同步，也不必同步。

同步串行通信（以下简称为同步通信）中，发送器和接收器由同一个时钟源控制。而在异步通信中，每传输 1 帧字符都必须加上起始位和停止位，占用了传输时间，在要求传送数据量较大的场合，速度就会慢得多。同步传输方式去掉了这些起始位和停止位，只在传输数据块时先送一个同步头（字符）标志即可。图 6.18 所示为同步通信方式和同步通信数据格式示意图。由图 6.18 可知，同步通信所传输的数据格式（也称同步串帧）是由多个数据构成的，每帧有 2 个同步字符作为起始位以触发同步时钟开始发送或接收数据。空闲位需发送同步字符。因此，同步是指发送、接收双方的数据帧与帧之间严格同步，而不只是位与位之间严格同步。

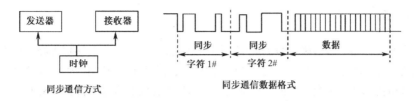

图 6.18　同步通信方式和同步通信数据格式示意图

同步传输方式比异步传输方式速度快，这是它的优势。但同步传输方式也有其缺点，即它必须要用一个时钟来协调收发器的工作，所以它的设备也较复杂。

由上所述可以得到结论：异步通信比较灵活，适用于数据的随机发送/接收，而同步通信则是成批数据传送的。异步传输一批数据，因为每个字节均有起始位和停止位控制，所以发送/接收速度有所降低，一般每秒 50～19200 位；而同步传输速度较快，可达每秒 80 万位。

4. 波特率及时钟频率

波特率是串行通信中一个重要概念。波特率 BR 是单位时间传输的数据位数，单位为 bps（bit per second），1bps=1bit/s。波特率的倒数即为每位传输所需的时间。由前面介绍的异步串行通信原理可知，互相通信的甲乙双方必须具有相同的波特率，否则无法成功完成数据通信。发送和接收数据是由同步时钟触发发送器和接收器实现的。发送/接收时钟频率与波特率有关，即：

$$f_{T/R} = n \times BR_{T/R}$$

式中，$f_{T/R}$ 为发送/接收时钟频率，单位为 Hz；$BR_{T/R}$ 为发送/接收波特率，单位为 bps；n 为波特率因子。

同步通信 $n=1$。异步通信 n 可取 1、16 或 64。也就是说，同步通信中，数据传输的波特率即为同步时钟频率；而异步通信中，时钟频率可为波特率的整数倍。

5. 串行通信的校验

异步通信时可能会出现帧格式错、超时错等传输错误。在具有串行口的单片机的开发中，应考虑在通信过程中对数据差错进行校验，因为差错校验是保证准确无误通信的关键。

常用差错校验方法有奇偶校验（80C51 系列单片机编程采用此法）、和校验及循环冗余码校验。

（1）奇偶校验

在发送数据时，数据位尾随的 1 位数据为奇偶校验位（1 或 0）。当设置为奇校验时，数据中 1 的个数与校验位中 1 的个数之和应为奇数；当设置为偶校验时，数据中 1 的个数与校验位中 1 的个数之和应为偶数。接收时，接收方应具有与发送方一致的差错检验设置。当接收一个字符时，对 1 的个数进行校验，若二者不一致，则说明数据传送出现了差错。

奇偶校验是按字符校验的，数据传输速率将受到影响。这种特点使得它一般只用于异步串行通信中。

（2）和校验

所谓和校验，是指发送方将所发送的数据块求和（字节数求和），并产生一个字节的校验字符（校验和）附加到数据块末尾。接收方接收数据时也是先对数据块求和，将所得结果与发送方的校验和进行比较，相符则无差错，否则即出现了差错。这种和校验的特点是无法检验出字节位序的错误。

（3）循环冗余码校验

这种校验是对一个数据块校验一次。例如，对磁盘信息的访问、ROM 或 RAM 存储区的完整性等的检验。这种方法广泛应用于串行通信方式。

6.3.2　80C51 串行接口

对于单片机来说，为了进行串行数据通信，同样也需要有相应的串行接口电路。只不过这个接口电路不是单独的芯片，而是集成在单片机芯片的内部，成为单片机芯片的一个组成部分。

80C51 单片机内部有一个全双工的串行通信口，即串行接收和发送缓冲器（SBUF），这两个在物理上独立的接收发送器，既可以接收数据，也可以发送数据。但接收缓冲器只能读出不能写入，而发送缓冲器则只能写入不能读出，它们的地址为 99H。这个通信口既可用于网络通信，也可实现串行异步通信，还可以构成同步移位寄存器使用。如果在通信口的输入/输出引脚上加上电平转换器，还可以方便地构成标准的 RS-232 和 RS-485 接口。

1.　串行口结构与特殊功能寄存器

80C51 单片机串行口由发送 SBUF、发送控制寄存器、发送控制门、接收 SBUF、接收控制寄存器、移位寄存器和中断等部分组成，如图 6.19 所示。

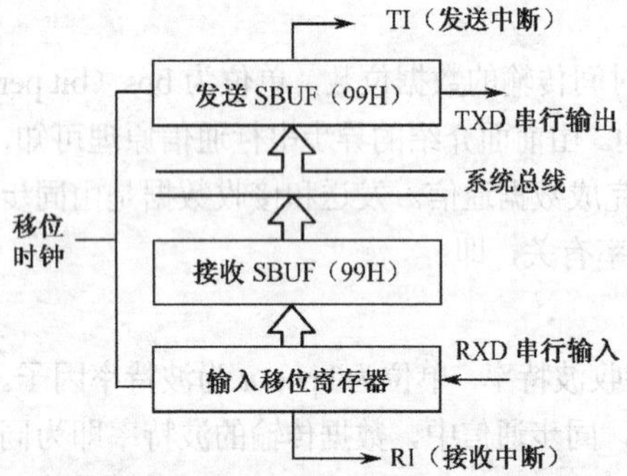

图 6.19　80C51 串行口组成示意图

SBUF 是串行口的缓冲寄存器。它是一个可寻址的专用寄存器，其中包括发送寄存器和接收寄存器，以便能以全双工方式进行通信。这两个寄存器具有同一地址（99H），串行接收时，从接收 SBUF 读出数据。发送、接收控制器的速率由波特率发生器 TI 控制。当 1 帧数据发送结束后，将 TI 置 1，向 CPU 发中断；当接收到 1 帧数据后，将 RI 置 1，向 CPU 发中断。TB8 为发送数据的第 9 位，RB8 为接收数据的第 9 位。

此外，在接收寄存器之前还有移位寄存器，从而构成了串行接收的双缓冲结构，以避免在数据接收过程中出现帧重叠错误。与接收数据情况不同，发送数据时，由于 CPU 是主动的，不会发生帧重叠错误，因此发送电路就不需要双重缓冲结构。

与串行通信有关的控制寄存器共有 4 个：SBUF、SCON、PCON 和 IE。

（1）SBUF

在逻辑上，SBUF 只有一个，既表示发送寄存器，又表示接收寄存器，具有同一个单元地址 99H；在物理上，SBUF 有两个，一个是发送寄存器，另一个是接收寄存器。

（2）串行控制寄存器 SCON

SCON 是 80C51 的一个可位寻址的专用寄存器，用于串行数据通信的控制，单元地址为 98H，位地址为 9FH～98H。寄存器位地址和位符号如表 6.12 所示。

表 6.12　串行控制寄存器 SCON 位地址和位符号

位 地 址	9FH	9EH	9DH	9CH	9BH	9AH	99H	98H
位 符 号	SM0	SM1	SM2	REN	TB8	RB8	TI	RI

表 6.12 各位功能说明如下。

① SM0 SM1——串行口工作方式选择位

这两位可以组合出 4 种工作方式，如表 6.13 所示。

表 6.13　串行口 4 种工作方式

SM0 SM1	工 作 方 式	功　　　能	波 特 率
00	工作方式 0	8 位同步移位寄存器	$f_{osc}/12$
01	工作方式 1	10 位 UART	可变
10	工作方式 2	11 位 UART	$f_{osc}/32$ 或 $f_{osc}/64$
11	工作方式 3	11 位 UART	可变

② SM2——多机通信控制位

因为多机通信是在工作方式 2 和工作方式 3 下进行的，因此 SM2 位主要用于工作方式 2 和工作方式 3。当串行口以工作方式 2 或工作方式 3 接收时，如 SM2=1，只有当接收到的第 9 位数据（RB8）为 1 时，才将接收到的前 8 位数据送入 SBUF，并置位 RI 产生中断请求，否则将接收到的 8 位数据丢弃。而当 SM0=0 时，则不论第 9 位数据为 0 还是为 1，都将前 8 位数据装入 SBUF 中，并产生中断请求。在工作方式 0 时，SM2 必须为 0。

③ REN——允许接收位

REN 位用于对串行数据的接收进行控制：REN=0 时禁止接收，REN=1 时允许接收。该位由软件置位或复位。

④ TB8——发送数据位 8

在工作方式 2 和工作方式 3 时，TB8 是发送的第 9 位数据。在多机通信中，以 TB8 位的状态表示主机发送的是地址还是数据。TB8=0 为数据，TB8=1 为地址。该位由软件置位或复位。

⑤ RB8——接收数据位 8

在工作方式 2 或工作方式 3 时，RB8 存放接收到的第 9 位数据，代表着接收的某种特征，故应根据其状态对接收数据进行操作。

⑥ TI——发送中断标志位

在工作方式 0 时，当发送完第 8 位数据后，该位由硬件置位。在其他工作方式下，在发送停止位之前，由硬件置位。因此 TI=1，表示帧发送结束，其状态既可供软件查询使用，也可请求中断。TI 位由软件清零。

⑦ RI——接收中断标志位

在工作方式 0 时，接收完第 8 位数据后，该位由硬件置位。在其他工作方式下，当接收到停止位时，该位由硬件置位。因此 RI=1，表示帧接收结束。其状态既可供软件查询使用，也可以请求中断。RI 位由软件清零。

（3）电源控制寄存器 PCON

PCON 主要是为 CHMOS 型单片机的电源控制而设置的专用寄存器，单元地址为 87H，其内容如表 6.14 所示。

表 6.14　电源控制寄存器 PCON 位序和位符号

位　　序	D7	D6	D5	D4	D3	D2	D1	D0
位 符 号	SMOD	—	—	—	GF1	GF0	PD	IDL

在 HMOS 的单片机中，该寄存器中除最高位以外，其他位都是虚设的。最高位（SMOD）是串行口波特率的倍增位，当 SMOD=1 时，串行口波特率加倍。系统复位时，SMOD=0。由于 PCON 寄存器不能进行位寻址，因此表 6.14 中使用“位序”而不是“位地址”。

（4）中断允许控制寄存器 IE

中断允许控制寄存器 IE 在前面的中断系统中已详细介绍过，IE 的地址是 A8H，其内容如表 6.15 所示。其中与串行口允许中断的控制位为 ES，当 ES=1 时，允许串行口中断；当 ES=0 时，禁止串行中断。

表 6.15　中断允许控制寄存器 IE 位地址和位符号

位　地　址	AFH	AEH	ADH	ACH	ABH	AAH	A9H	A8H
位　符　号	EA	—	—	ES	ET1	EX1	ET0	EX0

2. 80C51 串行通信工作方式

（1）串行工作方式 0

在工作方式 0 下，串行口作为同步移位寄存器使用。这时用 RXD（P3.0）引脚作为数据移位的入口和出口，而由 TXD（P3.1）引脚提供移位脉冲。移位数据的发送和接收以 8 位为 1 帧，不设起始位和停止位，低位在前高位在后，其帧格式如图 6.20 所示。

…	D0	D1	D2	D3	D4	D5	D6	D7	…

图 6.20　帧格式

使用工作方式 0 实现数据的移位输入/输出时，实际上是把串行口变成并行口使用。串行口作为并行输出口使用时，要有"串入并出"的移位寄存器配合（例如 CD4049 或 74HC164），其电路连接如图 6.21 所示。

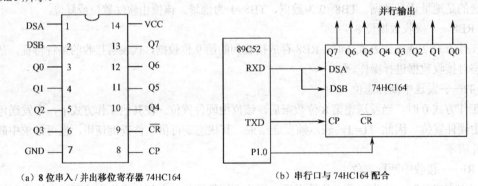

（a）8 位串入/并出移位寄存器 74HC164　　　（b）串行口与 74HC164 配合

图 6.21　串行口与 74HC164 配合

如图 6.21（a）所示为 74HC164 的引脚图，芯片各引脚功能说明如下。

● Q0～Q7 为并行输出引脚。
● DSA、DSB 为串行输入引脚。
● $\overline{CR}$ 为清零引脚，低电平时，使 74HC164 输出清零。
● CP 为时钟脉冲输入引脚，在 CP 脉冲的上升沿作用下实现移位。当 CP=0，$\overline{CR}$=1 时，74HC164 保持原来数据状态不变。

利用串行口与 74HC164 实现 8 位串入并行输出的连接如图 6.21（b）所示，数据从串行口 RXD 端在移位时钟脉冲（TXD）的控制下逐位移入 74HC164。当 8 位数据全部移出后，SCON 寄存器的 TI 位被自动置 1。其后 74HC164 的内容即可并行输出。用 P1.0 输出低电平可将 74HC164 输出清零。

如果把能实现并入串出功能的移位寄存器（如 CD4014 或 74HC165）与串行口配合使用，就可以把串行口变为并行输入口使用，如图 6.22 所示。

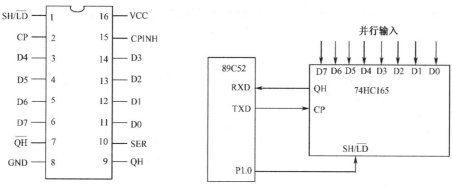

（a）8 位并入 / 串出移位寄存器 74HC165   （b）串行口与 74HC165 配合

图 6.22 串行口与 74HC165 配合

图 6.22（a）为 74HC165 引脚图，当 SH/$\overline{\text{LD}}$=1 时，允许串行移位；当 SH/$\overline{\text{LD}}$ =0 时，允许并行输入。QH 为串行移位输出引脚，SER 为串行移位输入引脚（用于两个 165 输入 16 位并行数据）。当 CPINH=1 时，从 CP 引脚输入的每个正脉冲使 QH 输出移位一次。$\overline{\text{QH}}$ 为补码输出引脚。

图 6.22（b）为串行口与 74HC165 的连接图。74HC165 移出的串行数据 $\overline{\text{QH}}$ 经由 RXD 端串行输入，同时由 TXD 端提供移位时钟脉冲 CP。8 位数据串行接收需要有允许接收的控制，具体由 SCON 寄存器的 REN 位实现。REN=0，禁止接收；REN=1，允许接收。当软件置位 REN 时，开始从 RXD 端以 f_{osc} 波特率输入数据（低位在前），当接收到 8 位数据时，置位中断标志位 RI 在中断处理程序中将 REN 清零，停止接收数据，并用 P1.0 引脚将 SH/$\overline{\text{LD}}$ 清零，停止串行输出，转而并行输入。当 SBUF 中的数据取走后，再将 REN 置 1 准备接收数据，并利用 P1.0 将 SH/$\overline{\text{LD}}$ 置 1，停止并行输入，转为串行输出。

工作方式 0 时，移位操作的波特率是固定的，为单片机晶振频率的 1/12，即波特率为 f_{osc}/12。如果晶振频率用 f 表示，波特率也就是一个机器周期进行一次移位，当 f=6MHz 时，波特率为 500kbps，即 2μs 移位一次。例如，f=12MHz，则波特率为 1Mbps，即 1μs 移位一次。

【例 6.12】   使用 74HC164 的并行输出引脚接 8 支发光二极管，利用它的串入并出功能，把发光二极管从左向右轮流点亮，并反复循环。

解： 假定发光二极管为共阴极型，则电路连接如图 6.23 所示。

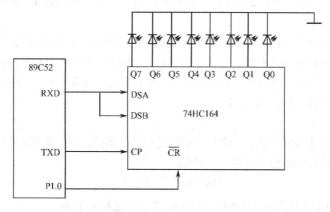

图 6.23 串行移位输出电路

当串行口把 8 位状态码串行移位输出后，TI 置 1。如果把 TI 作为状态查询标志，则使用查询方法完成的参考程序如下：

```
#include "common.h"
sbit CTRL_OUT = P1^0;                    /*等于 0，清 0；等于 1，并行输出*/
/******** main 函数 ********/
void main (void) {
    uchar i;
    SCON=0x00;                           /*串行口方式 0 工作*/
    ES=0;                                /*禁止串行中断*/
    for (;;) {
        for (i=0; i<8; i++) {
            CTRL_OUT=1;                  /*等于 1,允许并行输出*/
            SBUF=_cror_(0x80,i);         /*循环右移 i 位,串行输出*/
            while(!TI){}                 /*状态查询*/
            TI=0;                        /*清发送中断标志*/
            time(588);                   /*状态维持*/
        }
    }
}
```

此外，串行口并行 I/O 扩展功能还常用于 LED 显示器接口电路，但这种应用有时受速度的限制。

（2）串行工作方式 1

工作方式 1 是 10 位为 1 帧的异步串行通信方式，共包括 1 个起始位、8 个数据位和 1 个停止位。其帧格式如图 6.24 所示。

起始	D0	D1	D2	D3	D4	D5	D6	D7	停止

图 6.24　帧格式

① 数据发送与接收

工作方式 1 的数据发送是由一条写发送寄存器（SBUF）指令开始的，随后在串行口由硬件自动加入起始位和停止位，构成一个完整的帧格式，然后在移位脉冲的作用下，由 TXD 端串行输出。一个字符帧发送完后，使 TXD 输出线维持在 1（SPACE）状态下，并将 SCON 寄存器的 TI 置 1，通知 CPU 可以发送下一个字符。

接收数据时，SCON 的 REN 位应处于允许接收状态（REN=1）。在此前提下，串行口采样 RXD 端，当采样到从 1 向 0 的状态跳变时，就认定是接收到起始位。随后在移位脉冲的控制下，把接收到的数据位移入接收寄存器中。直到停止位到来之后把停止位送入 RB8 中，并置位中断标志位 RI，通知 CPU 从 SBUF 取走接收到的一个字符。

② 波特率设定

工作方式 0 的波特率是固定的，一个机器周期进行一次移位。但工作方式 1 的波特率是可变的，其波特率由定时器 1 的计数溢出率决定，公式为：

$$BR = (2^{SMOD} \times T_d)/32$$

式中，SMOD 为 PCON 寄存器最高位的值，SMOD=1 表示波特率加倍。

当定时器 1（也可使用定时器 2）作为波特率发生器使用时，通常选用定时器 1 的工作方式 2。注意，不要把定时器/计数器的工作方式与串行口的工作方式混淆！

工作方式 2 的计数结构为 8 位，假定计数初值为 Count，则定时时间 $T=(256-\text{Count})\times T_{\text{cy}}$，从而在 1 秒内发生溢出的次数（即溢出率）为：

$$1/((256-\text{Count})\times T_{\text{cy}})$$

其波特率为：

$$2^{\text{SMOD}}/(32\times(256-\text{Count})\times T_{\text{cy}})$$

因为针对具体的单片机系统而言，其时钟频率是固定的，从而机器周期也是可知的，所以在上面的公式中有两个变量：波特率和计数初值。只要已知其中一个变量的值，就可以求出另外一个变量的值。

在串行口工作方式 1 中，之所以选择定时器的工作方式 2，是由于工作方式 2 具有自动加载功能，从而避免了通过程序反复装入计数初值而引起的定时误差，使得波特率更加稳定。

【例 6.13】 有一个单工形式的双机通信。假定 A 机和 B 机以工作方式 1 进行串行数据通信，其波特率为 9600，A 机的 P1.6 口为发送控制按钮，当按钮按下时，A 机发送 0, 1, …, 255，每次发送间隔 0.5 秒，并将发送字节送到本机 P2 口，通过 P2 口的总线驱动器 74HC245 接数码管显示发送数据。B 机设置为串口中断接收 A 机发来的数据，接收到的数据取反后送到本机 P2 口，通过 P2 口的总线驱动器 74HC245 接数码管显示发送数据。

分析：设 A、B 机的时钟频率均为 11.0592MHz，从而机器周期为 $12/(11.0592\times10^6)\mu s$。

SMOD=0，波特率不倍增，从而 PCON=00H，至于 SMOD 何时为 0，何时 1，可以根据需要决定。具体地说，波特率较大，则 SMOD=1，否则 SMOD=0。

由公式可知波特率为：

$$\text{BR}=2^0/(32\times(256-\text{Count})\times 12/(11.0592\times10^6))=9600$$

$$\text{Count}=253=0\text{FDH}$$

A 机发送程序如下：

```
#include "common.h"
sbit CTRL_BUTTON = P1^6;              /*为 0，开始发送；为 1，停止发送*/
void initUart(void);                  /*初始化串口波特率，使用定时器2*/
/******** main 函数 *********/
void main (void) {
uchar i=0;
    time(1);                          /*延时等待外围器件完成复位*/
    initUart();                       /*初始化串口*/
    while(TRUE){
        CTRL_BUTTON=1;                /*设置触发器输出为1，以得到正确的端口状态*/
        if(!CTRL_BUTTON){             /*CTRL_BUTTON=0,允许A机发送数据到B机*/
            P2 = i;                   /*i送到P2口*/
            SBUF=i++;                 /*串行输出，并加1*/
            while(!TI){}              /*状态查询*/
            TI=0;                     /*清发送中断标志*/

            time(500);                /*每发送一个字节延时约0.5秒*/
        }
    }
}
/********** 初始化串口波特率 ***********/
void initUart(void)                   /*初始化串口波特率，使用定时器1*/
{
```

```
/*Setup the serial port for 9600 baud at 11.0592MHz*/
    SCON = 0x50;                    /*串口工作在工作方式 1 下*/
    TMOD = 0x20;
    PCON = 0x0;
    TH1  = 0xFD;
    TCON = 0x40;
}
```

B 机接收程序如下：

```
/*B 机接收程序*/
#include "common.h"
void initUart(void);                /*初始化串口波特率，使用定时器 2*/
/******** main 函数 ********/
void main (void) {
    time(1);                        /*延时等待外围器件完成复位*/
    initUart();                     /*初始化串口*/
    IE=0x90;                        /*打开串口中断*/
    while(TRUE){}
}
/********** 初始化串口波特率 ***********/
void initUart(void)                 /*初始化串口波特率，使用定时器 1*/
{/*Setup the serial port for 9600 baud at 11.0592MHz*/
    SCON = 0x50;                    /*串口工作在工作方式 1 下 */
    PCON = 0x0;
    TMOD = 0x20;
    TH1  = 0xFD;
    TCON = 0x40;
}
/********** 串行口中断服务程序**************/
void serial0_int(void) interrupt 4
{
    EA=0;                           /*关总中断*/
    /*可在此处插入串口中断服务程序*/
    P2=~SBUF;                        /*收到数据后取反，送到 P2 数码管显示*/
    RI=0;
    EA=1;                           /*开总中断*/
}
```

（3）串行工作方式 2 和工作方式 3

工作方式 2 和工作方式 3 是 11 位为 1 帧的串行通信方式，即 1 个起始位，9 个数据位和 1 个停止位，格式如图 6.25 所示。

起始	D0	D1	D2	D3	D4	D5	D6	D7	D8	停止

图 6.25　帧格式

在工作方式 2 和工作方式 3 下，字符还是 8 个数据位，而第 9 个数据 D8 位，既可作为奇偶校验位使用，也可作为控制位使用，其功能由用户确定。发送之前，应先将 SCON 中的 TB8 准备好，可使用如下指令完成：

```
SETB TB8        ;TB8 位置 1
CLR TB8         ;TB8 位清 0
```

准备好第 9 个数据位之后，再向 SBUF 写入字符的 8 个数据位，并以此来启动串行发送。一个字符帧发送完毕后，将 TI 位置 1，其过程与工作方式 1 相同。工作方式 2 的接收过程也与工作方式 1 类似，所不同的在于第 9 个数据位上，串行口把接收到的 8 位数据送入 SBUF，而把第 9 个数据位送入 RB8。

工作方式 2 和工作方式 3 的不同之处在于波特率的计算方法不同。工作方式 3 同工作方式 1，即通过设置定时器 1 的初值来设定波特率。工作方式 2 的波特率是固定的，且有两种：一种是晶振频率的 1/32；另一种是晶振频率的 1/64，即 $f_{osc}/32$ 和 $f_{osc}/64$。例如，用公式表示为：

$$BR=2^{SMOD}\times f_{osc}/64$$

即与 PCON 寄存器中 SMOD 位的值有关。当 SMOD=0 时，波特率等于 f_{osc} 的 1/64；当 SMOD = 1 时，波特率等于 f_{osc} 的 1/32。

3. 80C51 串行口波特率

从 80C51 串行通信的各种工作方式可知：

① 工作方式 0 时波特率是固定的，为单片机晶振频率的 1/12，即 $BR=f_{osc}/12$。如果晶振频率用 f_{osc} 表示，则按此波特率也就是一个机器周期进行一次移位。当 f_{osc}=6MHz 时，波特率为 500kbps，即 2μs 移位一次；当 f_{osc}=12MHz 时，波特率为 1Mbps，即 1μs 移位一次。

② 工作方式 2 的波特率也是固定的，且有两种：一种是晶振频率的 1/32；另一种是晶振频率的 1/64，即 $f_{osc}/32$ 和 $f_{osc}/64$。例如，用公式表示为：

$$BR=2^{SMOD}\times f_{osc}/64$$

式中，SMOD 为 PCON 寄存器最高位的值，SMOD=1 表示波特率加倍。

③ 工作方式 1 和工作方式 3 的波特率是可变的，其波特率由定时器 1 的计数溢出（对 80C52 来说，也可以使用定时器 2 的计数溢出）决定，公式为：

$$BR = (2^{SMOD}\times T_d) /32$$

式中，SMOD 为 PCON 寄存器最高位的值，SMOD=1 表示波特率加倍。T_d 为定时器 1 溢出率，其计算公式为：

$$T_d=f_{osc}/[12\times(256-TH1)]$$

使用定时器 1 的计数溢出，工作方式 1 和工作方式 3 的常用波特率如表 6.16 所示。

表 6.16　工作方式 1 和工作方式 3 的常用波特率

串行口工作方式	波特率	f_{osc}=6MHz			f_{osc}=12MHz			f_{osc}=11.0592MHz		
		SMOD	TMOD	TH1	SMOD	TMOD	TH1	SMOD	TMOD	TH1
工作方式 1 或工作方式 3	57600							1	20	FFH
	28800							1	20	FEH
	19200							1	20	FDH
	9600							0	20	FDH
	4800				1	20	F3H	0	20	FAH
	2400	1	20	F3H	0	20	F3H	0	20	F4H
	1200	1	20	E6H	0	20	E6H	0	20	E8H
	600	1	20	CCH	0	20	CCH	0	20	D0H
	300	0	20	CCH	0	20	98H	0	20	A0H

从表 6.16 中可以看出，当选择晶振 f_{osc}=11.0592MHz 时，波特率最为齐全。因此，如无特别要求，通常在 80C51 单片机系统中选择晶振频率为 11.0592MHz。

设置定时器 2 为波特率发生器工作方式，定时器 2 的溢出脉冲经 16 分频后作为串行口发送脉冲、接收脉冲。发送脉冲、接收脉冲的频率称为波特率。其计算公式为：

$$BR = \frac{f_{osc}}{32 \times [65536 - (RCAP2H, RCAP2L)]}$$

6.3.3　应用实例

利用以上介绍的串行口 4 种工作方式，可以实现单片机之间的通信，下面将举例说明两台单片机（点对点）之间的通信及多机间的通信。通信程序用高级语言 C51 编制。

1．点对点异步通信实例

【例 6.14】　假定有 A、B 两机，以工作方式 1 进行串行口通信，其中 A 机发送信息，B 机接收信息，双方的晶振频率为 f_{osc}＝11.0592MHz，通信波特率为 9600。

为了保持通信的畅通与准确，通信双方之间要遵循一些约定。通信开始时，A 机首先发送一个启动信号 AA，B 机收到后发送一个回答信号 BB，表示同意接收。A 机收到 BB 后，就可以发送数据了。假定本例中发送的数据块长度是 10B，数据缓冲区为 buf，数据块发送完毕后要立即发送校验和，进行发送数据准确性校验。

B 机将接收到的数据存储到数据缓冲区 buf 中，收齐一个数据块后，再接收 A 机发来的校验和，并将其与 B 机求出的校验和进行比较。若两者相等，则说明接收正确，B 机回答 00H；若两者不等，则说明接收不正确，B 机回答 0FFH，请求重发。

程序设计时，选择定时器 T1 为工作方式 2，计数初值为：

$$Count = 256 - \frac{f_{osc} \times 2^{SMOD}}{384 \times BR} = 256 - 11.0592 \times 10^6 / 384 / 9600 = 253 = 0FDH$$

式中，SMOD＝0，即波特率不增倍，程序中应使 PCON＝00H。

编写 A、B 两机点对点的通信程序。该程序可以在双方机中运行，不同的是，在程序运行之前，要判别 P1.0 口的输入，若 P1.0＝1，则表示该机是发送方；若 P1.0＝0，则表示该机是接收方。程序中包含主函数 main(void)，根据 P1.0 输入的设置，利用发送函数 send(uchar idata *d)和接收函数 receive(uchar idata *d)分别实现发送和接收功能。

程序如下：

```
/*程序中增加了在 P2 口显示启动信号 AA、回答信号 BB、发送数据及校验和*/
#include "common.h"
/*SEND_RECI_LINE＝1，设置发送；SEND_RECI_LINE＝0，设置接收*/
sbit SEND_RECI_CTRL = P1^0;
sbit CTRL_BUTTON = P1^7;            /*CTRL_BUTTON＝0，设置错误校验和*/
void initUart(void);                /*初始化串口波特率，使用定时器 1*/
void send(uchar idata *d);          /*发送函数*/
void receive(uchar idata *d);       /*接收函数*/
/******** main 函数 ********/
void main (void) {
    uchar idata sbuf [10]={0x20,0x21,0x22,0x23,0x24,0x25,0x26,
            0x27,0x28,0x29,};       /*发送内容*/
    uchar idata rbuf [10];          /*接收缓冲区*/
    time(1);                        /*延时等待外围器件完成复位*/
```

```
        initUart();                      /*初始化串口*/
        if(SEND_RECI_CTRL){              /*发送*/
            send(sbuf);
        }
        else{                            /*接收*/
            receive(rbuf);
        }
        while(TRUE){}
}
/********** 初始化串口波特率 ************/
void initUart(void)                      /*初始化串口波特率，使用定时器1*/
{
    /*Setup the serial port for 9600 baud at 11.0592MHz*/
    SCON  = 0x50;                        /*串口为工作方式1*/
    TMOD  = 0x20;
    PCON  = 0x0;
    TH1   = 0xFD;
    TCON  = 0x40;
}

void send(uchar idata *d)                /*发送函数*/
{
    uchar i,pf;
    do{
        P2=0xAA;
        SBUF=0xAA;                       /*发送联络信号*/
        while(TI==0){}TI=0;
        while(RI==0){}RI=0;
    }while((SBUF^0xBB)!=0);              /*B机未准备好，继续联络*/
    P2=SBUF;time(500);
    do{
        pf=0;                            /*清校验和*/
        for(i=0;i<10;i++){
            P2=d[i];time(500);
            SBUF=d[i];                   /*发送一个数据*/
            pf+=d[i];                    /*求校验和*/
            while(TI==0){}TI=0;
        }
        if(!CTRL_BUTTON) pf++;           /*CTRL_BUTTON=0,设置错误校验和*/
        P2=pf;time(500);                 /*显示校验和*/
        SBUF=pf;                         /*发送校验和*/
        while(TI==0){}TI=0;
        while(RI==0){}RI=0;
        P2=SBUF;time(500);
    }while(SBUF!=0);                     /*回答出错，重发*/
}
```

```
void receive(uchar idata *d)          /*接收函数*/
{
    uchar i,pf;
    do{
        while(RI==0){}RI=0;
        P2=SBUF;time(500);
    }while((SBUF^0xAA)!=0);            /*判 A 机请求否*/
    P2=0xBB;time(500);
    SBUF=0xBB;                         /*发应答信号*/
    while(TI==0){}TI=0;
    while(1){
        pf=0;                          /*清校验和*/
        for(i=0; i<10; i++){
            while(RI==0){}RI=0;
            d[i]=SBUF;                 /*接收一个数据*/
            P2=d[i];                   /*显示接收数据*/
            pf+=d[i];                  /*求校验和*/
        }
        P2=pf;                         /*显示校验和*/
        while(RI==0){}RI=0;
        P2=SBUF;
        if((SBUF^pf)==0){              /*比较校验和*/
            P2=0;time(500);
            SBUF=0x00;                 /*校验和相同发"0x00"*/
            while(TI==0){}TI=0;
        }
        else{
            P2=0xFF;time(500);
            SBUF=0xFF;while(TI==0){}TI=0;  /*校验和不同发"0xFF"，重新接收*/

        }
    }
}
```

2. 多机通信实例

【例 6.15】　设一主机与多台从机进行通信，主机和从机之间能够相互发送和接收数据。假定从机地址号为 1～5，通信各方的晶振频率为 11.0592MHz，主机循环选定地址号为 1～5 的从机进行通信，发送前，在 P2 口显示所呼叫的从机机号，主机发送的数据包格式如图 6.26 所示。

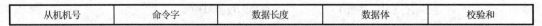

从机机号	命令字	数据长度	数据体	校验和

图 6.26　主机发送的数据包格式

从机以中断方式接收主机发送的首字节，然后在中断服务程序里用查询方式接收数据包的后续字节。收到完整数据包后，判别：① 数据包里的从机机号是否等于本机机号；② 校验和是否正确。如果①和②两者均成立，则发送应答信息"0xA0+本机机号"，同时将本机机号送到 P2 口显示，表示主机正在与本机通信。如果①和②两者不同时成立，则将 0xFF 送到 P2 口显示，表示本机空闲。

主机收到应答后，在 P2 口显示应答信息。

本例中，波特率发生器采用定时器 2 实现。其计算公式为：

$$BR = \frac{f_{osc}}{32 \times [65536 - (RCAP2H,RCAP2L)]}$$

主机程序和从机程序如下：

```
/*主机程序*/
/******** 发送接收数据报格式 ***************/
/*从机机号 命令字 数据长度 数据体 校验和*/


#include "common.h"
sbit CTRL_BUTTON = P1^7;                 /*为 0，开始发送；为 1，停止发送*/
void initUart(void);                     /*初始化串口波特率，使用定时器 2*/
uchar idata  ucSendBuf[20];              /*发送数据缓冲区*/
#define reciMacNo    ucSendBuf[0]        /*从机机号*/
#define tranSize ucSendBuf[2]            /*数据长度*/


uchar idata databuf[10]={0x21,0x22,0x23,0x24,0x25,0x26,0x27,0x28,0x29,0x2A};
/******** 组织发送数据包 *********/
void arrange_data (uchar macno,uchar cmd,uchar datasize,uchar* sdata) {
    uchar i,pf=0;
    ucSendBuf[0]=macno;                  /*机号*/
    ucSendBuf[1]=cmd;                    /*命令字*/
    ucSendBuf[2]=datasize;               /*数据长度*/
    memcpy(&ucSendBuf[3],sdata,datasize); /*发送数据体*/
    ucSendBuf[datasize+3]=0;             /*校验初始值＝0*/
    for(i=0;i<datasize+3;i++){           /*计算校验*/
        pf = pf + ucSendBuf[i];
    }
    ucSendBuf[datasize+3] = pf;
}
/******** main 函数 *********/
void main (void) {
uchar i,j;
uint timeOver;
    time(1);                             /*延时等待外围器件完成复位*/
    initUart();                          /*初始化串口*/
    while(TRUE){
        for(i=1;i<=5;i++){               /*实际连接从机 3 个*/
            arrange_data(i,6,8,databuf);  /*组织发送数据*/
            P2=ucSendBuf[0];time(800);   /*显示欲连接从机机号*/
            for(j=0;j<ucSendBuf[2]+4;j++){ /*发送数据*/
                SBUF=ucSendBuf[j];while(!TI){}TI=0;
                time(1);
            }
            /*等待从机返回信息，从机应答超时判断*/
```

```
                timeOver=0;
                while((RI==0)&&(timeOver<=300)){
                    timeOver++;
                }RI=0;

                if(timeOver<300)
                    P2=SBUF;                    /*显示从机应答信息*/
                time(1000);
            }
        }
}
/********** 初始化串口波特率 ************/
void initUart(void)                            /*初始化串口波特率，使用定时器 2*/

{
/*Setup the serial port for 9600 baud at 11.0592MHz*/
    SCON = 0x50;                               /*串口为工作方式 1*/
    RCAP2H=(65536-(3456/96))>>8;
    RCAP2L=(65536-(3456/96))%256;
    T2CON=0x34;
}


/*从机程序*/
#include "common.h"
void initUart(void);                           /*初始化串口波特率，使用定时器 2*/
uchar idata  ucReciBuf[21];                    /*接收数据缓冲区*/

/***********发送接收数据报格式********
从机机号 命令字 数据长度 数据体 校验和
*********************************/
/******** main 函数 *********/
void main (void) {
    time(1);                                   /*延时等待外围器件完成复位*/
    initUart();                                /*初始化串口*/
    IE=0x90;                                   /*打开串口中断*/
    while(TRUE){EA=1;}
}
/********** 初始化串口波特率 ************/
void initUart(void)                            /*初始化串口波特率，使用定时器 2*/
{
    /*Setup the serial port for 9600 baud at 11.0592MHz*/
    SCON = 0x50;                               /*串口为工作方式 1*/
    RCAP2H=(65536-(3456/96))>>8;
    RCAP2L=(65536-(3456/96))%256;
    T2CON=0x34;
}
/********** 串行口中断服务程序**************/
```

```
void serial0_int(void) interrupt 4
{
    uchar i,pf=0;
    EA=0;
    RI=0;ucReciBuf[0]=SBUF;                           /*机号*/
    while(RI==0){}RI=0;ucReciBuf[1]=SBUF;      /*命令字*/
    while(RI==0){}RI=0;ucReciBuf[2]=SBUF;      /*数据长度*/
    for(i=3;i<(ucReciBuf[2]+4);i++){                  /*后续数据*/
        while(RI==0){}RI=0;ucReciBuf[i]=SBUF;
    }

    for(i=0;i<(ucReciBuf[2]+3);i++){                  /*计算校验和*/
        pf = pf + ucReciBuf[i];
    }

    if((ucReciBuf[0]==(P1&0x07))&&(pf==ucReciBuf[ucReciBuf[2]+3])){
     /*是本机且校验和正确, 应答: 0xA0+机号*/
        P2=ucReciBuf[0];                              /*显示本机机号*/
        SBUF=ucReciBuf[0]+0xA0;                       /*应答: 0xA0+机号*/
        while(TI==0){}TI=0;
    }
    else
        P2=0xFF;/*显示0xFF*/
}
```

 本章小结

1. 中断

由于中断源的请求，CPU 暂停当前程序而执行中断处理程序，完毕后返回原程序继续执行的过程称为中断。中断过程分为中断请求、中断响应、中断处理、中断返回 4 个阶段。另外，还需进行中断送优。

（1）中断请求

中断请求是指中断源向 CPU 发中断请求信号。请求方法是：先由中断源将中断触发器置 1，然后由 CPU 在每个机器周期的最后去查询中断触发器，若查询到 1，则转入中断响应阶段，否则继续执行下一条指令。80C51 单片机的中断源有：外部中断 $\overline{INT0}$ 和 $\overline{INT1}$、定时器中断 T0 和 T1、串行中断。5 个中断源的中断触发器分别为 IE0、IE1、TF0、TF1、TI/RI。外部中断 $\overline{INT0}$、$\overline{INT1}$ 使 IE0、IE1 置 1 的方法有两种：低电平与负跳变，两种中断请求方式可用 IT0、IT1 进行选择，IT0(或 IT1)=0 选择低电平中断方式，IT0(或 IT1)=1 选择低负跳变中断方式。80C51 单片机将中断触发器(IE0、IE1、TF0、TF1)、中断方式选择位(IT0、IT1)及定时器启动开关(TR0、TR1)组合成定时器/中断控制寄存器 TCON，如图 6.27 所示。

TCON	TF1	TR1	TF0	TR0	IE1	IT1	IE0	IT0

图 6.27　定时器/中断控制寄存器 TCON

（2）中断响应

CPU 响应中断的条件是：CPU 执行完当前指令及允许中断。80C51 单片机允许中断是由中断允许寄存器 IE 中的相应位决定的，位取 1 允许中断，位取 0 禁止中断。

（3）中断处理

中断处理前应保护在主程序与中断处理程序中同时用到的寄存器或存储单元内容，称为保护现场。保护现场可用 PUSH 指令或换区的方法实现。现场保护后可执行中断处理程序，完成中断处理任务，最后应用 POP 指令或换区方法恢复现场。

（4）中断返回

中断返回是使用中断返回指令 RETI 实现的，RETI 指令的作用是将断点地址由堆栈弹回给 PC，使 CPU 返回断点处执行源程序。

（5）中断判优

当多个中断源同时发中断请求时，CPU 先响应优先级最高的中断源，处理完毕后，再响应优先级次之的中断源，最后响应优先级最低的中断源，这就是中断判优的任务。80C51 单片机有两个优先级：高优先级与低优先级，各中断源的优先级是通过优先级寄存器 IP 中相应位实现的，位取 1 设置高优先级，位取 0 设置低优先级。

C51 中只要设置 IE 和 IP，C51 编译器会自动为中断的各个阶段产生最合适的代码。

2．定时器/计数器

80C51 单片机的定时器/计数器是能够实现定时、计数功能，具有 2～3 个通道、4 种工作方式的可编程器件。

定时器/计数器 3 个通道分别为 T0、T1 与定时器/计数器 2，其中定时器/计数器 2 仅 52 子系列单片机才有。

定时器/计数器内的核心器件是加 1 计数器，加 1 计数器由两个特殊功能寄存器 TH 与 TL 组成。当定时器/计数器工作于定时方式时，加 1 脉冲由系统时钟 f_{osc} 经 12 分频后产生。当定时器/计数器工作于计数方式时，加 1 脉冲由 T0 或 T1 引脚直接提供。定时器/计数器工作于定时还是计数方式，取决于选择开关 C/$\overline{T}$，当 C/$\overline{T}$＝0 时工作于定时方式，当 C/$\overline{T}$＝1 时工作于计数方式。加 1 脉冲要经过启动开关 TR 才能到达加 1 计数器，当加 1 计数器溢出时，由硬件自动将中断标志位 TF 置 1，以此向 CPU 发中断请求。

定时器/计数器 4 种工作方式的主要区别在于加 1 计数器的位数，工作方式的选择是由 TMOD 寄存器中的 M1M0 决定的，如表 6.9 所示。

在使用定时器/计数器前必须进行初始化，即设置其工作方式。初始化一般应进行如下工作。

① 设置工作方式，即设置 TMOD 中的各位 GATE、C/$\overline{T}$、M1M0。

② 计算加 1 计数器的计数初值 Count，并将计数初值 Count 送入 TH、TL 中。

● 计数方式：计数初值 Count＝2^n–N。

● 定时方式：计数初值 Count＝2^n–T_d/T_{cy}，式中，n＝13，16，8，8，分别对应工作方式 0，1，2，3。

③ 启动计数器工作，即将 TR 置 1，T0、T1 及 CPU 开中断。

定时器初始化后可进行各种应用，如输出各种方波、实现实时时钟、对产品进行计数等。

3．串行通信

单片机的串行通信分为同步通信与异步通信。

单片机串行通信的数据通路形式有单工、半双工、全双工 3 种方式。异步通信时可能会出现帧格式错、超时错等传输错误码，校验传输错误的方法有奇偶校验、和校验、循环冗余码校验、海明码校验。

与 80C51 单片机串行通信有关的控制寄存器共有 3 个：SBUF、SCON 和 PCON。

80C51 单片机的串行接口有 4 种通信方式。

工作方式 0 为同步通信方式，其波特率是固定的，为单片机晶振频率的 1/12，即 $BR=f_{osc}/12$。

工作方式 2 为异步通信方式，其波特率也是固定的，但有两种，一种是晶振频率的 1/32，另一种是晶振频率的 1/64，即 $f_{osc}/32$ 和 $f_{osc}/64$。可用公式表示为：

$$BR=2^{SMOD}\times f_{osc}/64$$

工作方式 1 和工作方式 3 的波特率是可变的，其波特率由定时器 1 的计数溢出来决定，公式为：

$$BR=(2^{SMOD}\times T_{d})/32$$

设置定时器 2 为波特率发生器工作方式，定时器 2 的溢出脉冲经 16 分频后作为串行口发送脉冲、接收脉冲。发送脉冲、接收脉冲的频率称为波特率。其计算公式为：

$$BR=\frac{f_{osc}}{32\times[65536-(RCAP2H,RCAP2L)]}$$

工作方式 1 是 10 位为 1 帧的异步串行通信方式。工作方式 2 和工作方式 3 是以 11 位为 1 帧的异步串行通信方式，而第 9 个数据位 D8 既可作为奇偶校验位使用，也可为控制位使用。在多机通信方式中经常把该位用做数据帧和地址帧的标志。SM2 为多机通信控制位，当 SM2＝1 时，80C51 单片机只接收第 9 个数据位为 1 的地址帧，而对第 9 个数据位为 0 的数据帧自动丢弃；SM2＝0 时，地址帧和数据帧全部接收。利用此特性可实现多机通信。

 # 习题 6

1．80C51 有几个中断源？各中断标志位是如何产生、如何清 0 的？CPU 响应中断时，其中断入口地址各是多少？

2．在外部中断中，有几种中断触发方式？如何选择中断源的触发方式？

3．80C51 提供哪几种中断？在中断管理上有何特点？什么是同级内的优先权管理？中断被封锁的条件有哪些？

4．在中断请求有效并开中断状况下，能否保证立即响应中断？有什么条件？

5．中断响应中，CPU 应完成哪些自主操作？这些操作状态对程序运行有什么影响？

6．80C51 单片机内部设有几个定时器/计数器？它们各由哪些特殊功能寄存器所组成？有哪几种工作方式？

7．80C51 定时器/计数器工作方式 0 的 13 位计数器初值如何计算？已有工作方式 1 的 16 位计数，为何还需要 13 位的计数方式？

8．定时器/计数器用于定时，定时时间与哪些因素有关？用于计数，对外界计数频率有何限制？

9．定时器 T0 为工作方式 3 时，由于 TR1 位已经被 T0 占用，如何控制定时器 T1 的开启和关闭？

10．用 80C51 的定时器测量某正单脉冲的宽度，采用何种方式可以得到最大量程？若单片机晶振频率为 12MHz，求允许测量的最大脉冲宽度是多少？

11．80C51 单片机系统中，已知单片机晶振频率为 6MHz，选用定时器 0 以工作方式 3 产生周期为 400μs 的等宽正方波连续脉冲，请编写由 P1.1 口输出此方波的程序。

12．串行通信操作模式有哪几种？各有什么特点？

13．异步串行通信时，通信双方应遵守哪些协定？1 帧信息包含哪些内容？

14．串行通信时会出现哪些错误？用什么方法检查这些错误？

15．80C51 串行通信有哪几种工作方式？当并行口不够用时，如何实现串行口作为并行口使用？

16．什么是波特率？如何计算和设置 80C51 串行通信的波特率。

17．串行口控制寄存器 SCON 中，TB8、RB8 起什么作用？在什么方式下使用？

18．什么是串行接口的异步数据传输和同步数据传输？80C51 UART 中哪些方式是异步传输？哪些方式是同步传输？

19．80C51 单片机内部串行口工作于工作方式 1、3 时，波特率与 T1 的溢出率有关，什么是 T1 的溢出率？如何计算定时器 T1 工作于工作方式 1 时的 T1 溢出率？

20．设置串行口工作于工作方式 3，波特率为 9600bps，系统主频为 11.0592MHz，允许接收数据，串行口开中断，初始化编程，实现上述要求。若将串口改为工作方式 1，应如何修改初始化程序？

21．使用串行口工作方式 3 进行双机通信，系统主频为 11.0592MHz，设置波特率为 19200bps，定时器 T1 工作于工作方式 2。A 机将地址为 3000H～30FFH 外部 RAM 中数据传送到 B 机地址为 4000H～40FFH 外部 RAM 中。请编写程序：① 采用查询方式，进行偶校验；② 采用中断方式，不要校验。

22．80C52 串行口按工作方式 1 进行串行数据通信。假定波特率为 1200bps，系统主频为 11.0592MHz，以中断方式传送数据，将本机中地址为 30H～4FH 内部 RAM 中内容传送到对方地址为 50H～6FH 内部 RAM 中去。请编写全双工通信程序。

第7章 单片机外部扩展资源及应用

单片机内部资源有 RAM、I/O 接口、中断、定时器、串行接口等，但在构成实际的硬件系统时，如果单片机自身的资源还是不能满足要求，这时就要进行系统扩展，扩展可以采用并行和串行方式。并行使用单片机的系统总线进行扩展，而串行则使用单片机通用 I/O 口进行扩展。本章通过大量应用实例介绍单片机系统扩展的一般设计方法。

7.1 单片机外部扩展资源和扩展编址技术概述

7.1.1 单片机外部扩展资源分类

单片机外部扩展资源包含外部 RAM/ROM、键盘、显示器、A/D 转换、D/A 转换、I/O 接口扩展、中断扩展、串行通信、总线驱动、电源监控、看门狗等一些最基本的模块，它们是大多数单片机应用系统必不可少的关键部分。

1. 外部程序存储器 ROM

当单片机内部程序存储器 ROM 容量无法满足应用系统要求时，需要在外部进行扩展。外部扩展的程序存储器种类主要有 EPROM、E^2PROM 和 Flash E^2PROM。目前大多数单片机生产厂家都提供使用大容量 Flash E^2PROM 的单片机，其存储单元数量达到了 64 KB，能满足绝大多数用户的需要，且价格与 ROMLess 的单片机不相上下。用户没有必要再扩展外部程序存储器。

2. 外部数据存储器 RAM

由于单片机的内部数据存储器容量较小，在需要大量数据缓冲的单片机应用系统中（如语音系统、商场收费 POS）仍然需要外部扩展数据存储器。常用的外部数据存储器有静态随机存储器 RAM 6264、RAM 62256 和 RAM 628128，但随机存储器不具备数据掉电保护特性，许多单片机应用系统采用 Flash E^2PROM 作为数据存储器。

3. 并行 I/O 接口资源扩展

I/O 接口是单片机系统最宝贵的资源之一，单片机的外部扩展将占用大量 I/O 接口资源，以 80C51 系列单片机为例，外部扩展占用 P0、P2 口 16 个 I/O 接口和 P3 的 2 个 I/O 接口，总共损失了至少 18 个 I/O 接口。在较为复杂的控制系统（尤其是工业控制系统，如可编程控制器）中，经常需要扩展 I/O 接口。常用的 I/O 接口芯片有 74HC 系列锁存器/寄存器、8255 和 8155 等。

4. 键盘和显示器

键盘和显示器提供了用户与单片机应用系统之间的人机界面，用户通过键盘向单片机系统输入数据或程序，而通过显示器用户可以了解单片机系统的运行状态。

5. 串行通信接口

单片机通常都提供一个串行通信接口，且信号为 TTL 电平，为了方便单片机系统与 PC、打印机、其他外部设备等接口，往往需要扩展通用的 RS-232 通信接口。为了实现远距离通信，还要扩展 RS-485 通信接口。常用的 RS-232 接口芯片为 MAX232，常用的 RS-485 接口芯片为 MAX485。

当单片机系统需要更多的串行通信接口时，可以通过串行口芯片扩展，常用的串行口芯片有 8251、8250、16C554 等。

6．模数（A/D）转换

A/D 转换接口将外部设备输入的模拟量转换为计算机使用的数字量。常用的 A/D 转换芯片有 ADC0808/0809、ADC0816/0817、ADC1140、ADC71/76、AD574A 等。

7．数模（D/A）转换

D/A 转换接口将计算机的数字量转换为外部设备使用的模拟量。常用的 D/A 转换芯片有 DAC0832、DA7520、DAC1208、DAC1230 等。

8．电源监控和硬件看门狗

在电源不稳定或有强大的干扰源时，系统经常会出现"程序跑飞"等异常情况，给系统的开发和实际应用带来极大的不便，严重时会使系统瘫痪，甚至发生工业事故。为此需要使用专用的电源监控复位芯片，人们把此类电路称为硬件看门狗。当系统电压下降和"程序跑飞"时，它能发出复位信号，保证系统正常工作。常用的电源监控复位芯片有 CSI24C161、DS1232、X5045 等。

9．硬件日历时钟

由单片机构成的大多数计费、计时系统中，日期和时间是数据库中的一个重要参数，为此需要在单片机系统中扩展日历时钟芯片。常用的日历时钟接口电路有 DS1305、DS12887 等。

单片机系统是指以单片机为核心，根据其应用目标扩展相关的外围电路所构成的硬件系统，外部扩展是与应用紧密联系的。本章只对单片机系统中常用资源扩展和流行接口加以介绍。

7.1.2　单片机系统扩展结构与编址技术

单片机通过三总线扩展外部接口电路。这时 P0、P2 口用做外部扩展总线，无法再作为通用 I/O 接口。P0 口经锁存器 74HC573 在 ALE 下降沿输出有效的低 8 位地址信号与 P2 口组成 16 位地址总线。片外有效的 ROM 和 RAM 寻址空间（包括片外 I/O）为 0x0000～0xFFFF 共 64KB。P0 口在地址 ALE 下降沿之后作为 8 位数据总线。P3 口的读/写控制信号 $\overline{RD}$ 、$\overline{WR}$ 和程序选通信号 $\overline{PSEN}$ 等作为控制总线。

图 7.1 所示为 AT89C52 单片机通过三总线的扩展系统结构图。

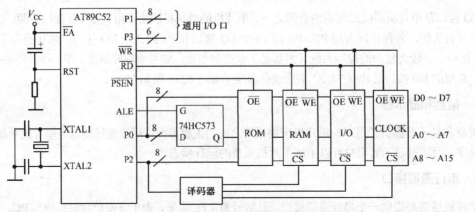

图 7.1　AT89C52 单片机通过三总线的扩展系统结构图

由图 7.1 可知，单片机采用三总线扩展 ROM、RAM、I/O 和 CLOCK 等接口电路，ROM 处于程序存储器空间，当取指控制信号 $\overline{\text{PSEN}}$ 有效时从 ROM 读出程序指令，图 7.1 中 AT89C52 的 $\overline{\text{EA}}$ 接 V_{CC}，表示从 0000H～1FFFH 取指令操作均在片内进行，片外程序存储器地址从 2000H 开始。如果 $\overline{\text{EA}}$ 接 GND，则表示从 0000H～FFFFH 取指令操作均在片外进行。RAM、I/O 和 CLOCK 则处于数据存储器空间，通过读/写选通控制有效信号 $\overline{\text{RD}}$、$\overline{\text{WR}}$ 对其进行读/写和输入/输出操作。译码器产生地址译码信号，在任一时刻，其输出的有效片选信号使得单片机只能访问 RAM、I/O 和 CLOCK 其中之一，避免了总线竞争现象。下面介绍单片机扩展中的地址译码技术。

地址译码有两种方法：线选法和全地址译码法。

1. 线选法

线选法一般用于扩展少量的片外存储器和 I/O 接口芯片。所谓线选法，通常是指将单片机的高 8 位地址线 A8～A15 中的某几条与外部接口芯片的片选端一一相连，当该地址线为 0 时（对 0 选通有效的外部芯片而言），与该地址线相连接的外部芯片被选通。这种方法的缺点是：全部地址空间是断续的，每个接口电路的地址空间又可能是重叠的。图 7.2 所示为线选法典型电路组成。

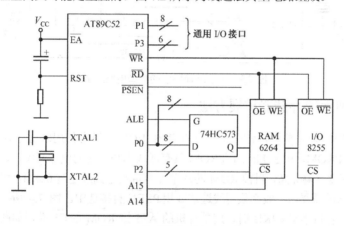

图 7.2　线选法典型电路组成

图 7.2 中，当 A15=0 时，选中 RAM 6264，而当 A14=0 时，选中 I/O 芯片 8255，为了避免产生总线竞争，A15 和 A14 不能同时为 0，由此可确定选中 RAM 6264 的二进制数地址应为：

$$01xxxxxx\ xxxxxxxx$$

x 为任意，既可以是 0 也可以是 1。故 RAM 6264 的地址范围二进制数是：

$$01000000\ 00000000 \sim 01111111\ 11111111$$

对应的十六进制数是 4000H～7FFFH。而 RAM 6264 容量只有 8KB，故 4000H～5FFFH、6000H～7FFFH 两段地址完全重叠。

同样可确定选中 I/O 芯片 8255 的二进制数地址应是 $10xxxxxx\ xxxxxxxx$，x 为任意。故 I/O 芯片 8255 的地址范围二进制数是 10000000　00000000 ～ 10111111　11111111，对应的十六进制数是 8000H～BFFFH。而 I/O 芯片 8255 实际只占用 4 个地址单元，故地址重叠部分更多。

2. 全地址译码法

对于一些要求外部 RAM 容量较大、外扩芯片数量较多的应用系统，需要的片选信号往往多于单片机可利用的高位地址线，因而无法使用线选法扩展外围芯片。这时，常采用全地址译码法进行。所谓全地址译码法，是指通过译码电路对单片机可利用的高位地址线进行译码，以得到较多的片选信号。图 7.3 所示为全地址译码法的典型电路组成。

图 7.3 所示的全地址译码法电路使用 74HC138 作为译码器，A13～A15 为译码器的地址输入，其输出 $\overline{Y0}$～$\overline{Y7}$ 对应的 8 个有效地址空间为 0000H～1FFFH、2000H～3FFFH、4000H～5FFFH、6000H～7FFFH、8000H～9FFFH、A000H～BFFFH、C000H～DFFFH、E000H～FFFFH。注意，图 7.3 中第(7)片 RAM 为 6116，只有 2KB，所以 E000H～E7FFH、E800H～EFFFH、F000H～F7FFH 和 F800H～FFFFH 这 4 个 2KB 空间都对应 6116 芯片，也就是说，全地址译码法仍然会有地址重叠现象。

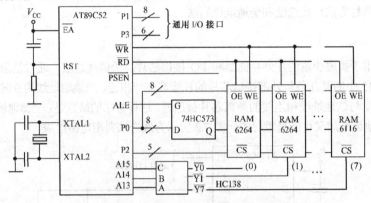

图 7.3 全地址译码法的典型电路组成

7.1.3 单片机系统存储器扩展方法

外部程序存储器的种类单一，常采用只读存储器 ROM。经常使用的程序存储器有 EPROM、E^2PROM 和 Flash E^2PROM。由于 Flash E^2PROM 具有低成本和快速的电擦写特性，更受用户欢迎。只读存储器 ROM 的密度普遍提高，目前 ROM 芯片单片容量已达到或超过 64KB，用于外部扩展程序存储器时，单片即可满足需要，一般都采用线选法或用 $\overline{PSEN}$ 直接选中。图 7.4 所示为扩展程序存储器典型电路。当 ROM 容量小于 64KB 时，用单片机的 A15 接 ROM 的 $\overline{CS}$ 端，如图 7.4（a）所示；当 ROM 容量等于 64 KB 时，用单片机的 $\overline{PSEN}$ 接 ROM 的 $\overline{CS}$ 和 $\overline{OE}$ 端，如图 7.4（b）所示。

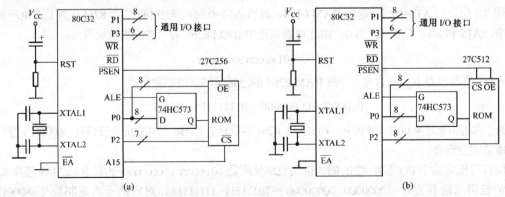

图 7.4 扩展程序存储器典型电路

在 80C51 单片机应用系统中，程序存储器之外所扩展的各种功能的接口电路或外围设备采取与数据存储器相同的寻址方法。所有接口电路或外围设备均与片外数据存储器统一编址。任何一个扩展电路根据地址线的选择方式不同，占用一个片外 RAM 地址或一个片外 RAM 区域，而与外部程序存储器无关。这些接口电路或外围设备都要通过译码电路产生相应的片选信号，如图 7.3 所示。当接口电路较多，采用通用集成电路组件无法完成译码时，可使用小规模 PLD 器件（如 GAL16V8、GAL20V8 等）实现，在此不再赘述，读者可参阅有关资料。

以上所述都是并行扩展，并行扩展的优点是扩展资源 I/O 地址位于内存空间，读/写速度快，软件控制简单。缺点是占用了 CPU 的两个 8 位 I/O 接口 P0 和 P2，不能再做他用。

而串行扩展优点则是只使用少量单片机的 I/O 即可实现。缺点是按位进行读/写，访问速度慢。本章后续章节会涉及串行扩展应用。

7.2 并行 I/O 接口扩展

7.2.1 8255 可编程并行 I/O 接口芯片

1. 8255 的电路结构和功能

8255 是 Intel 公司生产的可编程并行 I/O 接口芯片，有 3 个 8 位并行 I/O 接口，是具有 3 个通道 3 种工作方式的可编程并行接口芯片（40 引脚）。其各口功能可由软件选择，使用灵活，通用性强。8255 可作为单片机与多种外设连接时的中间接口电路。8255 内部结构如图 7.5 所示。

8255 作为主机与外设的连接芯片，必须提供与主机相连的 3 个总线接口，即数据线、地址线、控制线接口。同时必须具有与外设连接的接口 A、B、C 口。由于 8255 可编程，因此必须具有逻辑控制部分，因而 8255 内部结构分为 3 个部分：与 CPU 连接部分、与外设连接部分、控制部分。

（1）与 CPU 连接部分

根据定义，8255 能并行传送 8 位数据，所以其数据线为 8 根 D0～D7。因为 8255 具有 3 个通道 A、B、C，所以只需要两根地址线就能寻址 A、B、C 口和控制寄存器，故地址线为两条线 A0～A1。此外，CPU 要对 8255 进行读/写与片选操作，所以控制线为片选、复位、读/写信号。

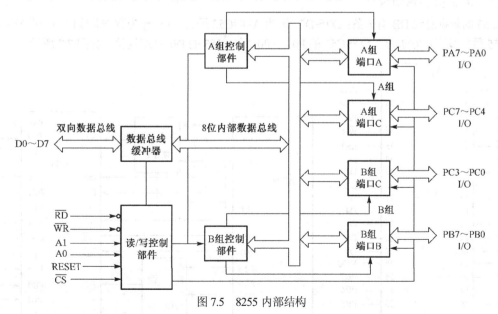

图 7.5 8255 内部结构

各信号的引脚编号如下。

① 数据总线 DB：编号为 D0～D7，用于 8255 与 CPU 传送 8 位数据。

② 地址总线 AB：编号为 A0～A1，用于选择 A、B、C 口和控制寄存器。

③ 控制总线 CB：片选信号 $\overline{CS}$、复位信号 RST、写信号 $\overline{WR}$、读信号 $\overline{RD}$。当 CPU 要对 8255 进行读/写操作时，必须先向 8255 发片选信号 $\overline{CS}$ 选中 8255 芯片，然后发读信号 $\overline{RD}$ 或写信号 $\overline{WR}$ 对 8255 进行读/写数据的操作。

（2）与外设接口部分

根据定义，8255 有 3 个通道 A、B、C 与外设连接，每个通道又有 8 条线与外设连接，所以 8255 可以用 24 条线与外设连接。若进行开关量控制，则 8255 可同时控制 24 路开关。各通道的引脚编号如下。

① A 口：编号为 PA0～PA7，用于 8255 向外设输入/输出 8 位并行数据。

② B 口：编号为 PB0～PB7，用于 8255 向外设输入/输出 8 位并行数据。

③ C 口：编号为 PC0～PC7，用于 8255 向外设输入/输出 8 位并行数据，当 8255 工作于应答 I/O 方式时，C 口用于应答信号的通信。

（3）控制部分

8255 将 3 个通道分为两组，即 PA0～PA7 与 PC4～PC7 组成 A 组，PB0～PB7 与 PC0～PC3 组成 B 组，如图 7.5 所示。相应的控制器也分为 A 组控制器与 B 组控制器，各组控制器的作用如下。

① A 组控制器：控制 A 口与上 C 口的 PC4～PC7 输入与输出。

② B 组控制器：控制 B 口与下 C 口的 PC0～PC3 输入与输出。

2. 8255 芯片引脚与 CPU 的连接

8255 是一个 40 脚的双列直插式芯片，图 7.6 所示为 8255 的引脚图。8255 与 CPU 的连接方法是多种多样的，本节以 AT89C52 与 8255 的连接为例说明 8255 与 CPU 的连接方法，同时也介绍 8255 各引脚的功能与作用。

图 7.7 所示为 8255 与 AT89C52 的连接图。由于 AT89C52 与 8255 的连接就是三总线的连接，因此，下面将以三总线形式讲述连接方法。

（1）数据总线 DB 引脚

8255 的数据总线 DB 有 8 条：D0～D7。因为 AT89C52 用其 P0 口作为数据总线口，所以 AT89C52 与 8255 数据线连接方法为：AT89C52 的 P0.0～P0.7 与 8255 的 D0～D7 连接，如图 7.7 所示。

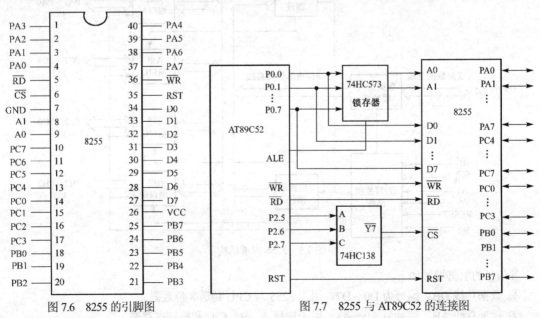

图 7.6　8255 的引脚图　　　　　　　　图 7.7　8255 与 AT89C52 的连接图

（2）地址总线 AB 引脚

8255 的地址线 AB 有两条：A0、A1。A0、A1 通过 74HC373 锁存器与 AT89C52 的 P0.0、P0.1 连接。A1A0 取值 00～11，可选择 A、B、C 口与控制寄存器，选择方法如下。

- A1A0=00：选择 A 口。
- A1A0=01：选择 B 口。
- A1A0=10：选择 C 口。
- A1A0=11：选择控制寄存器。

（3）控制总线 CB

片选信号 CS 由 P2.5～P2.7 经 138 译码器 Y7 产生。若要选中 8255，则 Y7 必须有效，此时 P2.7P2.6P2.5=111。由此可推知各口地址如下：

- A 口：$111x\cdots x00$=E000H（当 $x\cdots x$=0$\cdots$0 时）。
- B 口：$111x\cdots x01$=E001H（当 $x\cdots x$=0$\cdots$0 时）。
- C 口：$111x\cdots x10$=E002H（当 $x\cdots x$=0$\cdots$0 时）。
- 控制口：$111x\cdots x11$=E003H（当 $x\cdots x$=0$\cdots$0 时）。

其中，$x\cdots x$ 表示取值可任意，所以各口地址不唯一。为了今后叙述方便，后面的程序中 8255 的地址将全部使用 E000H～E003H。

注意：此处要说明的是，单片机与 8255 的连接方法是多种多样的，8255 各口地址也随连接方式不同而变化。因此，读者在使用不同单片机系统时，8255 的各口地址不会是上面所推导的 E000H～E003H，本书仅是为了介绍一种具体的连接方法而推导出上面的地址，这一点请读者一定要注意。读者在使用其他单片机系统时，只要将所用单片机系统 8255 各口地址做相应替换即可。

- 读信号 $\overline{\text{RD}}$：8255 的读信号 $\overline{\text{RD}}$ 与 AT89C52 的 $\overline{\text{RD}}$ 相连。
- 写信号 $\overline{\text{WR}}$：8255 的写信号 $\overline{\text{WR}}$ 与 AT89C52 的 $\overline{\text{WR}}$ 相连。
- 复位信号 RST：8255 的复位信号 RST 与 AT89C52 的 RST 相连。

（4）3 个通道引脚

- A 口的 8 个引脚 PA0～PA7 与外设连接，用于 8 位数据的输入与输出。
- B 口的 8 个引脚 PB0～PB7 与外设连接，用于 8 位数据的输入与输出。
- C 口的 8 个引脚 PC0～PC7 与外设连接，用于 8 位数据的输入与输出或通信线。

3. 8255 的工作方式

由 8255 的定义可知，8255 有 3 种工作方式，这 3 种工作方式如表 7.1 所示。工作方式 0 为基本 I/O 方式，这是 8255 最常用也最基本的工作方式。工作方式 1 为应答 I/O 方式，当 8255 工作于应答 I/O 方式时，上 C 口作为 A 口的通信线，下 C 口作为 B 口的通信线。工作方式 2 为双向应答 I/O 方式，此方式仅 A 口使用，B 口无双向 I/O 应答方式。8255 的 3 种工作方式的选择由 8255 工作方式选择字决定，下面介绍 8255 的工作方式选择字。

表 7.1　8255 的工作方式

方式 ＼ 接口	A	B	C
工作方式 0	基本 I/O 方式	基本 I/O 方式	基本 I/O 方式
工作方式 1	应答 I/O 方式	应答 I/O 方式	通信线
工作方式 2	双向应答 I/O 方式	无	通信线

4．8255 初始化

（1）工作方式选择字

8255 工作方式选择字共 8 位，如图 7.8 所示，存放在 8255 控制寄存器中。最高位 D7 为标志位，D7=1 表示控制寄存器中存放的是工作方式选择字，D7=0 表示控制寄存器中存放的是 C 口置位/复位控制字。

D3～D6 用于 A 组的控制，D6D5=00 表示 A 组工作于基本 I/O 方式 0，D6D5=01 表示 A 组工作于应答 I/O 方式 1，D6D5=1x 表示 A 组工作于双向应答 I/O 方式 2（x 取 0 或 1）。D4=1 表示 A 口工作于输入方式，D4=0 表示 A 口工作于输出方式。D3=1 表示上 C 口工作于输入方式，D3=0 表示上 C 口工作于输出方式。

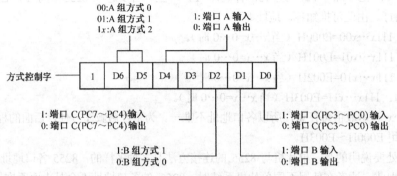

图 7.8　8255 的工作方式选择字

D0～D2 用于 B 组的控制，各位含义如图 7.8 所示。D2=0 表示 B 组工作于基本 I/O 方式 0，D2=1 表示 B 组工作于应答 I/O 方式 1。D1=1 表示 B 口工作于输入方式，D1=0 表示 B 口工作于输出方式。D0=1 表示下 C 口工作于输入方式，D0=0 表示下 C 口工作于输出方式。工作方式选择字应输入控制寄存器，按上面的连接方式，控制寄存器的地址为 E003H。

所谓 8255 初始化，是指根据工作要求确定 8255 工作方式选择字，并输入 8255 控制寄存器。

【例 7.1】　按照图 7.7 所示的 8255 与 AT89C52 的连接图对 8255 进行初始化编程：

① A、B、C 口均为基本 I/O 输出方式；

② A 口与上 C 口为基本 I/O 输出方式，B 口与下 C 口为基本 I/O 输入方式；

③ A 口为应答 I/O 输入方式，B 口为应答 I/O 输出方式。

解：8255 的初始化程序分别如下。

①

```
#include<reg52.h>
#include<absacc.h>
#define COM8255 XBYTE[0xE003]        /*定义 8255 控制寄存器地址*/
#define uchar unsigned char
void init8255(void) {
    COM8255=0x80;                    /*工作方式选择字送入 8255 控制寄存器,设置
                                        A、B、C 口为基本 I/O 输出方式*/

}
```

②

```
#include<reg52.h>
#include<absacc.h>
#define COM8255  0xE003              /*定义 8255 控制寄存器地址*/
```

```
void init8255(void) {
    XBYTE [COM8255]=0x83;          /*工作方式选择字送入 8255 控制寄存器,设置
                                      A、B、C 口为基本 I/O 输出方式*/
}
```

③

```
#include<reg52.h>
uchar xdata COM8255 _at_ 0xE003;  /*定义 8255 控制寄存器地址*/
void init8255(void) {
    COM8255=0xB4;                  /*工作方式选择字送入 8255 控制寄存器,设置
                                      A、B、C 口为基本 I/O 输出方式*/
}
```

（2）C 口置/复位控制字

8255 的 C 口可进行位操作，即可对 8255 C 口的每位进行置位或清 0 操作，该操作是通过设置 C 口置/复位控制字实现的。C 口置/复位控制字共 8 位，各位含义如图 7.9 所示。

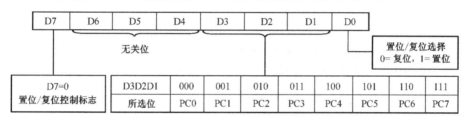

图 7.9　C 口置/复位控制字

由于 8255 的工作方式选择字与 C 口置/复位控制字公用一个控制寄存器，故特别设置 D7 为标志位，D7=0 表示控制字为 C 口置/复位控制字，D7=1 表示控制字为 8255 工作方式选择字。D6D5D4 不用，常取 000。D3D2D1 为 C 口 8 个引脚 PC0～PC7 的选择位，D3D2D1=000 选择 PC0，D3D2D1=001 选择 PC1，……，D3D2D1=111 选择 PC7。D0 为置位或清 0 选择位，D0=0 表示由 D3D2D1 选择的位清 0，D0=1 表示由 D3D2D1 选择的位置 1。C 口置/复位控制字必须输入 8255 控制寄存器。

5. 8255 应用举例

【例 7.2】　按照图 7.7 所示的 8255 与 AT89C52 的连接图，用 8255C 口的 PC3 引脚向外输出连续的正方波信号，频率为 500 Hz。

解： ① 软件延时方式实现

将 C 口设置为基本 I/O 输出方式，先从 PC3 引脚输出高电平 1，间隔 1 ms 后向 PC3 输出低电平 0，再间隔 1 ms 后向 PC3 输出高电平 1，周而复始，则可实现从 PC3 输出频率为 500 Hz 正方波的目的。

```
/*采用软件延时实现*/
#include <REG52.H>    /*special function register declarations*/
#include <Absacc.h>
#define TRUE  1
#define FALSE 0
#define PA8255   XBYTE[0xE000]       /*定义 8255A 口地址*/
#define PB8255   XBYTE[0xE001]       /*定义 8255B 口地址*/
```

```
#define PC8255    XBYTE[0xE002]          /*定义 8255C 口地址*/
#define COM8255  XBYTE[0xE003]          /*定义 8255 控制寄存器地址*/
void time(unsigned int ucMs);           /*延时单位: ms*/


void init8255(void) {
    COM8255=0x80;/*工作方式选择字送入 8255 控制寄存器，设置 A、B、C 口为基本 I/O 输出方式*/
}
/******** main 函数 ********/
void main (void) {
    init8255();
    while (TRUE) {
        COM8255=0x07;               /*PC3 置 1*/
        time(1);                    /*延时 1ms*/
        COM8255=0x06;               /*PC3 清 0*/
        time(1);                    /*延时 1ms*/
    }

}
/********** time C *************/
void time(unsigned int ucMs)            /*延时单位: ms*/
{
#define DELAYTIMES 239
unsigned char  ucCounter;               /*延时设定的循环次数*/
    while (ucMs!=0) {
        for (ucCounter=0; ucCounter<DELAYTIMES; ucCounter++){}/*延时*/
        ucMs--;
    }
}
```

② 定时器 1 工作方式 1 中断实现

中断能有效提高 CPU 的工作效率。将 C 口设置为基本 I/O 输出方式，12MHz 晶振，定时器初值设为 65536−1000 即可，每次中断，PC3 引脚翻转，周而复始，则可实现从 PC3 输出频率为 500Hz 正方波的目的。

```
/*采用工作方式 1 定时器 1 中断实现*/
#include <REG52.H>    /*special function register declarations*/
#include <Absacc.h>
#define TRUE  1
#define FALSE 0

bit bitFF;                              /*位计数器*/
#define PA8255    XBYTE[0xE000]          /*定义 8255A 口地址*/
#define PB8255    XBYTE[0xE001]          /*定义 8255B 口地址*/
#define PC8255    XBYTE[0xE002]          /*定义 8255C 口地址*/
#define COM8255  XBYTE[0xE003]          /*定义 8255 控制寄存器地址*/
```

```
/*初始化8255*/
/*工作方式选择字送入8255控制寄存器,设置A、B、C口为基本I/O输出方式*/
void init8255(void) {
    COM8255=0x80;
}
/******** main 函数 *********/
void main (void) {
    init8255();                            /*初始化8255*/
    TMOD=0x10;                             /*设置定时器1为工作方式1*/
    TH1=-1000>>8;TL1=-1000 % 256;         /*定时器1每1000计数脉冲发生1次中断,
                                             12MHz晶振,定时时间1000μs*/
    TCON=0x40;                            /*内部脉冲计数*/
    IE=0x88;                              /*打开定时器中断*/
    while (TRUE) {}
}
/******* 定时器/计数器1中断服务程序 ***/
void timer1int(void) interrupt 3
{
    EA=0;                                /*关总中断*/
    TR1=0;                               /*停止计数*/
    TH1=-1000>>8;TL1=-1000 % 256;        /*重置计数初值*/
    TR1=1;                               /*启动计数*/
    if(bitFF)
        COM8255=0x07;                    /*PC3置1*/
    else
        COM8255=0x06;                    /*PC3清0*/
    bitFF=!bitFF;
    EA=1;                                /*开总中断*/
}
```

7.2.2　用 74HC 系列芯片扩展 I/O 接口

在 80C51 单片机应用系统中,采用 74HC 系列的锁存器和触发器通过 P0 口也可以构成各种类型的输入/输出接口,这种 I/O 口具有电路简单、成本低、配置灵活方便等优点,故在单片机应用系统中也被广泛采用。

1. 用锁存器扩展输出接口

通过 P0 口扩展输出接口时,锁存器被视为一个外部 RAM 地址单元,使用 MOVX　@DPTR, A 指令向输出口输出数据。图 7.10 所示为 AT89C52 通过 74HC573 扩展输出口的原理图。

当 A15=1 且 $\overline{WR}$ =0 时,单片机将数据打入 74HC573 的输出口并锁存。74HC573 在外部的 RAM 地址为 8000H（大于等于 8000H 即可）,如果执行如下指令:

```
#define HC573_OUTPUT XBYTE[0x8000]   /*定义74HC573输出口地址*/
HC573_OUTPUT=0x55;
```

则扩展输出口输出 01010101。

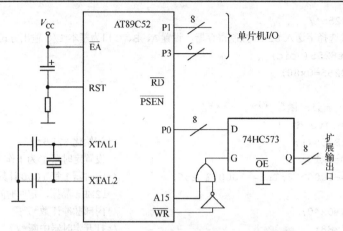

图 7.10　AT89C52 通过 74HC573 扩展输出口的原理图

2. 用总线驱动器扩展输入接口

通过 P0 口扩展输入接口时，总线驱动器被视为一个外部 RAM 地址单元。使用 MOVX　A, @DPTR 指令从输入口读取数据。图 7.11 所示为 AT89C52 通过 74HC245 扩展输入口的原理图。

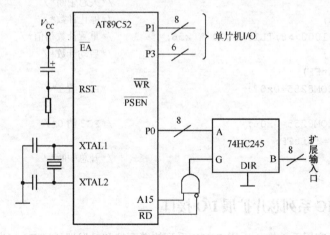

图 7.11　AT89C52 通过 74HC245 扩展输入口的原理图

当 A15=1 且 $\overline{RD}$=0 时，单片机可从扩展输入口读取数据，74HC245 在外部的 RAM 地址为 8000H（大于 8000H 即可），如果执行如下指令：

```
#define HC245_INPUT  XBYTE[0x8000]   /*定义 74HC245 输出口地址*/
uchar status;
status=HC245_INPUT ;
```

则把扩展输入口的数据存入 status 变量。

在单片机数据总线上用 74HCXX 系列芯片扩展 I/O 接口，74HCXX 芯片被视为 80C51 的片外 RAM 单元，用 MOVX 指令对其进行读/写。以 80C51 的信号对它们进行读/写控制时需要注意如下 3 点：

- 输出锁存；
- 输入三态；
- 用 RD、WR 和地址线产生的有效选片信号（可能高、也可能低）作为数据输入或输出控制信号。

7.3 大容量闪速存储器的扩展

由于闪速存储器 Flash E²PROM 结合了 E²PROM 可电擦除的灵活性和 EPROM 大容量、低成本的优点，在电子词典、商场 POS 收费终端、考勤机等单片机应用系统中得到了广泛应用，随着制造工艺和材料的改进，闪速存储器与 EPROM 和 E²PROM、SRAM 及 DRAM 等存储器相比，其优势越来越明显。SST39SF040 是 SST 公司推出的一种基于 SuperFlash 技术的 NOR Flash 存储器，属于 SST 公司并行闪速存储器系列，适用于需要程序在线写入或大容量、非易失性数据重复存储的场合。

本节以 SST 公司的 NOR Flash 芯片 SST39SF040 存储器为例，介绍闪速存储器在单片机系统中的使用方法。

7.3.1 Super Flash 39SF040 简介

1. 39SF040 存储器的主要特点

① 容量为 512KB，按 512K × 8 位结构组织。
② 采用单一的 5V 电源供电，编程电源 VPP 在芯片内部产生。
③ 芯片可反复擦写 100 000 次，数据保存时间为 100 年。
④ 工作电流典型值为 10mA，待机电流典型值为 30μA。
⑤ 扇区结构：扇区大小统一为 4KB。
⑥ 读取、擦除和字节编程时间的典型值：数据读取时间为 45～70ns；扇区擦除时间为 18ms，整片擦除时间为 70ms；字节编程时间为 14μs。
⑦ 有记录内部擦除操作和编程写入操作完成与否的状态标志位。
⑧ 具有硬、软件数据保护功能。
⑨ 具有地址和数据锁存功能。

2. 内部功能结构与引脚排列

图 7.12（a）是 SST39SF040 的内部功能结构框图，由 Super-Flash 存储单元、行译码器、列译码器、地址缓冲与锁存器、输入/输出缓冲和数据锁存器以及控制逻辑电路等部分组成。39SF040 具有多种封装形式，包括 32 脚 TSOP、32 脚 PLCC 和 32 脚 PDIP 等。32 脚 PDIP 封装 39SF040 的引脚排列如图 7.12（b）所示。

其引脚功能如下：A0～A18 为地址线。DQ7～DQ0 为数据 I/O 总线，读周期输出数据，写周期接收数据。$\overline{\text{CE}}$ 为片选线，低电平时芯片被选中；$\overline{\text{OE}}$ 为输出使能端；$\overline{\text{WE}}$ 为写信号使能端，低电平有效。VDD 为电源接+5V，VSS 接地。

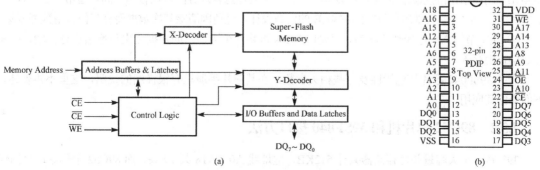

图 7.12 39SF040 的内部结构和引脚排列

3. 软件操作命令

SST39SF040 闪速存储器的读/写时序与一般存储器的读/写时序相同，当 $\overline{OE}$ 和 $\overline{CE}$ 信号同时为低电平时，可对芯片进行读操作；当 $\overline{WE}$ 和 $\overline{CE}$ 信号同时为低电平时，进行写操作。对 39SF040 的读操作非常简单，类似于 SRAM，这里不再赘述。读操作之外的操作称为命令操作，包括字节编程、扇区擦除、整片擦除、软件 ID 进入、软件 ID 退出。命令操作如表 7.2 所示，其中 BA 为待写入字节的地址，DATA 为字节写入数据，SAx（A18～A12）为待擦除扇区地址，软件 ID 退出 1 和 2 的代码指令等效，xxH 为寻址空间范围内的任意地址。

表 7.2　39SF040 命令操作简表

命令描述	写周期 1		写周期 2		写周期 3		写周期 4		写周期 5		写周期 6	
	地址	数据	地址	数据	地址	数据	地址	数据	地址	数据	地址	数据
字节编程	5555H	AAH	2AAAH	55H	5555H	A0H	BAH	DATA				
扇区擦除	5555H	AAH	2AAAH	55H	5555H	80H	5555H	AAH	2AAAH	55H	SAx	30H
整片擦除	5555H	AAH	2AAAH	55H	5555H	80H	5555H	AAH	2AAAH	55H	5555H	10H
软件 ID 进入	5555H	AAH	2AAAH	55H	5555H	90H						
软件 ID 退出 1	xxH	F0H										
软件 ID 退出 2	5555H	AAH	2AAAH	55H	5555H	F0H						

SST39SF040 的命令操作序列实际上是由一个或多个总线写操作组成的。以 SST39SF040 的扇区擦除为例，其操作过程包括 3 个步骤：第 1 步，开启擦除方式，用表 7.2 中给出的第 1～5 周期的总线写操作来实现；第 2 步，装载扇区擦除命令（30H）到待擦除扇区的地址，用其对应的第 6 周期的总线写操作来实现；第 3 步，进行内部擦除，内部擦除时间最长为 25ms。

SST39SF040 芯片在进行内部字节编程或擦除操作时都需要花费一定的时间，虽然可以采用固定的延时来等待这些操作的完成，但为了优化系统的字节编程和擦除操作时间，以及时判断内部操作的完成与否，SST39SF040 提供了两个用于检测的状态位，即跳变位 DQ6 和数据查询位 DQ7。在芯片进行内部操作时，只要对 DQ6 或 DQ7 进行查询就能及时做出判断，具体见后面驱动程序。

4. SST39SF040 使用注意事项

SST39SF040 作为一种闪速型的存储器，在硬件电路设计中，其连接关系与通常所用的 SRAM 或 E²PROM 相同，只要读/写信号和片选信号配合正确，一般不会出现时序方面的问题。其对数据的存储是在芯片选通的基础上，通过调用相应的子程序完成的。这里需要注意以下两个问题。

① 由于 SST39SF040 扇区擦除程序的清除范围为 4KB，且在写入新数据的时候必须将该数据所在 4KB 大小范围内的原数据清除，所以在程序设计时要注意合理分配数据存储空间。通常应以 4KB 为基本空间，一次采集数据的存放空间按 4KB 的倍数设计，避免因清除某次数据而将其他有用数据删除。

② 在字节写入程序操作完毕后，可延时几 ms 再将几个刚写入的数据读出与原值进行比较，以保证数据正确存入。

有关 39SF040 芯片其他特性及一些相关参数，在其芯片手册里有很详细的说明，这里不再赘述，下面介绍其应用。

7.3.2　89C52 单片机和 39SF040 接口方法

39SF040 是大容量并行存储器共计 512KB，地址线 A0～A18 共 19 条，而 89C52 全部寻址空间仅为 64KB，地址线 A0～A15 共 16 条，因此需要增加高位地址线以访问 39SF040。

1. 使用单片机的 I/O 口控制高位地址线

图 7.13 中，单片机采用 89C52，39SF040 占有 CPU 的 0000～FFFFH 共 64KB 的地址空间，39SF040 共有 512KB 的空间，用 P1 口的 P1.2～P1.0 控制 39SF040 高位地址线，把 39SF040 分为 $2^3 = 8$ 页（8×64KB=512KB）。在对 39SF040 进行读/写操作之前，首先确定页地址。当 P1.2～P1.0=000 时选中第 0 页，对应 39SF040 的绝对地址空间为 00000～0FFFFH；当 P1.2～P1.0=001 时选中第 1 页，对应 39SF040 的绝对地址空间为 10000～1FFFFH，……，当 P1.2～P1.0=111 时选中第 7 页，对应 39SF040 的绝对地址空间为 70000～7FFFFH。图中 74HC573 为地址锁存器，其输出为单片机系统低位地址线 A0～A7。

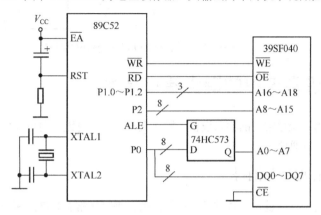

图 7.13　使用单片机的 I/O 口控制高位地址线

【例 7.3】　按照图 7.13，编写 39SF040 驱动函数。

详细源程序代码见本书配套资源：..\McuBookExam\Chapter_7\Exam7_3。

字节编程函数 void Program_One_Byte (BYTE SrcByte, BYTE *Dst)，输入参数 Dst 为 16 位地址指针，高 3 位 A18～A16 由 P1.2～P1.0 事先锁存。

图 7.13 中用 P1 口的 P1.2～P1.0 控制 39SF040 高位地址线，占用了 3 条单片机的通用 I/O 口资源，且单片机的外部 RAM 空间全部分配给了 39SF040，再也无法扩展其他外部接口电路。当单片机系统资源紧张时，使用单片机的扩展 I/O 口控制高位地址线。

2. 使用单片机的扩展 I/O 口控制高位地址线

图 7.14 中单片机采用 89C52，74HC138 译码给 39SF040 和 74HC574 的片选。当[A15, A14, $\overline{WR}$ & $\overline{RD}$]=[0, 0, 0]时，$\overline{Y0}$ =0，选中 39SF040 进行读/写操作，对应 CPU 的地址空间为 0000～3FFFH 共 16KB。当[A15, A14, $\overline{WR}$ & $\overline{RD}$]=[1, 1, 0]时，$\overline{Y6}$ = 0，选中 74HC574，对应 CPU 的地址为 C000（实际上在 C000～FFFFH 范围内），执行写操作，将 D0～D4 打入 74HC574 的输出端 Q0～Q4 锁存，作为 39SF040 的高位地址线 A14～A18。此处需注意，因为 74HC574 为 CMOS 电路，未用的输入端要进行接 VCC 或 GND 的处理。

图 7.14 中，39SF040 占有 CPU 的 0000～3FFFH 共 16KB 的地址空间，39SF040 共有 512KB 的空间，用 74HC574 的输出端 Q4～Q0 控制 39SF040 的高 5 位地址线 A18～A14，把 39SF040 分为 $2^5 = 32$ 页（32×16KB=512KB）。在对 39SF040 进行读/写操作之前，首先确定页地址。当 Q4～Q0=00000 时选中第 0 页，对应 39SF040 的绝对地址空间为 0000～3FFFH；当 Q4～Q0= 00001 时选中第 1 页，对应 39SF040 的绝对地址空间为 4000～7FFFH，……，当 Q4～Q0=00011 时选中第 3 页，对应 39SF040 的绝对地址空间为 C000～FFFFH，……，当 Q4～Q0=11111 时选中第 31 页，对应 39SF040 的绝对地址空间为 7C000～7FFFFH。图 7.14 中的 74HC138、74HC574 和与门也可由一片可编程逻辑器件 PLD 实现。

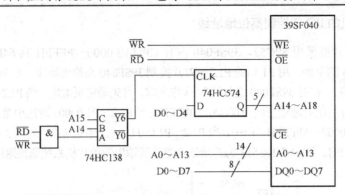

图 7.14　使用单片机的扩展 I/O 口控制高位地址线

7.4　单片机系统中的键盘接口技术

键盘是单片机应用系统最常用的输入设备，操作人员可以通过键盘向单片机系统输入指令、地址和数据，实现简单的人机通信。

7.4.1　键盘工作原理及消抖

键盘是一组按键的集合，键是一种常开型按钮开关，平时（常态）键的两个触点处于断开状态，按下键时它们才闭合（短路），如图 7.15 所示。键盘分为编码键盘和非编码键盘。按键的识别由专用的硬件译码实现，并能产生键编号或键值的称为编码键盘，如 BCD 码键盘、ASCII 码键盘等，而缺少这种键盘编码电路要靠自编软件识别的键盘称为非编码键盘。在单片机组成的电路系统及智能化仪器中，用得更多的是非编码键盘，本节只讨论非编码键盘。

1.　键盘操作特点

在图 7.15 中，当按键 S 未被按下（即断开）时，P1.1 输入为高电平；S 闭合后，P1.1 输入为低电平。通常的按键所用的开关为机械弹性开关，当机械触点断开、闭合时，电压信号波形如图 7.15（b）所示。由于机械触点的弹性作用，一个按键开关在闭合时不会马上稳定地接通，在断开时也不会马上断开，因而在闭合及断开的瞬间均伴随有一连串的抖动。抖动时间的长短由按键的机械特性决定，一般为 5～10ms。这种抖动对于人来说是感觉不到的，但对单片机来说，则是完全可以感应到的，因为单片机的处理速度在微秒级。假如对按键不进行消抖处理，如通过键盘输入一个 1，单片机程序却已执行了多次输入 1 按键处理程序，其结果是认为输入了若干个 1。

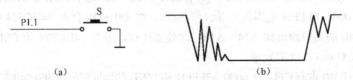

　　　　　　　　　（a）　　　　　　　　　　　　　　　　　　　　　（b）

图 7.15　按键输入与抖动波形

2.　按键抖动的消除方法

键抖动会引起一次按键被误读多次，为了确保单片机对键的一次闭合仅做一次处理，必须去除键抖动，在键闭合稳定时取键状态，并且必须判别到键释放稳定后再进行处理。按键的抖动，可用硬件或软件两种方法消除。

通常在键数较少时，可用硬件方法消除键抖动。RS 触发器为常用的硬件去抖电路，但单片机系统中常用软件消抖法。软件消抖法很简单，如图 7.15 所示，就是在单片机获得 P1.1 口为低的信息后，不是立即认定按键已被按下，而是延时 10ms 或更长一些时间后再次检测 P1.1 口，如果仍为低，则说明 S 键的确按下了，这实际上是避开了按键按下时的抖动时间。而在检测到按键释放后（P1.1 为高）再延时 5～10ms，消除后沿的抖动，然后对键值进行处理。不过在一般情况下，通常不对按键释放的后沿进行处理。实践证明，这也能满足一定的要求。当然，实际应用中，对按键的要求也是千差万别的，要根据不同的需要编制处理程序，以消除键抖动为原则。

7.4.2　独立式键盘及其工作原理

键盘的结构形式有两种：独立式键盘和行列式键盘。

独立式键盘是指各按键互相独立地接通一条输入数据线，各按键的状态互不影响，如图 7.16 所示。这是最简单的键盘结构，该电路采用了中断方式读取键值。由于 89C51 系列单片机 P1 口在内部已经有上拉电阻，根据使用经验，图 7.16 中的 3 个外部上拉电阻可省掉。

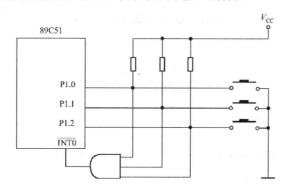

图 7.16　独立式按键与单片机的接口

当没有键按下时，与之相连的输入口线为 1（高电平），与门输出为高电平。当任何一个键按下时，与之相连的输入口线被置 0（低电平），与门输出由高变低，产生外中断条件，在中断服务程序中读取键盘值。

【例 7.4】　按照图 7.16，使用外中断，编写独立式按键程序。

其 C 语言程序如下：

```
#include <REG52.H>            /*special function register declarations*/
#include <stdio.h>            /*prototype declarations for I/O functions*/
#define byte unsigned char
#define uchar unsigned char
#define word unsigned int
#define uint unsigned int
#define ulong unsigned long
#define BYTE     unsigned char
#define WORD     unsigned int
#define TRUE  1
#define FALSE 0
void initUart(void);                /*初始化串口*/
#define KEY_PORT  P1                 /*按键接在 P1 口*/
uchar key_Value;                     /*存放键值*/
bit   int0_flag;                     /*中断标记*/
```

```
/******* main 函数 ********/
void main (void) {
    initUart();                              /*初始化串口*/
    int0_flag=0;                             /*设置中断 0 标记*/
    TCON=0x55;                               /*电平触发外部中断*/

    IE=0x81;                                 /*打开外中断 int0*/
    do {
        if (int0_flag) {                     /*如果有中断*/
        switch (key_Value){                  /*根据中断源分支*/
                case 1:
                    printf ("key-press0 is pressed\n");
                    /*可在此处插入按键 0 处理程序*/
                break;
                case 2:
                    printf ("key-press1 is pressed\n");
                    /*可在此处插入按键 1 处理程序*/
                break;
                case 4:
                    printf ("key-press2 is pressed\n");
                    /*可在此处插入按键 2 处理程序*/
                break;
                default:break;
            }
            int0_flag=0;                     /*清中断 0 标记*/
        }
    }while(TRUE);
}
/*********** 外中断 0 服务程序***************/
void exint0(void) interrupt 0
{
    EA=0;                                    /*关总中断*/
    int0_flag=1;                             /*设置中断 0 标记*/
    /*读取外部中断源输入,并屏蔽高 5 位*/
    key_Value= ~KEY_PORT & 0x07;
    EA=1;                                    /*开总中断*/
}
/********** 初始化串口波特率 ************/
void initUart(void)                          /*初始化串口波特率, 使用定时器 2*/
{
/*Setup the serial port for 9600 baud at 11.0592MHz*/
    SCON=0x50;                               /*串口工作在方式 1*/
    RCAP2H=(65536-(3456/96))>>8;
    RCAP2L=(65536-(3456/96))%256;
    T2CON=0x34;
    TI=1;                                    /*置位 TI*/
}
```

这种键盘结构的优点是电路简单，缺点是当键数较多时要占用较多的 I/O 线。

7.4.3　行列式键盘及其工作原理

为了减少键盘与单片机接口时所占用 I/O 口线的数目，在键数较多时，通常都将键盘排列成行列矩阵式，如图 7.17 所示。每条水平线（行线）与垂直线（列线）的交叉处不相通，而是通过一个按键连通。利用这种行列矩阵式结构只需 N 条行线和 M 条列线即可组成有 $M \times N$ 个按键的键盘。图 7.17 所示为 4×4（16 键）行列式键盘电路。由于 89C52 单片机 P1 口在内部已经有上拉电阻，根据使用经验，外部上拉电阻可以省掉。

在这种行列矩阵式非编码键盘的单片机系统中，对键的识别通常采用两步扫描判别法。下面以图 7.17 所示的 4×4 键盘为例，说明两步扫描判别法识别哪个键被按下的工作过程。

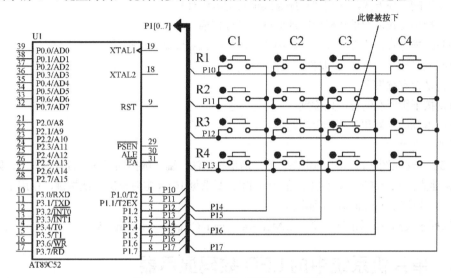

图 7.17　4×4（16 键）行列式键盘电路

首先判别按键所在的行，由单片机 P1 口向键盘送（输出）列扫描字，然后读入（输入）行线状态来判断。其方法是：向 P1 口输出 0FH，即列线（图中垂直线）输出全 0，行线（图中平行线）输出全 1，然后将 P1 口低 4 位（即行线）的电平状态读入一个临时变量 x_temp 中。如果有按键按下，总会有一条行线被拉至低电平，从而使行输入不全为 1。图 7.17 中，对应 P1.2 为低，即 x_temp=0x0B。

然后判别按键所在的列，由单片机 P1 口向键盘送（输出）行扫描字，然后读入（输入）列线状态来判断。其方法是：向 P1 口输出 F0H，即行线（图中平行线）输出全 0，列线（图中垂直线）输出全 1，然后将 P1 口高 4 位（即列线）的电平状态读入另一个临时变量 y_temp 中。如果有按键按下，总会有一条列线被拉至低电平，从而使列输入不全为 1。图 7.17 中，对应 P1.6 为低，即 y_temp=0xB0。

将行和列的状态相或得到 0xBB，再把该值取反得到该位置键值为 0x44，对应的二进制数为 01000100B。如表 7.3 所示，该键值对应第 3 行第 3 列的按键。

表 7.3　键值与行列的对应关系

列				行			
4	3	2	1	4	3	2	1
0	1	0	0	0	1	0	0

同理求出上述 16 个位置的键值如表 7.4 所示。这种键盘的键值表示方式分散度大且不等距，还需进一步的程序处理，以依次排列键值。

表 7.4　行列式键盘键值

11H	21H	41H	81H
12H	22H	42H	82H
14H	24H	44H	84H
18H	28H	48H	88H

7.4.4　键盘扫描的控制程序

单片机对按键的控制通常有以下 3 种方式：

① 程序控制扫描方式，即利用程序连续地对键盘进行扫描；

② 定时扫描方式，即单片机定时地对键盘进行扫描；

③ 中断扫描方式，即键的按下引起中断后，单片机对键盘进行扫描。

程序控制扫描工作过程的主要内容有：

① 查询是否有键按下；

② 查询按下键所在的行、列位置；

③ 将所得到的行号和列号译码为键值；

④ 键的抖动处理。

【例 7.5】　按照图 7.17 所示的电路，使用两步扫描法，编写键扫描程序。若有键按下，则扫描函数返回值为键值；若无键按下，则返回值为 0xFF。要求每 10ms 定时检测一次按键，使用定时器中断实现定时。按键信息由 printf 输出到串口。

详细源程序代码见本书配套资源：..\McuBookExam\Chapter_7\Exam7_5。

7.5　单片机系统中的 LED 数码显示器

显示器常作为单片机系统中最简单的输出设备，用以显示单片机系统的运行结果与运行状态等。常用的显示器主要有 LED 数码显示器、LCD 液晶显示器和 CRT 显示器。在单片机系统中，通常用 LED 数码显示器显示各种数字或符号。由于它具有显示清晰、亮度高、使用电压低、寿命长的特点，因此使用非常广泛。本节以 LED 为例，介绍其结构、工作原理及与单片机的接口技术。

7.5.1　LED 显示器的结构与原理

LED 显示器是采用发光二极管显示字段的显示器件，也可称为数码管。单片机系统中通常使用 8 段 LED 数码显示器，其外形及引脚如图 7.18（a）所示，由图可见，8 段 LED 显示器由 8 个发光二极管组成。其中 7 个长条形的发光二极管排列成"日"字形，另一个圆点形的发光二极管在显示器的右下角用于显示小数点，它们通过不同的组合可用来显示各种数字，以及包括 A～F 在内的部分英文字母和小数点"."等。

LED 显示器有两种不同的形式：一种是 8 个发光二极管的阳极都连在一起，称为共阳极 LED 显示器，如图 7.18（b）所示；另一种是 8 个发光二极管的阴极都连在一起，称为共阴极 LED 显示器，如图 7.18（c）所示。

共阳和共阴结构的 LED 显示器各笔画段名和安排位置是相同的，当二极管导通时，相应的笔画段发亮，由发亮的笔画段组合从而显示各种字符。8 个笔画段 dpgfedcba 对应于 1B（8 位）的 D7、D6、D5、D4、D3、D2、D1、D0，于是用 8 位二进制码就可以表示要显示字符的字形代码。例如，对于共阴极 LED 显示器，当公共阴极接地（为零电平），而阳极各段 dpgfedcba 为 01110011 时，显示器显示 "P" 字符，即对于共阴极 LED 显示器，"P" 字符的字形码是 0x73。如果是共阳极 LED 显示器，公共阳极接高电平，显示 "P" 字符的字形代码应为 10001100（0x8C）。这里必须注意的是：很多产品为了方便接线，可能不按规定的方法去对应字段与位的关系，这时字形码就必须根据接线自行设计。

　　LED 显示器的显示方式有静态显示与动态显示两种，下面分别予以介绍。

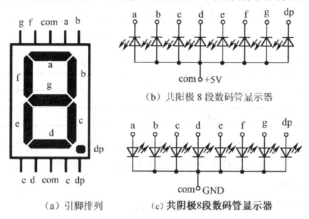

图 7.18　8 段 LED 数码显示器

7.5.2　LED 静态显示接口

　　数码管工作在静态显示方式时，共阴极（共阳极）的公共端 COM 连接在一起接地（电源）。每位的段选线与一个 8 位并行口相连。只要在该位的段选线上保持段选码电平，该位就能保持相应的显示字符。这里的 8 位并行口可以直接采用并行 I/O 接口（例如 80C51 的 P1 端口、8155 和 8255 的 I/O 端口等），也可以采用串行输入/并行输出的移位寄存器。考虑到若采用并行 I/O 接口，占用 I/O 资源较多，因而静态显示方式常采用串行接口方式，外接 8 位移位寄存器 74HC164 构成显示电路。图 7.19 所示为通过串行口扩展 8 位 LED 显示器静态驱动电路，在 TXD（P3.1）口运行时钟信号，将显示数据由 RXD（P3.0）口串行输出，串行口工作在移位寄存器方式（工作方式 0 下）。

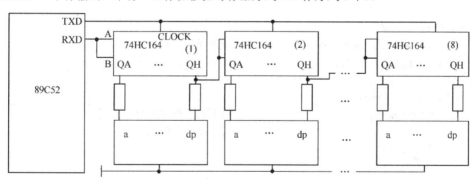

图 7.19　通过串行口扩展 8 位 LED 显示器静态驱动电路

　　图 7.19 中使用的是共阴极数码管，因而各数码管的公共极 COM 端接地，要显示某字段，则相应的移位寄存器 74HC164 的输出线必须是高电平。

　　显然，要显示某字符，首先要把这个字符转换成相应的字形码，然后再通过串行口发送给 74HC164。74HC164 把串行口接收到的数变为并行输出加到数码管上。

　　先建立一个字形码表，以十六进制数的次序存放它们的相应字形码，共阴极字形码表如表 7.5 所示。

表 7.5　共阴极字形码表

显 示 字 符	字 形 码	显 示 字 符	字 形 码
0	0x3F	A	0x77
1	0x06	B	0x7C
2	0x5B	C	0x39
3	0x4F	D	0x5E
4	0x66	E	0x79
5	0x6D	F	0x71
6	0x7D	P	0x73
7	0x07	U	0x3E
8	0x7F	8	0xFF
9	0x6F	灭	0x00

例如，显示字符 6，查表可知 6 的字形码为 0x7D，把 0x7D 送 8 位移位寄存器 74HC164 即可。显然，要显示字符 0～9、A～F，其高 4 位为全 0，而低 4 位为十六进制数。如果要显示的数高半字节不是 0，则要通过程序进行变换。

【例 7.6】 按照图 7.19 显示电路编写显示驱动程序。

程序如下：

```c
#include <REG52.H>        /*special function register declarations*/
#include <stdio.h>        /*prototype declarations for I/O functions*/
#define byte unsigned char
#define uchar unsigned char
#define word unsigned int
#define uint unsigned int
#define ulong unsigned long
#define BYTE     unsigned char
#define WORD     unsigned int

#define TRUE  1
#define FALSE 0
void time(unsigned int ucMs);    /*延时单位：ms*/
void display(void);              /*显示 0,1,…,7*/
/******** main 函数 ********/
void main (void) {
    SCON=0x00;                   /*串行口工作方式 0*/
    ES=0;                        /*禁止串行中断*/
    for (;;) {
        display();
    }
}
void display(void)               /*显示 0,1,…,7*/
{
    unsigned char code LEDValue[9]= {0x3F,0x06,0x5B,0x4F,0x66,
                        0x6D,0x7D,0x07,0x7F};
    unsigned char i;
```

```
       TI=0;
       for (i=1; i<=8; i++) {                /*8位数码管依次显示1,2,…,8*/
           SBUF=LEDValue[9-i];
           while (TI==0); TI=0;
           time(1000);                       /*状态维持*/
       }
   }
   /*********** time C *************/
   void time(unsigned int ucMs)              /*延时单位: ms*/
   {
       #define DELAYTIMES 239
       unsigned char  ucCounter;             /*延时设定的循环次数*/
       while (ucMs!=0) {
           for (ucCounter=0; ucCounter<DELAYTIMES; ucCounter++){}/*延时*/
           ucMs--;
       }
   }
```

这种静态 LED 显示方式有着显示亮度大，软件较为简单的优点，但硬件上使用芯片多，每个 LED 显示器需要一个驱动电路。

7.5.3 LED 动态扫描显示接口

LED 动态显示的基本做法在于分时轮流选通数码管的公共端，使得各数码管轮流导通，在选通相应 LED 后，即在显示字段上得到显示字形码。这种方式不但能提高数码管的发光效率，而且由于各个数码管的字段线是并联使用的，从而大大简化了硬件线路。

动态扫描显示接口是单片机系统中应用最为广泛的一种显示方式。其接口电路把所有显示器的 8 个笔画段 a…dp 同名端并联在一起，而每个显示器的公共极 COM 各自独立地受 I/O 线控制，CPU 向字段输出口送出字形码时，所有显示器由于同名端并连，因此接收到相同的字形码，但究竟是哪个显示器亮，则取决于 COM 端，而这一端是由 I/O 控制的，可以自行决定何时显示哪一位。而所谓动态扫描是指采用分时的方法，轮流控制各个显示器的 COM 端，使各个显示器轮流点亮。

在轮流点亮扫描过程中，每个显示器的点亮时间是极为短暂的（约 1ms），但由于人的视觉暂留现象及发光二极管的余辉效应，尽管实际上各个显示器并非同时点亮，但只要扫描的速度足够快，给人的印象就是一组稳定的显示数据，不会有闪烁感。

图7.20所示为一个典型的动态扫描 8 位 LED 显示接口电路。该电路由 74HC245 提供笔画段 a…dp 的驱动，由 74LS45 提供位 COM1～COM8 的驱动。请注意，89C52 的 P0.0～P0.7 每个口线上有一个 10kΩ 的上拉电阻，图中未示出。

图 7.20 中采用了共阴极的数码管。使用总线驱动器 74HC245 作为段驱动，由于 HC 电路的输出电阻较大，外部可直接驱动而不需要限流电阻。位驱动使用十进制译码驱动器 74LS45，具有 10 个 OC 门输出（图中用了 8 个），用来驱动 8 段显示器的公共极 COM。

数码管是 8 段共阴极 LED 显示器，所以发光时字形驱动输出 1 有效，位驱动输出 0 有效。但请注意，位驱动是 74LS45 的译码输出，如果要显示第 5 位（数码管序号为 0～7）数码管，则 74LS45 的输入端应为 DCBA=0101。

【例7.7】 按照图 7.20 所示电路，先显示"8.8.8.8.8.8.8.8."，即点亮全部笔画段，持续约 500ms；然后显示"HELLO-93"，保持。

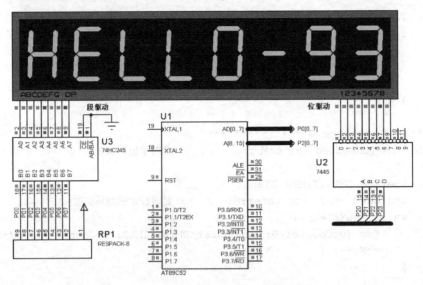

图 7.20　动态扫描显示接口电路

程序如下：

```c
#include <REGX52.H>
#include <intrins.h>
#define TRUE 1
#define dataPort    P0                    /*定义 P0 为段输出口*/
#define ledConPort P2                     /*定义 P2 为位输出口*/
unsigned char code ch[8]={0x76,0x79,0x38,0x38,0x3F,0x40,0x6F,0x4F};
                                          /*定义'HELLO-93'对应的数值*/
void time(unsigned int ucMs);    /*延时单位：ms*/
void main(void)
{
    unsigned char i,counter=0;   /*各 LED 灯状态值数组的索引*/

    for(i=0;i<30;i++){/*1.显示"8.8.8.8.8.8.8.8.",即点亮全部笔画段，持续约 500ms*/
        for(counter=0; counter<8; counter++)
        {
            ledConPort=counter;
            dataPort=0xFF;           /*点亮选中的 LED 灯*/
            time(5);                 /*延时 5 毫秒*/
        }
    }

    ledConPort=0xFF;time(2000);  /*2.灭显示器，持续约 2 秒*/

    while(TRUE)                   /*3.显示"HELLO-93"，保持*/
    {
        for(counter=0; counter<8; counter++)
        {
            ledConPort=counter;
```

```
                dataPort=ch[counter];  /*点亮选中的 LED 灯*/
                //time(300);          /*延时 300 毫秒,时间较长,可观察动态扫描变化情况*/
                time(5);               /*延时 5 毫秒,感觉不出扫描显示*/
            }
        }
}
/********** time C *************/
void time(unsigned int ucMs)           /*延时单位: ms*/
{
#define DELAYTIMES 239
unsigned char  ucCounter;              /*延时设定的循环次数*/

        while (ucMs!=0) {
            for (ucCounter=0; ucCounter<DELAYTIMES; ucCounter++){}/*延时*/
            ucMs--;
        }
}
```

采用此显示程序,每调用一次,仅扫描一遍。要得到稳定的显示,必须不断地调用显示程序。

7.6 单片机系统中的 LCD 液晶显示器

LCD 液晶显示器是一种被动式的显示器,与 LED 不同,液晶本身并不发光,而是利用液晶在电压作用下能改变光线通过方向的特性,达到显示白底黑字或黑底白字的目的。液晶显示器具有体积小、功耗低、抗干扰能力强等优点,特别适用于小型手持式设备。这几年随着价格的下降得到了广泛的应用。

常见的液晶显示器有 7 段式 LCD 显示器、点阵式字符型 LCD 显示器和点阵式图形 LCD 显示器。其中,点阵式图形 LCD 显示器能支持汉字和图形曲线的显示应用较为灵活,但是价格较为昂贵。本节介绍点阵式字符型 LCD 显示器、点阵式图形 LCD 显示器及应用。

7.6.1 字符型液晶显示模块的组成和基本特点

字符型液晶显示模块是专门用于显示字母、数字、符号等的点阵型液晶显示模块,分 4 位和 8 位数据传输方式;提供"5×7 点阵+光标"和"5×10 点阵+光标"的显示模式;提供显示数据缓冲区 DDRAM、字符发生器 CGROM 和字符发生器 CGRAM,可以使用 CGRAM 来存储自己定义的最多 8 个 5×8 点阵的图形字符的字模数据;提供丰富的指令设置:清显示、光标回原点、显示开/关、光标开/关、显示字符闪烁、光标移位、显示移位等;提供内部上电自动复位电路,当外加电源电压超过+4.5 V 时,自动对模块进行初始化操作,将模块设置为默认的显示工作状态。

字符型液晶显示模块组件内部主要由液晶显示屏(LCD Panel),控制器(Controller),驱动器(Driver),少量阻、容元件,结构件等装配在 PCB 板上构成,如图 7.21 所示。

字符型液晶显示模块目前在国际上已经规范化,无论显示屏规格如何变化,其电特性和接口形式都是统一的,因此只要设计出一种型号的接口电路,在指令设置上稍加改动即可使用各种规格的字符型液晶显示模块。

字符型液晶显示模块的基本特点如下。

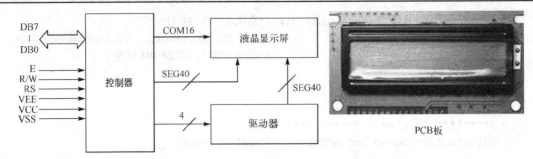

图 7.21　字符型液晶显示模块及 PCB 板

① 液晶显示屏是以若干个 5×8 或 5×11 点阵块组成的显示字符群。每个点阵块为一个字符位，字符间距和行距都为一个点的宽度。

② 控制器为 HD44780（HITACHI）及其他公司全兼容电路，如 SED1278（SEIKO EPSON）、KS0066（SAMSUNG）、NJU6408（NER JAPAN RADIO）。

③ 具有字符发生器 ROM，可显示 192 种字符（160 个 5×7 点阵字符和 32 个 5×10 点阵字符）。

④ 具有 64 字节的自定义字符 RAM，可自定义 8 个 5×8 点阵字符或 4 个 5×11 点阵字符。

⑤ 具有 80 字节的 RAM。

⑥ 标准的接口特性，适配 M6800 系列 MPU 的操作时序。

⑦ 模块结构紧凑、轻巧、装配容易。

⑧ 单 +5V 电源供电。

⑨ 低功耗、长寿命、高可靠性。

下面介绍点阵式字符型 LCD 显示器 LCD1602 模块及其应用。

7.6.2　LCD1602 模块接口引脚功能

LCD1602 共有 16 个引脚，如表 7.6 所示。

表 7.6　LCD1602 引脚

引 脚 号	符 号	状 态	功 能
1	VSS		电源地
2	VDD		+5V 逻辑电源
3	VO		液晶驱动电源（也有资料介绍 VEE 表示）
4	RS	输入	寄存器选择 1：数据；0：指令
5	R/W	输入	读、写操作选择 1：读；0：写
6	E	输入	使能信号
7	DB0	三态	数据总线（LSB）
8	DB1	三态	数据总线
9	DB2	三态	数据总线
10	DB3	三态	数据总线
11	DB4	三态	数据总线
12	DB5	三态	数据总线
13	DB6	三态	数据总线
14	DB7	三态	数据总线（MSB）
15	LEDA	输入	背光 +5V
16	LEDK	输入	背光地

引脚进一步说明如下。

第 1 脚：VSS 为地电源。

第 2 脚：VDD 接 5V 正电源。

第 3 脚：VO 为液晶显示器对比度调整端，接正电源时对比度最弱，接地电源时对比度最高。对比度过高时会产生"鬼影"，使用时可以通过一个 $10k\Omega$ 的电位器调整对比度。

第 4 脚：RS 为寄存器选择，高电平时选择数据寄存器，低电平时选择指令寄存器。

第 5 脚：R/W 为读/写信号线，高电平时进行读操作，低电平时进行写操作。当 RS 和 R/W 同为低电平时可以写入指令或者显示地址，当 RS 为低电平且 R/W 为高电平时可以读忙信号，当 RS 为高电平且 R/W 为低电平时可以写入数据。

第 6 脚：E 为使能端。当 E 端由高电平跳变成低电平时，液晶模块执行命令。

第 7～14 脚：DB0～DB7 为 8 位双向数据线。

第 15、16 两脚用于带背光模块。当使用不带背光的模块时，这两个引脚悬空不接。

7.6.3　LCD1602 模块的操作命令

1. 1602LCD 各寄存器介绍

字符型液晶显示模块组件内部主要由液晶显示屏（LCD Panel）、控制器（Controller）、驱动器（Driver）和偏压产生电路构成。

控制器主要由指令寄存器 IR、数据寄存器 DR、忙标志位 BF、地址计数器 AC、DDRAM、CGROM、CGRAM 及时序发生电路组成。

（1）指令寄存器（IR）和数据寄存器（DR）

本系列模块内部具有两个 8 位寄存器：指令寄存器（IR）和数据寄存器（DR）。用户可以通过 RS 和 R/W 输入信号的组合选择指定的寄存器，进行相应的操作。表 7.7 中列出了组合选择方式。

表 7.7　RS 和 R/W 输入信号组合

E	RS	R/W	说　　明
1	0	0	将 DB0～DB7 的指令代码写入指令寄存器
1→0	0	1	分别将忙标志位 BF 和地址计数器（AC）内容读入 DB7 和 DB6～DB0
1	1	0	将 DB0～DB7 的数据写入数据寄存器，模块的内部操作自动将数据写入 DDRAM 或 CGRAM
1→0	1	1	将数据寄存器内的数据读入 DB0～DB7，模块的内部操作自动将 DDRAM 或 CGRAM 中的数据送入数据寄存器

（2）忙标志位 BF

忙标志位 BF=1 时，表明模块正在进行内部操作，此时不接收任何外部指令和数据。当 RS=0，R/W=1 且 E 为高电平时，BF 输出到 DB7。每次操作之前，最好先进行状态字检测，只有在确认 BF=0 之后，MPU 才能访问模块。

（3）地址计数器（AC）

AC 地址计数器是 DDRAM 或 CGRAM 的地址指针。随着 IR 中指令码的写入，指令码中携带的地址信息自动送入 AC，并选择 AC 作为 DDRAM 的地址指针还是 CGRAM 的地址指针。

AC 具有自动加 1 或减 1 的功能。当 DR 与 DDRAM 或 CGRAM 之间完成一次数据传送后，AC 自动会加 1 或减 1。在 RS=0，R/W=1 且 E 为高电平时，AC 的内容送入 DB6～DB0。

地址计数器 AC 如图 7.22 所示。

AC 高 3 位			AC 低 4 位			
AC6	AC5	AC4	AC3	AC2	AC1	AC0

图 7.22　地址计数器 AC

（4）显示数据寄存器（DDRAM）

DDRAM 存储显示字符的字符码，其容量的大小决定模块最多可显示的字符数目。控制器内部有 80 字节的 DDRAM 缓冲区，DDRAM 地址（HEX）与 LCD 显示屏上的显示位置的对应关系如图 7.23 所示。

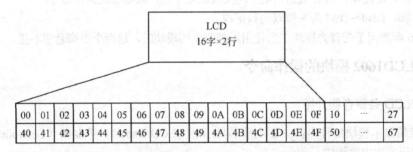

图 7.23　DDRAM 地址与 LCD 显示屏上的显示位置的对应关系

（5）字符发生器 ROM

在 CGROM 中，模块已经以 8 位二进制数的形式生成了 5×8 点阵的字符字模组（一个字符对应一组字模）。字符字模是与显示字符点阵相对应的 8×8 矩阵位图数据（与点阵行相对应的矩阵行的高 3 位为 0），同时每组字符字模都有一个由其在 CGROM 中存放地址的高 8 位数据组成的字符码对应。

字符码地址范围为 00H～FFH，其中 00H～07H 字符码与用户在 CGRAM 中生成的自定义图形字符的字模组相对应。

（6）字符发生器 RAM

在 CGRAM 中，用户可以生成自定义图形字符的字模组，可以生成 5×8 点阵的字符字模 8 组，相对应的字符码从 CGROM 的 00H～0FFH 范围内选择。

2．1602LCD 指令说明

由于 MPU 可以直接访问模块内部的 IR 和 DR，作为缓冲区域，IR 和 DR 在模块进行内部操作之前，可以暂存来自 MPU 的控制信息。这样就给用户在 MPU 和外围控制设备的选择方面，增加了余地。模块的内部操作由来自 MPU 的 RS、R/W、E 及数据信号 DB0～DB7 决定，这些信号的组合形成了模块的指令。

本系列模块向用户提供了 11 条指令，大致可以分为四大类：

● 模块功能设置，如显示格式、数据长度等；
● 设置内部 RAM 地址；
● 完成内部 RAM 数据传送；
● 完成其他功能。

在一般情况下，内部 RAM 的数据传送的功能使用最为频繁。因此，RAM 中的地址指针所具备的自动加 1 或减 1 功能，在一定程度上减轻了 MPU 的编程负担。此外，由于数据移位指令与写显示数据可同时进行，这样用户就能以最少的系统开发时间，达到最高的编程效率。

有一点需要特别注意：在每次访问模块之前，MPU 应首先检测忙标志位 BF，确认 BF=0 后，访问过程才能进行。

（1）清屏

RS	R/W	DB7	DB6	DB5	DB4	DB3	DB2	DB1	DB0
0	0	0	0	0	0	0	0	0	1

运行时间（250kHz）：1.64ms。

功能：清 DDRAM 和 AC 值。

（2）归位

RS	R/W	DB7	DB6	DB5	DB4	DB3	DB2	DB1	DB0
0	0	0	0	0	0	0	0	1	*

运行时间（250kHz）：1.64ms。

功能：AC=0，光标、画面回 HOME 位。

（3）输入方式设置

RS	R/W	DB7	DB6	DB5	DB4	DB3	DB2	DB1	DB0
0	0	0	0	0	0	0	1	I/D	S

运行时间（250kHz）：40μs。

功能：设置光标、画面移动方式。

说明：

① I/D=1：数据读、写操作后，AC 自动增 1。

② I/D=0：数据读、写操作后，AC 自动减 1。

③ S=1：数据读、写操作，画面平移。

④ S=0：数据读、写操作，画面不动。

（4）显示开关控制

RS	R/W	DB7	DB6	DB5	DB4	DB3	DB2	DB1	DB0
0	0	0	0	0	0	1	D	C	B

运行时间（250kHz）：40μs。

功能：设置显示、光标及闪烁开、关。

说明：

① D 表示显示开关：D=1 为开，D=0 为关。

② C 表示光标开关：C=1 为开，C=0 为关。

③ B 表示闪烁开关：B=1 为开，B=0 为关。

（5）光标、画面位移

RS	R/W	DB7	DB6	DB5	DB4	DB3	DB2	DB1	DB0
0	0	0	0	0	1	S/C	R/L	*	*

运行时间（250kHz）：40μs。

功能：光标、画面移动，不影响 DDRAM。

说明：

① S/C=1：画面平移一个字符位。

② S/C=0：光标平移一个字符位。

③ R/L=1：右移；R/L=0：左移。

（6）功能设置

RS	R/W		DB7	DB6	DB5	DB4	DB3	DB2	DB1	DB0
0	0		0	0	1	DL	N	F	*	*

运行时间（250kHz）：40μs。

功能：工作方式设置（初始化指令）。

说明：

① DL=1，8 位数据接口；DL=0，4 位数据接口。

② N=1，两行显示；N=0，一行显示。

③ F=1，5×10 点阵字符；F=0，5×7 点阵字符。

（7）CGRAM 地址设置

RS	R/W		DB7	DB6	DB5	DB4	DB3	DB2	DB1	DB0
0	0		0	1	A5	A4	A3	A2	A1	A0

运行时间（250kHz）：40μs。

功能：设置 CGRAM 地址。A5～A0=0～3FH。

（8）DDRAM 地址设置

RS	R/W		DB7	DB6	DB5	DB4	DB3	DB2	DB1	DB0
0	0		1	A6	A5	A4	A3	A2	A1	A0

运行时间（250kHz）：40μs。

功能：设置 DDRAM 地址。

说明：

① N=0，一行显示 A6～A0=0～4FH。

② N=1，两行显示，首行 A6～A0=00H～2FH，次行 A6～A0=40H～67H。

（9）读 BF 及 AC 值

RS	R/W		DB7	DB6	DB5	DB4	DB3	DB2	DB1	DB0
0	1		BF	AC6	AC5	AC4	AC3	AC2	AC1	AC0

功能：读忙 BF 值和地址计数器 AC 值。

说明：BF=1：忙；BF=0：准备好。

此时，AC 值由最近一次地址设置（CGRAM 或 DDRAM）定义。

（10）写数据

RS	R/W		DB7	DB6	DB5	DB4	DB3	DB2	DB1	DB0
1	0					数　据				

运行时间：（250kHz）：40μs。

功能：根据最近设置的地址性质，数据写入 DDRAM 或 CGRAM。

（11）读数据

RS	R/W	DB7	DB6	DB5	DB4	DB3	DB2	DB1	DB0
1	1	数 据							

运行时间（250kHz）：40μs。

功能：根据最近设置的地址性质，从 DDRAM 或 CGRAM 读出数据。

7.6.4 LCD1602 与 89C52 单片机接口与编程

LCD1602 适配 M6800 系列 MPU 的操作时序，可直接与该系列 MPU 连接。由于 80C51 系列单片机的操作时序与 M6800 系列不同，可采用 80C51 的 I/O 模拟 LCD1602 的操作时序，其连接方法如图 7.24 所示。

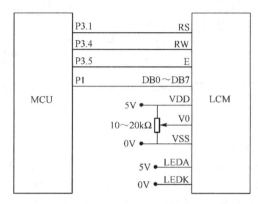

图 7.24　80C51 的 I/O 模拟 LCD1602 的操作时序的接口电路

采用图 7.24 中接口电路将占用很多 80C51 宝贵的 I/O 口资源，将 80C51 的读/写信号经门电路变换后，可直接将 LCD1602 连到 80C51 的三总线上。图 7.25 所示为采用 89C52、74HC573 和 74HC00 组成的接口电路。图中连接方法 LCD1602 的寄存器读/写地址如下：

```
uchar xdata Lcd1602CmdPort _     at_ 0x8000;      //写 IR 寄存器，命令
uchar xdata Lcd1602StatusPort    at_ 0x8001;      //读 IR 寄存器，状态
uchar xdata Lcd1602WdataPort at_ 0x8002;          //写 DR 寄存器
uchar xdata Lcd1602RdataPort at_ 0x8003;          //读 DR 寄存器
```

【例 7.8】　如图 7.25 所示电路，编写程序顺序实现：① LCD1602 初始化；② 在 LCD1602 显示 "Welcome to scut!- By zhangqi\n"；③ 然后在第 2 行循环显示 ASCII 可打印字符。

程序如下：

```
#include <REG52.H>          /*special function register declarations*/
#include <stdio.h>          /*prototype declarations for I/O functions*/
#define byte unsigned char
#define uchar unsigned char
#define word unsigned int
#define uint unsigned int
#define ulong unsigned long
#define BYTE     unsigned char
#define WORD     unsigned int
```

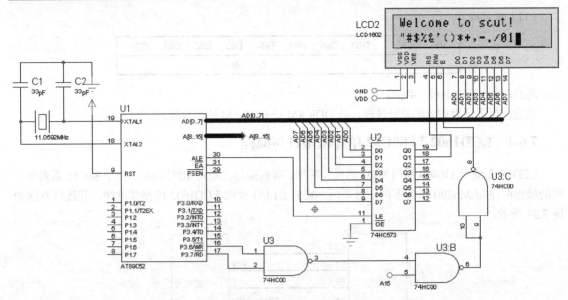

图 7.25　89C52、74HC573 和 74HC00 组成的接口电路

```
#define TRUE  1
#define FALSE 0
void initUart(void);                              /*初始化串口*/
void time(unsigned int ucMs);                     /*延时单位: ms*/
uchar xdata Lcd1602CmdPort   _at_ 0x8000;         /*E=1,RS=0,RW=0*/
uchar xdata Lcd1602StatusPort _  at_ 0x8001;      /*E=1->0,RS=0,RW=1*/
uchar xdata Lcd1602WdataPort    at_ 0x8002;       /*E=1,RS=1,RW=0*/
uchar xdata Lcd1602RdataPort at_ 0x8003;          /*E=1->0,RS=1,RW=1*/
//uchar xdata Lcd1602CmdPort at_ 0xFFF0;          /*E=1,RS=0,RW=0*/
//uchar xdata Lcd1602StatusPort at_ 0xFFF1;       /*E=1->0,RS=0,RW=1*/
//uchar xdata Lcd1602WdataPort    at_ 0xFFF2;     /*E=1,RS=1,RW=0*/
//uchar xdata Lcd1602RdataPort  _at_ 0xFFF3;      /*E=1->0,RS=1,RW=1*/

#define BUSY 0x80                                 /*忙判别位*/
code uchar exampl[]="Welcome to scut!- Zhang Qi\n";

void LcdWriteData( char dataW );
void LcdWriteCommand(uchar CMD,uchar AttribC );
void LcdReset( void );
void Display( uchar dd );
void DispOneChar(uchar x,uchar y,uchar Wdata);
void Putstr(uchar x,uchar y, uchar code *ptr);

/*主程序*/
void main(void)
{
    uchar temp;
    initUart();
    LcdReset();                                   /*初始化*/
```

```
        temp=32;
        Putstr(0,0,exampl);                    /*显示一个预定字符串 exampl*/
        time(3000);                            /*保持 3 秒显示内容*/
        while(1)
        {
            temp &=0x7F;                        /*只显示 ASCII 字符*/
            if (temp<32)temp=32;               /*屏蔽控制字符，不予显示*/
            Display(temp++);
            time(400);
        }
}


/*显示字符串*/
void Putstr(uchar x,uchar y, uchar code *ptr)
{
    uchar i,l=0;
    while (ptr[l]>31){l++;};
    for (i=0;i<l;i++) {
        DispOneChar(x++,y,ptr[i]);
        if (x==16){
            x=0; y^=1;
        }
    }
}


/*演示一行连续字符串，配合上位程序演示移动字串*/
void Display(uchar dd )
{
    uchar i;
    for (i=0;i<16;i++){
        DispOneChar(i,1,dd++);
        dd &=0x7F;
        if (dd<32) dd=32;
    }
}


/*显示光标定位*/
void LocateXY(char posx,char posy)
{
    uchar temp;
    temp=posx&0xF;
    posy&=0x1;

    if (posy)temp|=0x40;
    temp|=0x80;
    LcdWriteCommand(temp,0);
}
```

```c
/*按指定位置显示数出一个字符*/
void DispOneChar(uchar x,uchar y,uchar Wdata)
{
    LocateXY(x,y);                          /*定位显示地址*/
    LcdWriteData(Wdata);                    /*写字符*/
}


/*初始化程序*/
void LcdReset(void){
    time(400);                              /*启动时必须的延时，等待 400ms 进入工作状态*/
    LcdWriteCommand(0x38,0);                /*显示模式设置 2 行 5×7 字符 (不检测忙信号)*/
    while(Lcd1602StatusPort & BUSY );       /*检测忙信号*/
    LcdWriteCommand(0x08,1);                /*显示关闭*/
    LcdWriteCommand(0x06,1);                /*显示光标移动设置*/
    LcdWriteCommand(0x0f,1);                /*显示开及光标设置*/
    LcdWriteCommand(0x01,1);                /*显示清屏*/
}


/*写控制字符子程序: E=1 RS=0 RW=0*/
/*AttribC=0,写之前不检测忙信号, AttribC=1,写之前检测忙信号*/

void LcdWriteCommand(uchar CMD,uchar AttribC) {
    if (AttribC) while(Lcd1602StatusPort & BUSY);   /*检测忙信号*/
    Lcd1602CmdPort=CMD;
}


/*当前位置写字符子程序: E=1 RS=1 RW=0*/
void LcdWriteData(char dataW) {
    while(Lcd1602StatusPort & BUSY);        /*检测忙信号*/
    Lcd1602WdataPort=dataW;
}
/*********** 初始化串口波特率 ************/
void initUart(void)/*初始化串口波特率，使用定时器 2*/
{
/*Setup the serial port for 9600 baud at 11.0592MHz
    SCON=0x50;                                      /*串口工作在工作方式 1*/
    RCAP2H=(65536-(3456/96))>>8;
    RCAP2L=(65536-(3456/96))%256;
    T2CON=0x34;
    TI=1;                                           /*置位 TI*/
}
/*********** time C *************/
void time(unsigned int ucMs)                        /*延时单位: ms*/
{
    #define DELAYTIMES 239
    unsigned char  ucCounter;                       /*延时设定的循环次数*/
```

```
while (ucMs!=0) {
    for (ucCounter=0; ucCounter<DELAYTIMES; ucCounter++){}/*延时*/
    ucMs--;
    }
}
```

7.6.5 点阵式图形 LCD 显示器的组成和基本特点

字符型液晶显示器（如前面所述的 LCD1602）只能显示 ASCII 字符，对于较复杂的字符或图形则无能为力。而点阵式图形 LCD 液晶器显示器不仅可以显示字符、数字，还可以显示各种图形、曲线及汉字，并且可以实现屏幕上下左右滚动、动画、闪烁、文本特征显示等功能。

为了用户使用方便，字符型液晶显示器通常和驱动电路控制器集成在一起，作为点阵式图形液晶显示模块供应市场，而且这种显示模块具有可编程能力，与单片机接口方便。由于以上优点，点阵式图形液晶显示模块获得了广泛的应用。

下面介绍点阵式图形液晶显示模块 LM12864 及应用。

1. 点阵式图形液晶显示模块 LM12864 的结构、引脚和特点

LM12864 是内置 HD61202U 控制器的 128×64 点阵式图形液晶显示模块，外形如图 7.26 所示。

LM12864 液晶显示器模块是点阵式全屏幕图形液晶显示器组件，由控制器、显示缓冲 DDRAM、驱动器和全点阵液晶显示器组成，如图 7.27 所示。可完成图形显示，也可以显示汉字（4×8 个 16×16 点阵汉字）；与 CPU 接口是 8 位数据线和几条地址线，另外有 3 条电源线供芯片和 LCD 驱动。

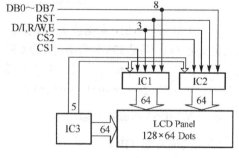

图 7.26　点阵式图形液晶显示模块 LM12864 外形　　　　图 7.27　点阵式图形液晶显示模块组成

LM12864 液晶显示器模块外部引脚功能定义如下：

GND	电源地
VCC	电源正
VO	LCD 驱动电压
RS	数据/指令选择：高电平为数据，低电平为指令
R/W	读/写选择：高电平为读数据，低电平为写数据
E	读写使能，高电平有效，下降沿锁定数据
DB0~DB7	数据输入/输出引脚
CS1	片选择号，低电平时选择前 64 列
CS2	片选择号，低电平时选择后 64 列

| RST | 复位信号，低电平有效 |
| $-V_{OUT}$ | 输出–15V 电源给 VO 提供驱动电源 |

LM12864 具有如下特点：

- 可以显示数字、字母、特殊字符、图形、曲线和汉字；
- 拥有 64 × 64 位（512 字节）的显示存储器，其数据直接作为显示驱动信号；
- 8 位并行数据接口；
- 64 路列驱动输出；
- 简单的操作指令，包括显示开关设置、显示起始行设置、地址指针设置和数据读/写等指令；
- 功耗低，在显示期间功耗最大为 2mW。

2. 屏幕数据操作与屏幕点阵的对应关系

从图 7.28 可以看出 LM12864 屏是分为左、右两块控制的，片选信号分别为 CS1、CS2。通过对内部 DDRAM 的操作完成对屏幕的操作，DDRAM 数据与屏幕点阵的对应关系如图 7.28 所示。

	CS2=1					CS1=1					
Y	0	1	...	62	63	0	1	...	62	63	行号
$X=0$	DB0 ↓ DB7	DB0 ↓ DB7	DB0 ↓ DB7	DB0 ↓ DB7	DB0 ↓ DB7	DB0 ↓ DB7	DB0 ↓ DB7	DB0 ↓ DB7	DB0 ↓ DB7	DB0 ↓ DB7	0 ↓ 7
↓	DB0 ↓ DB7	DB0 ↓ DB7	DB0 ↓ DB7	DB0 ↓ DB7	DB0 ↓ DB7	DB0 ↓ DB7	DB0 ↓ DB7	DB0 ↓ DB7	DB0 ↓ DB7	DB0 ↓ DB7	8 ↓ 55
$X=7$	DB0 ↓ DB7	DB0 ↓ DB7	DB0 ↓ DB7	DB0 ↓ DB7	DB0 ↓ DB7	DB0 ↓ DB7	DB0 ↓ DB7	DB0 ↓ DB7	DB0 ↓ DB7	DB0 ↓ DB7	56 ↓ 63

图 7.28　DDRAM 数据与屏幕点阵的对应关系

从图 7.28 可以看出，数据按字节在屏幕上是竖向排列的，上方为低位，下方为高位。因此在横向上（也就是 Y）一共是 128 列数据，分为 CS1 和 CS2 两个 64 列来写入。在竖向上（也就是 X）1 字节数据显示 8 个点，竖向 64 个点共为 8 字节，称为 8 页（$X=0\sim7$）。要满屏显示一张图就要按 $Y=0\sim127$，$X=0\sim7$，一共写 128 × 8=1024 字节的数据。

3. LM12864 内部寄存器

① 指令寄存器（IR）

IR 用来寄存指令码，当 D/I=0 时，在 E 信号下降沿的作用下，指令写入 IR。

② 数据寄存器（DR）

DR 用来寄存数据。当 DR=1 时，在 E 信号的作用下，图形显示数据写入 DR，或由 DR 读到 DB7～DB0 数据总线。DR 和 DDRAM 之间的数据传输是组件内部自动执行的。

③ 忙标志位（BF）

BF 用于标记组件内部的工作情况。BF=1 表示组件在进行内部操作，此时组件不接收外部指令和数据。BF=0 时，组件为准备状态，随时可接收外部指令和数据。

④ 显示控制触发器（DFF）

此触发器用于控制组件屏幕显示的开和关。DFF=1 为开显示，DDRAM 的内容被显示在屏幕上，DFF=0 为关显示。

⑤ XY 地址计数器

XY 地址计数器是一个 9 位计数器。高 3 位是 X 地址计数器，低 6 位是 Y 地址计数器。 XY 地址计数器实际上作为 DDRAM 的地址指针，X 地址计数器作为 DDRAM 的页指针，Y 地址计数器作为 DDRAM 的 Y 地址指针。

⑥ 显示数据 RAM（DDRAM）

DDRAM 是用于存储图形显示数据的。数据为 1 表示显示选择，数据为 0 表示显示非选择。DDRAM 与地址和显示位置的关系见 DDRAM 地址表。

⑦ Z 地址计数器

Z 地址计数器是一个 6 位计数器。此计数器具备循环计数功能，它用于显示行扫描同步。当一行扫描完成后，此地址计数器自动加 1，指向下一行扫描数据。RST 复位后 Z 地址计数器为 0。

Z 地址计数器可以用指令 DISPLAY START LINE 预置。因此，显示屏幕的起始行就由此指令控制，即 DDRAM 的数据从哪一行开始显示在屏幕的第一行。此组件的 DDRAM 共 64 行，屏幕可以循环显示 64 行。

4. LM12864 读/写时序

LM12864 写操作时序如图 7.29 所示，读操作时序如图 7.30 所示。

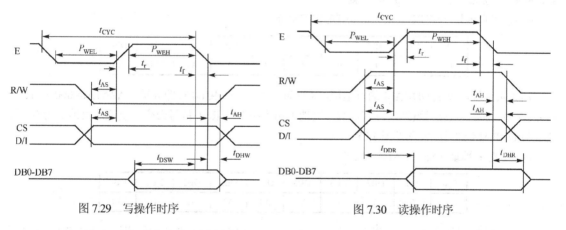

图 7.29　写操作时序　　　　　　　图 7.30　读操作时序

LM12864 读/写时序动态参数如表 7.8 所示。

表 7.8　LM12864 读/写时序动态参数

名称	符号	最小值	典型值	最大值	单位
E 周期时间	t_{CYC}	1000			ns
E 高电平时间	P_{WEH}	450			ns
E 低电平时间	P_{WEL}	450			ns
E 上升时间	t_r			25	ns
E 下降时间	t_f			25	ns
地址建立时间	t_{AS}	140			ns
地址保持时间	t_{AH}	10			ns
数据建立时间	t_{DSW}	200			ns
数据延迟时间	t_{DDR}			320	ns
写数据保持时间	t_{DHW}	100			ns
读数据保持时间	t_{DHR}	20			ns

5. LM12864 操作指令

① 显示开关控制（DISPLAY ON/OFF）

R/W	D/I	DB7	DB6	DB5	DB4	DB3	DB2	DB1	DB0
0	0	0	0	1	1	1	1	1	D

D=1：开显示（DISPLAY ON）

D=0：关显示（DISPLAY OFF）。此时的 DDRAM 内容不变。只要 D=0 变成 D=1，原来的显示就会显示在屏幕上。

② 设置显示起始行

R/W	D/I	DB7	DB6	DB5	DB4	DB3	DB2	DB1	DB0
0	0	1	1	A5	A4	A3	A2	A1	A0

前面已经介绍了显示起始行是由 Z 地址计数器控制的。A5～A0 这 6 位地址自动送入 Z 地址计数器，起始行的地址可以是 0～63 的任意一个。

③ 设置页地址（SET PAGE "X　ADDRESS"）

R/W	D/I	DB7	DB6	DB5	DB4	DB3	DB2	DB1	DB0
0	0	1	0	1	1	1	A2	A1	A0

所谓页地址，就是 DDRAM 的行地址。8 行为一页，组件共 64 行即 8 页。A2A1A0=000～111 表示 0～7 页。读/写数据对页地址没有影响。页地址由本指令或 RST 信号改变。复位后页地址为 0。页地址与 DDRAM 的对应关系见图 7.28。

④ 设置 Y 地址（SET Y ADDRESS）

R/W	D/I	DB7	DB6	DB5	DB4	DB3	DB2	DB1	DB0
0	0	0	1	A5	A4	A3	A2	A1	A0

此指令的作用是将 A5～A0 送入 Y 地址计数器。作为 DDRAM 的 Y 地址指针在对 DDRAM 进行读/写操作后，Y 地址指针自动加 1，指向下一个 DDRAM 单元。

⑤ 读状态（STATUS READ）

R/W	D/I	DB7	DB6	DB5	DB4	DB3	DB2	DB1	DB0
1	0	BF	0	ON/OFF	RST	0	0	0	0

当 R/W=1，D/I=0 时，在 E 信号为 "H" 的作用下，状态分别输出到数据总线（DB7～DB0）的相应位。

BF：忙标志位。

ON/OFF：表示 DFF 触发器的状态。

RST：RST=1 表示内部正在初始化，此时组件不接收任何指令和数据。

⑥ 写显示数据（WRITE DISPLAY DATA）

R/W	D/I	DB7	DB6	DB5	DB4	DB3	DB2	DB1	DB0
0	1	D7	D6	D5	D4	D3	D2	D1	D0

D7～D0 为显示数据。此指令把 D7～D0 写入相应的 DD RAM 单元。Y 地址指针自动加 1。

⑦ 读显示数据（READ DISPLAY DATA）

R/W	D/I	DB7	DB6	DB5	DB4	DB3	DB2	DB1	DB0
1	1	D7	D6	D5	D4	D3	D2	D1	D0

此指令把 DD RAM 的内容 D7～D0 读入数据总线 DB7～DB0。Y 地址指针自动加 1。

6. LM12864 使用过程中应注意以下几个问题

① 模块的工作电压是 VCC 提供的，LCD 驱动电压是 VO 提供的，改变 VO 可以调整对比度（范围：0～−15V）。

② 在编程时建议在每次读/写指令前先访问忙信号 BUSY，以节省时间。

③ 在显示汉字时可以调用汉字系统下的汉字库，但要注意汉字库中字节排列顺序与 LM12864 的字节排列顺序不同。

7. LM12864 与 89C52 单片机接口与编程

【例 7.9】 LM12864 与 89C52 单片机典型接口电路如图7.31 所示。在 LM12864 显示 16×16 点阵汉字"单片机原理与应用系统设计仿真实验、题库、题解*点阵液晶实验演示"；显示保持约 2 秒，清除屏幕后保持约 0.5 秒；重复上述过程。

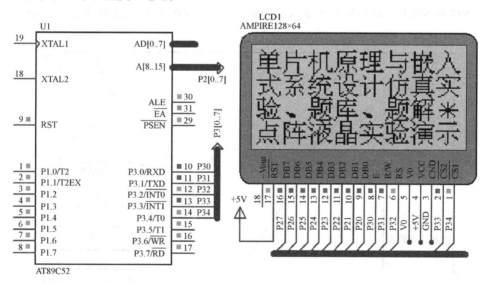

图 7.31　点阵式图形液晶显示器 LCD128×64 仿真电路

C 程序详细源程序代码见本书配套资源：..\McuBookExam\Chapter_7\Exam7_9。

7.7　日历时钟接口芯片及应用

7.7.1　并行接口日历时钟芯片 DS12887

DS12887 是内置锂电池的实时日历时钟芯片，它可以产生秒、分、时、星期、日、月及年等 7 个时标，并带有供用户使用的 114B 带掉电保护的 RAM，可以通过编程读取和修改这些时标，也可以编程产生定时间隔时间中断，使用十分方便。

1. DS12887 芯片的引脚

DS12887 的引脚如图 7.32 所示。

- VCC：电源。
- GND：地。
- AD0～AD7：地址/数据。
- MOT：总线类型选择，与 80C51 单片机连接时接地。
- $\overline{CS}$：片选。
- AS：地址选通，与 CPU 连接时接 ALE。
- R/$\overline{W}$：读/写控制，与 CPU 连接时接 WD。
- DS：数据选通，与 CPU 连接时接 RD。
- $\overline{RESET}$：复位端。
- $\overline{IRQ}$：中断请求输出。
- SQW：可编程的方波输出端。
- NC：空引脚。

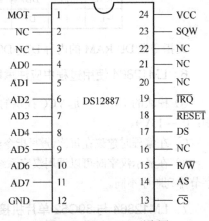

图 7.32　DS12887 引脚图

2. 片内结构和寄存器

DS12887 的内部有 10B 时标寄存器、4B 状态寄存器、114B 带掉电保护的 RAM。其地址分配如图7.33 所示。

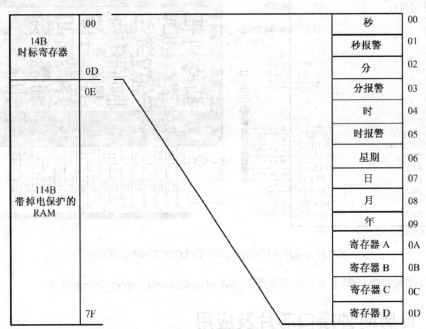

图 7.33　DS12887 片内寄存器和 RAM 地址分配

（1）时标寄存器

10 个时标寄存器可用二进制码表示，也可用 BCD 码表示。其功能和数值范围如表 7.9 所示。

（2）寄存器 0AH

寄存器 0AH 的位如图 7.34 所示。

表 7.9　时标寄存器功能和数值范围

地　址	功　能	十进制码	二进制码	BCD 码
00H	Seconds	0~59	00~3B	00~59
01H	Seconds Alarm	0~59	00~3B	00~59
02H	Minutes	0~59	00~3B	00~59
03H	Minutes Alarm	0~59	00~3B	00~59
04H	Hours-12-hr Mode	1~12	01~0C AM，81~8C PM	01~12AM，81~92PM
	Hours-24-hr Mode	0~23	00~17	00~23
05H	Hours Alarm-12-hr	1~12	01~0C AM，81~8C PM	01~12AM，81~92PM
	Hours Alarm-24-hr	0~23	00~17	00~23
06H	Day of the Week Sunday=1	1~7	01~07	01~07
07H	Date of the Month	1~31	01~1F	01~31
08H	Month	1~12	01~0C	01~12
09H	Year	0~99	00~63	00~99

BIT7	BIT6	BIT5	BIT4	BIT3	BIT2	BIT1	BIT0
UIP	DV2	DV1	DV0	RS3	RS2	RS1	RS0

图 7.34　寄存器 0AH 中的位

- UIP：更新周期进行标志位，UIP =1 时，芯片正处于或即将开始新周期，此期间不允许读/写时标寄存器。
- DV2~DV0：为 010 时，晶振工作，其他组合时晶振停止。
- RS3~RS0：中断周期时间和 SQW 输出频率选择位。4 位编码与中断周期和 SQW 输出频率的对应关系如表 7.10 所示。

表 7.10　4 位编码与中断周期和 SQW 输出频率的对应关系

RS3	RS2	RS1	RS0	中 断 周 期	SQW 输出频率
0	0	0	0	—	—
0	0	0	1	3.906 25ms	256Hz
0	0	1	0	7.8125ms	128Hz
0	0	1	1	122.070μs	8192Hz
0	1	0	0	244.141μs	4096Hz
0	1	0	1	488.281μs	2048Hz
0	1	1	0	976.562μs	1024Hz
0	1	1	1	1.953 125ms	512Hz
1	0	0	0	3.906 25ms	256Hz
1	0	0	1	7.8125ms	128Hz
1	0	1	0	15.625ms	64Hz
1	0	1	1	31.25ms	32Hz
1	1	0	0	62.5ms	16Hz
1	1	0	1	125ms	8Hz
1	1	1	0	250ms	4Hz
1	1	1	1	500ms	2Hz

（3）寄存器 0BH

寄存器 0BH 中的位如图 7.35 所示。

BIT7	BIT6	BIT5	BIT4	BIT3	BIT2	BIT1	BIT0
SET	PIE	AIE	UIE	SQWE	DM	24/12	DSE

图 7.35　寄存器 0BH 中的位

- SET：为 1 时禁止更新，为 0 时正常。
- PIE：为 1 时周期中断允许。
- AIE：为 1 时警报中断允许。
- UIE：为 1 时更新结束中断允许。
- SQWE：为 1 时方波输出允许。
- DM：为 0 时为 BCD 码，为 1 时为二进制码。
- 24/12：为 1 时为 24 小时进制，为 0 时为 12 小时进制。
- DSE：置 0。

（4）寄存器 0CH

寄存器 0CH 中的位如图 7.36 所示。

BIT7	BIT6	BIT5	BIT4	BIT3	BIT2	BIT1	BIT0
IRQF	PF	AF	UF	0	0	0	0

图 7.36　寄存器 0CH 中的位

- IRQF：中断申请标志位。
- PF：周期中断标志位。
- AF：警报中断标志位。
- UF：更新结束中断标志位。

（5）寄存器 0DH

寄存器 0DH 中的位如图 7.37 所示。

VRT：为 0 时表示内部锂电池耗尽。

BIT7	BIT6	BIT5	BIT4	BIT3	BIT2	BIT1	BIT0
VRT	0	0	0	0	0	0	0

图 7.37　寄存器 0DH 中的位

3. DS12887 与 89C52 的接口电路

图 7.38 所示为 89C52 与 DS12887 的接口电路，DS12887 的片选信号接 P2.4，即 P2.4=0 时，选中 DS12887。设片内时标寄存器和掉电 RAM 的地址范围是 0E400H～0E47FH。

时标寄存器设置的步骤如下。

① 寄存器 B 的 SET 位置 1，芯片停止工作。

② 时标寄存器置初值。秒、分、时、星期、日、月、年时标寄存器的地址顺序为 E400H、E402H、E404H、E406H、E407H、E408H、E409H。

③ 读寄存器 C，以消除已有的中断标志。

④ 读寄存器 D，使片内寄存器和 RAM 数据有效。

⑤ 寄存器 B 的 SET 位清 0，启动 DS12887 开始工作。

【例 7.10】 编写如图 7.38 所示的 DS12887 时钟芯片的 C 语言驱动程序。

详细源程序代码见本书配套资源：..\McuBookExam\Chapter_7\Exam7_10。

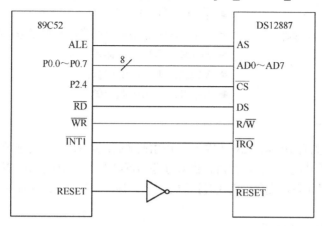

图 7.38 89C52 与 DS12887 的接口电路

7.7.2 串行接口日历时钟芯片 DS1302

以上介绍的接口电路都是采用单片机系统并行总线（三总线）扩展的，采用单片机系统并行总线扩展的接口电路具有操作速度快，编程方便的优点，但是对于 80C51 系列单片机来说，低位地址线要通过锁存器输出，还需要地址译码器等电路，而且并行口芯片体积相对较大，故许多半导体公司又推出了串行接口电路，本节介绍具有串行接口电路的日历时钟芯片 DS1302。

串行接口的日历时钟芯片以其使用简单、接口容易、与微机连线少等特点，在单片机应用系统中，尤其是手持式信息设备中得到广泛应用。下面介绍在单片机应用系统中广为使用的串行接口实时时钟芯片 DS1302 的特点和使用方法。

1. DS1302 特性和引脚说明

DS1302 内部具有实时时钟、日历和用户可用 RAM，通过一个简单的串行接口与微机通信，可根据月份和闰年的情况自动调整月份的结束日期，时钟可由用户决定是以 24 小时制式或 12 小时制式工作。

（1）芯片主要特性

● 实时时钟包括秒、分、时、星期、月、日和年等信息。

● 31B 静态 RAM 可供用户使用。

● 简单的 3 线串行 I/O 接口。

● 2.5～5.5V 的电压工作范围。

● TTL/CMOS 兼容（V_{CC}=5V 时）。

● 在 2.5V 工作时，芯片电流小于 300nA。

● 8 脚 DIP 或 SOIC 封装。

● 可选的涓流充电方式。

● 工作电源和备份电源双引脚输入。

● 备份电源可由超级电容（1F）替代。

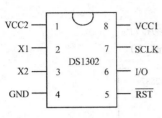

图 7.39　DS1302 的引脚图

（2）引脚说明

DS1302 的引脚如图 7.39 所示。

- X1、X2：32768Hz 晶振接入引脚。
- GND：接地引脚。
- $\overline{RST}$：复位输入引脚。
- I/O：数据输入/输出引脚，具有三态功能。
- SCLK：串行时钟输入引脚。
- VCC2：工作电源引脚。
- VCC1：备用电源引脚。

2．基本控制操作

为了初始化任何数据的传输，$\overline{RST}$ 引脚信号应由低变高，并且应将具有地址和控制信息的 8 位数据（控制字节）装入芯片的移位寄存器内。数据的读/写可以用单字节或多字节的突发模式方式进行。所有的数据应在时钟的下降沿变化，而在时钟的上升沿，通过芯片或与之相连的设备进行输入。

（1）命令字节

命令字节的格式如图 7.40 所示。

D7	D6	D5	D4	D3	D2	D1	D0
1	R/$\overline{C}$	A4	A3	A2	A1	A0	R/$\overline{W}$

图 7.40　命令字节格式

每次数据的传输都是由命令字节开始的，这里的最高有效位必须是 1。D6 是 RAM（为 1）或时钟/日历（为 0）的标志位。D1～D5 定义片内寄存器的地址。最低有效位（D0）定义了写操作（为 0 时）或读操作（为 1 时），命令字节的传输始终从最低有效位开始。

（2）数据的写入或读出

对芯片的所有写入或读出操作都是由命令字节为引导的。每次仅写入或读出 1B 数据的操作称为单字节操作。每次对时钟/日历的 8B 或 31 个 RAM 字节进行全体写入或读出操作，称为多字节突发模式操作。包括命令字节在内，对于单字节操作，每次需要 16 个时钟；对于时钟/日历多字节突发模式操作，每次需要 72 个时钟；对于 RAM 多字节突发模式操作，每次需要多达 256 个时钟。单字节传送操作格式如图 7.41 所示，多字节突发模式操作格式如图 7.42 所示。

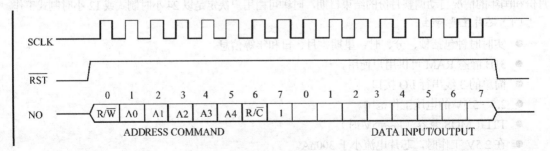

图 7.41　单字节传送操作格式

（3）时钟/日历寄存器地址命令格式及功能定义

访问 DS1302 片内各寄存器地址命令格式如表 7.11 所示。访问 DS1302 片内各寄存器数据格式如表7.12 所示。

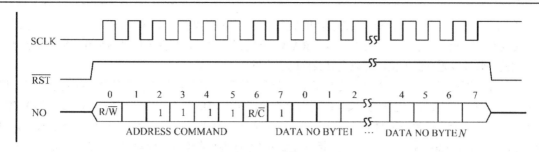

图 7.42　多字节突发模式操作格式

表 7.11　访问 DS1302 片内各寄存器地址命令格式

时钟/RAM	固定 1	R/$\overline{C}$	地　　　址						R/$\overline{W}$
秒	1	0	0	0	0	0	0	0	R/$\overline{W}$
分	1	0	0	0	0	0	0	1	R/$\overline{W}$
时	1	0	0	0	0	0	1	0	R/$\overline{W}$
日	1	0	0	0	0	0	1	1	R/$\overline{W}$
月	1	0	0	0	0	1	0	0	R/$\overline{W}$
星期	1	0	0	0	0	1	0	1	R/$\overline{W}$
年	1	0	0	0	0	1	1	0	R/$\overline{W}$
控制	1	0	0	0	0	1	1	1	R/$\overline{W}$
涓流充电	1	0	0	1	0	0	0	0	R/$\overline{W}$
时钟突发模式	1	0	1	1	1	1	1	1	R/$\overline{W}$
RAM0	1	1	0	0	0	0	0	0	R/$\overline{W}$
…	1	1	…	…	…	…	…		R/$\overline{W}$
RAM30	1	1	1	1	1	1	1	0	R/$\overline{W}$
RAM 突发模式	1	1	1	1	1	1	1	1	R/$\overline{W}$

表 7.12　访问 DS1302 片内各寄存器数据格式

时钟/RAM	数　据　格　式							
	D7	D6	D5	D4	D3	D2	D1	D0
秒：00～59	CH	10 秒			秒			
分：00～59	0	10 分			分			
时：00～23	0	0	10 小时		小时			
日：01～31	0	0	10 日		日			
月：01～12	0	0	0	10 月	月			
星期：01～07	0	0	0	0	星期			
年：01～99	10 年				年			
控制	WP	0	0	0	0	0	0	0
涓流充电	TCS	TCS	TCS	TCS	DS	DS	RS	RS
RAM 0～30	x	x	x	x	x	x	x	x

注：x 表示任意，可为 0 或 1。

　　时钟/日历寄存器有秒、分、时、日、月、星期、年共 7 个寄存器。秒寄存器的最高位 CH 标志位是时钟的暂停标志。当这位被置为逻辑 1 时，时钟振荡电路停振，且 DS1302 进入低功耗空闲状态，这时芯片消耗电流将小于 100nA；当这位被置为逻辑 0 时，时钟开始工作。

控制寄存器即写保护寄存器，该寄存器的最高位是芯片的写保护位，D0～D6 应强迫写 0，且读出时始终为 0。对任何片内时钟/日历寄存器或 RAM，在写操作之前，写保护位必须是 0，否则将不可写入。因此，通过设置写保护位，可以提高数据的安全性。

涓流充电寄存器控制着 DS1302 的涓流充电特性。寄存器的 D4～D7 决定是否具备充电性能，仅在编码为 1010 时才具备充电性能，其他编码组合不允许充电。D2 和 D3 可以选择在 VCC2 脚和 VCC1 脚之间是串联一个二极管还是两个二极管。如果编码是 01，则串联一个二极管；如果编码是 10，则串联两个二极管；其他编码将不允许充电。该寄存器的 D0 和 D1 选择与二极管相串联的电阻值，其中编码 01 为 2kΩ，10 为 4kΩ，11 为 8kΩ，而 00 将不允许进行充电。因此，根据涓流充电寄存器的不同编程，可得到不同的充电电流。其充电电流具体计算公式为：

$$I_C = \frac{5.0(\text{V}) - V_D - V_E}{R}$$

式中，5.0V 为 VCC2 脚所接入的工作电压；V_D 为二极管正向压降 0.7V；R 为寄存器 0 和 1 位编码决定的电阻值；V_E 为 VCC1 脚所接入的电池电压。

在 RAM 寻址空间中依次排布的 31B 静态 RAM 可为用户使用，VCC1 引脚的备用电源为 RAM 提供了失电保护功能。寄存器和 RAM 的操作通过命令字节的 D6 位加以区别。当 D6 位为 0 时，对 RAM 区进行寻址，否则将对时钟/日历寄存器寻址，其操作方法如前所述。

3. DS1302 与 89C52 的接口电路

图 7.43 是 89C52 与 DS1302 的接口电路，DS1302 的 3 条接口线可接到单片机的任何通用双向 I/O 口上。

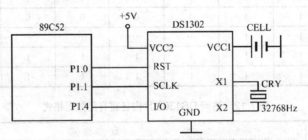

图 7.43　89C52 与 DS1302 的接口电路

【例 7.11】　编写图 7.43 所示的 DS1302 时钟芯片驱动程序，并在主程序中每隔 1 秒读取时钟信息送到串口输出。在 P1.6 增加一个按钮，当按钮按下时间超过 1s 时，时钟被初始化为 2008 年 1 月 1 日 0 点 0 分 0 秒周二。

DS1302 时钟芯片驱动程序代码见本书配套资源：..\McuBookExam\Chapter_7\Exam7_11。

7.8　单片机数据采集系统

在工业生产和科学技术研究的各行各业中，常利用 PC 或工控机对各种数据进行采集，如液位、温度、压力、频率等物理量。现在常用的采集方式为通过数据采集板卡采集。采用板卡不仅安装麻烦，易受机箱内环境的干扰，而且由于受计算机插槽数量和地址、中断资源的限制，不可能挂接很多设备。而单片机数据采集系统的出现，很好地解决了以上这些冲突，很容易就能实现低成本、高可靠性、多点的数据采集。现实世界的物理量都是模拟量，能把模拟量转化为数字量的器件称为模数转换器（A/D

转换器)。A/D 转换器是单片机数据采集系统的关键接口电路,按照与单片机系统的接口形式,可分为并行 A/D 转换器和串行 A/D 转换器。

7.8.1 并行 A/D 转换器 ADC0809

1. ADC0809 的特性与引脚

ADC0809 是单片 CMOS 器件,是 8 位模数转换器,带有使能控制端,可以与微机直接接口。片内带有锁存功能的 8 路模拟多路开关,可以对 8 路 0~5V 的输入模拟电压信号分时进行转换。ADC0809 逻辑框图如图7.44 所示。器件的核心部分是 8 位 A/D 转换器,它由比较器、逐次逼近寄存器、A/D 转换器及控制和定时等组成,输出具有 TTL 三态锁存缓冲器,可直接连到单片机数据总线上。

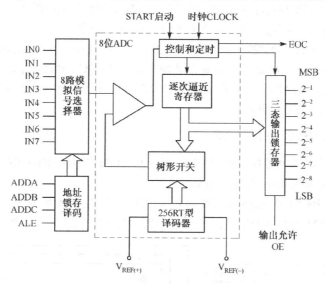

图 7.44 ADC0809 逻辑框图

8 路模拟开关用于输入 IN0~IN7 上的 8 路模拟电压。地址锁存和译码器在 ALE 信号控制下可以锁存 ADDA、ADDB 和 ADDC 上的地址信息,经译码后控制IN0~IN7 上哪一路模拟电压送入比较器。例如,当 ADDA、ADDB 和 ADDC 上均为低电平 0 且 ALE 为高电平时,地址锁存和译码器输出,使 IN0 上模拟电压送到比较器输入端。

逐次逼近寄存器和比较器 SAR 在 A/D 转换过程中存放暂态数字量,在 A/D 转换完成后存放数字量,并可送到三态输出锁存器锁存。

三态输出锁存器和控制电路用于锁存 A/D 转换完成后的数字量。CPU 使 OE 引脚变成高电平后就可以从三态输出锁存器取走 A/D 转换后的数字量。

控制电路用于控制 ADC0809 的操作过程。

ADC0809 引脚图如图 7.45 所示。

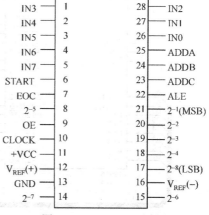

图 7.45 ADC0809 引脚图

ADC0809 采用双列直插式封装,共有 28 条引脚,现分 4 组简述如下。

① IN0~IN7 (8 条):IN0~IN7 为 8 模拟电压输入线,用于输入被转换的模拟电压。

② 地址输入和控制 (4 条):ALE 为地址锁存允许输入线,高电平有效。当 ALE 线为高电平时,

为地址输入线，用于选择 IN0～IN7 上哪一路模拟电压送给比较器进行 A/D 转换。例如，当 ADDC,
ADDB, ADDA 编码组合为 000 且 ALE 为高电平时，地址锁存和译码器输出使 IN0 上的模拟电压送到
比较器输入端；当 ADDC, ADDB, ADDA 编码组合为 001 且 ALE 为高电平时，地址锁存和译码器输出
使 IN1 上的模拟电压送到比较器输入端；其余类推。

③ 数字量输出及控制线（11 条）：START 为"启动脉冲"输入线，该线上正脉冲由 CPU 送来，
宽度应大于 100ns，上升沿清零 SAR，下降沿启动 ADC 工作。EOC 为转换结束输出线，该线上高电
平表示 A/D 转换已结束，数字量已锁入三态输出锁存器。2^{-1}～2^{-8} 为数字量输出线，2^{-1} 为最高位。OE
为"输出允许"线，高电平时使 2^{-1}～2^{-8} 引脚输出转换后的数字量。

④ 电源线及其他（5 条）：CLOCK 为时钟输入线，用于为 ADC0809 提供逐次比较所需的 640kHz
时钟脉冲序列。VCC 为+5V 电源输入线，GND 为地线。$V_{REF}(+)$ 和 $V_{REF}(-)$ 为参考电压输入线，用于给
电阻阶梯网络供给标准电压。$V_{REF}(+)$ 常与 VCC 相连，$V_{REF}(-)$ 常接地。

在启动端（START）加启动脉冲（正脉冲），开始转换，但是 EOC 信号是在 START 的下降沿 10μs
后才变成无效的低电平的。这就要求在 10μs 后才能开始查询 EOC。转换结束后，由 OE 信号产生输
出结果。如果将启动端（START）与转换结束端（EOC）直接相连，转换将变成连续的。要用这种转
换方式，开始时应在外部加启动脉冲。

2. ADC0809 与 89C52 的接口电路

ADC0809 与单片机有多种连接方式，图 7.46 所示为 89C52 与 ADC0809 的接口电路。该电路通过
调节滑线变阻器，改变 ADC0809 的输入电压。

图 7.46 中单片机 89C52 通过定时器中断从 P2.4 输出方波，接到 ADC0809 的 CLOCK，P2.6 发正
脉冲启动 A/D 转换，P2.5 检测 A/D 转换是否完成，转换完成后，P2.7 置高从 P1 口读取转换结果。

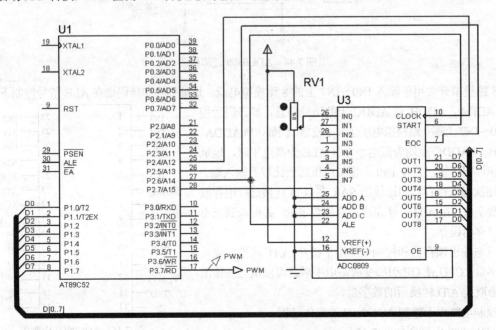

图 7.46　89C52 与 ADC0809 的接口电路

【例 7.12】　按图 7.46 所示电路，设计 PWM 输出控制电路，根据 ADC0809 IN0 的输入调制 PWM
占空比。PWM 从 P3.7 口输出。

源程序如下：

```c
/*通过 ADC0809 IN0 的输入调制 PWM 占空比*/
#include "common.h"
sbit CLOCK=P2^4;
sbit EOC=P2^5;
sbit ST=P2^6;
sbit OE=P2^7;
sbit PWM=P3^7;
uchar ADCReg;
/*主程序*/
void main(void)
{
    TMOD=0x02;                      /*设置定时器 0 为工作方式 2*/
    TH0=0x80;                       /*定时器 0 每 128 个计数脉冲发生 1 次中断*/
    IE=0x82;                        /*打开定时器中断*/
    TR0=1;
    initUart();                     /*串口初始化*/
    time(1);delay_n_100us(1);       /*延时*/
    while(1)
    {
        ST=0;ST=1;ST=0;             /*启动 A/D 转换*/
        while(EOC){}                /*等待 EOC 变低*/
        while(!EOC){}               /*等待 EOC 变高*/
        OE=1;ADCReg=P1;OE=0;        /*读转换结果*/
        PWM=1;time(ADCReg);         /*PWM 高*/
        PWM=0;time(255);            /*PWM 低*/
    }
}
/******* 定时器/计数器 0 中断服务程序 ***/
void timer0int(void) interrupt 1
{
    CLOCK=!CLOCK;                   /*输出取反*/
}
```

7.8.2　串行 A/D 转换器 TLC2543

1. TLC2543 的特性与引脚

TLC2543 是 TI 公司的 12 位串行 A/D 转换器，使用开关电容逐次逼近技术完成 A/D 转换过程。由于是串行输入结构，能够节省 80C51 系列单片机的 I/O 资源，而且价格适中。其主要特点如下：

- 12 位分辨率 A/D 转换器。
- 在工作温度范围内 10μs 转换时间。
- 11 个模拟输入通道。
- 3 路内置自测试方式。
- 采样率为 66kbps。

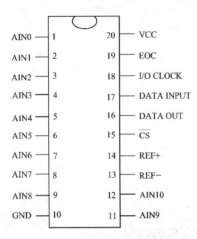

图 7.47　TLC2543 的引脚排列图

- 线性误差+1LSB（max）。
- 有转换结束（EOC）输出。
- 具有单、双极性输出。
- 可编程的 MSB 或 LSB 前导。
- 可编程的输出数据长度。

TLC2543 的引脚排列如图 7.47 所示。图中，AIN0～AIN10 为模拟输入端，$\overline{CS}$ 为片选端，DATA INPUT 为串行数据输入端，DATA OUT 为 A/D 转换结果的三态串行输出端，EOC 为转换结束端，I/O CLOCK 为 I/O 时钟，REF+为正基准电压端，REF- 为负基准电压端，VCC 为电源，GND 为地。

2. TLC2543 的工作过程

TLC2543 的工作过程分为两个周期：I/O 周期和实际转换周期。

（1）I/O 周期

I/O 周期由外部提供的 I/O CLOCK 定义，延续 8、12 或 16 个时钟周期，决定于选定的输出数据长度。器件进入 I/O 周期后同时进行两种操作。

① 在 I/O CLOCK 的前 8 个脉冲的上升沿，以 MSB 前导方式从 DATA INPUT 端输入 8 位数据流到输入寄存器。其中前 4 位为模拟通道地址，控制 14 通道模拟多路器从 11 个模拟输入和 3 个内部自测电压中选通一路送到采样保持电路。该电路从第 4 个 I/O CLOCK 脉冲的下降沿开始，对所选信号进行采样，直到最后一个 I/O CLOCK 脉冲的下降沿。I/O 周期的时钟脉冲个数与输出数据长度（位数）有关，输出数据长度由输入数据的 D3、D2 选择为 8、12 或 16 位。当工作于 12 或 16 位时，在前 8 个时钟脉冲之后，DATA INPUT 无效。

② 在 DATA OUT 端串行输出 8、12 或 16 位数据。当 $\overline{CS}$ 保持为低时，第一个数据出现在 EOC 的上升沿；若转换由 $\overline{CS}$ 控制，则第一个输出数据发生在 $\overline{CS}$ 的下降沿。这个数据串是前一次转换的结果，在第一个输出数据位之后的每个后续位均由后续的 I/O CLOCK 脉冲下降沿输出。

（2）实际转换周期

在 I/O 周期的最后一个 I/O CLOCK 脉冲下降沿之后，EOC 变低，采样值保持不变，转换周期开始，片内转换器对采样值进行逐次逼近式 A/D 转换，其工作由与 I/O CLOCK 同步的内部时钟控制。转换完成后 EOC 变高，转换结果锁存在输出数据寄存器中，等待下一个 I/O 周期输出。I/O 周期和转换周期交替进行，从而可以减小外部的数字噪声对转换精度的影响。

TLC2543 的工作时序如图 7.48 所示。

3. TLC2543 与 89C52 的接口电路

图 7.49 所示为 89C52 与 TLC2543 的接口电路，TLC2543 的 5 条接口线可以接到单片机的任何通用双向 I/O 口上。

单片机 89C52 是整个系统的核心，TLC2543 对输入的模拟信号进行采集，转换结果由单片机通过 P1.5 接收，A/D 芯片的通道选择和方式数据通过 P1.4 输入到其内部的一个 8 位地址和控制寄存器中。

TLC2543 的通道选择和方式数据为 8 位，其功能为：D7、D6、D5 和 D4 用来选择要求转换的通道，D7D6D5D4=0000 时选择 0 通道，D7D6D5D4=0001 时选择 1 通道，其余类推；D3 和 D2 用来选择输出数据长度，本程序选择输出数据长度为 12 位，即 D3D2=00 或 D3D2=10；D1 和 D0 用来选择输入数据的导前位，D1D0=00 选择高位导前。

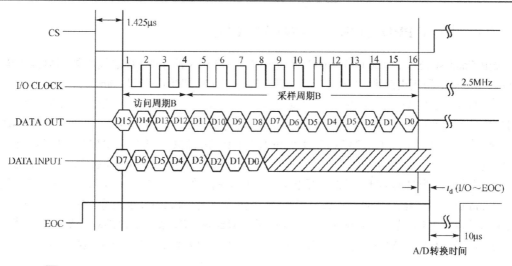

注：使用CS,MSB在前。

图 7.48　TLC2543 的工作时序

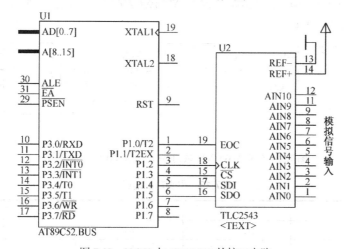

图 7.49　89C52 与 TLC2543 的接口电路

TLC2543 在每次 I/O 周期读取的数据都是上次转换的结果，当前的转换结果在下一个 I/O 周期中被串行移出。第一次读数由于内部调整，读取的转换结果可能不准确，应丢弃。数据采集程序见例 7.13。单片机通过编程产生串行时钟，并按时序发送与接收数据位，完成通道方式/通道数据的写入和转换结果的读出。

【例 7.13】　按图 7.49 所示电路，编写采集 11 个输入通道模拟输入的 C 语言程序。

程序代码见本书配套资源：..\McuBookExam\Chapter_7\Exam7_13。

7.9　I^2C 总线接口电路 E^2PROM 及其应用

I^2C 总线（Inter Integrated Circuit BUS）即内部集成电路总线。I^2C 总线采用时钟（SCL）和数据（SDA）两条线进行数据传输，接口十分简单。串行 I^2C 接口 E^2PROM 电路具有体积小、接口简单、数据保存可靠、可在线改写、功耗低等特点，而且为低电压操作，已经形成了系列产品，在单片机系统中应用十分普遍。本节将以 I^2C 总线串行 E^2PROM 为例进行介绍。

7.9.1　串行 E²PROM 电路 CAT24WCXX 概述

美国 Catalyst 公司出品的 CAT24WCXX 是一个 1～256KB 的支持 I²C 总线数据传送协议的串行 CMOS E²PROM，可用电擦除，自动定时写周期（包括自动擦除时间不超过 10ms，典型时间为 5ms）。串行 E²PROM 一般具有两种写入方式，一种是字节写入方式，另一种是页写入方式。允许在一个写周期内同时对 1B 到 1 页的若干字节的编程写入，1 页的大小取决于芯片内页寄存器的大小。其中，CAT24WC01 具有 8B 数据的页面写能力，CAT24WC02/04/08/16 具有 16B 数据的页面写能力，CAT24WC32/64 具有 32B 数据的页面写能力，CAT24WC128/256 具有 64B 数据的页面写能力。美国 Catalyst 公司先进的 CMOS 技术实质上降低了器件的功耗，可在电源电压低至 1.8V 的条件下工作，等待电流和额定电流分别为 0mA 和 3mA。该系列器件提供商业级、工业级、汽车级芯片。Catalyst 公司特有的噪声保护施密特触发输入技术和 ESD 最小达 2000V，从而保证了 CAT24WCXX 系列 E²PROM 在极强的干扰下数据不丢失，因此 CAT24WCXX 系列 E²PROM 在汽车电子及电度表、水表、煤气表中得到了广泛的应用。

CAT24WCXX 系列 E²PROM 提供标准的 8 脚 DIP 封装和 8 脚表面安装的 SOIC 封装。CAT24WC01/02/04/08/16/32/64、CAT24WC128、CAT24WC256 引脚排列图分别如图 7.50（a）、（b）和（c）所示，其引脚功能描述如表 7.13 所示。

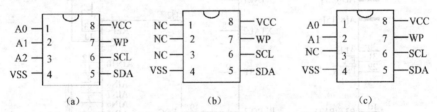

(a)　　　　　　　　　　(b)　　　　　　　　　　(c)

图 7.50　CAT24WCXX 系列串行 E²PROM 引脚排列图

表 7.13　引脚功能描述

引 脚 名 称	功　　能	引 脚 名 称	功　　能
A0、A1、A2	器件地址选择	WP	写保护
SDA	串行数据/地址	VCC	1.8～6.0V
SCL	串行时钟	VSS	地

SCL：串行时钟。这是一个输入引脚，用于产生器件所有数据发送或接收的时钟。

SDA：串行数据/地址。这是一个双向传输端，用于传送地址和发送或接收所有数据。它是一个漏极开路端，因此要求接一个上拉电阻到 VCC 端（典型值为：100kHz 时 10kΩ，400kHz 时 1kΩ）。对于一般的数据传输，仅在 SCL 为低期间 SDA 才允许变化；在 SCL 为高期间，指示 START（开始）和 STOP（停止）条件。

A0、A1、A2：器件地址输入端。这些输入端用于多个器件级联时设置器件地址，当这些脚悬空时默认值为 0（CAT24WC01 除外）。

WP：写保护。如果 WP 引脚连接到 VCC，则所有的内容都被写保护（只能读）；当 WP 引脚连接到 VSS 或悬空时，允许器件进行正常的读/写操作。

在单片机系统中，I²C 总线受单片机控制，单片机产生串行时钟（SCL），控制总线的存取，发送 START 和 STOP 信号。

7.9.2　串行 E²PROM 芯片的操作

1. 器件寻址

（1）从器件地址位

主器件通过发送一个起始信号启动发送过程，然后发送它所要寻址的从器件地址。8 位从器件地址的高 4 位 D7～D4 固定为 1010（见图 7.52），接下来的 3 位 D3～D1（A2、A1、A0）为器件的片选地址位，或作为存储器页地址选择位用来定义哪个器件及器件的哪个部分被主器件访问。最多可以连接 8 个 CAT24WC01/02、4 个 CAT24WC04、2 个 CAT24WC08、8 个 CAT24WC32/64、4 个 CAT24WC256 器件到同一总线上，这些位必须与硬连线输入脚 A2、A1、A0 相对应。一个 CAT24WC16/128 可单独被系统寻址。从器件 8 位地址的最低位 D0，作为读/写控制位：为 1 表示对从器件进行读操作，为 0 表示对从器件进行写操作。在主器件发送起始信号和从器件地址字节后，CAT24WCXX 监视总线并当其地址与发送的从地址相符时响应一个应答信号（通过 SDA 线）。CAT24WCXX 再根据读/写控制位（R/$\overline{\text{W}}$）的状态进行读或写操作。

（2）应答信号

应答时序图如图 7.51 所示。I²C 总线数据传送时，每成功地传送 1B 数据后，接收器都必须产生一个应答信号。应答的器件在第 9 个时钟周期时将 SDA 线拉低，表示其已收到 1B 数据。CAT24WCXX 在接收到起始信号和从器件地址之后响应一个应答信号，如果器件已选择了写操作，则在每接收 1B 之后响应一个应答信号。

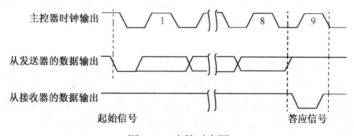

图 7.51　应答时序图

当 CAT24WCXX 工作于读模式时，在发送 1B 后释放 SDA 线并监视一个应答信号，一旦接收到应答信号，CAT24WCXX 将继续发送数据。如果主器件没有发送应答信号，器件将停止传送数据并等待一个停止信号。主器件必须发一个停止信号给 CAT24WCXX 使其进入备用电源模式，并使器件处于已知的状态。

2. 写操作方式

（1）字节写

图7.52所示为 CAT24WC01/02/04/08/16 字节写时序图。在字节写模式下，主器件发送起始命令和从器件地址信息（R/$\overline{\text{W}}$ 位置 0）给从器件，主器件在收到从器件产生的应答信号后，主器件发送 1B 地址写入 CAT24WC01/02/04/08/16 的地址指针，主器件在收到从器件的另一个应答信号后，再发送数据到被寻址的存储单元。CAT24WCXX 再次应答，并在主器件产生停止信号后开始内部数据的擦写，在内部擦写过程中，CAT24WCXX 不再应答主器件的任何请求。

（2）页写

图7.53 所示为 CAT24WCXX 页写时序图。在页写模式下，CAT24WC01/02/04/08/16 可一次写入 8/16/16/16/16B 的数据。页写操作的启动与字节写一样，不同的是，在传送了 1B 数据后并不产生停止

信号。主器件被允许发送额外 P（CAT24WC01，P=7；CAT24WC02/04/08/16，P=15；CAT24WC32/64，P=31；CAT24WC128/256，P=63）字节。每发送 1B 数据后，CAT24WCXX 产生一个应答位，且内部低 3/3/4/4/4/5/5/5/6 位地址加 1，高位保持不变。如果在发送停止信号之前主器件发送超过 (P+1) 字节，地址计数器将自动翻转，先前写入的数据被覆盖。接收到 (P+1) 字节数据和主器件发送的停止信号后，CAT24WCXX 启动内部写周期将数据写到数据区中。所有接收的数据在一个写周期内写入 CAT24WCXX。

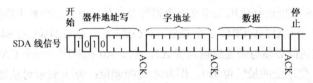

图 7.52　CAT24WC01/02/04/08/16 字节写时序图

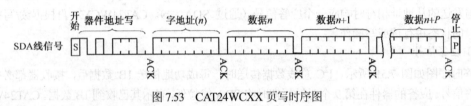

图 7.53　CAT24WCXX 页写时序图

页写时应该注意器件的页翻转现象。例如，CAT24WC01 的页写字节数为 8，从 0 页首址 00H 处开始写入数据，当页写入数据超过 8 个时，会发生页翻转。若从 03H 处开始写入数据，当页写入数据超过 5 个时，会发生页翻转。其他情况类推。

（3）应答查询

可以利用内部写周期时禁止数据输入这一特性。一旦主器件发送停止位指示主器件操作结束时，CAT24WCXX 启动内部写周期，应答查询立即启动，包括发送一个起始信号和进行写操作的从器件地址。如果 CAT24WCXX 正在进行内部写操作，则不会发送应答信号。如果 CAT24WCXX 已经完成了内部自写周期，将发送一个应答信号，主器件可以继续进行下一次读/写操作。

（4）写保护

写保护操作特性为，可使用户避免由于不当操作而造成的对存储区域内部数据的改写，当 WP 引脚接高时，整个寄存器区全部被保护起来而变为只读。CAT24WCXX 可以接收从器件地址和字节地址，但是装置在接收到第一个数据字节后不发送应答信号，从而避免了寄存器区域被编程改写。

3．读操作方式

对 CAT24WCXX 读操作的初始化方式与写操作时一样，仅把 R/$\overline{\text{W}}$ 位置 1，有 3 种不同的读操作方式：读当前地址内容、读随机地址内容、读顺序地址内容。

（1）立即地址读取

图 7.54 所示为 CAT24WCXX 立即地址读时序图。CAT24WCXX 的地址计数器内容为最后操作字节的地址加 1。也就是说，如果上次读/写的操作地址为 n，则立即读的地址从地址 $n+1$ 开始。如果 $n=E$（CAT24WC01，$E=127$；CAT24WC02，$E=255$；CAT24WC04，$E=511$；CAT24WC08，$E=1023$；CAT24WC16，$E=2047$），则计数器将翻转到 0 且继续输出数据。CAT24WCXX 接收到从器件地址信号后（R/$\overline{\text{W}}$ 位置 1），它首先发送一个应答信号，然后发送 1B 数据。主器件不需要发送一个应答信号，但要产生一个停止信号。

（2）随机地址读取

图 7.55 所示为 CAT24WCXX 随机地址读时序图。随机读操作允许主器件对寄存器的任意字节进行读操作。主器件首先通过发送起始信号、从器件地址和它想读取的字节数据的地址执行一个伪写操作，在 CAT24WCXX 应答之后，主器件重新发送起始信号和从器件地址，此时 R/W 位置 1，CAT24WCXX 响应并发送应答信号，然后输出所要求的 1B 的数据，主器件不发送应答信号，但产生一个停止信号。

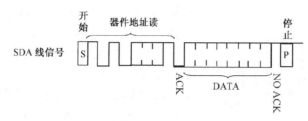

图 7.54　CAT24WCXX 立即地址读时序图

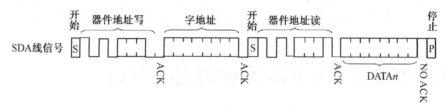

图 7.55　CAT24WCXX 随机地址读时序图

（3）顺序地址读取

图 7.56 所示为 CAT24WCXX 顺序地址读时序图。顺序读操作可通过立即读或选择性读操作启动。在 CAT24WCXX 发送完 1B 数据后，主器件产生一个应答信号来响应，告知 CAT24WCXX 主器件要求更多的数据，对应每个主机产生的应答信号 CAT24WCXX 将发送 1B 数据。当主器件不发送应答信号而发送停止位时结束此操作。从 CAT24WCXX 输出的数据按顺序由 n 到 $n+1$ 输出。读操作时，地址计数器在 CAT24WCXX 整个地址内增加，这样整个寄存器区域可在一个读操作内全部读出。当读取的字节超过 E（CAT24WC01，$E=127$；CAT24WC02，$E=255$；CAT24WC04，$E=511$；CAT24WC08，$E=1023$；CAT24WC16，$E=2047$）时，计数器将翻转到 0 并继续输出数据字节。

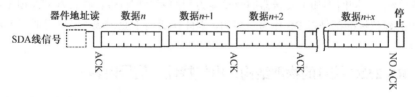

图 7.56　CAT24WCXX 顺序地址读时序图

7.9.3　串行 E²PROM 芯片与 89C52 的接口与编程

图 7.57 所示为 89C52 与串行 E²PROM CAT24WC16 的接口电路，CAT24WC16 的 3 条接口线可接到单片机的任何通用双向 I/O 口上。

【例 7.14】　按图 7.57 所示电路，编写 CAT24WC16 读/写驱动程序，并在主程序中完成以下操作。

① 往 CAT24WC16 地址 0x0000～0x00FF 依次写入：0, 1, 2,…, 255。

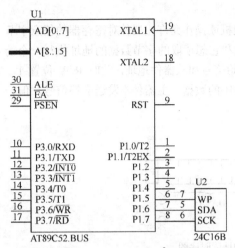

图 7.57　89C52 与串行 E²PROM
CAT24WC16 的接口电路

② 往 CAT24WC16 地址 0x0100～0x01FF 依次写入：255, 254, 253, …, 2, 1, 0。

③ 往 CAT24WC16 地址 0x0200～0x0210 依次写入：0x55, 0x55, 0x55, 0x55, 0x55, 0x55, 0x55, 0x55, 0xAA, 0xAA, 0xAA, 0xAA, 0xAA, 0xAA, 0xAA, 0xAA。

④ 往 CAT24WC16 地址 0x0200～0x0210 依次写入：0xAA, 0xAA, 0xAA, 0xAA, 0xAA, 0xAA, 0xAA, 0xAA, 0x55, 0x55, 0x55, 0x55, 0x55, 0x55, 0x55, 0x55。

⑤ 读出 CAT24WC16 地址 0x0000～0x0300 的内容，用 printf 语句输出。

CAT24WC16 驱动程序与读/写主程序代码见本书配套资源：..\McuBookExam\Chapter_7\Exam7_14。

在对 CAT24WC16 进行写操作之前，需要将 WP 置 0（WP=LOW），写操作完成后，将 WP 置 1（WP=HIGH），以保护 CAT24WC16 不被非法改写。

7.10　RS-232C 和 RS-485/422 通信接口

单片机应用系统与 PC 之间的通信主要是采用异步串行通信方式，通过 RS-232C 或 RS-485/422 标准接口实现。

RS-232C、RS-485/422 都是串行数据接口标准，最初都是由电子工业协会（EIA）制定并发布的。RS-232C 在 1969 年发布，命名为 EIA-RS-232C，作为工业标准，以保证不同厂家产品之间的兼容。RS-422 由 RS-232C 发展而来，它是为弥补 RS-232C 的不足而提出的。为改进 RS-232C 通信距离短、速率低的缺点，RS-422 定义了一种平衡通信接口，将数据传输速率提高到 10Mbps，传输距离延长到 1.2km（速率低于 100kbps 时），并允许在一条平衡总线上连接最多 10 个接收器。RS-422 是一种单机发送、多机接收的单向、平衡传输规范，被命名为 TIA/EIA-422-A 标准。为扩展应用范围，EIA 又于 1983 年在 RS-422 基础上制定了 RS-485 标准，增加了多点、双向通信能力，即允许多个发送器连接到同一条总线上，同时增加了发送器的驱动能力和冲突保护特性，命名为 TIA/EIA-485-A 标准。由于 EIA 提出的建议标准都是以 RS 作为前缀的，因此在通信工业领域，仍然习惯将上述标准以 RS 作为前缀称谓。

7.10.1　RS-232C 接口的物理结构、电气特性、信号内容

RS-232C 接口（又称 EIA-RS-232C）是 PC 和单片机应用系统中最常用的一种串行通信接口。RS-232C 的全名是"数据终端设备（Data Terminal Equipment，DTE）和数据通信设备（Data Communication Equipment，DCE）之间串行二进制数据交换接口技术标准"。RS-232C 又称为 EIA-RS-232C 标准，其中 EIA（Electronic Industry Association）代表电子工业协会，RS（Recommended Standard）代表推荐标准，232 是标识号，C 代表 RS-232 的最新一次修改（1969 年）。它规定连接电缆和机械、电气特性、信号功能及传送过程。

需要注意的是，DTE（数据终端设备）一般指 PC 或应用系统，而 DCE（数据通信设备）指调制解调器 Modem。远程通信时，在"发送"数据方，作为 DTE 的 PC 或单片机系统必须通过作为 DCE 的 Modem 接入通信线路，才能发送数据；而在"接收"数据方，作为 DTE 的 PC 或单片机系统也必须通过作为 DCE

的 Modem 接入通信线路,才能接收数据。"发送"数据方 DTE 和"接收"数据方 DTE 相距较近时,两个 DTE 可以直接相连而省掉 DCE,这种情况我们可称为零调制解调器(Null Modem)。

通常,从外观就能判断是 DTE 还是 DCE,DTE 是针头(俗称公头),DCE 是孔头(俗称母头),这样两种接口才能接在一起。

RS-232C 标准中所提到的"发送"和"接收",都是站在 DTE 立场上,而不是站在 DCE 的立场来定义的。

1. 接口的物理结构和信号内容

RS-232C 的物理结构规定采用一个 25 脚的 DB-25 连接器,通常插头在 DCE 端,插座在 DTE 端。实际上 RS-232C 的 25 条引线中有许多是很少使用的,在计算机与终端的通信中一般只使用 3~9 条引线。如 PC 的 RS-232C 接口 COM1 和 COM2 使用的是 9 针 D 形连接器 DB9。RS-232C 引线如图 7.58 所示。RS-232C 引线的信号内容如表 7.14 所示。

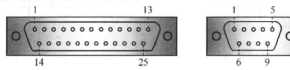

图 7.58 RS-232C 引线图

表 7.14 DB9 和 DB25 的常用信号脚说明

9 针串口(DB9）			25 针串口(DB25)		
针 号	功 能 说 明	缩 写	针 号	功 能 说 明	缩 写
1	数据载波检测	DCD	8	数据载波检测	DCD
2	接收数据	RXD	3	接收数据	RXD
3	发送数据	TXD	2	发送数据	TXD
4	数据终端准备	DTR	20	数据终端准备	DTR
5	信号地	GND	7	信号地	GND
6	数据设备准备好	DSR	6	数据准备好	DSR
7	请求发送	RTS	4	请求发送	RTS
8	清除发送	CTS	5	清除发送	CTS
9	振铃指示	DELL	22	振铃指示	BELL

2. 接口的电气特性

EIA-RS-232C 对电器特性、逻辑电平和各种信号线功能都做了规定。

在 TXD 和 RXD 上:

逻辑 1(MARK)=-3~-15V

逻辑 0(SPACE)=+3~+15V

在 RTS、CTS、DSR、DTR 和 DCD 等控制线上:

信号有效(接通,ON 状态,正电压)=+3~+15V

信号无效(断开,OFF 状态,负电压)=-3~-15V

在 RS-232C 中任何一条信号线的电压均为负逻辑关系,即:逻辑 1 为-3~-15V;逻辑 0 为+3~+15V。

3. RS-232C 和 TTL 电平转换

RS-232C 规定了自己的电气标准,但是不能直接满足单片机系统中 TTL 电平的传送要求。为了通过 RS-232C 接口通信,必须在单片机应用系统中加入电平转换芯片,以实现 TTL 电平向 RS-232C

电平的转换。图 7.59 和图 7.60 所示为 TTL 电平和实现 RS-232C 电平的转换电路，采用单 5V 工作电源的 MAX232 芯片实现。

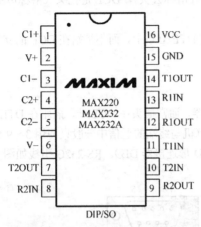

图 7.59　MAX232 封装和 TTL 电平

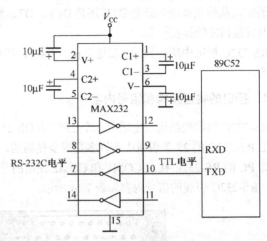

图 7.60　RS-232C 电平的转换电路

4．传输电缆长度

RS-232C 标准规定，若不使用 Modem，则在码元畸变小于 4%的情况下，DTE 和 DCE 之间最大传输距离为 15m（50 英尺）。可见，这个最大的距离是在码元畸变小于 4%的前提下给出的。为了保证码元畸变小于 4%的要求，接口标准在电气特性中规定，驱动器的负载电容应小于 2500pF。

5．RS-232C 接口的缺点

由于 RS-232C 接口标准出现较早，难免有不足之处，主要有以下 4 点：

① 接口的信号电平值较高，易损坏接口电路的芯片，又因为与 TTL 电平不兼容，故需使用电平转换电路方能与 TTL 电路连接；

② 数据传输速率较低，在异步传输时，波特率为 20kbps；

③ 接口使用一条信号线和一条信号返回线而构成共地的传输形式，这种共地传输容易产生共模干扰，所以抗噪声干扰性弱；

④ 传输距离有限，最大传输距离标准值为 15m，实际上也只能在 50m 左右。

尽管 RS-232C 接口有不足之处，但由于 RS-232C 是一个已制定很久的标准，因此 PC 和单片机系统都把其作为一个标准接口进行配置。

6．单片机系统和 PC 通信应用举例

【例 7.15】　如图 7.61 所示仿真电路，设置单片机串行口设为工作方式 1，波特率为 9600bps。要求 PC 从串行口发送一个字符 1、2、3 或 4 到单片机串行口，单片机接收到该字符后，首先在 P2 口的数码管上显示该字符，然后据字符不同返回不同的字符串，具体要求见表 7.15。

Proteus Professional 7.5 提供了一个带电平转换的串行通信接口仿真元件 COMPIM，配合 PC 上配置的虚拟串行口即可实现仿真电路中单片机和 PC 的通信。可以看到，本仿真电路已经调入了仿真元件 COMPIM。

另外还要在 PC 上配置虚拟串行口，配置工具很多，本书使用的是 Eltima Software 公司的产品 Configure VSPD XP，读者可通过网站 http://www.virtualserialport.com/products/vspdxp/ 下载此软件。

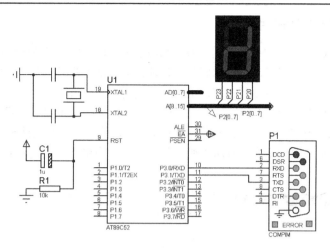

图 7.61　PC 和单片机通信仿真电路

表 7.15　单片机和 PC 通信内容

PC 发送字符	单片机返回
1	1: What do you plan to do this Friday?
2	2: I plan to go to the concert.
3	3: What are you doing next week?
4	4: I'm thinking of going to my grandma 's.
其他字符	d: Please select a character '1','2','3' or '4'!

安装后运行 Configure VSPD XP，打开该工具主界面，如图 7.62 所示。

如图 7.62 所示，在主界面的左边窗口是 PC 已有的串行口配置，我们可以看到此 PC 目前尚无配置虚拟串行口，但 PC 已有两个物理串行口（硬件串行口），物理串行口通常在 PC 主机后边可以找到，是 9 针口。不同的 PC，物理串行口的数量多少也不一致。

在主界面的右边是虚拟串行口配置按钮，通过这些按钮可以增加和删除虚拟串行口，如图 7.63 所示。

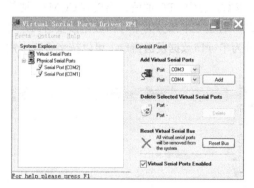

图 7.62　在 PC 上串行口配置情况

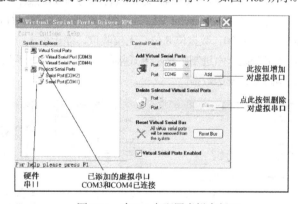

图 7.63　在 PC 上配置虚拟串行口

如图 7.63 所示，单击 Add 按钮可添加虚拟串行口，虚拟串行口是成对增加的，图中已经添加了一对虚拟串行口 COM3 和 COM4。从图中可以看到，COM3 和 COM4 的图标是连在一起的，表示 COM3 和 COM4 已经连接。故在单片机和 PC 的通信中，单片机和 PC 分别选择 COM3 和 COM4，就意味着单片机串行口和 PC 串行口已经连接。这一点从 PC 的设备管理器中也可以看出，如图 7.64 所示。下面就只要考虑该如何用软件实现通信即可。

4．PC 上的串行口通信软件

单片机系统与 PC 之间的串行口通信，双方都需要编写相应的串行口通信软件配合。单片机系统通信程序编写前面已经学习了，PC 的串行口通信软件可以直接使用他人编写的较为成熟的串行口调试工具，许多网站都提供多种串行口调试工具的下载链接。在此使用的是"啸峰"网友开发的串行口调试助手 SComAssistant V2.1。这是一个绿色免安装的软件，界面精致美观，实用性也强，支持各种串行口设置，如波特率、校验位、数据位和停止位等，能以 ASCII 码或十六进制码接收或发送任何数据或字符，可以任意设定自动发送周期。图 7.65 所示为串行口调试助手 SComAssistant V2.1 的主界面。

图 7.64　在 PC 的设备管理器查
询虚拟串行口配置情况

图 7.65　串行口调试助手 SComAssistant V2.1 主界面

5．设置仿真元件 COMPIM 与串行口调试助手

要使用虚拟串行口，还要做最后一步设置。假设已经添加一对虚拟串行口为 COM3 和 COM4，双击仿真电路中的 P1-COMPIM 元件，按图 7.66 所示修改设置仿真元件的 COMPIM 属性，表示单片机方的通信口连接到 COM4，通信波特率为 9600，数据位 8 位，无校验位，停止位 1 位。

打开 SComAssistant V2.1，按图 7.67 所示修改串行口参数，图中，PC 通信口连接到 COM3，通信波特率为 9600，数据位 8 位，无校验位，停止位 1 位。图中右边上半部分为串行口数据接收窗口，可以按字符或十六进制码显示方式接收数据。右边下半部分为串行口数据发送窗口，可以按字符或十六进制码方式发送数据。

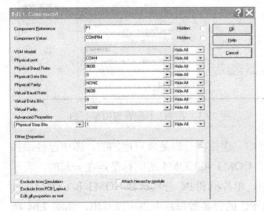

图 7.66　设置仿真元件 COMPIM 属性

图 7.67　设置 SComAssistant V2.1 的通信参数

单片机方的通信程序如下：

```c
#include <REG52.H>    /*special function register declarations*/
#include <stdio.h>    /*prototype declarations for I/O functions*/
#include <string.h>
#define TRUE  1
#define FALSE 0
#define uchar unsigned char
#define uint unsigned int
void time(unsigned int ucMs);        /*延时单位: ms*/

void initUart(void);                 /*初始化串口波特率，使用定时器2*/
void sendString(uchar *ucString);    /*往串口发字符串*/
/******** main 函数 ********/
void main (void) {

    time(1);                         /*延时等待外围器件完成复位*/
    initUart();                      /*初始化串口*/
    IE=0x90;                         /*打开串口中断*/
    while(TRUE){}
}
/********** 初始化串口波特率 ***********/
void initUart(void)                  /*初始化串口波特率，使用定时器2*/
{
/*Setup the serial port for 9600 baud at 11.0592MHz*/
    SCON=0x50;                       /*串口工作在方式1*/
    RCAP2H=(65536-(3456/96))>>8;
    RCAP2L=(65536-(3456/96))%256;
    T2CON=0x34;
}


/********** 串行口中断服务程序***************/
void serial0_int(void) interrupt 4
{
uchar rChar;
uchar code str1[]="What do you plan to do this Friday?";   /*收到0x01时返回*/
uchar code str2[]="I plan to go to the concert.";          /*收到0x02时返回*/
uchar code str3[]="What are you doing next week?";         /*收到0x03时返回*/
uchar code str4[]="I'm thinking of going to my grandma's.";
/*收到0x04时返回*/
uchar code strdefault[]="Please select a character '1','2','3' or '4'!";
/*收到其他时返回*/

    EA=0;                            /*关总中断*/
    RI=0;                            /*清标志*/
    rChar=SBUF;                      /*读串口缓冲区，得到PC发来的数据*/
```

```
        switch(rChar) {
            case '1':                                       /*收到字符'1'*/
                P2=1;                                       /*送 P2 口显示*/
                    SBUF='1';while(TI==0){}TI=0;            /*发送字符'1'*/
                    SBUF=':';while(TI==0){}TI=0;            /*发送字符':'*/
                    sendString(str1);                       /*发送字符串 str1*/
                break;
            case '2':                                       /*收到字符'2'*/
                P2=2;                                       /*送 P2 口显示*/
                    SBUF='2';while(TI==0){}TI=0;            /*发送字符'2'*/
                    SBUF=':';while(TI==0){}TI=0;            /*发送字符':'*/
                    sendString(str2);                       /*发送字符串 str2*/
                break;
            case '3':                                       /*收到字符'3'*/
                P2=3;                                       /*送 P2 口显示*/
                    SBUF='3';while(TI==0){}TI=0;            /*发送字符'3'*/
                    SBUF=':';while(TI==0){}TI=0;            /*发送字符':'*/
                    sendString(str3);                       /*发送字符串 str3*/
                break;
            case '4':                                       /*收到字符'4'*/
                P2=4;                                       /*送 P2 口显示*/
                    SBUF='4';while(TI==0){}TI=0;            /*发送字符'4'*/
                    SBUF=':';while(TI==0){}TI=0;            /*发送字符':'*/
                    sendString(str4);                       /*发送字符串 str4*/
                break;
            default:                                        /*收到其他字符*/
                P2=0xd;                                     /*送 P2 口显示*/
                    SBUF='d';while(TI==0){}TI=0;            /*发送字符'd'*/
                    SBUF=':';while(TI==0){}TI=0;            /*发送字符':'*/
                    sendString(strdefault);                 /*发送字符串 strdefault*/
                break;
        }
    EA=1;/*开总中断*/
}
/**********************************************************************
* 函数说明：往串口发字符串
* 入口参数：发送的字符串，包括回车
* 出口参数：无
* 返回：    无
* 作者：    张齐
* 创建时间：20040123
* 修改日期：
* 修改内容：
**********************************************************************/
void sendString(uchar *ucString)                    /*往串口发字符串*/
{
uchar i,stringLength=strlen(ucString);
```

```
    REN=0;                                                /*设置发送状态*/
    for(i=0;i<stringLength;i++){
        SBUF=ucString[i];while(TI==0);TI=0;               /*发送字符*/
    }
    SBUF=0x0D;while(TI==0);TI=0;                           /*发送回车*/
    SBUF=0x0A;while(TI==0);TI=0;                           /*发送换行*/
    SBUF=0x0A;while(TI==0);TI=0;                           /*发送换行*/
    REN=1;                                                /*设置接收状态*/
}


/*********** time C *************/
void time(unsigned int ucMs)                              /*延时单位：ms*/
{
#define DELAYTIMES 239
unsigned char  ucCounter;                                 /*延时设定的循环次数*/

    while (ucMs!=0) {
        for (ucCounter=0; ucCounter<DELAYTIMES; ucCounter++){}/*延时*/
        ucMs--;
    }
}
```

程序编译链接得到 HEX 文件，然后加载到图 7.61 所示仿真电路图中的 U1-AT89C52，单击按钮▶启动仿真。

如图 7.68 所示，在串行口调试助手的发送窗口中，依次输入 1、2、3、4 和 5，按字符方式发送，可以看到单片机返回的字符串依次显示在接收窗口中。

图 7.68　单片机通过虚拟串行口与 PC 通信

7.10.2　RS-485/422 接口

RS-485/422 接口采用不同的方式：每个信号都采用双绞线（两根信号线）传送，两条线间的电压差用于表示数字信号。例如，把双绞线中的一条标为 A（正），另一条标为 B（负），当 A 为正电压（通常为+5V），而 B 为负电压时（通常为 0），表示信号 1；反之，A 为负电压，而 B 为正电压时，表示信号 0。RS-485/422 允许通信距离可达到 1200m，采用合适的电路可达到 2.5Mbps 的数据传输速率。

RS-422 与 RS-485 采用相同的通信协议，但有所不同。RS-422 通常作为 RS-232 通信的扩展，它采用两对双绞线，数据可以同时双向传递（全双工）。RS-485 则采用一对双绞线，输入/输出信号不能同时进行（半双工）。RS-485 可用于多点通信，一条信号线上可连接多个设备，它通常采用主/从结构。

RS-485 串行总线接口标准以差分平衡方式传输信号，具有很强的抗共模干扰的能力，允许在一对双绞线上一个发送器驱动多个负载设备。工业现场控制系统中一般都采用该总线标准进行数据传输，用户在开发一般的单片机嵌入式系统时，利用单片机本身所提供的简单串行接口，加上总线驱动器如 MAX485 等组合成简单的 RS-485 通信网络。

1. RS-485 接口特点

① RS-485 的电气特性，逻辑 1 以两线间的电压差为 $+2\sim+6V$ 表示；逻辑 0 以两线间的电压差为 $-2\sim-6V$ 表示。接口信号电平比 RS-232C 降低了，这样就不易损坏接口电路的芯片，且该电平与 TTL 电平兼容，可方便地与 TTL 电路连接。

② RS-485 的最高数据传输速率为 10Mbps。

③ RS-485 接口采用平衡驱动器和差分接收器的组合，抗共模干扰能力增强，即抗噪声干扰性好。

④ RS-485 接口的最大传输距离标准值为 1.2km，实际上可达 3km。另外，RS-232C 接口在总线上只允许连接一个收发器，即单站能力；RS-485 接口在总线上允许连接多达 128 个（如果使用特制的 485 芯片，最大的可以支持到 400 个）收发器，即具有多站能力，这样用户可以利用单一的 RS-485 接口方便地建立设备网络。

2. RS-485 和 TTL 电平转换

RS-485 通信方式规定了自己的电气标准，都不能直接满足 TTL 电平的传送要求。为了通过 RS-485 接口通信，必须在单片机嵌入式系统中加入电平转换芯片，以实现 TTL 电平向 RS-485 差分信号的转换。

图 7.69 和图 7.70 所示为实现 TTL 电平和 RS-485 电平的转换电路，采用 MAX485 芯片实现。

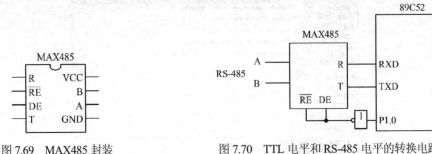

图 7.69　MAX485 封装　　　　　图 7.70　TTL 电平和 RS-485 电平的转换电路

RS-485 采用一对双绞线，输入/输出信号不能同时进行（半双工），MAX485 芯片的发送和接收功能转换是由芯片的 $\overline{\text{RE}}$ 和 DE 端控制的。$\overline{\text{RE}}=0$ 时，允许接收；$\overline{\text{RE}}=1$ 时，接收端 R 高阻。DE=1 时，允许发送；DE=0 时，发送端 A 和 B 高阻。在单片机系统中，常把 $\overline{\text{RE}}$ 和 DE 接在一起用单片机的一个 I/O 线控制收发。图 7.70 中，当 P1.0=1 时经反相器为 0，MAX485 处于接收状态；当 P1.0=0 时经反相器为 1，MAX485 处于发送状态。由于单片机各端口复位后处于高电平状态，图 7.70 中，P1.0=1 经反相器保证了上电时 MAX485 处于接收状态。

需要注意的是，RS-232C 串口对单片机串口接收和发送是透明的，无须控制。RS-485 输入/输出信号不能同时进行，RS-485 串口需由单片机控制收发。图 7.70 中发送数据时 P1.0=0，接收数据时 P1.0=1。通常将 RS-485 芯片设置为接收状态。

本章小结

单片机通过三总线扩展外部接口电路。这时 P0、P2 口用做外部扩展总线，无法再作为通用 I/O 口。

为了避免出现数据总线竞争现象，外部扩展接口电路的地址空间不能重叠，这一点通过地址译码保证。地址译码有两种方法：线选法和全地址译码法。线选法不用增加额外的电路，但只适用于扩展少量的片外接口电路。全地址译码法要增加译码器实现地址译码，适用于在单片机外围扩展较多的接口电路。

除程序存储器外，80C51 单片机嵌入式系统中采用三总线扩展的各种功能的接口电路或外围设备，采取与数据存储器相同的寻址方法。所有接口电路或外围设备均与片外数据存储器统一编址。任何一个扩展电路根据地址线的选择方式不同，占用一个片外 RAM 地址或一个片外 RAM 区域，而与外部程序存储器无关。

如果单片机通过三总线扩展外部接口电路，则至少损失18个I/O口，可以采用通用 I/O 接口或 74HC系列芯片扩展 I/O 接口。

在单片机系统中扩展超过 64KB 的大容量存储器时，通过增加高位地址线的方法将该存储器分为几个页面去访问。可以使用单片机多余的 I/O 线作为高位地址线，也可以通过 74HC 系列中的锁存器扩展高位地址线。

键盘是单片机应用系统最常用的输入设备，单片机系统中常用的有独立式键盘和行列式键盘。当键数较少时，使用独立式键盘；当键数较多时，使用行列式键盘。这两种键盘的硬件都可以直接由单片机的 I/O 口构成，软件则要增加防抖动处理。

显示器常作为单片机系统中的输出设备，用以显示单片机系统的运行结果与运行状态等。常用的显示器主要有 LED 数码显示器、LCD 液晶显示器和 CRT 显示器。LED 显示器有静态和动态驱动之分。静态驱动外围电路多，功耗大，但驱动程序简单；动态驱动外围电路少，功耗低，但驱动程序复杂。

常见的液晶显示器有 7 段式 LCD 显示器、点阵式字符型 LCD 显示器和点阵式图形 LCD 显示器。字符型液晶显示模块是专门用于显示字母、数字、符号等的点阵式字符型显示模块。点阵式图形 LCD显示器不仅可以显示字符，还可以显示汉字和图形。

实时日历时钟芯片是单片机系统中常用的扩展接口单元，通过对其片内控制寄存器进行读/写操作，实现对实时日历时钟的操作。时钟芯片有并行接口和串行接口芯片，并行接口芯片体积大，但控制程序简单；串行接口芯片体积大，但控制程序复杂。

A/D 转换器单片机数据采集系统关键接口电路，按照和单片机系统的接口形式可分为并行A/D 转换器和串行 A/D 转换器。在单片机系统采用串行 A/D 转换器，能够节省 80C51 系列单片机的 I/O 资源。

I^2C 总线采用时钟（SCL）和数据（SDA）两条线进行数据传输，接口十分简单。串行 I^2C 接口E^2PROM 电路具有体积小、接口简单、数据保存可靠、可在线改写、功耗低等特点，而且为低电压操作，并已经形成系列产品，在单片机系统中应用十分普遍。

单片机本身提供的串行接口为 TTL 电平，无法直接与 PC 的串行通信接口 RS-232C 相连，通过MAX232 接口电路可实现其透明连接。串行通信接口无论是 TTL 电平，还是 RS-232C 电平，其传输距离都非常有限。为了实现低成本高可靠长距离之间的通信，通常使用 RS-485 接口实现。RS-485 接口的最大传输距离标准值为 1.2km，实际上可达 3km。

习题 7

1. 为什么要对单片机系统进行扩展？系统扩展主要包括哪些方面？

2. 请概述单片机应用系统中外部扩展资源的种类。

3. 请简述 8255 芯片的定义、内部结构。

4. 某单片机系统应用 8255 扩展 I/O 口，设其 A 口为工作方式 1 输入，B 口为工作方式 1 输出，C 口余下的引脚用于输出，试写出其工作方式控制字。

5. 试分析 8255 实际可能有的各种置位/复位控制字。

6. 什么是键盘的抖动？为什么要对键盘进行消抖处理？如何消除键盘的抖动？

7. 单片机应用系统中有哪几种键盘类型？

8. 对于行列矩阵式非编码键盘中按键的识别通常采用两步扫描判别法。以图 7.17 所示的 4×4 键盘为例，画出两步扫描判别法识别按键流程图。

9. 编写一个程序，单片机外接 4×4 阵列式按键键盘和蜂鸣器，根据按键键值的不同使蜂鸣器响相应的次数。

10. 简述 LED 显示器的静态与动态显示原理。

11. 图 7.19 中使用单片机的 RXD 和 TXD 引脚发送移位时钟和移位数据给 74HC164，如果单片机的 RXD 和 TXD 被占用，改用 P1.6 口和 P1.7 口发送移位时钟和移位数据给 74HC164，请编程实现。

12. 动态显示是指每隔一段时间循环点亮每个 LED 数码管，每次只有一个 LED 被点亮。根据人眼的视觉暂留效应，当循环点亮的速度很快时，可以认为各个 LED 是稳定显示的。根据这个原理，设计一个 8 位 LED 数码管动态显示的电路和程序。

13. 串行接口的芯片有哪些特点？为什么说串行接口芯片能节约单片机资源？

14. 简述 Flash E^2PROM 存储器的特点。当 Flash E^2PROM 存储器容量大于 64KB 时，在单片机系统中如何能访问到所有空间？

15. 简述串行 E^2PROM 的器件地址和引脚地址。引脚地址的作用是什么？

16. 编写一个写 I^2C 总线接口 E^2PROM 的程序，并提供校验功能，当校验失败时提供报警。可用串口精灵发送要写入的数据给单片机。

17. 简述 RS-232 串行通信接口的工作原理。RS-232 高、低电平定义与 TTL/CMOS 的高、低电平定义有什么区别？

18. 简述 RS-485 串行接口标准的特点。

19. RS-485 发送与接收数据为何不能同时进行？串行接口使用 RS-485 时，在程序中应注意什么？

20. 设计一个单片机程序，接收计算机通过串口发送的数据流，将其中的小写字符转换为大写字符，并回送给计算机。

第8章 单片机应用系统设计实例

本章将前7章所学的知识进行一次综合性的应用,以电梯控制器的设计和实现为例,介绍80C51单片机应用系统硬件电路设计和软件编程方法。

通过前面7章内容的学习,我们对单片机应用系统的概貌已经有了初步的认识,知道单片机应用系统由硬件系统和软件系统组成。硬件系统又是由单片机内部资源与外部扩展资源组成的。并且分章节学习了单片机的软件系统、软件环境、内部资源和外部资源使用方法。本章将以单片机应用系统——电梯控制器为实例,将前面学习的内容贯穿起来,使读者对单片机应用系统设计方法有一个较完整的概念。

8.1 设计要求

以8位微处理器/微控制器和步进电机为核心设计电梯控制器。假设电梯安装在一个4层小楼上,其人机接口包括显示器、按键、喇叭、指示灯。中间层每层楼的电梯口都有上楼、下楼两个按钮,顶层只有下行按键,底层只有上行按键。一个7段数码管显示器作为电梯当前层的指示灯,两个发光二极管作为电梯运行方向指示灯;进入电梯里边,按数字键选择想要去的目的楼层,一个7段数码管显示器作为电梯当前层的指示灯,两个发光二极管作为电梯上行和下行指示灯。步进电机正转表示电梯上行,步进电机反转表示电梯下行。启动按键按下去表示电梯控制系统可以运行。紧急停止按键按下,步进电机停止运动。报警按键按下,启动蜂鸣器和闪烁红色报警灯。

8.2 总体方案

电梯控制器的整体工作流程是:当用户需要乘坐电梯时,可按下电梯外部操作单元的呼叫按键。呼叫按键分为两种,一种是上行按键,一种是下行按键,分别对应用户上楼或下楼的需求。电梯根据电梯调度算法,操作步进电机,响应用户的需求并到达乘客所在楼层。乘客进入电梯后,可以对电梯内的按键进行操作,从而控制步进电机实现电梯的升降、紧急停止、报警。电梯的状态信息可以通过指示灯显示出来。

综上所述,电梯控制器组成可分为6个单元,分别为CPU单元、步进电机单元、电梯内部状态显示单元、电梯内部按键操作单元、电梯外部状态显示单元、电梯外部按键操作单元和电源供电模块,如图8.1所示。

CPU单元用于信息的处理和获取,并做出一些相应的控制判断。步进电机单元用于控制电梯的升降。电梯外部按键操作单元用于提供与电梯外用户的交互,响应电梯外用户的呼叫。电梯外部状态显示单元显示当前电梯所处的楼层。电梯内部状态显示单元主要用于给电梯内的用户提供状态信息。电梯内部按键操作单元用于服务电梯内部的乘客,并接受电梯内部乘客的各种指令。电源供电模块给电梯控制器各单元提供电源。

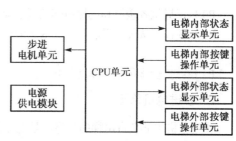

图8.1 电梯控制器组成框图

8.3　硬件电路设计

根据总体方案，电梯控制器仿真电路如图 8.2 所示。图中未包含电源供电模块，有关电源设计请参考第 2 章中的相关内容。下面分别对电梯控制器各单元的作用、工作方式、连接关系进行简要介绍。

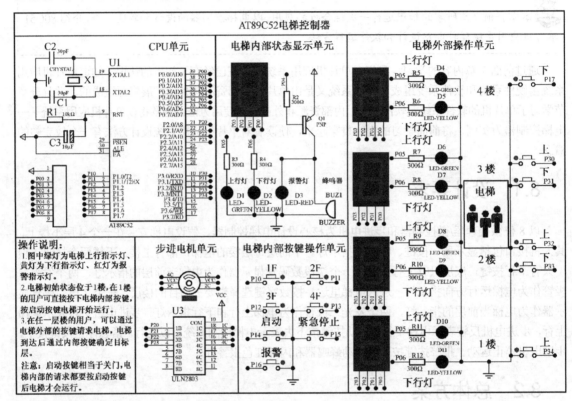

图 8.2　电梯控制器仿真电路

1. CPU 单元

CPU 单元由 AT89C52 单片机、晶振时钟和复位电路组成，如图 8.3 所示。AT89C52 芯片内部的闪速存储器 Flash ROM 用于存放电梯控制器监控程序，RAM 用于堆栈和数据缓存。另外，由于 P0 口是漏电极输出，因此必须添加上拉电阻。

P0～P3 口用于接收用户的输入信号，向外部各个单元提供各种控制信号，控制各个单元进行工作。

P0 口：提供各楼层和电梯内部的楼层显示信号、报警声光信号、上行和下行指示灯驱动信号。

P1、P3 口：接收各楼层和电梯内部的所有按键信号，包括上下楼、楼层、报警、启动、紧急停止按键。

P2 口：提供步进电机驱动信号。

2. 步进电机单元

步进电机单元负责电梯的升降，是电梯的动力部分。它主要由步进电机（Motor-Stepper）及达林顿管阵列大电流输出电路（ULN2803）组成。其中，步进电机根据输入端的控制信号进行工作，它将脉冲信号转变成角位移，即给一个脉冲信号，步进电机就转动一个角度。电机的总转动角度由输入脉冲数决定，而电机的转速由脉冲信号频率决定。达林顿管阵列用于给小功率的步进电机提供驱动控制脉冲电流，其连接方式如图8.4所示。ULN2803 的最大驱动电流为 500 mA，当输入控制端全部输入为高电平时，ULN2803 的 Q0～Q7 每个引脚有 80mA 的电流输出，绝大多数继电器的驱动电流只要十几mA 即可。

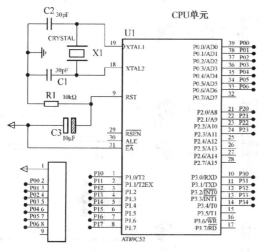

图 8.3　CPU 单元电路

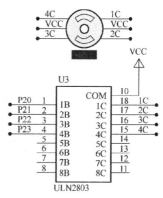

图 8.4　步进电机单元电路

步进电机转动方向由控制端通电顺序决定。例如，其正转各相通电顺序为 1C—2C—3C—4C—1C—2C—3C—4C…，则反转各相通电顺序为 4C—3C—2C—1C—4C—3C—2C—1C…。通电控制脉冲必须严格按照这一顺序分别控制 1C、2C、3C、4C 相的通断。

3. 电梯内部状态显示单元

电梯内部状态显示单元用于给电梯内部乘客提供电梯的运行状态信息，以便用户进行状态监视，并及时发现故障信息。它由 BCD 7 段数码管、发光二极管、蜂鸣器、限流电阻以及上拉电阻构成。BCD 7 段数码管用于接收微处理器单元 P0.0～P0.3口的输出信号，并根据信号来显示相应的数字。蜂鸣器用于发出报警的声音，3 个不同颜色的发光二极管分别用于标记电梯的上行或下行状态，以及报警状态。其连接方式如图 8.5 所示。

4. 电梯内部按键操作单元

电梯内部按键操作单元用于给处于电梯内部的用户提供一个可操作的界面，用户通过该按键可以选择自己想去的楼层并控制电梯的启动、停止和报警。该单元主要由按钮开关组成，用于捕获用户的操作，其连接方式如图 8.6所示。

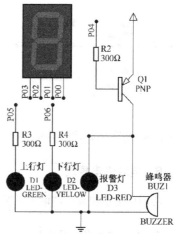

图 8.5　电梯内部状态显示单元电路

5. 电梯外部按键操作单元和电梯外部状态显示单元

电梯外部按键操作单元用于给电梯外的用户提供操作接口。等待乘坐电梯的乘客可以通过按下呼叫键（分为上行和下行两种）对电梯进行呼叫，电梯通过电梯调度算法响应用户的呼叫。该单元主要由按键开关、发光二极管、BCD 7 段数码管组成。其中，按键开关用来接收用户的呼叫请求，8 个发光二极管用于显示当前电梯的上行或下行状态，BCD 7 段数码管用于显示当前电梯所处楼层。

电梯外部状态显示单元与电梯内部状态显示单元并联，见 8.3.3 节所述。具体连接方式如图 8.7 所示。

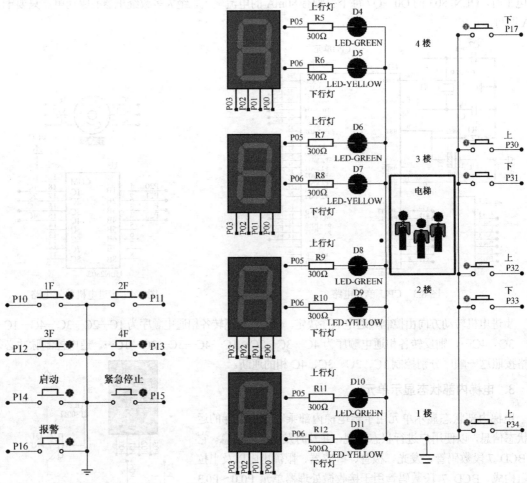

图 8.6　电梯内部按键操作单元　　　　　　　　图 8.7　电梯外部按键操作单元电路

6．电源供电模块

电源供电模块设计，请读者参照第 2 章中的相关内容。

8.4　软件设计

电梯控制器软件主要设计人机交互和步进电机驱动。

结合现实生活中的电梯和上述硬件设计图，软件总体设计可分为按键扫描、电机运转、每层的状态控制、其他显示功能 4 部分。

其中，按键扫描和电机运转构成了程序的主流程。程序用两个数组分别存储上行和下行请求，每次扫描到按键按下，就把对应元素置 1，当电梯到达某个请求层时，把相应方向请求置 0，因此电梯每趟（往上或往下）都能按顺序处理已经存储在数组中的请求。在处理过程中，依然可以检查是否有新的按键按下。

8.4.1 主程序模块

主程序可分为三大部分，分别为外部按键扫描、内部按键扫描、电机运转。程序初始化后，便循环执行上述三个部分，当外部按键被扫描到按下时，如果电梯不在当前层，则马上响应并运转，否则仍然停在当前层。当内部按键按下时，需再次按下启动键，相当于实际中的"关门"，此时电梯以内部按键按下的层为目标层运行。在电机运转循环中，也增加了内外按键的扫描，以使电梯运行时能接受请求。控制流程如图 8.8 所示。

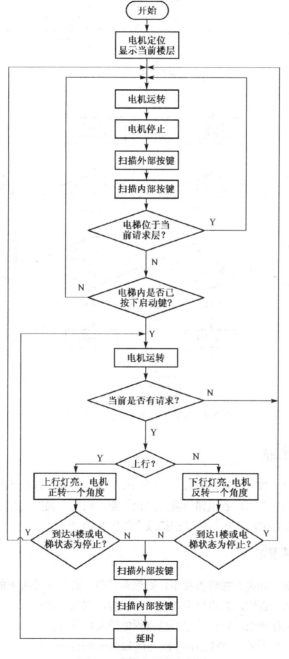

图 8.8 电梯主程序流程图

8.4.2　每到一层的状态控制

需要判断该层是否有当前运行方向的请求，若有，则停留在此层，按下启动按键继续运行；若没有任何请求或者请求方向不同，则不停留。流程如图 8.9 所示。

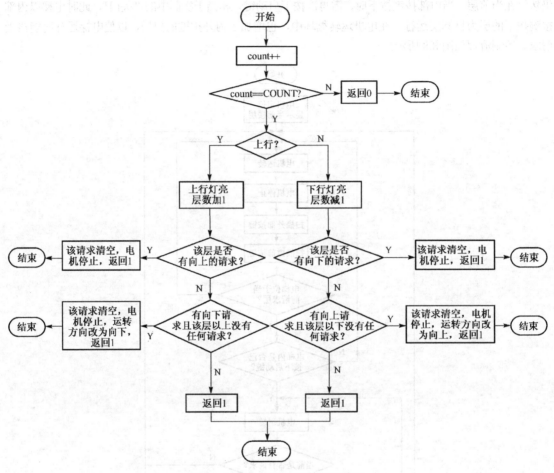

图 8.9　每到一层的状态控制流程图

8.4.3　内部按键扫描

按顺序扫描每个按键，如果有按键被按下，则保存其值。若发现被按下的按键刚好是电梯当前所在的层，则电梯保持不动；否则，若电梯当前为停止状态，则马上调整运行方向并自动启动，若电梯当前为运行状态，则只保存请求。内部按键扫描流程如图 8.10 所示。

8.4.4　外部按键扫描

按顺序扫描每个按键，如果有按键被按下，则保存其值。若发现被按下的按键刚好是电梯当前所在的层，则电梯保持不动；否则，若电梯当前为停止状态，则马上调整运行方向并自动启动，若电梯当前为运行状态，则只保存请求。外部按键扫描流程如图 8.11 所示。

源程序代码见本书配套资源：..\McuBookExam\Chapter_8\Exam8_1。

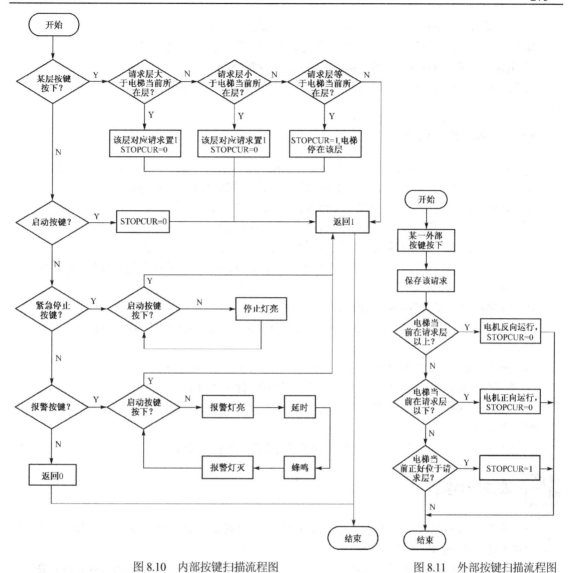

图 8.10　内部按键扫描流程图　　　　图 8.11　外部按键扫描流程图

8.5 仿真测试

在软硬件设计完成后，开始测试。运行仿真系统后，电梯初始化停在 1 楼。

8.5.1 测试正常功能

① 人在外部，测试外部按键。

现象：如果电梯不在当前层，则电梯自动启动响应请求；如果电梯在当前层，则不动。

② 一直有人在电梯内部，测试内部按键。

现象：按下电梯任一按键再按启动，除了选择本层外（电梯不应该动），电梯能正常到达目标层。

③ 人从外部请求电梯，电梯到达后进入电梯，选择目标层，按下启动按键。

现象：电梯正常响应外部请求，选择目标层的内部按键后，按下启动按键，电梯能正常到达目标层。

④ 电梯运行时，测试紧急停止按键，按下启动按键解除停止。

现象：按下紧急停止按键，电梯停止，所有灯灭；按下启动按键，电梯继续运行。

⑤ 电梯运行时，测试报警按键，按下启动按键解除报警。

现象：按下报警键，电梯停止，报警灯闪烁，蜂鸣器响，其他灯仍正常显示；按下启动按键，电梯继续运行。

8.5.2　测试异常功能

① 假设当电梯位于 1 楼时，在 3 楼按下下行按键，进入电梯后选择 2 楼，按下启动按键。

现象：电梯到 3 楼后停下，按下启动按键后，电梯能正常运行到 2 楼，各显示器件显示正常。

② 当电梯从 1 楼正往 4 楼运行但还没到达 3 楼时，在 3 楼按下上行按键。

现象：电梯到达 3 楼后停下，梯内按下启动按键时继续运行到 4 楼。

③ 当电梯从 1 楼正往 4 楼运行但还没到达 3 楼时，在 3 楼按下下行按键。

现象：电梯上行经过 3 楼时，忽略下行请求，到了 4 楼后停下，4 楼按下启动按键后电梯才运行到 3 楼响应 3 楼的下行请求。

④ 连续按下内部的不同楼层按键时。

现象：电梯到被请求的楼层均能正常停下，按下启动按键则继续运行，每趟运行需处理完相同方向的请求。

以上所述只是在仿真系统中模拟电梯控制器，实际系统还要考虑以下因素：

① 为了增强电路的抗干扰能力，复位电路可采用看门狗监控电路。

② 当楼层较多时，远距离传送信号可采用差分信号，或采用 RS-485 总线连接子机的电路，由子机控制各楼层的按键与显示。

③ 为了提高 CPU 的工作效率，某些功能可以用中断服务程序实现。

 本章小结

根据应用系统要实现的功能要求，对系统功能细化，分成若干功能模块，画出系统功能框图，再对功能模块进行硬件和软件功能的分配。

具体设计包括硬件设计和软件设计。硬件设计主要是根据性能参数要求对各功能模块所需要使用的元器件进行选择和组合，其选择的基本原则就是市场上可以购买到的性价比最高的通用元器件。必要时，要分别对各个没有把握的部分进行搭试、功能检验和性能测试，从模块到系统找到相对优化的方案，画出电路原理图。硬件设计的关键一步就是利用印制电路板（PCB）计算机辅助设计（CAD）软件对系统的元器件进行布局和布线，接着是印制电路板加工、装配和硬件调试。

工作量最大的部分是软件设计。软件设计贯穿整个系统的设计过程，主要包括任务分析、资源分配、模块划分、流程设计和细化、编码调试等。软件设计的工作量主要集中在程序调试上，所以软件调试工具就是关键。

基于 Proteus 电路设计、Keil C51 程序设计及两者联合仿真调试的方法，建立起单片机应用系统硬件电路设计、软件设计及调试的全虚拟环境，使得全部的设计工作在 PC 中就能完成，可显著提高单片机应用系统的设计开发效率，降低开发风险，这对应用系统设计无疑是一个很好的思路。

第9章 多任务实时操作系统 RTX-51

在单片机的软件系统中引入嵌入式实时操作系统（Real-Time Operating System，RTOS），不仅能较方便地完成测量、数据采集、通信、控制等多任务，而且能满足嵌入式系统的实时性、可靠性和稳定性的要求。RTX-51 是 Keil 公司开发的应用于 80C51 系列单片机的实时多任务操作系统。采用 RTX-51 可简化复杂的软件设计，缩短项目周期。RTX-51 使得复杂的多任务程序设计变得简单，因此在 80C51 系列单片机嵌入式系统中应用很广泛。

在简单的单片机程序中，采用单一进程并配以中断处理可以完成大部分的设计需求。但是，对于一些复杂的应用程序，需要同时执行多个进程或者任务。传统的程序设计方式使得程序比较复杂，难以满足多任务实时性的要求。此时，便需要实时多任务操作系统（RTOS）。

RTOS 可以灵活地为各个任务分配系统资源，包括 CPU、内存及时间等。因此，CPU 同时执行多个任务或者进程，在一定程度上实现了多任务并行工作。

9.1 RTX-51 实时多任务操作系统简介

RTX-51 是 Keil 公司开发的用于 80C51 系列单片机的实时多任务操作系统。RTX-51 可以在单个 CPU 上管理几个作业（任务），因而使复杂的系统和软件设计以及有时间限制的工程开发变得简单。

RTX-51 有两个模式：RTX-51 Full（完全模式）和 RTX-51 Tiny（最小模式）。

RTX-51 Full 允许 4 个优先权任务的循环和切换，并且还能并行地利用中断功能。RTX-51 支持信号传递，以及与系统邮箱和信号量进行消息传递。RTX-51 的 os_wait 函数可以等待以下事件：中断、时间到、来自任务或中断的信号、来自任务或中断的消息、信号量。

RTX-51 Tiny 是 RTX-51 Full 的一个子集，可以很容易地运行在 80C51 系统中，而不需要外部 RAM。RTX-51 Tiny 支持按时间片循环任务调度，支持任务间信号传递，最多 16 个任务，可以并行地利用中断；具有以下等待操作：超时、另一个任务或中断的信号；但它不能进行信息处理，不支持存储区的分配和释放，不支持占先式调度。RTX-51 Tiny 是一个很小的内核，完全集成在 Keil C51 编译器中。更重要的是，它仅占用 800B 左右的程序存储空间，可以在没有外部数据存储器的 80C51 系统中运行，但应用程序仍然可以访问外部存储器。

本章以 RTX-51 Tiny 为主，介绍 RTX-51 的任务管理、配置、系统函数及使用。

9.1.1 单任务程序与多任务程序的比较

1. 简单的单任务

嵌入式程序和标准 C 程序都是从 main()函数开始执行的。在嵌入式应用中，main()通常是一个无限循环，可以认为是一个持续执行的单个任务，例如：

```
void main (void){
    while(1)                    /*永远重复*/
    {
```

```
        do_something();          /*执行 do_something"任务"*/
    }
}
```

在这个例子里，do_something 函数可以认为是一个单任务，由于仅有一个任务在执行，因此没有必要进行多任务处理或使用多任务操作系统。

2．多任务循环

main()函数通过在一个循环里调用多个服务函数（或任务）来实现伪多任务调度。例如：

```
void main(void){
int counter="0";
while(1)                          /*一直重复执行*/
    {
        check_serial_io();        /*检查串行输入*/
        process_serial_cmds() ;   /*处理串行输入*/
        check_kbd_io();           /*检查键盘输入*/
        process_kbd_cmds();       /*处理键盘输入*/
        adjust_ctrlr_parms();     /*调整控制器*/
        counter++;                /*增加计数器*/
    }
}
```

上例中，每个函数执行一个单独的操作或任务，函数（或任务）按顺序依次执行。当任务越来越多时，调度问题就被自然而然地提出来了。例如，如果 process_kbd_cmds 函数执行时间较长，主循环就可能需要较长的时间才能返回来执行 check_serial_io 函数，导致串行数据可能被丢失。当然，可以在主循环中更频繁地调用 check_serial_io 函数来纠正这个问题，但最终这个方法还是会失效。

2．前后台系统

main()函数仍然是在一个循环中调用相应的函数完成相应的操作，这部分可以看成是后台行为，前台程序则通过中断来处理紧急事件。例如：

```
bit  int0_flag=0;                /*中断 0 发生标记，初始化为 0*/
void main(void){
int counter="0";
TCON=0x55;                       /*电平触发外部中断*/
IE=0x81;                         /*打开外中断 int0*/
while(1)                         /*后台运行的任务*/
  {
        check_serial_io();        /*检查串行输入*/
        process_serial_cmds() ;   /*处理串行输入*/
        check_kbd_io();           /*检查键盘输入*/
        process_kbd_cmds();       /*处理键盘输入*/
        counter++;                /*增加计数器*/
        if(int0_flag){
        do_int0_something();      /*执行 do_int0_something"任务"*/
            int0_flag=0;          /*清除 int0_flag*/
```

```
        }
    }
}
void exint0(void) interrupt 0          /*处理紧急事件任务*/
{
      int0_flag=1;                     /*设置中断 0 标记*/
}
```

在程序运行时，后台程序检查每个任务是否具备运行条件，通过一定的调度算法来完成相应的操作。对于实时性要求特别严格的操作，通常由中断来完成，仅在中断服务程序中标记事件的发生，不再做任何工作就退出中断，经过后台程序的调度完成事件的处理，这样就不会因为在中断服务程序中处理费时的事件而影响后续事件和其他中断。

实际上，前、后台系统的实时性比预计的要差。这是因为，前、后台系统认为所有的任务具有相同的优先级别，即是平等的，而且任务的执行又通过 FIFO 队列排队，因而对那些实时性要求高的任务不可能立刻得到处理。另外，由于后台程序是一个无限循环的结构，一旦在这个循环体中正在处理的任务崩溃，将使得整个任务队列中的其他任务得不到机会被处理，从而造成整个系统的崩溃。

4. RTX-51 实时多任务

RTX-51 Tiny 允许"准并行"同时执行几个任务。各个任务并非持续运行，CPU 执行时间被划分为若干时间片（time slice），每个任务在预先定义好的时间片内得以执行。时间到，使正在执行的任务挂起，并使另一个任务开始执行。

当使用 RTX-51 Tiny 时，为每个任务建立独立的任务函数，例如：

```
void check_serial_io_task(void) _task_ 1
   {/*该任务检测串行 I/O*/}
void process_serial_cmds_task(void) _task_ 2
   {/*该任务处理串行命令*/}
void check_kbd_io_task(void) _task_ 3
   {/*该任务检测键盘 I/O*/}
void process_kbd_cmds_task(void) _task_ 4
   {/*处理键盘命令*/}
void startup-_task(void) _task_ 0
{
      os_create_task(1);               /*建立串行 I/O 任务*/
      os_create_task(2);               /*建立串行命令任务*/
      os_create_task(3);               /*建立键盘 I/O 任务*/
      os_create_task(4);               /*建立键盘命令任务*/
      os_delete_task(0);               /*删除启动任务*/
}
```

上例中，每个函数定义为一个 RTX-51 Tiny 任务。RTX-51 Tiny 程序不需要 main( )函数，取而代之，RTX-51 Tiny 从任务 0 开始执行。在典型的应用中，任务 0 简单地建立所有其他的任务。

9.1.2　使用 RTX-51 Tiny 的软硬件要求

使用 RTX-51 Tiny 系统时，需要了解其在编译环境、硬件系统方面的要求和技术参数。

1．编译环境

操作系统 RTX-51 的软件环境要求：

- C51 编译程序。
- BL51 连接程序。
- A51 宏汇编程序。
- 库文件 RTX-51TNY.LIB 必须保存在 DOS 环境变量 C51LIB 指定的程序库路径内，一般是目录 C51\Lib。头文件 RTX-51TNY.H 必须保存在 DOS 环境变量 C51INC 指定的包含路径内，一般是目录 C51\Inc。

RTX-51 内核完全集成在 Keil C51 编译器中，在 μVision2 IDE 完成安装之后，软件环境即满足上述要求。

2．硬件系统

RTX-51 Tiny 运行于大多数 80C51 兼容的器件及其变种上。RTX-51 Tiny 应用程序可以访问外部数据存储器，但 RTX-51 Tiny 内核无此需求。RTX-51 Tiny 技术参数见表 9.1。

表 9.1　RTX-51 Tiny 技术参数

描　　述	RTX-51 Tiny
任务数量	16 个
RAM 需求	7 字节 data 区 3 倍于任务数量的 idata 区
代码要求	900 字节
硬件要求	定时器 0
系统时钟	1000～65535 个周期
中断请求时间	小于 20 个周期
任务切换时间	100～700 个周期取决于堆栈的负载

RTX-51 Tiny 支持 Keil C51 编译器全部的存储模式。存储模式的选择只影响应用程序对象的位置，RTX-51 Tiny 系统变量和应用程序栈空间总是位于 8051 的内部存储区（data 或 idata 区），在一般情况下，应用程序应使用小（SMALL）模式。

RTX-51 Tiny 执行协作式任务切换（每个任务至少调用一个操作系统例程）和循环任务切换（每个任务在操作系统切换到下一个任务前运行一个固定的时间段），不支持抢先式任务切换以及任务优先级。

9.1.3　使用 RTX-51 Tiny 的注意事项

RTX-51 Tiny 系统中的中断、再入函数、指针和寄存器的选择，与普通的单片机程序也有所区别，这些在使用时都要注意。

1．中断

RTX-51 Tiny 与中断函数并行运作，中断服务程序可以通过发送信号（用 isr_send_signal 函数）或设置任务的就序标志（用 isr_set_ready 函数）与 RTX-51 Tiny 的任务进行通信。

如同在一个标准的、没有 RTX-51 Tiny 的应用中一样，中断例程必须在 RTX-51 Tiny 应用中实现并允许，RTX-51 Tiny 没有中断服务程序的管理。

RTX-51 Tiny 使用定时器 0、定时器 0 中断和寄存器组 1。如果在程序中使用了定时器 0，则 RTX-51 Tiny 将不能正常运转。

RTX-51 Tiny 认为总中断总是允许（EA=1）。RTX-51 Tiny 库例程在需要时改变中断系统（EA）的状态，以确保 RTX-51 Tiny 的内部结构不被中断破坏。当允许或禁止总中断时，RTX-51 Tiny 只是简单地改变 EA 的状态，不保存并重装 EA，EA 只是简单地被置位或清除。因此，如果程序在调用 RTX-51 例程前禁止了中断，RTX-51 可能会失去响应。

在程序的临界区，可能需要在短时间内禁止中断。但是，在中断禁止后，不能调用任何 RTX-51 Tiny 的例程。如果程序确实需要禁止中断，应该持续很短的时间。

2. 再入函数

C51 编译器提供对再入函数的支持，再入函数在再入堆栈中存储参数和局部变量，从而保护递归调用或并行调用。RTX-51 Tiny 不支持对 C51 再入栈的任何管理。因此，如果在程序中使用再入函数，必须确保此函数不调用任何 RTX-51 Tiny 系统函数，且不被循环任务切换所打断。

仅用寄存器传递参数和保存自动变量的 C 函数具有内在的再入性，这些函数可以被不同的 RTX-51 Tiny 任务无限制地调用。

非可再入 C51 函数不能被超过一个以上的任务或中断过程调用。非再入 C51 函数在静态存储区段保存参数和自动变量（局部数据），该区域在函数被多个任务同时调用或递归调用时可能会被修改。

如果确定多个任务不会递归（或同时）调用，则多个任务可以调用非再入函数。通常，这意味着必须禁止循环任务调度，且该非再入函数不能调用任何 RTX-51 Tiny 系统函数。

3. C51 库函数

可再入 C51 库函数可在任何任务中无限制地使用。对于非再入的 C51 库函数，用户要保证它们不能同时被几个任务所调用。

4. 多数据指针

Keil C51 编译器允许使用多数据指针（存在于许多 80C51 的派生芯片中），但 RTX-51 Tiny 不提供对它们的支持。因此，在 RTX-51 Tiny 的应用程序中应小心使用多数据指针。

从本质上说，必须确保循环任务切换不会在操作数据指针的代码时发生。

5. 运算单元

Keil C51 编译器允许使用运算单元（存在于许多 8051 的派生芯片中），但 RTX-51 Tiny 不提供对它们的支持。因此，在 RTX-51 Tiny 的应用程序中须小心使用运算单元。

从本质上说，必须确保循环任务切换不会在执行运算单元的代码时发生。

6. 寄存器组

RTX-51 Tiny 分配所有的任务到寄存器 0，因此，所有的函数必须用 C51 的默认设置进行编译。中断函数可以使用剩余的寄存器组。然而，RTX-51 Tiny 需要寄存器组中的 6 个固定的字节，用于这些字节的寄存器组在配置文件 Conf_tny.A51 中由 INT_REGBANK 指定。

9.2　RTX-51 Tiny 的任务管理

9.2.1　定时器滴答中断

RTX-51 Tiny 用标准 80C51 的定时器 0（模式 1）生产一个周期性的中断。该中断就是 RTX-51 Tiny 的定时滴答（Timer Tick）。库函数中的超时和时间间隔就是基于该定时滴答来测量的。

在默认情况下，RTX-51 每 10000 个机器周期产生一个滴答中断，因此，对于运行于 12MHz 的标准 8051 来说，滴答的周期是 0.01s/10ms，即频率是 100Hz（12MHz/12/10000）。该值可以在 Conf_tny.A51 配置文件中修改。

可以在 RTX-51 的定时滴答中断（定时器 0 中断）里追加自己的代码，参见 Conf_tny.A51 配置文件。

9.2.2　任务

RTX-51 Tiny 本质上是一个任务切换器。建立一个 RTX-51 Tiny 程序，就是建立一个或多个任务函数的应用程序。下面的信息可以帮助读者快速地理解 RTX-51。

任务函数用关键字 _task_ 定义，该关键字是 Keil C51 所支持的。

RTX-51 Tiny 维护每个任务的正确状态（运行、就绪、等待、删除、超时）。某个时刻只有一个任务处于运行态。任务可能处于就绪态、等待态、删除态或超时态。空闲任务（Idle_Task）总是处于就绪态，当定义的所有任务处于等待状态时，运行该任务。

9.2.3　任务状态

RTX-51 Tiny 的用户任务具有表 9.2 所列的几个状态。

表 9.2　RTX-51 Tiny 任务可以处于的状态

状态名称	说　明
RUNNING 运行	当前正在运行的任务处于 RUNNING 状态。同一时间只有一个任务可以处于 RUNNING 状态。os_running_task_id 函数返回当前正在运行的任务编号
READY 就绪	准备运行的任务处于 READY 状态。在当前运行的任务处理完成之后，RTX-51 Tiny 开始下一个处于 READY 状态的任务。一个任务可以通过用 os_set_ready 或 isr_set_ready 函数设置就绪标志来使其立即就绪（即便该任务正在等待超时或信号）
WAITING 等待	等待一个事件的任务处于 WAITING 状态。如果事件发生，则任务进入 READY 状态。os_wait 函数用于将一个任务置为 WAITING 状态
DELETED 删除	没有开始的任务处于 DELETED 状态。os_delete_task 函数将一个已经启动（用 os_create_task）的任务置为 DELETED 状态
TIME-OUT 超时	被时间片轮转超时中断的任务处于 TIME-OUT 状态。这个状态与 READY 状态相同

图 9.1　RTX-51 Tiny 任务状态切换图

各状态如图 9.1 所示进行切换。

处于 READY/TIME-OUT、RUNNING 和 WAITING 状态的任务被认为是激活的状态，三者之间可以进行切换。DELETED 状态的任务是非激活的，不能被执行或被认为已经终止。

9.2.4　事件

在实时操作系统中，事件可用于控制任务的执行，一个任务可能等待一个事件，也可能向其他任务发送任务标志。

超时（timeout）：挂起运行的任务指定数量的时钟周期。

间隔（interval）：类似于超时，但是软件定时器没有复位，典型应用是产生时钟。

信号（signal）：用于任务内部同步协调。

os_wait()函数挂起一个任务来等待一个事件的发生，这样可以同步两个或几个任务。它的工作过程如下：当任务等待的事件没有发生时，系统挂起这个任务；当事件发生时，系统根据任务切换规则切换任务。

9.2.5 任务调度

RTX-51 Tiny 能完成时间片轮转多重任务，而且允许准并行执行多个无限循环或任务，任务并不是并行执行的，而是按时间片执行的。这就涉及任务调度的问题。

可利用的中央处理器时间被划分成时间片，由 RTX-51 Tiny 分配一个时间片给每个任务。每个任务允许执行一个预先确定的时间，然后，RTX-51 Tiny 切换到另一个准备运行的任务并且允许这个任务执行片刻。一个时间片的持续时间可以用配置变量 TIMESHARING 定义。即使是在等待一个任务的时间片到达时，也可以使用 os_wait 系统函数通知 RTX-51 让另一个任务开始执行。os_wait 中止正在运行的当前任务，然后等待一个指定事件的发生，这时，任意数量的其他任务仍然可以执行。

RTX-51 Tiny 将处理器分配到一个任务的过程称为调度程序。RTX-51 Tiny 调度程序定义那些任务按照下面的规则运行。

如果出现以下情况，则当前运行任务中断：

① 任务调用 os_wait 函数并且指定事件没有发生；

② 任务运行时间超过定义的时间片轮转超时时间。

如果出现以下情况，则开始另一个任务：

① 没有其他的任务运行；

② 将要开始的任务处于 READY 或 TIME-OUT 状态。

9.2.6 任务切换

1. 循环任务切换

RTX-51 Tiny 可以配置为用循环法进行多任务处理（任务切换）。循环法允许并行地执行若干任务。任务并非真的同时执行，而是分时间片执行。由于时间片很短（几毫秒），看起来就好像任务在同时执行。

任务在它的时间片内持续执行（除非任务的时间片用完）。然后，RTX-51 Tiny 切换到下一个就绪的任务运行。时间片的持续时间可以通过 RTX-51 Tiny 配置定义。对 RTX-51 Tiny 进行配置可以通过修改在\C51\Lib\子目录中的 RTX-51 Tiny 配置文件 conf_tny.a51 来实现。TIMESHARING 指定每个任务在循环任务切换前运行的滴答数，设为 0 时禁止循环任务切换。系统默认 5 个滴答为一个时间片，如果晶振频率为 11.0592MHz，则时间片为 $10.8507 \times 5 = 54.2535\text{ms}$。

下面是一个 RTX-51 Tiny 程序的例子，用循环法多任务处理，程序中的两个任务是计数器循环。

```
int counter0;
int counter1;
void job0(void) _task_ 0
{
    os_create(1);           /*标记任务 1 为就绪*/
    while(1)
    {                       /*无限循环*/
        counter0++;         /*更新计数器*/
    }
}
```

```
void job1(void) _task_1
{
    while(1)
    {                               /*无限循环*/
        Counter1++;                 /*更新计数器*/
    }
}
```

RTX-51 Tiny 在启动时执行函数名为 job0 的任务 0，该函数建立了另一个任务 job1，在 job0 执行完它的时间片后，RTX-51 Tiny 切换到 job1。在 job1 执行完它的时间片后，RTX-51 Tiny 又切换到 job0，该过程无限重复。

2. 协作任务切换

可以用 os_wait 或 os_switch_task 让 RTX-51 Tiny 切换到另一个任务，而不是等待任务的时间片用完。os_wait 函数挂起当前的任务（使之变为等待态）直到指定的事件发生（接着任务变为就绪态）。在此期间，任意数量的其他任务可以运行。

如果禁止了循环任务处理，就必须让任务以协作的方式运作，在每个任务里调用 RTX-51 Tiny 的系统函数 os_wait 或 os_switch_task，以通知 RTX-51 Tiny 切换到另一个任务。

os_wait 与 os_switch_task 的不同是，os_wait 是让任务等待一个事件，而 os_switch_task 是立即切换到另一个就绪的任务。

下面的例子演示了在允许其他任务执行时，如何使用 os_wait 函数延迟执行。

```
#include <RTX-51tny.h> /*RTX-51 Tiny functions & defines*/
int counter0;                       /*任务 0 的计数器*/
int counter1;                       /*任务 1 的计数器*/

job0 () _task_ 0 {
    os_create_task (1);             /*启动任务 1*/
    while (1)  {                    /*无穷循环*/
        counter0++;                 /*counter0 加 1*/
        os_wait (K_TMO, 5, 0);      /*等待超时信号：5 个滴答超时*/
    }
}

job1 () _task_ 1 {
    while (1)  {                    /*无穷循环*/
        counter1++;                 /*counter1 加 1*/
        os_wait (K_TMO, 10, 0);     /*等待超时信号：10 个滴答超时*/
    }
}
```

job0 先启动 job1，然后在 counter0 加 1 计数以后，job0 呼叫 os_wait 函数暂停 5 个滴答信号。这时，RTX-51 切换到下一个任务 job1。在 job1 增加 counter1 计数以后，它也调用 os_wait 以暂停 10 个滴答信号。现在 RTX-51 没有其他的任务需要执行，因此在它可以延续执行 job0 之前，进入一个空循环，等待 5 个时钟报时信号过去。

本例的结果是，counter0 每 5 个时钟报时周期加 1，而 counter1 每 10 个时钟报时周期加 1。

下面的例子演示了在允许其他任务执行时，如何使用 RTX-51 的信号函数 os_send_signal 实现任务切换。

```
#include <RTX-51tny.h> /*RTX-51 Tiny functions & defines*/
int counter0;                          /*任务0的计数器*/
int counter1;                          /*任务1的计数器*/
int counter2;                          /*任务2的计数器*/
int counter3;                          /*任务3的计数器*/
job0 () _task_ 0 {
  os_create_task (1);                  /*启动任务1*/
  os_create_task (2);                  /*启动任务2*/
  os_create_task (3);                  /*启动任务3*/
  while (1) {                          /*无穷循环*/
    counter0++;                        /*counter0加1*/
    os_wait (K_TMO, 5, 0);            /*等待超时信号: 5个时钟报时*/
  }
}
job1 () _task_ 1 {
  while (1) {                          /*无穷循环*/
    counter1++;                        /*counter1加1*/
    os_wait (K_TMO, 10, 0);           /*等待超时信号: 10个时钟报时*/
  }
}
job2 () _task_ 2 {
  while (1) {                          /*无穷循环*/
    counter2++;                        /*counter2加1*/
    if ((counter2 & 0xFFFF) == 0){    /*如果counter2=0*/
      os_send_signal (3);             /*发信号至任务3*/
    }

  }
}
job3 () _task_ 3 {
  while (1) {                          /*无穷循环*/
    os_wait (K_SIG, 0, 0);           /*等待信号*/
    counter3++;                        /*收到信号后, counter3加1*/
  }
}
```

job0 中启动任务 1、任务 2 和任务 3，其中任务 2 没有调用 os_wait 函数，当 counter2 加 1 直到 counter2 等于 0 时，任务 2 发信号给任务 3，任务 3 收到信号后将 counter3 加 1。因此，counter2 的值是 counter3 的 2^{16} 倍。

3. 空闲任务

没有任务准备运行时，RTX-51 Tiny 执行一个空闲任务。空闲任务就是一个无限循环。例如：

```
SJMP$
```

有些 8051 兼容的芯片提供一种降低功耗的空闲模式，该模式停止程序的执行，直到有中断产生。在该模式下，所有的外设包括中断系统仍在运行。

RTX-51 Tiny 允许在空闲任务中启动空闲模式（在没有任务准备执行时）。当 RTX-51 Tiny 的定时滴答中断（或其他中断）产生时，微控制器恢复程序的执行。

空闲任务执行的代码在 Conf_tny.A51 配置文件中允许和配置。

9.3 如何使用 RTX-51 Tiny

一般，使用 RTX-51 Tiny 分为以下 3 步：① 编写 RTX-51 程序；② 编译并连接程序；③ 测试和调试程序。

9.3.1 编写程序

编写 RTX-51 Tiny 程序时，必须用关键字对任务进行定义，并使用在文件 RTX-51tny.h 中声明的 RTX-51 Tiny 核心例程。

1. 包含文件

RTX-51 Tiny 仅需要包含一个文件 RTX-51tny.h，所有的库函数和常数都在该头文件中定义。在建立多任务模块的源文件中要包含：

```
#include<RTX-51tny.h>
```

2. 编程原则

以下是建立 RTX-51 Tiny 程序时必须遵守的原则。

① 确保包含了 RTX-51tny.h 头文件。

② 不要建立 main() 函数，RTX-51 Tiny 有自己的 main() 函数，它会自动地从任务 0 开始运行。如果用户程序中包含有 main() 函数，则需要利用 os_create_task 函数来启动 RTX-51 实时操作系统。

③ 程序必须至少包含一个任务函数。

④ 中断必须有效（EA＝1），在临界区中，如果要禁止中断，一定要小心。

⑤ 程序必须至少调用一个 RTX-51 Tiny 库函数（像 os_wait），否则，连接时将不包含 RTX-51 Tiny 库。

⑥ 任务 0 是程序中首先要执行的函数，必须在任务 0 中调用 os_create_task 函数以启动其他任务。

⑦ 任务函数必须是从不退出或返回的。任务必须用一个 while(1) 或类似的结构重复，用 os_delete_task 函数停止运行的任务。

⑧ 必须在 μVision2 中设置使用操作系统 RTX-51 Tiny，或者在连接器命令行中指定。

3. 定义任务

实时或多任务应用是由一个或多个执行具体操作的任务组成的，RTX-51 Tiny 支持最多 16 个任务。

任务就是一个简单的 C 函数，返回类型为 void，参数列表为 void，并且用 _task_ 声明函数属性。例如：

```
void func (void) _task_ task_id
```

这里，func 是任务函数的名字，task_id 是 0～15 之间的一个任务 ID 号。

下面的例子定义函数 job0 编号为 0 的任务，该任务使一个计数器递增并不断重复。

```
void job0(void) _task_ 0
{
```

```
    while(1)
    {
      counter0++;
    }
  }
```

注意：所有的任务都应该是无限循环，任务一定不能返回。任务不能返回一个函数值，它们的返回类型必须是 void。不能对一个任务传递参数，任务的形参必须是 void。每个任务必须赋予一个唯一的、不重复的 ID。

为了最小化 RTX-51 Tiny 的存储器需求，从 0 开始对任务进行顺序编号。

9.3.2　编译和连接

用 μVision2 IDE 建立工程，添加 RTX-51 Tiny 程序文件。

① 打开如图 9.2 所示的对话框（从 Project 菜单中选择 Options for Target 命令）。

② 选择 Target 选项卡。

③ 从 Operating 下拉列表中选择 RTX-51 Tiny，使用操作系统。

其他设置同非 RTX-51 Tiny 一致。

图 9.2　设置 Options for Target 对话框

9.3.3　调试

μVision2 模拟器允许运行和测试 RTX-51 Tiny 应用程序。RTX-51 Tiny 程序的加载和非 RTX-51 Tiny 程序的加载是一样的，无须指定特别的命令和选项。

启动调试后，一个核心的对话框显示 RTX-51 Tiny 的核心和程序中任务的所有特征。从 Peripherals 菜单中选择 RTX-51 Tiny Tasklist 命令，显示该对话框，如图 9.3 所示。

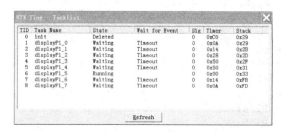

图 9.3　RTX-Tiny-Tasklist 对话框

该对话框中，TID 是在任务定义中指定的任务 ID；Task Name 是任务函数的名称；State 是任务当前的状态；Wait for Event 指出任务正在等待什么事件；Sig 显示任务信号标志的状态（1 为置位）；Timer 指示任务距超时的滴答数，这是一个自由运行的定时器，仅在任务等待超时和时间间隔时使用；Stack 指示任务栈的起始地址。

9.3.4 实例 1——os_wait 函数的使用

【例 9.1】 如图 9.4 所示，假设在 AT89C52 的 P1 口接有 8 个 LED，使用 RTX-51 Tiny，编写程序使 8 个 LED 以不同的频率闪烁。

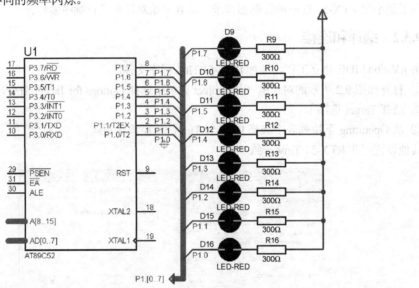

图 9.4 用任务切换实现流水灯

分析：需要建立 9 个任务，初始化任务和 8 个 LED 闪烁任务，在初始化任务中建立 8 个 LED 闪烁任务，之后删除自身。使用 os_wait 函数等待超时进行任务切换，修改 Conf_tny.A51 中的 TIMESHARING 禁止循环人为切换，os_wait 函数的使用方法介绍见 9.4 节。

C 语言如下：

```
/*****************************************************************
**基于 RTX-51 TinyAT89C52 流水灯
**此程序是让 P1 口的 8 个 LED 分别以不同的频率闪烁
*****************************************************************/
#include <reg52.h>          /*special function registers 8052        */
#include <RTX-51tny.h>   /*RTX-51 Tiny functions & defines-必须包含这个头文件*/

#define uint  unsigned  int
#define uchar unsigned char

sbit  P1_0   = P1^0;
sbit  P1_1   = P1^1;
sbit  P1_2   = P1^2;
sbit  P1_3   = P1^3;
sbit  P1_4   = P1^4;
sbit  P1_5   = P1^5;
sbit  P1_6   = P1^6;
```

```
sbit P1_7    = P1^7;

void init(void)_task_ 0/*建立任务，并删除自身*/
{
    os_create_task(1);
    os_create_task(2);
    os_create_task(3);
    os_create_task(4);
    os_create_task(5);
    os_create_task(6);
    os_create_task(7);
    os_create_task(8);
    os_delete_task(0);
}

void displayP1_0(void) _task_ 1
{
  while(1)
    {
      P1_0=!P1_0;
      os_wait(K_TMO,10,0);
    }
}

void displayP1_1(void) _task_ 2
{
  while(1)
    {
      P1_1=!P1_1;
      os_wait(K_TMO,20,0);
    }
}

void displayP1_2(void) _task_ 3
{
  while(1)
    {
      P1_2=!P1_2;
      os_wait(K_TMO,40,0);
    }
}

void displayP1_3(void) _task_ 4
{
  while(1)
    {
      P1_3=!P1_3;
      os_wait(K_TMO,80,0);
    }
}

void displayP1_4(void) _task_ 5
{
  while(1)
    {
      P1_4=!P1_4;
```

```
      os_wait(K_TMO,80,0);
    }
}
void displayP1_5(void) _task_ 6
{
  while(1)
    {
      P1_5=!P1_5;
      os_wait(K_TMO,40,0);
    }
}

void displayP1_6(void) _task_ 7
{
  while(1)
    {
      P1_6=!P1_6;
      os_wait(K_TMO,20,0);
    }
}

void displayP1_7(void) _task_ 8
{
  while(1)
    {
      P1_7=!P1_7;
      os_wait(K_TMO,10,0);
    }
}
```

9.4 RTX-51 Tiny 提供的系统函数

RTX-51 Tiny 为任务管理、任务通信、中断服务以及其他服务提供系统函数。

下面介绍 RTX-51 Tiny 的系统函数。以 os_开头的函数可以由任务调用，但不能由中断服务程序调用。以 isr_开头的函数可以由中断服务程序调用，但不能由任务调用。

函数按字母顺序排列，包含以下内容：

概要：简述程序的作用，列出包含的文件，包括它的声明和原型，语法举例和参数描述。

描述：程序的详细描述，如何使用的说明。

返回值：程序返回值说明。

参阅：相关程序。

例子：举例说明如何正确使用该函数。

1. isr_send_signal

概要：#include<RTX-51tny.h>

```
    char  isr_send_signal(unsigned char task_id);    /*信号发往的任务*/
```

描述：isr_send_signal 函数给任务 task_id 发送一个信号。如果指定的任务正在等待一个信号，则该函数使该任务就绪，但不启动它，信号存储在任务的信号标志中。该函数仅被中断函数调用。

返回值：成功调用后返回 0。如果指定任务不存在，则返回–1。

参阅：os_clear_signal, os_send_signal, os_wait

例子：#include<RTX-51tny.h>
```
    void tst_isr_send_signal(void)  interrupt 2
    {
      isr_send_signal(6);                              /*给任务 6 发信号*/
    }
```

2．isr_set_ready

概要：#include< RTX-51tny.h>
```
      char isr_set_ready{ unsigned char task_id};      /*使就绪的任务*/
```
描述：将由 task_id 指定的任务置为就绪态。该函数仅被中断函数调用。

返回值：无。

例子：#include< RTX-51tny.h>
```
    void tst_isr_set_ready(void)interrupt 2
    {
      isr_set_ready(1);                               /*置位任务 1 的就绪标志*/
    }
```

3．os_clear_signal

概要：#include< RTX-51tny.h>
```
      char os_clear_signal(unsigned cahr task_id);     /*清除信号的任务*/
```
描述：清除由 task_id 指定的任务信号标志。

返回值：信号成功清除后返回 0，指定的任务不存在时返回–1。

参阅：isr_send_signal, os_send_signal, os_wait

例子：#include< RTX-51tny.h>
```
    void tst_os_clear_signal(void)_task_8
    {
      ...
      os_clear_signal(5);                             /*清除任务 5 的信号标志*/
      ...
    }
```

4．os_create_task

概要：#include<RTX-51tny.h>
```
      char os_create_task(unsigned char task_id);      /*要启动的任务 ID*/
```
描述：启动任务 task_id，该任务被标记为就绪，并在下一个时间点开始执行。

返回值：任务成功启动后返回 0，如果任务不能启动或任务已在运行，或没有以 task_id 定义的任务，则返回–1。

参阅：os_delete_task

例子：#include< RTX-51tny.h>
```
      #include<stdio.h>                                /*用于 printf*/
```

```
void new_task(void)_task_2                         /*创建任务2*/
{
    ...
}
void tst_os_create_task(void)_task_0
{
    ...
    if(os_create_task(2))                          /*启动任务2*/
    {
        printf("couldn't start task2"n");
    }
    ...
}
```

5. os_delete_task

概要：#include<RTX-51tny.h>

    char os_delete_task(unsigned char task_id);   /*要删除的任务*/

描述：函数将以 task_id 指定的任务停止，并从任务列表中将其删除。如果任务删除自己，将立即发生任务切换。

返回值：任务成功停止并删除后返回 0，指定任务不存在或未启动时返回–1。

参阅：os_create_task

例子：#include<RTX-51tny.h>

    #include<stdio.h>

    void tst_os_delete_task(void)_task_0

```
{
    ...
    if(os_delete_task(2))
    {
        printf("couldn't stop task2"n");
    }
    ...
}
```

6. os_reset_interval

概要：#include<RTX-51tny.h>

    void os_reset_interval(unsigned char ticks); /*滴答数*/

描述：用于纠正由于 os_wait 函数同时等待 K_IVL 和 K_SIG 事件而产生的时间问题，在这种情况下，如果一个信号事件（K_SIG）引起 os_wait 退出，时间间隔定时器并不调整，这样，会导致后续的 os_wait 调用（等待一个时间间隔）延迟不是预期的时间周期。允许用户将时间间隔定时器复位，这样，后续对 os_wait 的调用就会按预期的操作进行。

返回值：无。

例子： `#include<RTX-51tny.h>`

```
void task_func(void)_task_4
{
    ...
    switch(os_wait2(KSIG|K_IVL,100))
    {
        case    TMO_EVENT:       /*发生了超时，不需要os_waitreset_interval*/
             break;
        case    SIG_EVCENT:      /*收到信号，需要os_waitreset_interval*/
             os_reset_interval(100);    /*依信号执行的其他操作*/
             break;
    }
    ...
}
```

7. os_running_task_id

概要： `#include<RTX-51tny.h>`

     `char os_running_task_id(void);`

描述：函数确认当前正在执行的任务的任务号。

返回值：返回当前正在执行的任务的任务号，该值为 0～15 之间的一个数。

例子： `#include<RTX-51tny.h>`

```
void tst_os_running_task(void)_task_3
{
    unsigned char tid;
    tid=os_running_task_id( ); /*tid=3*/
}
```

8. os_send_signal

概要： `#include<RTX-51tny.h>`

     `char os_send_signal(char task_id); /*信号发往的任务*/`

描述：函数向任务 **task_id** 发送一个信号。如果指定的任务已经在等待一个信号，则该函数使任务准备执行但不启动它。信号存储在任务的信号标志中。

返回值：成功调用后返回 0，指定任务不存在时返回–1。

参阅： isr_send_signal, os_clear_signal, os_wait

例子： `#include<RTX-51tny.h>`

```
void signal_func(void)_task_2
{
    ...
    os_send_signal(8);                    /*向 8 号任务发信号*/
    ...
}
void tst_os_send_signal(void)_task_8
```

```
        {
            ...
            os_send_signal(2);                          /*向 2 号任务发信号*/
            ...
        }
```

9. os_set_ready

概要：#include<RTX-51tny.h>

```
        char os_set_ready(unsigned char task_id);    /*使就绪的任务*/
```

描述：将用 task_id 指定的任务置为就绪状态。

返回值：无。

例子：#include<RTX-51tny.h>

```
        void ready_func(void)_task_2
        {
            ...
            os_set_ready(1);                            /*置位任务 1 的就绪标志*/
            ...
        }
```

10. os_switch_task

概要：#include<RTX-51tny.h>

```
        char os_switch_task(void);
```

描述：该函数允许一个任务停止执行，并切换到另一个任务。如果调用 os_switch_task 的任务是唯一的就绪任务，它将立即恢复运行。

返回值：无。

例子：#include<RTX-51tny.h>

```
        #include<stdio>
        void long_job(void)_task_1
        {
            float f1,f2;
        f1=0.0;
            while(1)
            {
                f2=log(f1);
                f1+=0.0001;
                os_switch_task( );           /*运行其他任务*/
            }
        }
```

11. os_wait

概要：#include<RTX-51tny.h>

```
        char os_wait(
```

```
         unsigned char event_sel,              /*要等待的事件*/
         unsigned char ticks,                  /*要等待的滴答数*/
         unsigned int  dummy);                 /*无用参数*/
     }
```

描述：该函数挂起当前任务，并等待一个或几个事件，如时间间隔、超时或从其他任务和中断发来的信号。参数 event_set 指定要等待的事件，见表 9.3。

表 9.3　os_wait 函数等待的事件

事　件	描　述
K_IVL	等待滴答值为单位的时间间隔
K_SIG	等待一个信号
K_TMO	等待一个以滴答值为单位的超时

表 9.3 中的事件可以用竖线符（"|"）进行逻辑或。例如，K_TMO|K_SIG 指定任务等待一个超时或者一个信号。

参数 ticks 指定要等待的时间间隔事件（K_IVL）或超时事件（K_TMO）的定时器滴答数。参数 dummy 是为了提供与 RTX-51 Full 的兼容性而设置的，在 RTX-51 Tiny 中并不使用。

返回值：当有一个指定的事件发生时，任务进入就绪态。任务恢复执行时，由返回的常数指出使任务重新启动的事件。可能的返回值见表 9.4。

表 9.4　os_wait 可能的返回值

返　回　值	描　述
RDY_EVENT	任务的就绪标志位是被 os_set_ready 或 isr_set_ready 置位的
SIG_EVENT	收到一个信号
TMO_EVENT	超时完成或时间间隔到
NOT_OK	event_sel 参数的值无效

参阅：isr_send_signal, isr_set_ready, os_clear_signal, os_reset_interval, os_send_signal, os_set_ready, os_wait1,os_wait2。

例子：
```
#include<RTX-51tny.h>
#include<stdio.h>
void tst_os_wait(void)_task_9
{
    while(1)
    {
        char event;
        event=os_wait(K_SIG|K_TMO,50.0);
        switch(event)
        {
            default:            /*从不发生，该情况*/
            break;
            case   TMO_EVENT;    /*超时*/
            break;              /*50 次滴答超时*/
```

```
            case    SIG_EVENT;    /*收到信号*/
            break;
        }
    }
}
```

12. os_wait1

概要：#include<RTX-51tny.h>

　　　char os_wait1(unsigned char event_sel); /*要等待的事件*/

描述：该函数挂起当前的任务等待一个事件发生。os_wait1 是 os_wait 的一个子集，它不支持 os_wait 提供的全部事件。参数 event_sel 指定要等待的事件，该函数只能是 K_SIG。

返回值：当指定的事件发生，任务进入就绪态。任务恢复运行时，os_wait1 返回值表明启动任务的事件，返回值见表 9.5。

表 9.5　os_wait1 的返回值

返 回 值	描 述
RDY_EVENT	任务的就绪标志位是被 os_set_ready 或 isr_set_ready 置位的
SIG_EVENT	收到一个信号
NOT_OK	event_sel 参数的值无效

例子：见 os_wait。

13. os_wait2

概要：#include<RTX-51tny.h>

　　　char os_wait2(unsigned char event_sel,　　　 /*要等待的事件*/

　　　　　　　　unsigned char ticks);　　　　　　/*要等待的滴答数*/

描述：函数挂起当前任务等待一个或几个事件发生，如时间间隔、超时或一个从其他任务或中断来的信号。参数 event_sel 指定的事件见表 9.6。

表 9.6　os_wait2 函数等待的事件

事 件	描 述
K_IVL	等待滴答值为单位的时间间隔
K_SIG	等待一个信号
K_TMO	等待一个以滴答值为单位的超时

表 9.6 中的事件可以用 "|" 进行逻辑或。例如，K_TMO|K_SIG 表示任务等待一个超时或一个信号。参数 ticks 指定等待时间间隔（K_IVL）或超时（K_TMO）事件时的滴答数。

返回值：当一个或几个事件产生时，任务进入就绪态。任务恢复执行时，os_wait2 的返回值见表 9.7。

表 9.7　os_wait2 的返回值

返 回 值	描 述
RDY_EVENT	任务的就绪标志位是被 os_set_ready 或 isr_set_ready 置位的
SIG_EVENT	收到一个信号
TMO_EVENT	超时完成或时间间隔到
NOT_OK	event_sel 参数的值无效

例子：见 os_wait。

9.5　RTX-51 Tiny 的配置

RTX-51 Tiny 可根据应用的不同定制。

9.5.1　配置

对 RTX-51 Tiny 进行配置可以通过修改在\C51\Lib 目录中的 RTX-51 Tiny 配置文件 Conf_tny.A51 来实现。在这个配置文件中，可以改变以下参数：

① 用于系统时钟报时中断的寄存器组；
② 系统计时器的间隔时间；
③ 指定在时钟报时中断中执行的代理；
④ 时间片轮转超时值；
⑤ 允许或禁止任务切换；
⑥ 指定应用程序占用长时间的中断；
⑦ 指定是否使用 Code Banking；
⑧ 定义 RTX-51 Tiny 的栈顶；
⑨ 指定最小的栈空间需求；
⑩ 指定栈错误发生时要执行的代码；
⑪ 定义栈错误发生时要执行的代码；
⑫ 定义空闲任务操作。

Conf_tny.A51 的默认配置包含在 RTX-51 Tiny 库中。但是，为了保证配置的有效和正确，须将 Conf_tny.A51 文件复制到工程目录下并将其加入工程中。

通过改变 Conf_tny.A51 中的设置来定制 RTX-51 Tiny 的配置。

需要注意的是，如果在工程中没有包含配置文件（Conf_tny.A51），库中的默认配置将自动加载，后续的改变将存储在库中，这样可能会对以后的应用起到不良影响。

1．硬件定时器

下面的常数指定 RTX-51 Tiny 的硬件定时器如何配置。

INT_REGBANK 指定用于定时器中断的寄存器组，默认为 1（寄存器组 1）。

INT_CLOCK 指定定时器产生中断前的指令周期数。INT_CLOCK 用于计算定时器所设初值（65536-INT_CLOCK），默认该值为 10000。

HW_TIMER_CODE 是一个宏，它指出在 RTX-51 Tiny 定时器中断结尾处要执行的代码。该宏默认是中断返回，如：

```
HW_TIMER_CODE MACRO
    RETI
ENDM
```

2．循环

在默认情况下，循环任务切换是使能的。TIMESHARING 指定每个任务在循环任务切换前运行的滴答数。当该选项设为 0 时，禁止循环任务切换。系统默认 5 个系统时钟为一个时间片。如果晶振频率为 11.0592MHz，则时间片为：

$$(1 \div (11.0592 \times 10^6)) \times 12 \times 10000 \times 5 = 0.0542535s = 54.2535ms$$

3．长中断

在一般情况下，中断服务程序设计为快速执行的程序。在某些情况下，中断服务程序可能执行较长的时间。如果一个高优先级的中断服务程序执行的时间比 RTX-51 Tiny 滴答的时间间隔长，则 RTX-51 Tiny 定时器中断可能被中断并可能重入（被后继的 RTX-51 定时器中断）。

如果要使用执行时间较长的高优先级中断，应该考虑减少 ISR 中执行的作业的数量，改变 RTX-51 定时器的滴答率，使其低一些，或者使用下面的配置选项。

LONG_USR_ISR 指示器表明是否有执行时间长于滴答时间间隔的中断（滴答中断除外）。当该选项设为 1 时，RTX-51 Tiny 就会包含保护再入滴答中断的代码。该选项默认值为 0，即认为中断是快速的。

4．Code Banking

以下配置选项允许指定 RTX-51 Tiny 应用是否使用 Code Banking。

CODE_BANKING 指定是否使用 Code Banking。使用 Code Banking 时，该选项必须设置为 1；未使用 Code Banking 时，该选项须设置为 0，默认值为 0。

附注：L51_BANK.A51 2.12 及其以上，需要 RTX-51 Tiny 程序使用 Code Banking。

5．栈

一些选项用于栈配置。下面的常数定义用于栈区域的内部 RAM 的大小和栈的最小自由空间。一个宏允许指定当没有足够的自由栈时执行的代码。

RAM TOP 指定片上栈顶部的地址。除所有位于栈之上的 idata 变量外，否则不应修改该值。该值默认为 0xFF。

FREE_STACK 指定栈允许的最小字节数。切换任务时，如果 RTX-51 Tiny 检测到低于该值，则 STACK_ERROR 宏将被执行。该选项设为 0，禁止栈检查，默认设置是 20 字节。

STACK_ERROR 是一个指定发生栈错误（少于 FREE_STACK 字节数）时要执行的指令的宏。该宏默认为禁止中断并进入无限循环：

```
STACK_ERROR MACRO
    CLR  EA
    SJMP $
ENDM
```

6．空闲任务

当没有任务准备运行时，RTX-51 Tiny 执行一个空闲任务。空闲任务只是一个循环，不做任何事，只是等待滴答中断切换到一个就绪的任务。下列常数允许配置空闲任务。

CPU_IDLE 宏指定空闲任务中执行的代码。默认的指令是置位 PCON 寄存器的空闲模式位（大多数 8051 设备适用）。这将停止执行程序，降低功耗，直到有中断产生：

```
CPU_IDLE MACRO
    ORL PCON, #1
ENDM
```

CPU_IDLE MACRO 指定在空闲任务中是否执行 CPU_IDLE 宏。其值默认为 0。CPU_IDLE 宏不包含在空闲任务中。

9.5.2　库文件

建立 μVision2 IDE 应用工程时并不需要显式地包含一个 RTX-51 Tiny 库。当使用 μVision 集成环境或命令行连接器时会自动执行。

建立 RTX-51 Tiny 库时，默认配置文件（Conf_tny.A51）包含在库中。如果在工程中未显示包含配置文件（Conf_tny.A51），将从库中包含一个默认的配置文件，后续对配置文件的修改将存储到库中，这可能对后面 RTX-51 应用编程产生负面影响。

9.5.3　优化

为了优化 RTX-51 Tiny 程序，应该做以下工作。

① 尽可能不使用循环任务切换。使用循环任务切换时要求有 13 字节的堆栈区来保存任务内容（工作寄存器等）。如果由 os_wait() 函数来进行任务触发，则不需要保存任务内容。由于正处于等待运行的任务并不需要等待全部循环切换时间结束，因此 os_wait() 函数可以产生一种改进的系统响应时间。

② 不要将时钟节拍中断速率设置得太高，设定为一个较低的数值可以增加每秒的时钟节拍个数。每次时钟节拍中断大约需要 100～200 个 CPU 周期，因此应将时钟节拍率设定得足够高，以便使中断响应时间达到最小化。

③ 在 os_wait() 函数中有 3 个参数：K_TMO、K_IVL 和 K_SIG。其中对于 K_TMO 和 K_IVL 的使用要加以区别。在使用时，两者似乎差别不是很大，其实不然，两者存在很大的区别。K_TMO 是指等待一个超时信号，只有时间到了，才会产生一个信号。它产生的信号是不会累计的，产生信号后，任务进入就绪状态。而 K_IVL 是指周期信号，每隔一个指定的周期，就会产生一次信号，产生的信号是可以累计的。这样就使得在指定事件内没有响应的信号，通过信号次数的叠加，在以后信号处理时，重新得以响应，从而保证了信号不会被丢失。而通过 K_TMO 方式进行延时的任务，由于某种原因信号没有得到及时的响应，这样就可能会丢失一部分没有响应的信号。不过两者都是有效的任务切换方式，在使用时要根据应用场合来确定对两者的使用。

9.6　基于 Proteus 的 RTX-51 应用实例——交通信号灯控制器

【例 9.2】　结合一个 Proteus 仿真电路的具体实例——交通信号灯控制器，阐述实时多任务操作系统 RTX-51 的应用。

9.6.1　交通信号灯控制器设计要求

① 在用户设定的工作时间段内，红绿灯正常运行；从红绿灯转换之前 3 秒开始，绿灯方向绿灯灭，黄灯闪烁。

② 在工作时间段外，黄色信号灯闪烁，同时倒计时显示数码管熄灭显示。

③ 无论是在工作时间段内还是在工作时间段外，当按下禁止通行按键后，两个方向均亮红灯，禁止车辆通行，倒计时显示数码管熄灭显示“99”；在松开禁止通行按键后，红绿灯继续正常工作。

④ 通过键盘可以修改时钟数据，并可设置工作时间段的起始时间和结束时间。

⑤ 按键查看日历时钟的时间和所设置的参数。

⑥ 任何针对于交通信号灯控制器的按键、查询和参数设置操作，都不能影响红绿灯和倒计时显示数码管的显示。

这是一个典型的实时多任务系统，采用普通的多任务循环或前后台系统很难实现，而采用 RTX-51 Tiny 实时操作系统则可以获得很好的控制效果。

9.6.2　总体方案

交通信号灯控制器组成框图如图 9.5 所示，主要部分说明如下。

CPU：AT89C52 或其他 80C51 系列的处理器芯片。

键盘输入电路：4×4=16 键盘。

紧急按键：一端接 CPU 的一个 I/O 口，另一端接地。

显示及显示驱动：倒计时显示数码管及驱动电路。

红绿灯及驱动：每个路口的红、黄、绿指示灯及驱动电路。

日历时钟：具备串行接口的 DS1302 芯片。

利用 Proteus 提供的串口虚拟终端作为信息输出窗口。

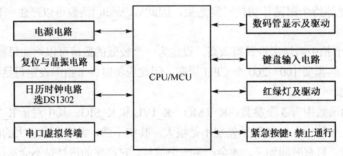

图 9.5　交通信号灯控制器组成框图

软件实现：交通信号灯的工作、参数设置与显示、时钟读取、倒计时显示将分时处理。

在非工作时段，4 盏灯都是黄灯闪烁。

在工作时段：

① 南北方向变为绿灯，东西方向变为红灯，同时 LED 数码管显示器显示倒计时时间从设定 25 秒开始倒计时，当倒计时剩 3 秒时，南北方向绿灯熄灭，黄灯闪烁，倒计时至 0 秒，切换到②；

② 东西方向变为绿灯，东西方向变为红灯，同时 LED 数码管显示器显示倒计时时间从设定 25 秒开始倒计时，当倒计时剩 3 秒时，东西方向绿灯熄灭，黄灯闪烁，倒计时至 0 秒，切换到①。

按下紧急按钮后，东西南北方向均为红灯，禁止通行。

利用 RTX-51 的任务来处理，以便在设置和查询过程中交通灯仍然能正常运行。

9.6.3　硬件电路

按照总体方案设计的交通信号灯控制器电路如图 9.6 所示。

1．CPU、日历时钟单元

CPU 采用 AT89C52，芯片内部有 8KB 的 Flash ROM 和 256 字节的 RAM，有定时器 0、1、2 等外设，完全满足运行 RTX-51 Tiny 的软硬件资源要求。

AT89C52 外接 11.0592MHz 晶振，可实现多种串口通信波特率，也完全满足交通信号灯控制器工作速度要求。

复位电路采用 RC 阻容复位电路，在实际工程中可以考虑使用看门狗监控复位电路。

下面介绍 AT89C52 各引脚的功能与连接方法。

　　P0 口的 8 个引脚中使用了其中的 6 个引脚，接东西和南北方向的红、黄、绿交通指示灯。需要注意的是，P0 口为开漏输出，要通过一个 10K×8（图中）排电阻上拉的电源 VCC。多余 2 个引脚保留备用。

　　P1 口的 8 个引脚接 4×4 键盘的行线和列线。

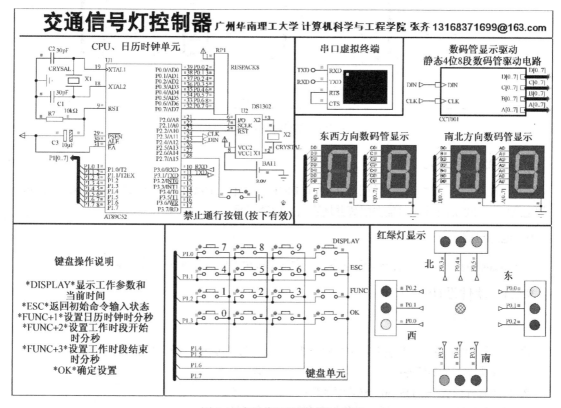

图 9.6　交通信号灯控制器主电路

　　P2 口用于串行扩展，P2.0～P2.2 用于扩展串行时钟 DS1302，P2.3～P2.4 用于数码管驱动电路的串行时钟和串行数据输入，P2.7 接禁止通行的紧急按键，按下时有效。多余 2 个引脚保留备用。

　　P3 口的 P3.0～P3.1 接串口虚拟终端。多余 6 个引脚保留备用。

　　日历时钟采用串行接口的时钟芯片 DS1302，可节省 CPU 的 I/O 口线。DS1302 的 VCC2 接主电源 VCC，DS1302 的 VCC1 接备份电池 BAT1，在主电源出现意外时保证时钟仍然正常运转。

2. 数码管显示及驱动

　　每个路口需要 2 位 8 段数码管用于倒计时显示，共需要 8 位 8 段数码管。因版面限制，图中只给出 4 位 8 段数码管，每个方向 2 位。8 段数码管通过移位寄存器 74HC164 的输出驱动，74HC164 的输入接 CPU 的 2 个 I/O 引脚，用于输入时钟和数据。因版面限制，74HC164 的输出驱动采用子电路设计，如图 9.7 所示。子电路画法见《单片机原理与应用系统设计——基于 C51 的 Proteus 仿真实验与解题指导（第 3 版）》一书中的相关介绍。

3. 键盘单元

　　采用 4×4 键盘，共 16 个按键，2 个键保留备用，其他 14 个键分别定义为：0, 1, 2,…,9, DISPLAY, ESC, FUNC, OK。

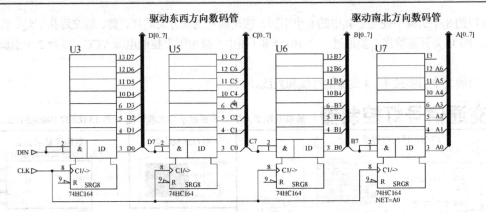

图 9.7　数码管驱动电路

4. 红绿灯显示单元

在 Proteus 仿真电路中可直接使用 TRAFFICLIGHTS 元件，CPU 的输出引脚可直接驱动。在实际工程电路中，CPU 的输出信号需要隔离并增强后来驱动红绿灯。

5. 电源电路

在 Proteus 仿真电路中可省略电源电路。在实际工程电路中要设计优良的电源电路。

9.6.4　软件设计

1. 软件设计思路

软件上采用 RTX-51 多任务操作系统来实现交通信号灯控制器。主要分为以下几个模块：

① 主模块——全部任务；

② 日历时钟模块——DS1302 驱动库函数；

③ 串口控制模块——串行通信及移位寄存器驱动库函数；

④ 键盘模块——获取键值库函数。

2. 任务设计

（1）任务划分

① 任务 INIT

该任务主要完成整个程序的初始化，包括串口的初始化、变量的初始化，以及其他相关任务的创建。该任务只需要启动时执行一次。

② 任务 LIGHTS

该任务执行工作时段交通灯的显示控制。

③ 任务 CLOCK

该任务执行时间的获取，通过读取 DS1302 中的时间寄存器完成。

④ 任务 BLINKING

该任务执行非工作时段的交通灯的显示控制。

⑤ 任务 COMMAND

该任务执行交通信号灯控制器和用户的交互，提供键盘操作的处理和虚拟终端的显示。针对用户不同的键盘操作，进行对应的操作，同时通过虚拟终端给用户一个交互显示。

⑥ 任务 BUTTON

该任务处理紧急按键。当紧急按键按下时，两个方向亮红灯禁止通行。

（2）任务优先级安排

任务 INIT 为任务 0，享有最高的优先级，其他任务都要在该任务执行后才能执行，都是同等优先级。

（3）任务之间的同步和互斥

COMMAND、BUTTON、CLOCK 和所有任务都是同步的，且这 3 个任务处于一直活动的状态。

LIGHTS 与 BLINKING 两个任务是互斥的，一个执行时另外一个不会执行，执行的判断条件由当前时间、工作时间段的起始时间和结束时间 3 个量来决定。工作时间段执行 LIGHTS，非工作时间段执行 BLINKING。

（4）任务之间的信号传递

LIGHTS 和 BUTTON 之间有信号传递，当 BUTTON 检测到紧急按键未被按下时，向 LIGHTS 发送一个信号，该信号可以使 LIGHTS 正常执行。

3. 建立 μVision2 工程

建立 μVision2 工程并添加下述文件。

（1）主模块 TRAFFIC.C

所有任务都安排在主模块中。

程序源代码见本书配套资源：..\McuBookExam\Chapter_8\Exam9_2。

（2）模块 Key.c

仅一个函数，读取按键键值，采用两步判别扫描法获取键值。

程序源代码见本书配套资源：..\McuBookExam\Chapter_8\Exam9_2。

（3）模块 Serial.c

3 个函数：串口初始化函数、74HC164 输入数据驱动函数、4 个数码管的一次写入驱动函数。

程序源代码见本书配套资源：..\McuBookExam\Chapter_8\Exam9_2。

（4）模块 ds1302.c

DS1302 所有驱动函数，详见本书配套资源。

（5）配置文件 Conf_tny.A51

针对不同应用，Conf_tny.A51 往往需要修改其中的默认配置，为了不影响其他应用项目，把在 \C51\Lib 目录中的 RTX-51 Tiny 配置文件 Conf_tny.A51 复制到本项目目录中，并添加到所建立的 μVision2 工程中。打开 Conf_tny.A51 文件，将

```
TIMESHARING   EQU    5  ; default is 5 Hardware-Timer ticks.
```

改为

```
TIMESHARING   EQU    0  ; disables Round-Robin Task Switching.
```

禁止循环任务切换。

4. 基于 RTX-51 Tiny μVision2 工程调试

基于 RTX-51 Tiny 80C 的工程调试方法与标准 μVision2 工程一致。另外，需要对工程进行设置，从 Project 菜单中选择 Options for Target 命令。在打开的对话框中选择 Target 选项卡，从 Operating 下拉列表中选择 RTX-51 Tiny 项，如图 9.2 所示。

如果要和 Proteus 联调，还需要对 Debug 选项卡进行设置，如图 9.8 所示。

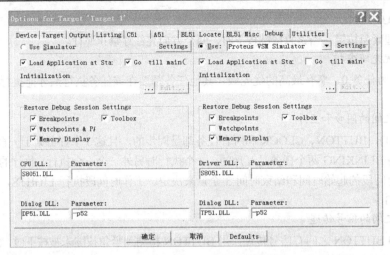

图 9.8　设置 Debug 选项卡

9.6.5　功能使用说明

程序启动后，默认的工作时间段为 06:30:30～22:30:30。各显示器正常显示，虚拟终端显示"菜单和 command:"，用户可以在 4×4 键盘上按键进行查询和设置。

1. DISPLAY 功能

按下键盘的 DISPLAY 按钮，可查看当前时间、工作时间段起始时间和工作时间段结束时间，然后自动返回命令输入状态。

2. FUNC、OK 和 ESC 功能

在 command 命令状态下，按下 FUNC 键，进入设置功能状态，显示器输出"chose function:"。

按"1"键，选择功能 1。屏幕输出"set clock time:"，修改当前日历时钟的时间，按照格式 hhmmss 输入需要设置的时间（如 080000，代表 08:00:00），输入后，按 OK，完成输入。

按"2"键，选择功能 2。屏幕输出"set start time:"，修改工作时间段起始时间，按照格式 hhmmss 输入需要设置的时间（如 063023，代表 06:30:23），输入后，按 OK，完成输入。

按"3"键，选择功能 3。屏幕输出"set end time:"，修改工作时间段结束时间，按照格式 hhmmss 输入需要设置的时间（如 183856，代表 18:38:56），输入后，按 OK，完成输入。

在操作的任意时刻，按下 Esc 键，均可退出当前功能，返回 command 状态。

3. 紧急按键功能

紧急按键，按下后，进入紧急状态，所有方向均为红灯禁止通行，其他状态均停止，需要手动恢复。

9.6.6　程序运行与测试

程序运行界面如图 9.9 所示。

1. 测试正常功能

按键查询，看显示是否满足要求。

按键设置时钟和工作时间段参数，按键查询，观察参数是否被修改，运行是否符合设计要求。

按下紧急按键，看运行是否符合功能要求。

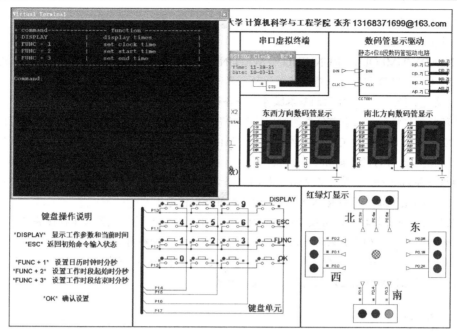

图 9.9　交通信号灯控制器运行界面

2. 测试异常功能

输入未定义的按键,看程序如何反应。

在设置时钟和工作时间段参数中,输入非法数据,看是否被接受。

 本章小结

RTX-51 Tiny 是一种应用于 80C51 系列单片机的小型多任务实时操作系统。它完全集成在 Keil C5l 编译器中,具有运行速度快、对硬件要求不高、使用方便灵活等优点。它可以在单个 CPU 上管理几个作业(任务),同时可以在没有扩展外部存储器的单片机系统上运行。

RTX-51 Tiny 允许同时"准并行"地执行多个任务:各个任务并非持续运行,而是在预先设定的时间片(Time Slice)内执行。CPU 执行时间被划分为若干时间片,RTX-51 Tiny 为每个任务分配一个时间片,在一个时间片内允许执行某个任务,然后 RTX-51 Tiny 切换到另一个就绪的任务并允许它在其规定的时间片内执行。由于各个时间片非常短,通常只有几毫秒,因此各个任务看起来似乎是被同时执行了。

RTX-51 Tiny 利用单片机内部定时器 0 的中断功能实现定时,用周期性定时中断驱动 RTX-51 Tiny 的时钟。它最多可以定义 16 个任务,所有的任务可以同时被激活,允许循环任务切换,仅支持非抢占式的任务切换,操作系统为每个任务分配一个独立的堆栈区,在任务切换的同时改变堆栈的指针,并保存和恢复寄存器的值。

使用 RTX-51 Tiny 时,用户程序中不需要包含 main()函数,它会自动地从任务 0 开始运行。如果用户程序中包含有 main()函数,则需要利用 os_create_task 函数来启动 RTX-51 实时操作系统。

RTX-51 Tiny 的用户任务具有以下几个状态:

① 运行(RUNNING)

② 就绪(READY)

③ 等待(WAITING)

④ 删除（DELETED）

⑤ 超时（TIMEOUT）

处于 READY/TIMEOUT、RUNNING 和 WAITING 状态的任务被认为是激活的状态，三者之间可以进行切换。DELETED 状态的任务是非激活的，不能被执行或认为已经终止。

任务切换是 RTX-51 Tiny 提供的基本服务。任务切换有两种情况：

① 循环任务切换——在当前任务的时间片已经用完的情况下，进行任务切换。修改在\C51\Lib 目录中的 RTX-51 Tiny 配置文件 Conf_tny.A51 中的 TIMESHARING，可指定每个任务在循环任务切换前运行的滴答数。设为 0 时禁止循环任务切换。

② 协作任务切换——当前任务主动让出 CPU 资源。通过在任务中调用 RTX-51 Tiny 的系统函数 os_wait 或 os_switch_task，通知 RTX-51 Tiny 切换到另一个任务。

建议使用协作任务切换，使用循环任务切换时要求有 13 字节的堆栈区来保存任务内容（工作寄存器等）。如果由 os_wait( )函数来进行任务触发，则不需要保存任务内容。

交通信号灯控制器是一个典型的实时多任务系统，采用普通的多任务循环很难实现，而采用 RTX-51 Tiny 实时操作系统则可以获得很好的控制效果。

 习题 9

1．在 Keil μVision2 中支持两种模式的 RTX-51，即完全模式的_____和最小模式的_____。

2．RTX-51 内核将有效的 CPU 时间划分为_____，然后将时间片合理地分配给多个任务。程序中每个任务执行_____，然后切换到另一个任务的_____上执行。

3．_____作为 RTX-51 Full 的一个子集，主要运行在_____的 51 单片机系统中。

4．RTX-51 实时多任务操作系统运行于_____平台，其根据_____的特点进行了特定的优化和限定。

5．_____主要用于暂停当前任务，等待一个或多个事件发生。

6．程序不要求有 main( )主函数，RTX-51 内核自动从任务（　　　）来开始执行。

　　A．0　　　　　　　　B．1　　　　　　　　C．2　　　　　　　　D．main( )

7．以下哪些是 RTX-51 的功能（多选）（　　　）。

　　A．合理划分时间片　　　B．CAN 通信　C．4 种任务调度　　　D．BITBUS 通信

8．RTX-51 Tiny 系统需要使用定时器（　　　）。

　　A．0　　　　　　　　B．1　　　　　　　　C．0 或 1 均可以　　　D．0 和 1 都需要

9．RTX-51 Full 中优先级可以设置为（多选）（　　　）。

　　A．0　　　　　　　　B．1　　　　　　　　C．2　　　　　　　　D．3

10．简述 RTX-51 多任务系统与普通的多任务循环的区别。

11．简述 RTX-51 多任务系统的不同任务调度方式。

12．编写一个程序，包含 3 个任务，一个任务监控 P0 端口，另一个任务向 P2 端口写数据，第三个任务通过串口输出字符串。

13．参见例 9.2，要求红绿灯持续时间也可以设置，请编程实现。

14．参见例 9.2，将禁止通行按键由 P2.7 改接到 INT0（P3.2）上，在 INT0 的中断服务中发送信号给 BLINKING，如果按一下按键（按下又抬起）则禁止通行 30 秒，之后自动恢复正常的交通信号灯控制，请编程实现。

15．将第 8 章中电梯控制器的控制软件改为用 RTX-51 Tiny 多任务实现。

附录 A　指令速查表

表 A.1　80C51 指令总表

	0	1	2	3	4	5	6~7	8~F
0	NOP	AJMP addr11	LJMP addr16	RR A	INC A	INC direct	INC @Ri	INC Rn
1	JBC bit, rel	ACALL addr11	LCALL addr16	RRC A	DEC A	DEC direct	DEC @Ri	DEC Rn
2	JB bit, rel	AJMP addr11	RET	RL A	ADD A,#data	ADD A, direct	ADD A, @Ri	ADD A, Rn
3	JNB bit, rel	ACALL addr11	RETI	RLC A	ADDC A,#data	ADDC A, direct	ADDC A, @Ri	ADDC A, Rn
4	JC bit, rel	AJMP addr11	ORL direct,A	ORL direct,#data	ORL A,#data	ORL A,direct	ORL A, @Ri	ORL A, Rn
5	JNC bit, rel	ACALL addr11	ANL direct,A	ANL direct,#data	ANL A,#data	ANL A,direct	ANL A, @Ri	ANL A, Rn
6	JZ bit, rel	AJMP addr11	XRL direct,A	XRL direct,#data	XRL A,#data	XRL A,direct	XRL A, @Ri	XRL A, Rn
7	JNZ bit, rel	ACALL addr11	ORL C, bit	JMP @A+DPTR	MOV A,#data	MOV direct,#data	MOV A, @Ri	MOV A, Rn
8	SJMP rel	AJMP addr11	ANL C, bit	MOVC A,@A+PC	DIV AB	MOV direct,direct	MOV direct,@Ri	MOV direct, Rn
9	MOV DPTR,#data16	ACALL addr11	MOV bit, C	MOVC A,@A+DPTR	SUBB A,#data	SUBB A,direct	SUBB A, @Ri	SUBB A, Rn
A	ORL C, /bit	AJMP addr11	MOV C, bit	INC DPTR	MUL AB		MOV @Ri,direct	MOV Rn, direct
B	ANL C, /bit	ACALL addr11	CPL bit	CPL C	CJNE A,#data,rel	CJNE A,direct,rel	CJNE @Ri,#data,rel	CJNE Rn,#data,rel
C	PUSH direct	AJMP addr11	CLR bit	CLR C	SWAP A	XCH A,direct	XCH A, @Ri	XCH A, Rn
D	POP direct	ACALL addr11	SETB bit	SETB C	DA A	DJNZ direct,rel	XCHD A, @Ri	DJNZ Rn,rel
E	MOVX A,@DPTR	AJMP addr11	MOVX A,@R0	MOVX A,@R1	CLR A	MOV A,direct	MOV A,@Ri	MOV A, Rn
F	MOVX @DPTR,A	ACALL addr11	MOVX @R0,A	MOVX @R1,A	CPL A	MOV direct,A	MOV @Ri, A	MOV Rn, A

注：① rel 为带符号的 8 位地址。

　　② addr11 为 11 位目的地址，addr16 为 16 位目的地址。

　　③ #data 为 8 位数据，#data16 为 16 位数据。

　　④ direct 为直接地址。

　　⑤ bit 为直接寻址位地址。

　　⑥ i=0~1。

　　⑦ n=0~7。

表 A.2　数据传送类指令一览表

指令助记符	功 能 简 述	字 节 数	时钟周期数
MOV A,Rn	寄存器送累加器	1	12
MOV Rn,A	累加器送寄存器	1	12
MOV A,@Ri	内部 RAM 送累加器	1	12
MOV @Ri,A	累加器送内部 RAM	1	12
MOV A,#data	立即数送累加器	2	12
MOV A,direct	直接寻址字节送累加器	2	12
MOV direct,A	累加器送直接寻址字节	2	12
MOV Rn,#data	立即数送寄存器	2	12
MOV direct,#data	立即数送直接寻址字节	3	24
MOV @Ri,#data	立即数送内部 RAM	2	12
MOV direct,Rn	寄存器送直接寻址字节	2	24
MOV Rn,direct	直接寻址字节送寄存器	2	24
MOV direct,@Ri	内部 RAM 送直接寻址字节	2	24
MOV @Ri,direct	直接寻址字节送内部 RAM	2	24
MOV direct,direct	直接寻址字节送直接寻址字节	3	24
MOV DPTR,#data16	16 位立即数送数据指针	3	24
MOVX A,@Ri	外部 RAM 送累加器（8 位地址）	2	24
MOVX @Ri,A	累加器送外部 RAM（8 位地址）	1	24
MOVX A,@DPTR	外部 RAM 送累加器（16 位地址）	1	24
MOVX @DPTR,A	累加器送外部 RAM（16 位地址）	1	24
MOVC A,@A+DPTR	程序代码送累加器（相对数据指针）	1	24
MOVC A,@A+PC	程序代码送累加器（相对程序计数器）	2	24
XCH A,Rn	累加器与寄存器交换	1	24
XCH A,@Ri	累加器与内部 RAM 交换	1	12
XCH A,direct	累加器与直接寻址字节交换	2	12
XCHD A,@Ri	累加器与内部 RAM 低 4 位交换	1	12
SWAP A	累加器高 4 位与低 4 位交换	1	12
POP direct	栈顶弹至直接寻址字节	2	24
PUSH direct	直接寻址字节压入栈顶	2	24

表 A.3　算术操作类指令一览表

指令助记符	功 能 简 述	字 节 数	振荡器周期数
ADD A,Rn	累加器加寄存器	1	12
ADD A,@Ri	累加器加内部 RAM	1	12
ADD A,direct	累加器加直接寻址字节	2	12
ADD A,#data	累加器加立即数	2	12
ADDC A,Rn	累加器加寄存器和进位位	1	12
ADDC A,@Ri	累加器加内部 RAM 和进位位	1	12
ADDC A,#data	累加器加立即数和进位位	2	12

（续表）

指令助记符	功能简述	字 节 数	振荡器周期数
ADDC A,direct	累加器加直接寻址字节和进位位	2	12
INC A	累加器加 1	1	12
INC R*n*	寄存器加 1	1	12
INC direct	直接寻址字节加 1	2	12
INC @R*i*	内部 RAM 加 1	1	12
INC DPTR	数据指针加 1	1	24
DA A	十进制调整	1	12
SUBB A,R*n*	累加器减寄存器和借位	1	12
SUBB A,@R*i*	累加器减内部 RAM 和借位	1	12
SUBB A,#data	累加器减立即数和借位	2	12
SUBB A,direct	累加器减直接寻址字节和借位	2	12
DEC A	累加器减 1	1	12
DEC R*n*	寄存器减 1	1	12
DEC @R*i*	间接 RAM 减 1	1	12
DEC direct	直接寻址字节减 1	2	12
MUL AB	累加器 A 乘寄存器 B	1	48
DIV AB	累加器 A 除以寄存器 B	1	48

表 A.4 逻辑运算类指令一览表

指令助记符	功能简述	字 节 数	振荡器周期数
ANL A,R*n*	累加器与寄存器	1	12
ANL A,@R*i*	累加器与内部 RAM	1	12
ANL A,#data	累加器与立即数	2	12
ANL A,direct	累加器与直接寻址字节	2	12
ANL direct,A	直接寻址字节与累加器	2	12
ANL direct,#data	直接寻址字节与立即数	3	24
ORL A,R*n*	累加器或寄存器	1	12
ORL A,@R*i*	累加器或内部 RAM	1	12
ORL A,#data	累加器或立即数	2	12
ORL A,direct	累加器或直接寻址字节	2	12
ORL direct,A	直接寻址字节或累加器	2	12
ORL direct,#data	直接寻址字节或立即数	3	24
XRL A,R*n*	累加器异或寄存器	1	12
XRL A,@R*i*	累加器异或内部 RAM	1	12
XRL A,#data	累加器异或立即数	2	12
XRL A,direct	累加器异或直接寻址字节	2	12
XRL direct,A	直接寻址字节异或累加器	2	12
XRL direct,#data	直接寻址字节异或立即数	3	24
RL A	累加器左环移位	1	12
RLC A	累加器带进位标识左环移位	1	12

（续表）

指令助记符	功 能 简 述	字 节 数	振荡器周期数
RR A	累加器右环移位	1	12
RRC A	累加器带进位标识右环移位	1	12
CPL A	累加器取反	1	12
CLR A	累加器清零	1	12

表 A.5　控制程序转移类指令一览表

指令助记符	功 能 简 述	字 节 数	振荡器周期数
ACALL addr11	2KB 内绝对调用	2	24
AJMP addr11	2KB 内绝对转移	2	24
LCALL addr16	64KB 内长调用	3	24
LJMP addr16	64KB 内长转移	3	24
SJMP rel	相对短转移	2	24
JMP @A+DPTR	相对长转移	1	24
RET	子程序返回	1	24
RETI	中断返回	2	24
JZ rel	累加器为 0 转移	2	24
JNZ rel	累加器为非 0 转移	3	24
CJNE A,#data,rel	累加器与立即数不等转移	3	24
CJNE A,direct,rel	累加器与直接寻址字节不等转移	3	24
CJNE R*n*,#data,rel	寄存器与立即数不等转移	3	24
CJNE @R*i*,#data,rel	内部 RAM 与立即数不等转移	3	24
DJNZ R*n*,rel	寄存器减 1 不为 0 转移	2	24
DJNZ direct,rel	直接寻址字节减 1 不为 0 转移	3	24
NOP	空操作	1	12

表 A.6　布尔变量操作类一览表

指令助记符	功 能 简 述	字 节 数	振荡器周期数
MOV C,bit	直接寻址位送 CY	2	12
MOV bit,C	CY 送直接寻址位	2	12
CLR C	CY 清零	1	12
CLR bit	直接寻址位清零	2	12
CPL C	CY 取反	1	12
CPL bit	直接寻址位取反	2	12
SETB C	CY 置位	1	12
SETB bit	直接寻址位置位	2	12
ANL C,bit	CY 逻辑与直接寻址位	2	24
ANL C,/bit	CY 逻辑与直接寻址位的反	2	24
ORL C,bit	CY 逻辑或直接寻址位	2	24
ORL C,/bit	CY 逻辑或直接寻址位的反	2	24
JC rel	CY 置位转移	2	24

（续表）

指令助记符	功 能 简 述	字 节 数	振荡器周期数
JNC rel	CY 清零转移	2	24
JB bit,rel	直接寻址位为 1 转移	2	24
JNB bit,rel	直接寻址位为 0 转移	3	24
JBC bit,rel	直接寻址位置位转移并清该位	3	24

参 考 文 献

[1] 何立民. 单片机高级教程. 北京：北京航空航天大学出版社，2000.

[2] 许兴存，曾琪琳. 微型计算机接口技术. 北京：电子工业出版社，2003.

[3] 朱宇光. 单片机应用新技术教程. 北京：电子工业出版社，2000.

[4] 徐爱钧，彭秀华. 单片机高级语言编程与μVision2应用实践（第二版）. 北京：电子工业出版社，2008.

[5] 马忠梅等. 单片机的C语言应用程序设计. 北京：北京航空航天大学出版社，1999.

[6] 李朝青. PC及单片机数据通信技术. 北京：北京航空航天大学出版社，2000.

[7] 王福瑞. 单片微机测控系统设计大全. 北京：北京航空航天大学出版社，1998.

[8] 白中英. 数字逻辑与数字系统. 北京：科学出版社，2002.

[9] 张齐. 单片机应用系统设计技术——基于C语言编程. 北京：电子工业出版社，2004.

[10] 刘文秀. 单片机应用系统仿真策略的研究. 现代电子技术，2005(14): 25-27.

[11] 朱善君等. 单片机接口技术与应用. 北京：清华大学出版社，2005.

[12] 沙占友等. 单片机外围电路设计（第2版）. 北京：电子工业出版社，2006.

[13] 徐安等. 微控制器原理与应用. 北京：科学出版社，2006.

[14] 周润景等. Proteus入门实用教程. 北京：机械工业出版社，2007.

[15] 刘心红等. Proteus仿真技术在单片机教学中的应用. 实验技术与管理，2007(3): 96-98.

[16] 朱清慧等. Proteus教程——电子线路设计、制版与仿真. 北京：清华大学出版社，2008.

[17] 吴飞青等. 单片机原理与应用实践指导. 北京：机械工业出版社，2009.

[18] 张齐. 单片机原理与应用系统设计——基于C51的Proteus仿真实验与解题指导. 北京：电子工业出版社，2010.

[19] 张齐等. 单片机原理与嵌入式系统设计——原理、应用、Proteus仿真、实验设计. 北京：电子工业出版社，2011.

[20] 1Mbit/2Mbit/4Mbit(x8) Multi-Purpose Flash SST39SF010A/SST39SF020A/SST39SF040. http://www.sst.com/dotAsset/40746.pdf.